高等职业学校机械类专业教材

金工实习

（第二版）

孙喜兵　主编

中国劳动社会保障出版社

简介

本书根据高等职业学校教学计划和教学大纲组织编写，主要内容包括钳加工、普通车床加工、普通铣床加工、普通磨床加工、数控车床加工、数控铣床加工等。

本书由孙喜兵任主编，徐小燕任副主编，高进祥、吴重耳、唐国忠参加编写，王继武任主审。

图书在版编目（CIP）数据

金工实习 / 孙喜兵主编 . -- 2 版 . -- 北京 : 中国劳动社会保障出版社，2025. --（高等职业学校机械类专业教材）. -- ISBN 978-7-5167-6985-0

Ⅰ. TG-45

中国国家版本馆 CIP 数据核字第 2025XQ6156 号

金工实习（第二版）

JINGONG SHIXI

中国劳动社会保障出版社出版发行

（北京市惠新东街 1 号　邮政编码：100029）

*

三河市华骏印务包装有限公司印刷装订　　新华书店经销

787 毫米 ×1092 毫米　16 开本　20 印张　474 千字

2025 年 7 月第 2 版　　2025 年 7 月第 1 次印刷

定价：51.00 元

营销中心电话：400-606-6496

出版社网址：https://www.class.com.cn

https://jg.class.com.cn

前言

PREFACE

为了更好地适应高等职业学校机械类专业的教学要求，全面提升教学质量，我们组织有关学校的一线教师和行业、企业专家，在充分调研企业生产和学校教学情况、广泛听取教师对教材使用反馈意见的基础上，对高等职业学校机械类专业教材进行了修订。

本次教材修订工作的重点主要体现在以下几个方面：

第一，合理更新教材内容。

根据机械类专业毕业生所从事岗位的实际需要和教学实际情况的变化，合理确定学生应具备的能力与知识结构，对部分教材内容及其深度、难度做了适当调整，对部分学习任务进行了优化；根据相关专业领域的最新发展，在教材中充实新知识、新技术、新设备、新材料等方面的内容，体现教材的先进性；采用最新国家技术标准，使教材更加科学和规范。

第二，精心设计教材形式。

在教材内容的呈现形式上，尽可能使用图片、实物照片和表格等形式将知识点生动地展示出来，力求让学生更直观地理解和掌握所学内容。针对不同的知识点，设计了许多贴近实际的互动栏目，在激发学生学习兴趣和自主学习积极性的同时，使教材“易教易学，易懂易用”。在教材插图的制作中采用了立体造型技术，同时部分教材在印刷工艺上采用了四色印刷，增强了教材的表现力。

第三，引入“互联网+”技术，进一步做好教学服务工作。

在《机床夹具（第二版）》《金属切削原理与刀具（第二版）》教材中使用了增强现实（AR）技术。学生在移动终端上安装 App，扫描教材中带有 AR 图标的页面，可以对呈现的立体模型进行缩放、旋转、剖切等操作，以及观察模型的运动和拆分动画，便于更直观、细致地探究机构的内部结构和工作原理，还可以浏览相关视频、图片、文本等拓展资料。在部分教材中使用了二维码技术，针对教材中的教学重点和难点制作了动画、视频、微课等多媒体资源，学生使用移动终端扫描二维码即可在线观看相应内容。

本套教材配有习题册，另外，还配有方便教师上课使用的电子课件，电子课件和习题册答案可通过技工教育网（https：//jg.class.com.cn）下载。

本次教材的修订工作得到了河北、江苏、浙江、山东、河南等省人力资源社会保障厅及有关学校的大力支持，在此我们表示诚挚的谢意。

目 录
CONTENTS

模块一

钳加工

任务一　钳加工基本知识和技能

学习目标

1. 掌握钳工实习安全生产知识。
2. 能描述钳工的工作范围，认识钳工常用的工具和设备。
3. 能操作台虎钳并对其进行保养及维护。

任务描述

参观钳工实训场地（见图 1–1a）并掌握钳工实训车间的安全操作规程，学会使用图 1–1b、c 所示台虎钳并对其进行日常维护及保养。

a)

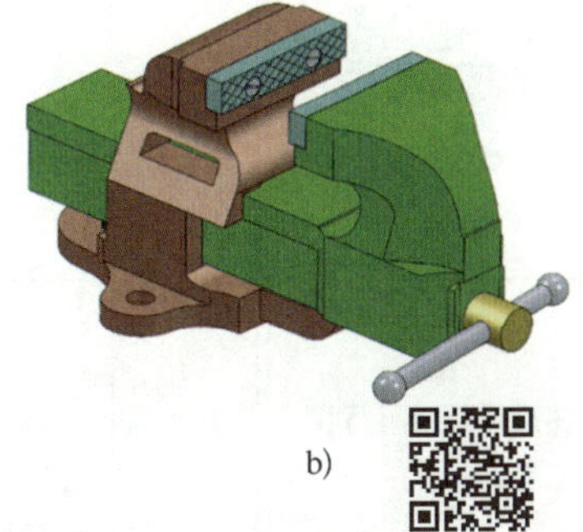

b)

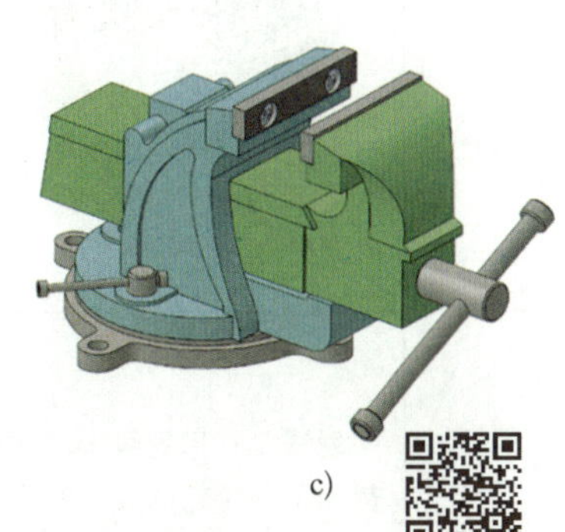

c)

图 1–1　钳工实训场地和台虎钳

a）钳工实训场地　b）固定式台虎钳　c）回转式台虎钳

任务分析

1. 钳工操作包含的内容有划线、锯削、锉削、孔加工等，各种工具、刀具和设备种类较多，初次接触时应能记住其名称和基本功能，这样在今后的实习过程中才能更好地使用。

2. 台虎钳是钳工实习中比较重要的夹具，很多操作，如锯削、锉削等都要在台虎钳上装夹工件来完成相应的操作，学会使用台虎钳并了解其结构和工作原理有利于更好地使用。学生在实习过程中对台虎钳的损坏多是由于对台虎钳结构不够了解而在使用过程中操作不当造成的。

相关知识

一、钳加工的工作内容和工作特点

1. 钳加工的工作内容

钳加工主要是指利用台虎钳、手锯、锉刀等手工工具和机械工具完成某些工件的加工、机器或部件的装配及调试、各类机械的维护与修理等工作，其基本操作内容包括工件测量、划线、錾削、锯削、锉削、钻孔、攻螺纹、套螺纹、矫正和弯曲、铆接、刮削、研磨、装配、调试等，见表 1–1。

表 1–1　钳加工基本操作内容

加工内容	操作图样	加工内容	操作图样
划线		钻孔、扩孔和锪孔	进给运动 主运动
	划线是指用划线工具在毛坯或半成品上划出待加工部位轮廓线（或称加工界线）的一种操作方法		用钻头在实体材料上加工孔称为钻孔；用扩孔工具扩大已加工出的孔称为扩孔；用锪钻在孔口表面锪出一定形状的孔称为锪孔

续表

加工内容	操作图样	加工内容	操作图样
锯削	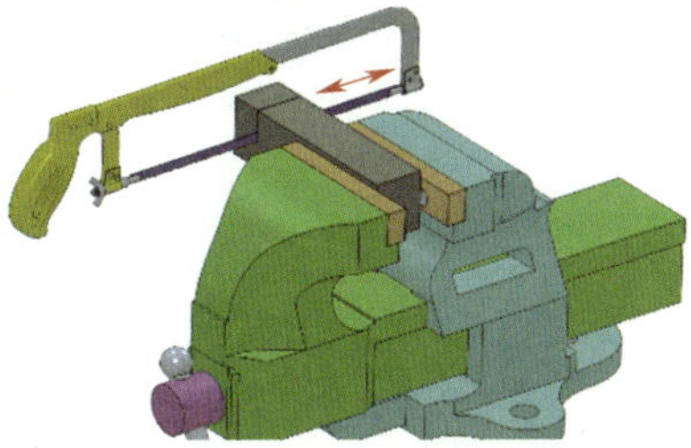 锯削是指用锯条锯断金属材料（或工件）或在工件上进行切槽的操作	铰孔	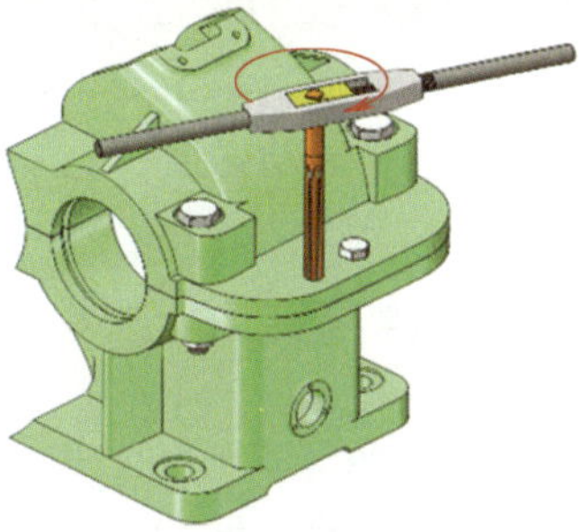 铰孔是指用铰刀从工件孔壁上切除微量金属层，以提高孔的尺寸精度和表面质量的加工方法
锉削	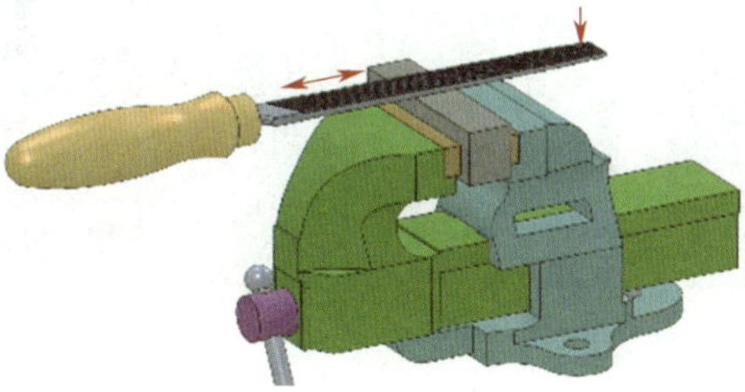 锉削是指用锉刀对工件表面进行切削加工，使它达到零件图要求的几何精度、尺寸精度和表面质量的加工方法	攻螺纹和套螺纹	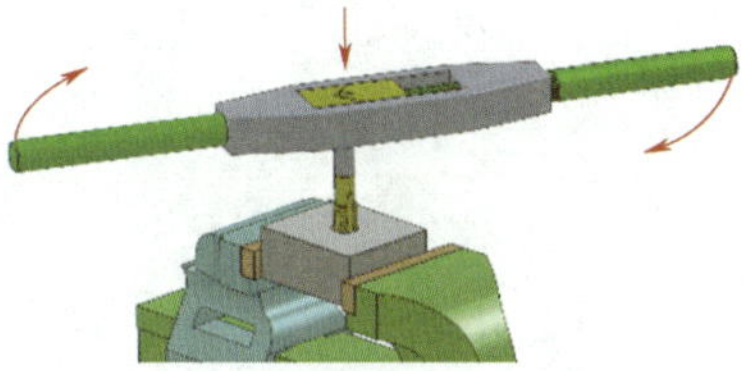 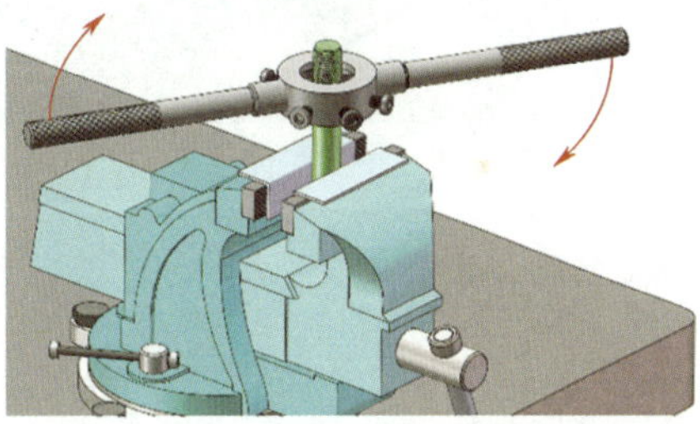 用丝锥在工件内圆柱面上加工出内螺纹称为攻螺纹；用圆板牙在圆柱杆上加工出外螺纹称为套螺纹
刮削	 刮削是指用刮刀在工件已加工表面刮去一层很薄的金属层的操作方法	研磨	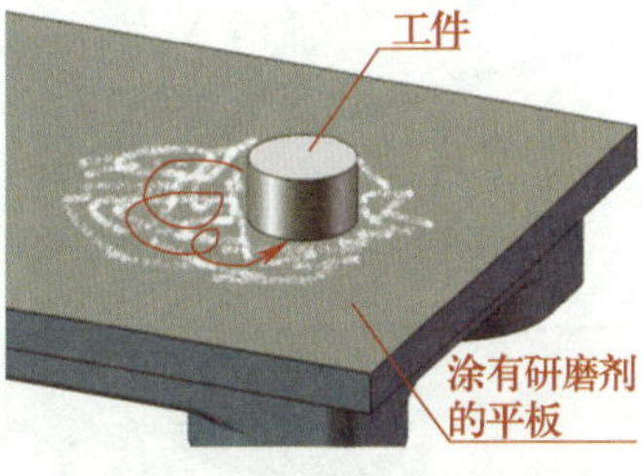 工件 涂有研磨剂的平板 研磨是指用研磨工具和研磨剂从工件上研去一层极薄表面层的精加工方法

2. 钳加工的工作特点

钳加工是一种较为细致、复杂且工艺要求很高的工作，其所用的工具具有结构简单、加工样式灵活、操作方便、适应面广等特点。目前，虽然有很多较先进的加工方法，但在某些机械加工中仍离不开钳工，因此，在机械制造业中钳工仍然起着很重要的作用。为了提高生产效率和产品质量，钳工要不断地改进加工工具与加工工艺，逐步实现操作的半自动化和自动化，从而降低劳动强度，这对保证钳工工作质量的稳定性及提高经济效益具有十分重要的意义。

二、钳加工的工作场地和常用工具、设备

1. 工作场地

钳工工作场地（见图 1–2）的实训设备主要有钳工工作台、台虎钳、砂轮机、各种钻床等。钳工大多在钳工工作台上用手工工具对工件进行加工。

图 1–2　钳工工作场地

2. 常用工具

钳工常用工具及其用途见表 1–2。

表 1–2　钳工常用工具及其用途

工具	用途	工具	用途
手锯	其用途是分割各种材料和半成品，锯掉工件上多余的部分，或在工件上锯槽等	錾子	主要用于不便于机械加工的场合，如清除毛坯上的多余金属、分割材料、錾削平面和沟槽等
锉刀	用于锉削工件	麻花钻	主要用于钻孔

续表

工具	用途	工具	用途
铰刀	主要用于铰孔	刮刀	主要用于刮削工件
圆板牙	用于加工或修整外螺纹	丝锥	用于加工或修整内螺纹
划线平台	用来安放工件和划线用的工具	划规	可以划圆和圆弧、等分线段、等分角度以及量取尺寸等
划针	直接用来划出线条，但常需要配合钢直尺、直角尺或样板等工具一起使用	划线盘	装上划针用来划线或找正工件的位置。划针的直头端用来划线，弯头端用来找正工件的位置
样冲	用于在所划的线条或圆弧中心上冲眼，以固定所划的线条	锤子	校直、錾削、维修及装卸工件等操作中都要用锤子进行敲击

续表

工具	用途	工具	用途
V 形架	主要用于支承轴类工件	方箱	方箱上的 V 形槽平行于相应的平面，它用于装夹圆柱形工件
千斤顶	用来支承毛坯或形状不规则的工件进行立体划线。它的高度可调整，以便于安装不同形状的工件	角铁	角铁用铸铁制成，有两个面垂直精度很高，使用压板固定需要划线的工件，通过直角尺对工件的垂直位置找正后，再用游标高度卡尺划线，可使所划线条与原来找正的直线或平面垂直

3. 常用设备

钳工常用设备有钳工工作台、台虎钳、砂轮机、钻床等。

（1）钳工工作台

钳工工作台（简称钳台）用于安装台虎钳，放置工具和工件，如图 1–3 所示。钳工工作台台面一般用硬质木材制成，并常用低碳钢板包封，也可直接用 45 钢制成。钳台上应安装安全网，钳台上的工具和量具通常分开放置。钳工的基本操作大都在钳台上进行。

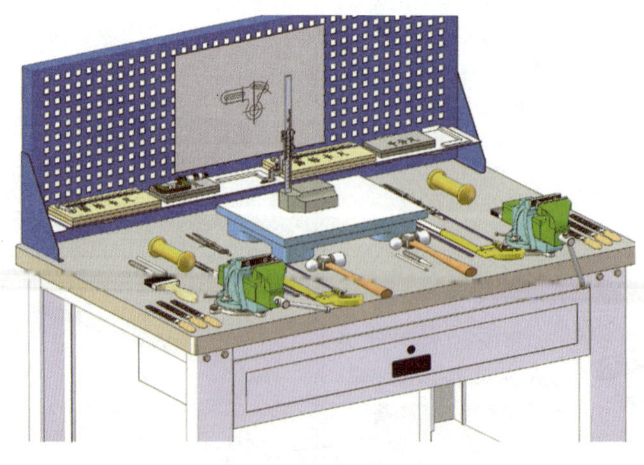

图 1–3　钳工工作台

操作者站在钳工工作台的一面工作，对面不允许有人。面对面使用钳工工作台时必须设置密度适当的安全网，如图 1–4 所示。

图 1–4 钳工工作台上设置安全网

（2）台虎钳

台虎钳是用来夹持工件的通用夹具。台虎钳的规格以钳口宽度表示，常用规格有 100 mm、125 mm 和 150 mm 等。台虎钳有固定式和回转式两种，如图 1–1b、c 所示，两者结构和工作原理基本相同，只是回转式台虎钳比固定式台虎钳多了一个底座，工作时钳身可在底座上回转，能满足不同方位加工的需要，因此使用方便，应用范围广泛。

回转式台虎钳的结构如图 1–5 所示。活动钳身通过导轨与固定钳身的导轨进行滑动配合。丝杆装在活动钳身上，可以旋转，但不能轴向移动，并与安装在固定钳身内的丝杆螺母配合。当摇动手柄使丝杆旋转时，就可以带动活动钳身相对于固定钳身做轴向移动，从而夹紧或放松工件。弹簧借助挡圈和开口销固定在丝杆上，其作用是当要放松工件时，可使活动钳身快速退出。在固定钳身和活动钳身上均装有钢制钳口，并用螺钉固定。钳口的工作面上制有交叉的网纹，使工件夹紧后不易产生滑动。钳口经过热处理淬硬，具有较好的耐磨性。固定钳身装在转座上，并能绕转座轴线转动，当转到要求的方向时，扳动夹紧手柄使夹紧螺钉旋紧，便可在夹紧盘的作用下使固定钳身紧固。转座上有三个螺栓孔，用以与钳工工作台固定。

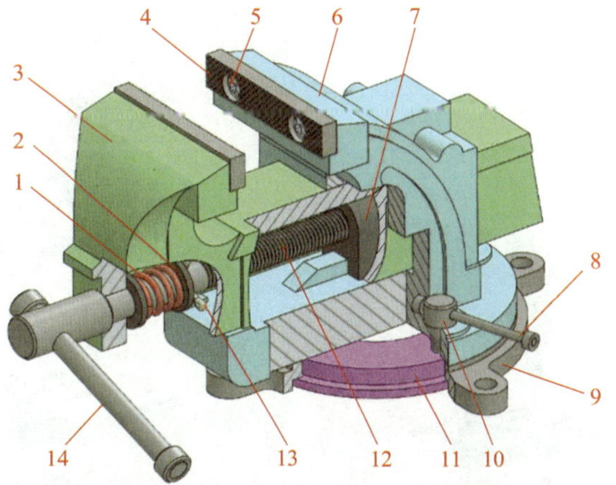

图 1–5 回转式台虎钳的结构

1—弹簧 2—挡圈 3—活动钳身 4—钢制钳口 5—螺钉 6—固定钳身 7—丝杆螺母 8—夹紧手柄 9—转座 10—夹紧螺钉 11—夹紧盘 12—丝杆 13—开口销 14—手柄

使用台虎钳的安全与文明要求如下：

1）夹紧力要松紧适当，只能用手扳紧手柄，不得借助其他工具加力。

2）强力作业时，应尽量使力朝向固定钳身。

3）不允许在活动钳身和光滑平面上进行敲击作业。

4）对丝杆、螺母等活动表面应经常清洗、润滑，以防止生锈。

5）钳工工作台装上台虎钳后，操作者用手托着下巴，手臂竖直，肘部刚好与钳口平齐为宜，如图 1–6 所示。

（3）砂轮机

砂轮机主要用于刃磨刀具，也可用来磨削工件或毛坯上的飞边、毛刺等。它由砂轮、机体、电动机、托架和防护罩等几部分组成，如图 1–7 所示。

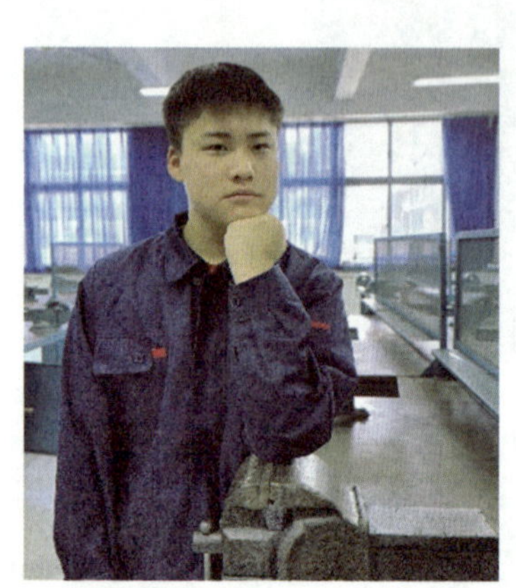

图 1–6　台虎钳在钳工工作台上的高度

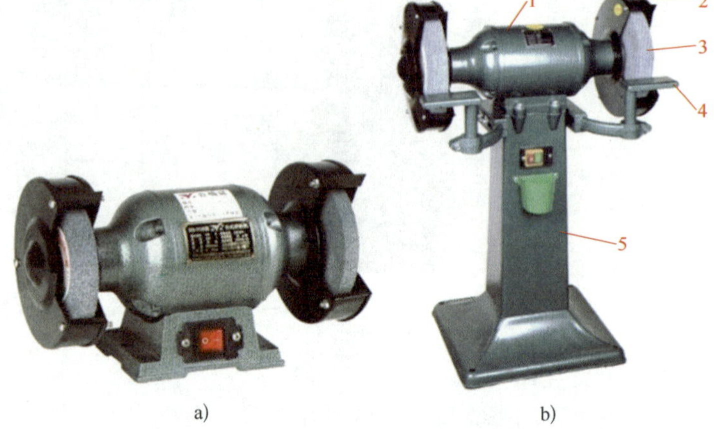

图 1–7　钳工常用的砂轮机

a）台式砂轮机　b）立式砂轮机

1—电动机　2—防护罩　3—砂轮　4—托架　5—机体

（4）钻床

钻床是孔加工机床，在钻床上可以进行钻孔、扩孔、锪孔、铰孔、攻螺纹等操作。钳工常用的钻床有台式钻床、立式钻床和摇臂钻床三种，如图 1–8 所示。台式钻床小巧、灵活，钻孔直径一般在 12 mm 以下，主要用于加工小型工件上的小孔；立式钻床适用于加工中、小型工件上的孔；摇臂钻床有一个能绕立柱旋转的摇臂，摇臂带着主轴箱可沿立柱垂直移动，同时主轴箱等还能在摇臂上做横向移动，适用于加工大型笨重工件和多孔工件上的孔。

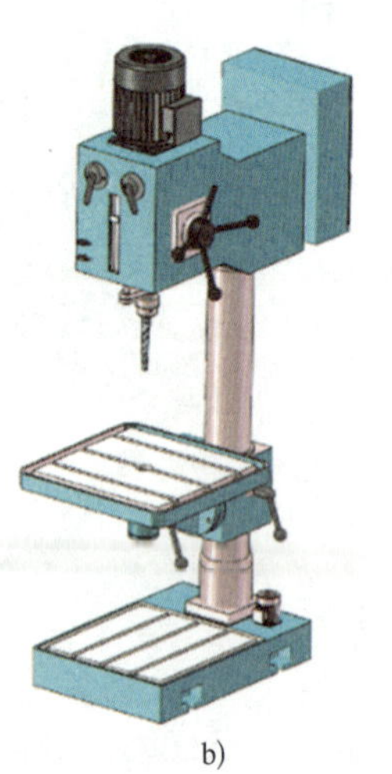

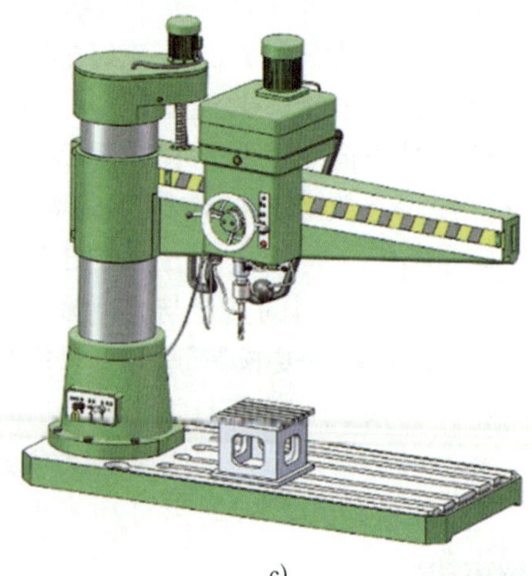

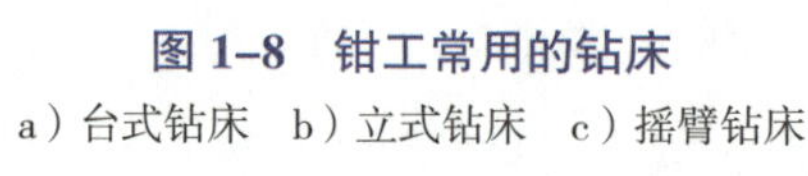

图 1–8　钳工常用的钻床

a）台式钻床　b）立式钻床　c）摇臂钻床

三、钳加工安全操作规程

人身安全、设备和工具的安全使用以及整齐、清洁的工作环境是做好钳工实习工作的必备条件，钳加工安全操作规程包括以下内容：

1. 工作前，必须按规定穿好工作服，工作服应避免过长或过松，以免卷入机器中。工作服最好是长袖，以保护手臂。工作中必须戴工作帽，以防止头发卷入机器或沾染油污，特别是头发较长的女生，必须将头发盘好后塞入工作帽内。

2. 工作场地要经常保持整齐、清洁，搞好环境卫生。使用的工具、加工的工件、毛坯和原材料等要放置有序，堆放整齐、稳固，以保证操作中的安全和方便，严禁乱堆乱放。

3. 使用钻床、砂轮机、手电钻等设备前要仔细检查，如发现故障或损坏，应待修复或更换后方可使用。例如，若砂轮机上的砂轮出现裂纹，应更换新砂轮后再使用。

4. 清除切屑时要使用工具，不要直接用手去拉或擦拭，更不可用嘴吹，以免切屑飞入眼中。

5. 使用电气设备时，必须严格遵守操作规程，防止触电而造成人身事故。如果发现有人触电，应先切断电源，再立即组织抢救。

6. 在设备操作过程中，如果发现防护用具（如防护眼镜、橡胶手套、劳保鞋等）损坏或失效，应立即修补或更换。

7. 对不熟悉的机床和工具不准擅自使用。

任务实施

一、台虎钳的操作、维护及保养

台虎钳的操作、维护及保养操作要点与要求见表 1–3。

表 1–3　台虎钳的操作、维护及保养操作要点与要求

操作步骤	示意图	操作要点与要求
1. 认识台虎钳		操作要点：观察台虎钳的外观，测量钳口宽度，识读铭牌规格
		要求：了解台虎钳规格和型号的含义

续表

操作步骤	示意图	操作要点与要求
2. 台虎钳的打开与闭合	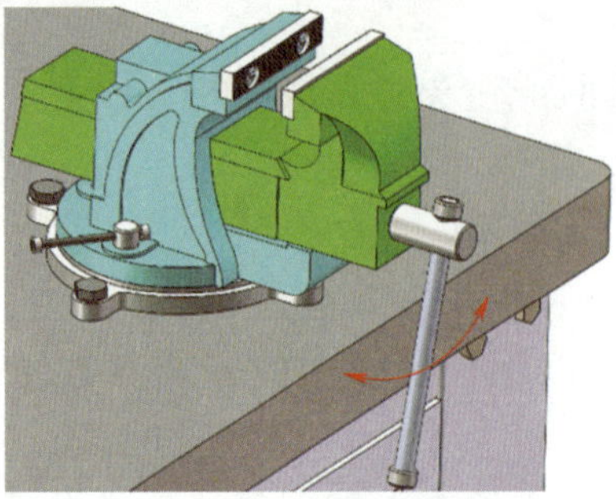	操作要点：单手转动台虎钳手柄，进行台虎钳打开与闭合的练习 要求：动作连贯、迅速，能记住旋转方向与钳口开合的关系
3. 观察钳口并修整钳口位置	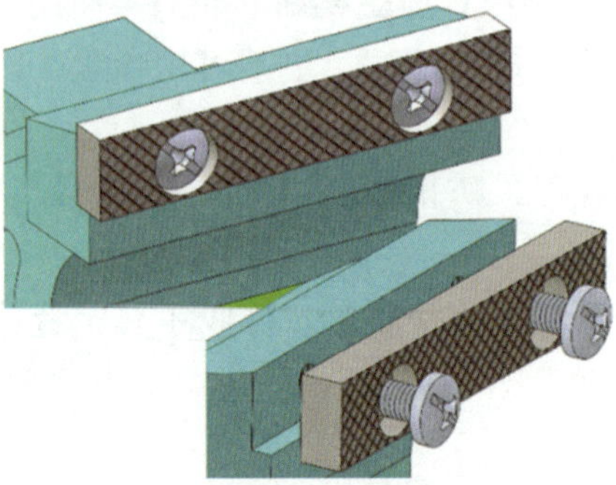	操作要点：打开钳口，观察钳口网格，网格的作用是可靠地夹紧工件。如果钳口松动，可在教师指导下用十字旋具拆下螺钉，清理钳口安装平面上的切屑等杂物，然后装上钳口，并紧固好螺钉 要求：钳口安装无间隙，紧固可靠，两钳口合拢后平齐
4. 台虎钳夹紧螺钉的松开与夹紧	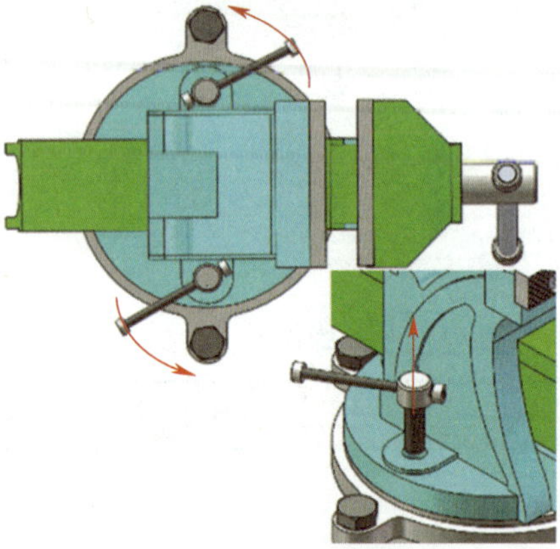	操作要点：双手分别转动两侧夹紧手柄，将夹紧螺钉旋松 要求：卸下两个夹紧螺钉
5. 台虎钳与底座的分离	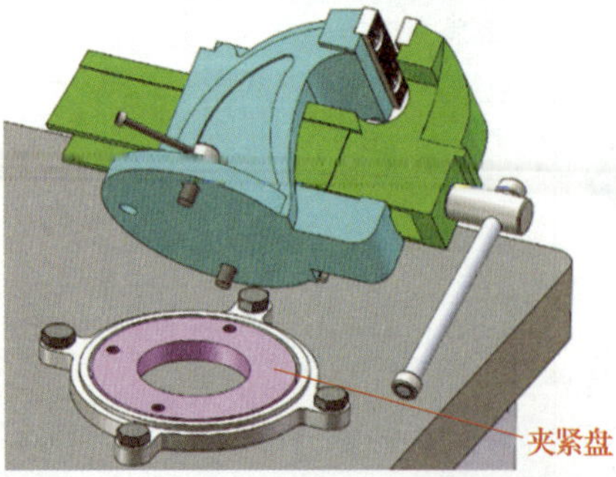	操作要点：将台虎钳上半部分与底座分离，小心地将其放置在一边台面上 要求：检查底座内夹紧盘有无损坏、断裂现象，如有损坏，可在教师指导下修理或更换

续表

操作步骤	示意图	操作要点与要求
6. 台虎钳活动钳身与固定钳身的分离，丝杆的维护及保养	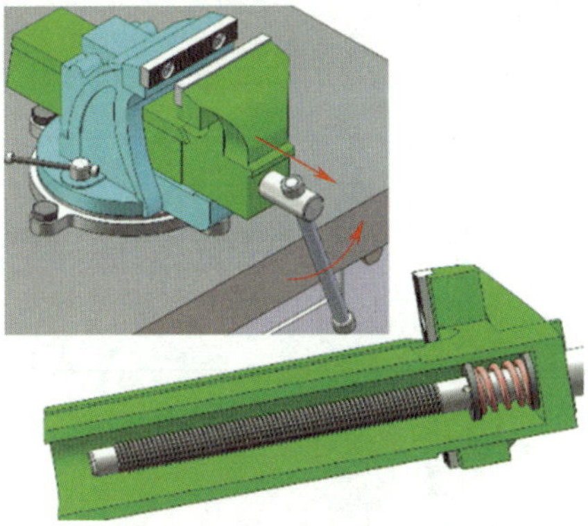	操作要点：将台虎钳活动钳身旋出，使其与固定钳身分离。清理内部杂物，并在丝杆上加注润滑油 要求：检查丝杆固定端弹簧、挡圈和开口销是否完好，如有损坏，可在教师指导下修理或更换
7. 台虎钳固定钳身内丝杆螺母的保养及维护	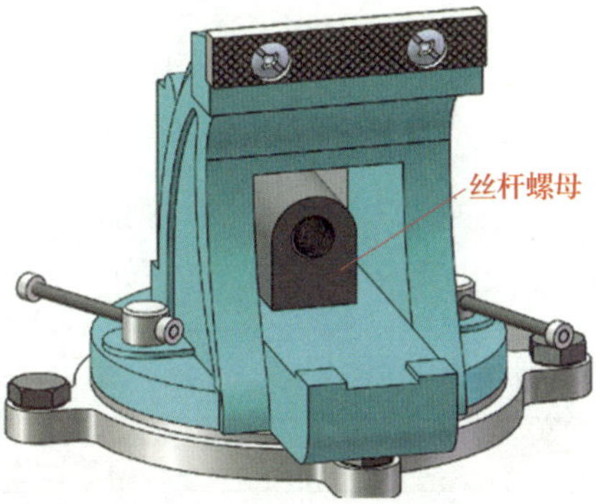	操作要点：将台虎钳活动钳身旋出，使其与固定钳身分离。清理内部杂物，并在丝杆螺母内加注润滑油 要求：检查并调整丝杆螺母的固定螺钉，使其能刚好将丝杆螺母压住，但又不至于太紧，丝杆螺母仍可做左右小幅回转为宜
8. 装配台虎钳并做转动练习	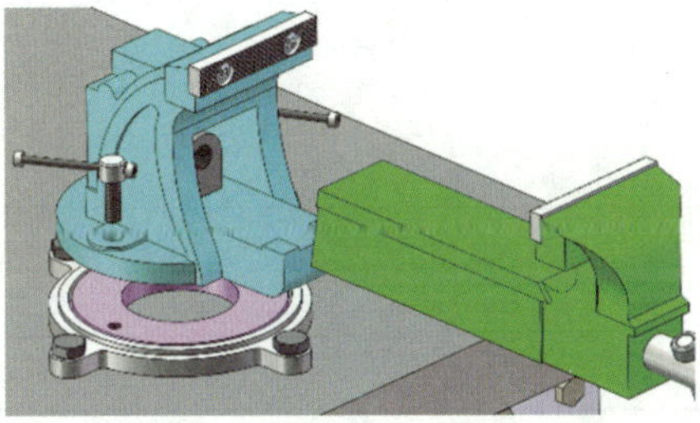	操作要点：将固定钳身装到底座上，并旋紧两侧的夹紧螺钉，将活动钳身推入固定钳身内。注意使丝杆对准丝杆螺母，然后旋动手柄使活动钳身与固定钳身合拢 要求：安装后，活动钳身旋入、旋出要灵活，无异响和阻滞现象。两侧夹紧螺钉松开时台虎钳能回转自如，夹紧时则能完全固定
9. 小型工件夹紧练习	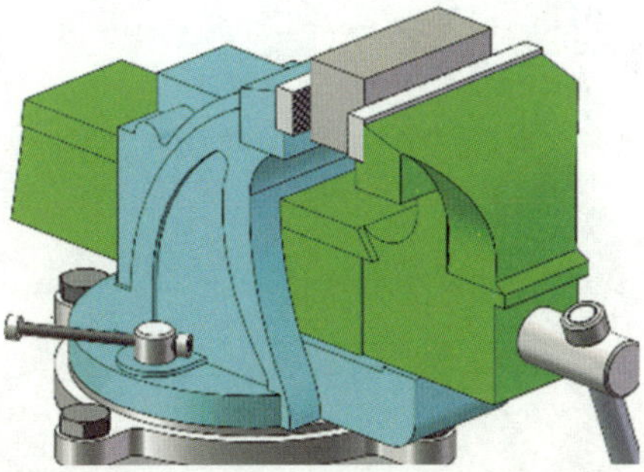	操作要点：将小型六面体工件装夹在台虎钳上并将其夹紧 要求：装夹牢固、平整，工件能露出 15 ~ 20 mm。夹紧过程中严禁用接长杆作为加力杆扳手柄或用锤子敲击手柄的方法来夹紧工件，防止台虎钳因超负荷而损坏

续表

操作步骤	示意图	操作要点与要求
10. 长型工件夹紧练习		操作要点：将长条铁板或圆棒竖直夹持在台虎钳上 要求：将台虎钳摆正，工件下端应能伸出钳工工作台边缘

二、台虎钳的操作注意事项

1. 学生将台虎钳活动钳身旋出，即将与固定钳身分离时，要先用左手托住活动钳身，防止活动钳身与固定钳身突然分离而砸伤脚面。

2. 学生必须服从教师指挥，严格按照操作要点与要求进行操作。

任务评价

拆装台虎钳训练成绩评定见表 1–4。

表 1–4　拆装台虎钳训练成绩评定

序号	项目与技术要求	配分	评分标准	检测结果	得分
1	拆卸台虎钳的顺序正确，排列有序	30	不符合要求酌情扣分		
2	清理台虎钳各部件，将各部件擦拭干净，丝杆、丝杆螺母涂润滑油，其他螺钉涂防锈油后安装	20	不符合要求酌情扣分		
3	安装台虎钳后使用要灵活	30	不符合要求酌情扣分		
4	遵守工作场地规章制度和安全文明生产要求	20	不符合要求酌情扣分		
合计		100			

任务二　划　　线

学习目标

1. 能做好划线前的准备工作，包括工件的清理、检查和涂色。
2. 能正确选择并使用划线工具和量具。
3. 会用正确的方法进行划线操作。

任务描述

使用划线工具和量具，在划线平板上用平面划线方法在 200 mm × 150 mm × 2 mm 的薄钢板上对图 1–9 所示的摆角样板进行划线，从而掌握划线的基本技能。

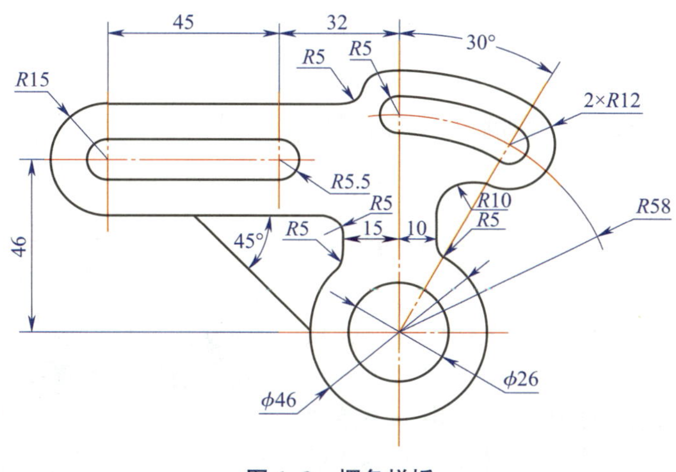

图 1–9 摆角样板

任务分析

根据图样要求，用划线工具在毛坯或已加工表面上划出待加工的轮廓界线或作为基准的点、线的操作称为划线。

划线的作用是确定各加工面的加工位置和余量，使加工时有明确的尺寸界线；在板料上划线、下料时应正确划线及排料，以保证材料的合理使用；在机床上安装复杂工件时，可以按所划的线条进行找正、安装；通过借料划线对工件进行试划和调整，以使各加工表面相互借用，使各加工表面的加工余量合理分配，从而保证各加工表面都有足够的加工余量；同时还可以通过划线消除部分表面的误差或缺陷。

要完成该摆角样板加工轮廓的划线任务，其操作步骤如下：工件的清理、检查及涂色→选择划线工具和量具→确定划线基准→选择划线方法→完成划线操作。

相关知识

一、工件的清理、检查及涂色

1. 工件的清理

划线前应先用钢丝刷除去毛坯的氧化皮和残留的型砂等，再用锉刀去除毛坯上的飞边并修钝锐边，然后用毛刷清除毛坯上的灰尘。对于划线部位，更要仔细清理，以增强涂料的附着力，使划出的线条更加明显、清晰。

2. 工件的检查

清理后，首先要仔细检查工件上是否存在锻造和铸造的缺陷（如缩孔、气泡、裂纹和歪斜等），并与工件图样上的技术要求对照，对某些确实不合格的工件应及时予以剔除；然后检查工件各加工部位的实际尺寸是否有足够的加工余量，对无加工余量而又无法校正的毛坯应报废。

3. 工件的涂色

为了使工件表面划出的线条清晰，划线前需在划线部位涂上一层薄而均匀的涂料。在铸件和锻件毛坯上，常用粉笔或石灰水加少量水溶胶的混合物作涂料；在已加工的表面上，常用在酒精中加入漆片和颜料配成的酒精溶液或硫酸铜溶液作涂料。待涂料干燥后，即可进行划线。

二、常用的划线工具和量具

1. 常用的划线工具

（1）划线平板

划线平板如图 1–10 所示，它是用铸铁制成的，表面经过精刨或刮削加工，既是划线操作基准，又是工作台。使用时要安放平稳，保持水平，严禁敲打，用后涂上机油，盖上木盖，以防止生锈。

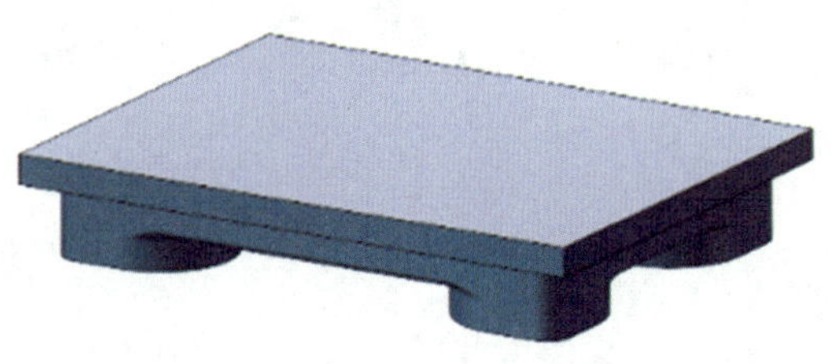

图 1–10　划线平板

（2）划针和划线盘

划针如图 1–11a 所示，采用弹簧钢丝或高速钢制成，直径为 3 ~ 6 mm，尖端淬火。划针的针尖端用来划线（划直线或标记线），有弯钩的一端通常用于找正。划线时，针尖要紧靠导向工具的边缘，划针上部向外侧倾斜 15° ~ 20°，向划线移动方向倾斜 45° ~ 75°，如图 1–11b 所示。针尖要保持尖锐，划线时要尽量做到一次划成，使划出的线条既清晰又准确，不要重复划一条线。划针不用时不能放在衣服口袋中，最好装入保护套，以防止针尖外露给操作者造成伤害。

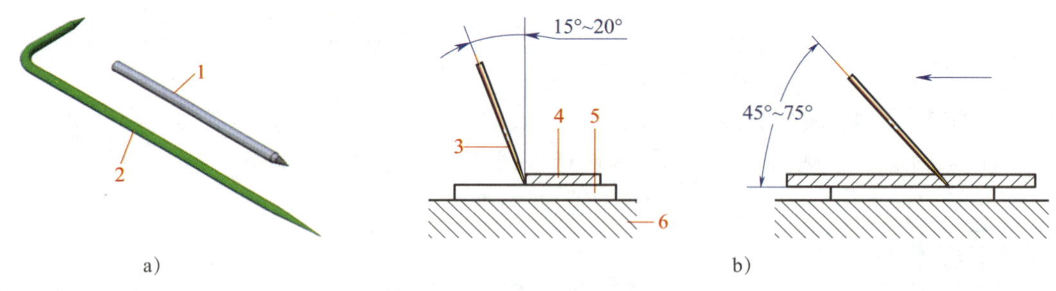

图 1–11　划针及其使用方法

a）划针　b）划针的使用方法

1—直头划针　2—弯头划针　3—划针　4—导向工具　5—工件　6—划线平板

划线盘如图 1–12a、b 所示，它是以划线平板工作面为基准进行立体划线并校正工件位置的工具。划线盘的使用方法如图 1–12c 所示。使用时划线盘的底座应与划线平板紧贴，平稳移动，划针装夹要牢固，并适当调整其伸出长度。

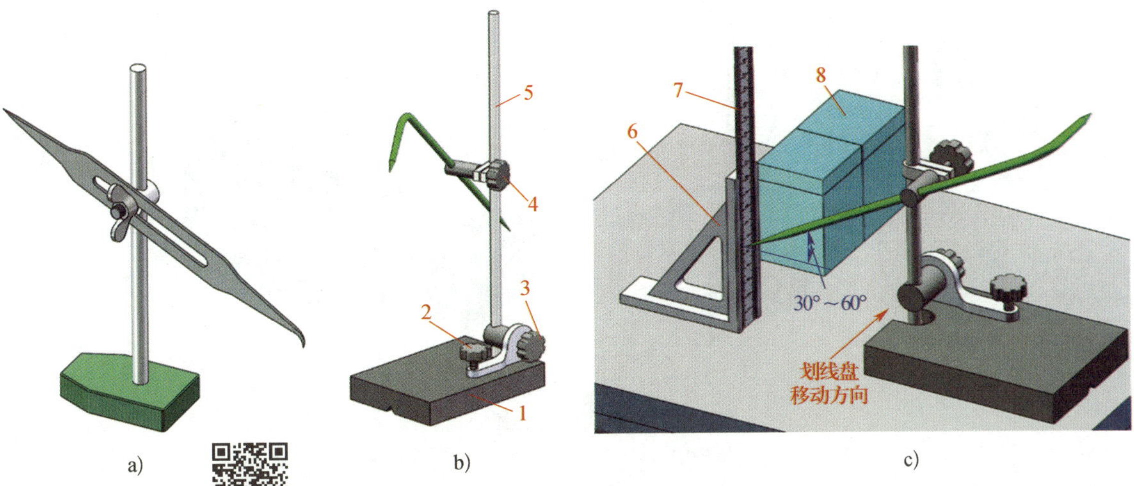

图 1–12 划线盘及其使用方法

a）普通划线盘 b）可调式划线盘 c）划线盘的使用方法

1—底座 2—调节螺钉 3—紧固螺栓 4—夹头 5—支杆 6—尺座 7—钢直尺 8—工件

（3）划规和单脚划规

划规又称划线规，主要用工具钢或碳钢制成，尖端经磨锐和淬火或焊接一段硬质合金，如图 1–13 所示。划规用于划圆和圆弧、等分角度等，也可用来量取尺寸。使用时，划规两脚要等长，两脚尖合拢后能靠紧，两脚开合松紧要适当，以免划线时自动张合而影响划线精度。

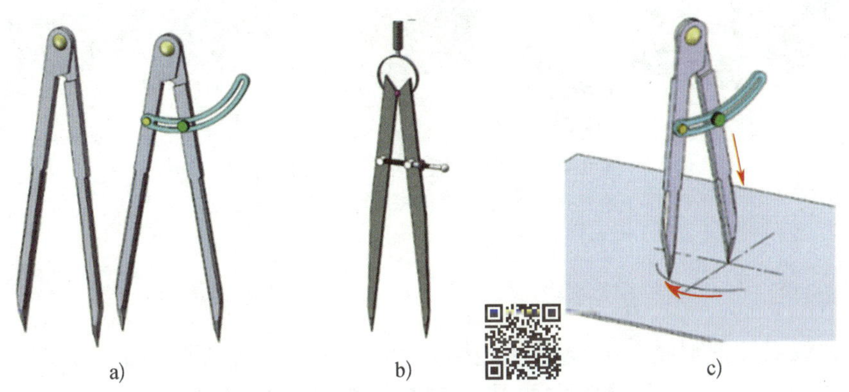

图 1–13 划规及其使用方法

a）普通划规 b）弹簧划规 c）划规的使用方法

单脚划规又称划卡，如图 1–14 所示，主要用于确定轴和孔的中心位置，也可以作为划平行线的工具。使用单脚划规时应注意弯脚到工件端面的距离要保持一致。

（4）游标高度卡尺

游标高度卡尺如图 1–15 所示，常用于精密划线，它附带划针脚，能直接表示出高度尺寸。其分度值一般为 0.02 mm，用于已加工表面和较高精度的划线。使用前，应使划线刃口平面下落，使其与底座工作面平行，再看主标尺零线与游标尺零线是否对齐，零线对齐后，方可划线。校准游标高度卡尺时可在精密平板上进行。使用游标高度卡尺划线时要注意保护划线刃口。

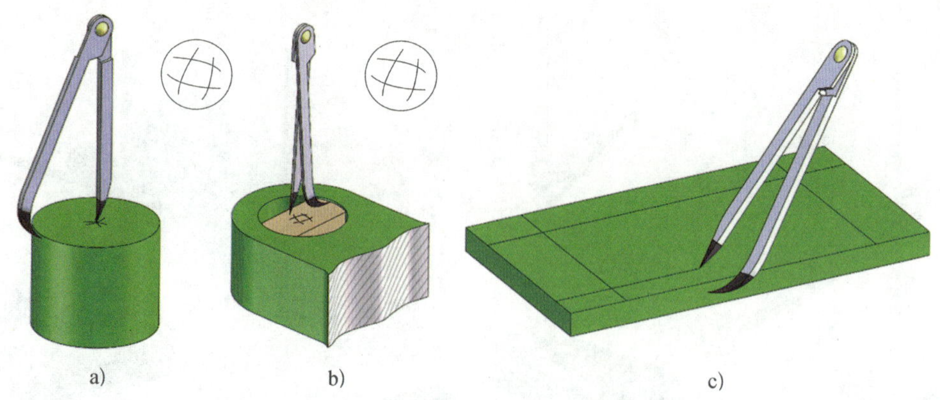

图 1–14 单脚划规及其使用方法

a）找轴的中心 b）找孔的中心 c）划平行线

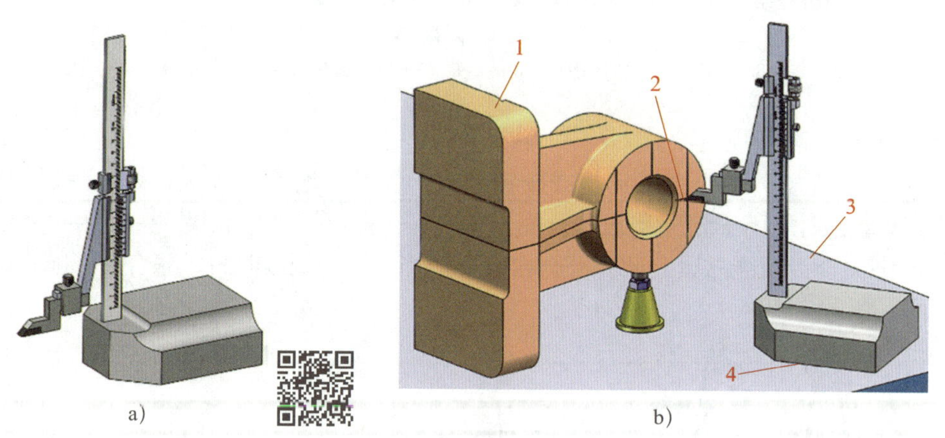

图 1–15 游标高度卡尺及其使用方法

a）游标高度卡尺 b）游标高度卡尺的使用方法

1—工件 2—划针脚 3—划线平板 4—划线基准

（5）样冲

样冲一般用工具钢制成，尖端处经淬火硬化，用于在工件所划加工线条上打样冲眼（冲点），用于加强界线标记（称检验样冲眼）或钻孔时定中心（称中心样冲眼）。样冲的尖角 θ 一般磨成 45° ~ 60°，如图 1–16a 所示，用于在划好的线上冲点，使其易于观察，即使线条模糊后仍能看清划线位置。样冲尖角在加强界限标记时大约取 45°，钻孔定中心时约取 60°。

冲点方法：先将样冲外倾，使其尖端对准线条的正中，然后将样冲立直，用锤子敲击样冲冲点，如图 1–16b 所示。

冲点要求：冲点要求如图 1–16c 所示，打样冲眼时，要使样冲的尖端对准线条的正中，样冲眼中心不能偏离直线，样冲眼的间距要均匀；在曲线上样冲眼间距要小些，对直径小于 20 mm 的圆周线应有四个样冲眼，对直径大于 20 mm 的圆周线应有八个以上样冲眼；在直线上冲点间距可大些，但对短直线至少应有三个样冲眼；在线条的交叉或转折处必须有样冲眼；冲点的深浅要掌握适当，中心样冲眼应稍大一些，以便于钻头定心；在薄壁上或光滑表面上样冲眼要浅，粗糙表面上样冲眼要深些，精加工表面一般不打样冲眼。

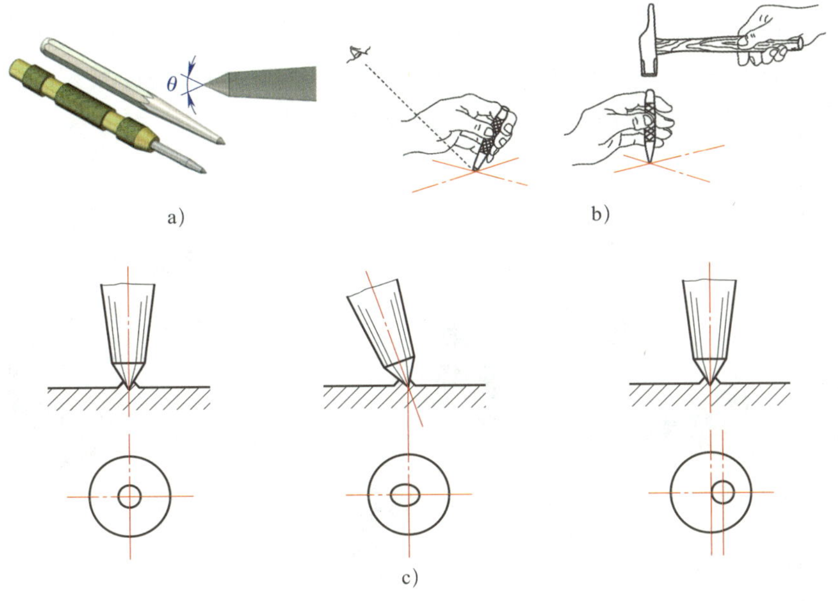

图 1–16 样冲及其使用方法

a）样冲 b）冲点方法 c）冲点要求

（6）支持工具

1）方箱。方箱是由铸铁制成的六个面相互垂直的空心的立方体，其六面都经过精加工，其中一个面上加工有 V 形槽，并安装有压紧装置，用于夹持较小的工件。通过翻转方箱，可以在工件表面划出相互垂直的线，如图 1–17 所示。方箱上的 V 形槽通常用于圆柱形工件的定位，通过翻转方箱可以划出工件的中心线或找出中心。

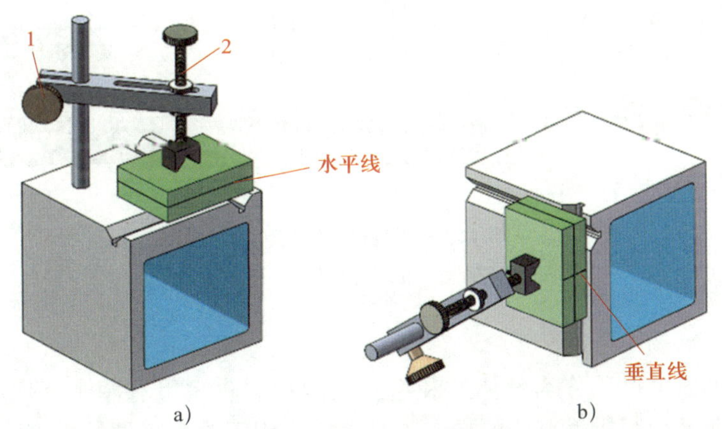

图 1–17 方箱及其使用方法

a）压住工件划水平线 b）翻转 90° 划垂直线

1—紧固螺钉 2—压紧螺杆

2）千斤顶。千斤顶如图 1–18 所示，用来支承较大或不规则的工件，通过调整千斤顶的顶出高度可以找正工件。一般三个千斤顶为一组同时使用。

（7）V 形架

V 形架主要用来支承有圆柱表面的工件，常用铸铁或碳钢制成，其外形相邻各面互相垂直，V 形槽两斜面夹角一般为 90° 或 120°。在安放较长的圆柱形工件时，需要两个等高的 V 形架，这样才能使工件安放平稳，保证划线的准确性，如图 1–19 所示。

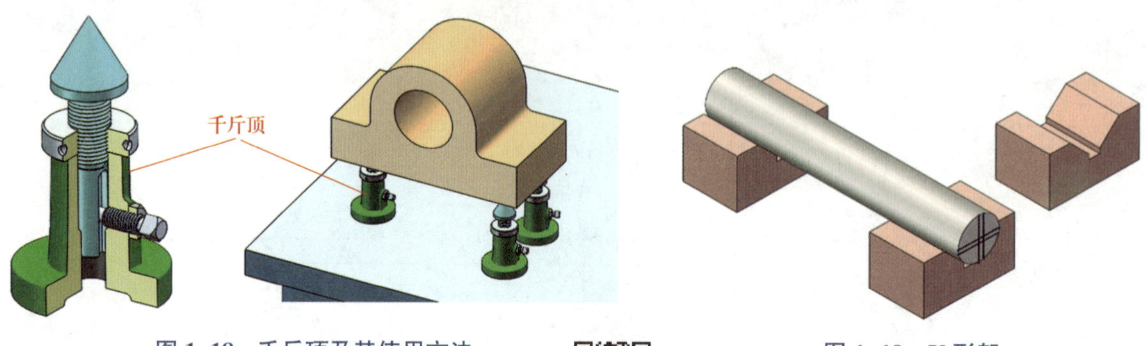

图 1–18　千斤顶及其使用方法

图 1–19　V 形架

2. 常用的划线量具

量具是用来检验或测量工件、产品是否满足图样规定的要求所使用的工具，如测量长度、角度、表面质量、形状和各部分的相关位置等。量具的种类很多，钳工中常用的有钢直尺、直角尺、游标卡尺等。

（1）钢直尺

钢直尺是采用不锈钢制成的一种简单尺寸量具，其长度规格有 150 mm、300 mm、500 mm 和 1 000 mm。钢直尺主要用于测量尺寸精度要求不高的工件或毛坯，也可作为划直线时的导向工具，如图 1–20 所示。

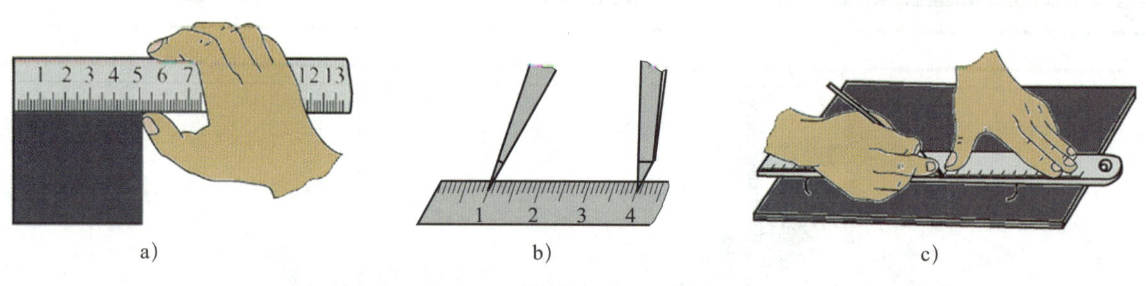

图 1–20　钢直尺的使用方法

a）量取尺寸　b）测量尺寸　c）划直线

（2）直角尺

直角尺又称 90° 角尺，分为整体式和组合式两种。直角尺有两个互成 90° 角的直尺边，在划线时常作为划平行线或垂直线的导向工具，也常用于检查工件的垂直度误差和直线度误差，如图 1–21 所示。

（3）游标卡尺

游标卡尺是一种适合测量中等精度尺寸的量具，分为三用游标卡尺和两用游标卡尺，三用游标卡尺可以直接测出工件的外径、内径和深度尺寸，如图 1–22 所示，而两用游标卡尺因没有深度尺，所以不能测量深度尺寸。常用游标卡尺的分度值有 0.05 mm 和 0.02 mm 两种，如图 1–22 所示。

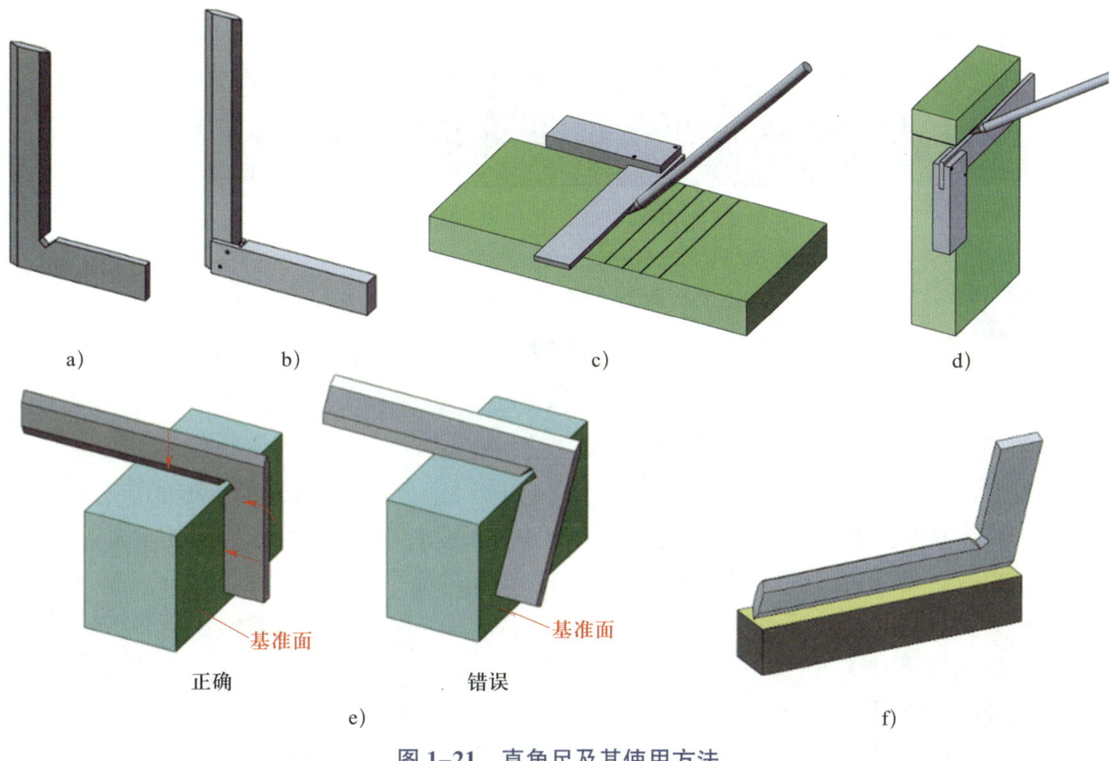

图 1–21 直角尺及其使用方法

a）整体式 b）组合式 c）划平行线 d）划垂直线 e）检查垂直度误差 f）检查直线度误差

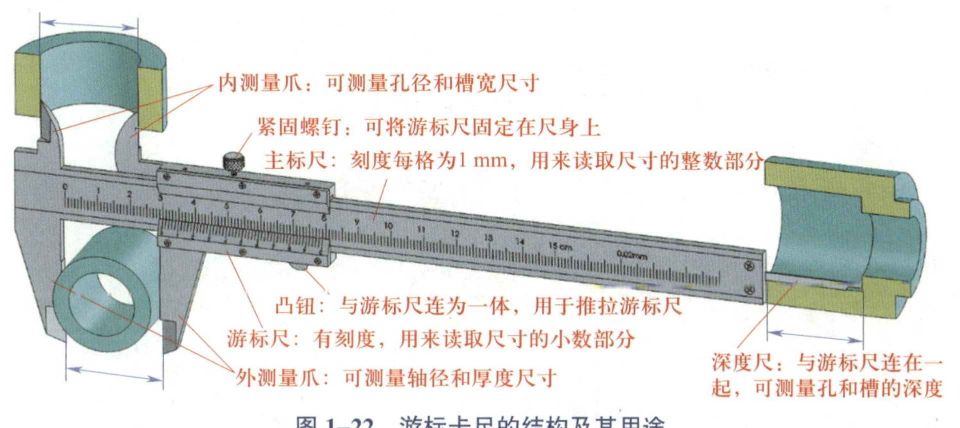

图 1–22 游标卡尺的结构及其用途

游标卡尺的读数方法如下：先读整数，在游标尺“0”线以左的主标尺上读得整数；再读小数，在游标尺“0”线以右的刻线中找到与主标尺刻线对齐的刻线格数，乘以该游标卡尺的分度值 0.02 mm；将两个读数相加即为所测工件的实际尺寸，如图 1–23 所示。

使用游标卡尺的注意事项如下：测量前，应将游标卡尺清理干净，并将主标尺与游标卡尺的测量爪合拢，检查游标卡尺的精度情况。大规格的游标卡尺应用标准棒校准，读出游标卡尺的误差，测量工件时，应排除该误差。测量时，游标卡尺与工件的检测基准要垂直，测量位置要准确，两测量爪与被测工件表面应贴合好，松紧要适度。读数时要正对游标卡尺，看准对齐的刻线格数。

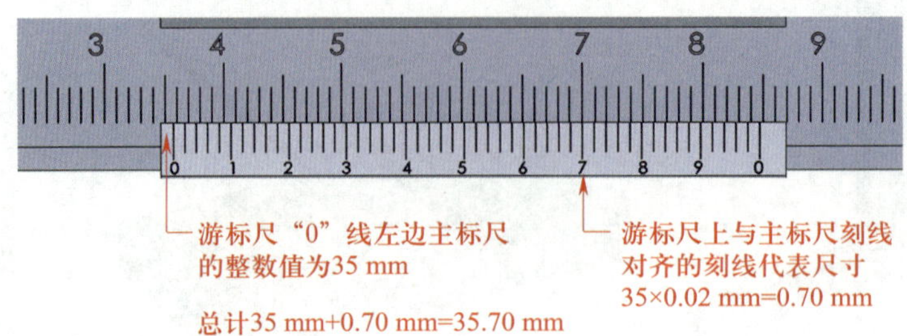

图 1–23　游标卡尺的读数方法

三、划线基准

划线基准是指在划线时工件上用于确定其他点、线、面的位置时所依据的点、线、面。划线时，应先从划线基准开始，正确地选择划线基准是提高划线质量和效率的重要因素。选择划线基准时，需要对工件、加工工艺、设计要求和划线工具等进行综合分析，找出工件上与各方面有关的点、线、面（一般是工件的设计基准），作为划线时的尺寸基准和校正工件的校正基准。划线时常用的划线基准有以下三种：

1. 以两个互相垂直的平面为基准

如图 1–24a 所示，划线时，首先划出这两个互相垂直的外平面 *A*，然后以这两个平面 *A* 为基准划出其他加工线。

2. 以两条互相垂直的中心线为基准

如图 1–24b 所示，划线时，首先根据工件外形找出工件上相对应的位置，划出水平中心线和垂直中心线 *A*，然后以这两条中心线为基准，划出其他加工线。

3. 以一个平面和一条中心线为基准

如图 1–24c 所示，划线时，首先划出平面线 *A* 和竖直中心线 *A′*，然后以 *A* 和 *A′* 为基准划出其他加工线。

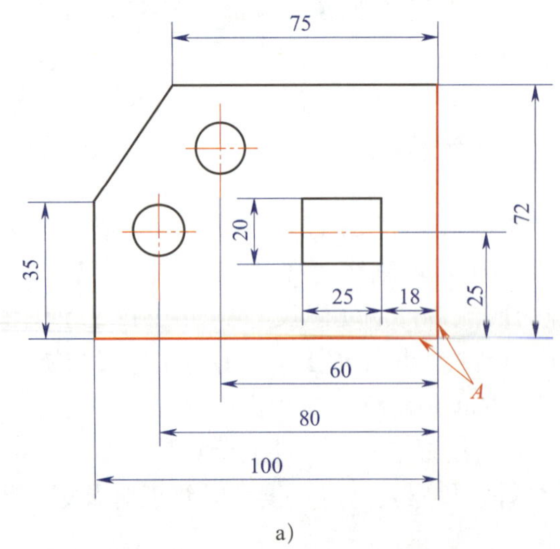

a)

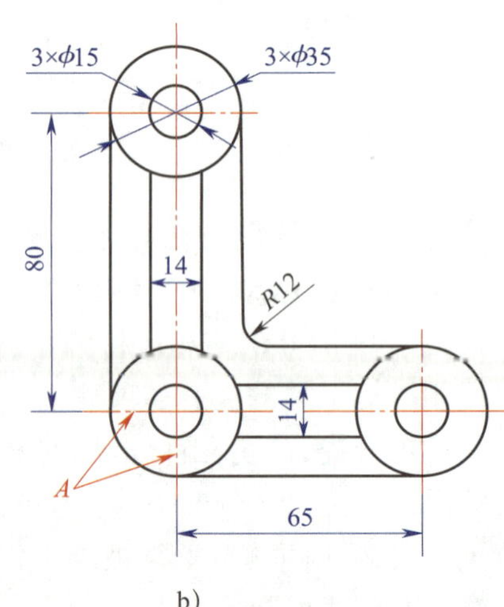

b)

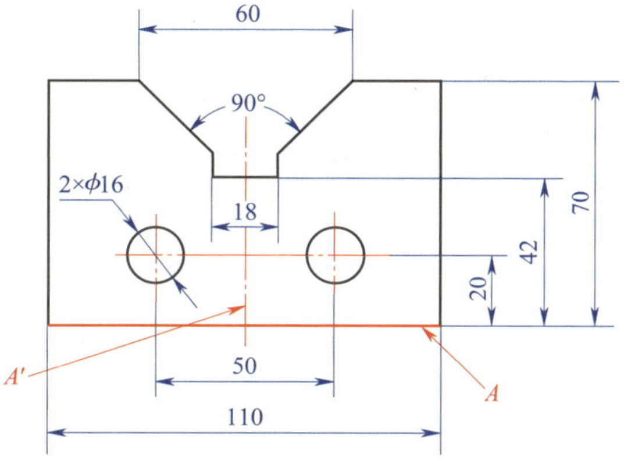

c）

图 1-24　划线基准的类型

a）以两个互相垂直的平面为基准　b）以两条互相垂直的中心线为基准　c）以一个平面和一条中心线为基准

四、常用的基本划线方法

1. 划线的种类

划线分为平面划线和立体划线两种。只需要在工件的一个表面上划线称为平面划线，如图 1-25a 所示；需要同时在工件上多个互成一定角度的表面上划线称为立体划线，如图 1-25b 所示。

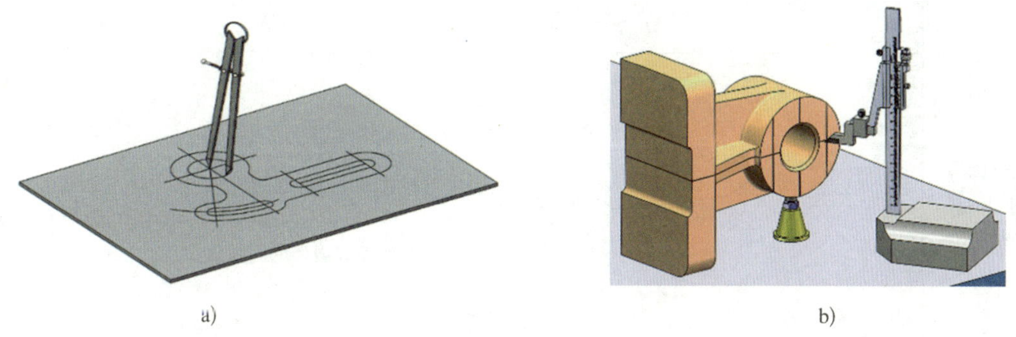

a)　　b)

图 1-25　平面划线和立体划线

a）平面划线　b）立体划线

2. 基本划线方法

常用的基本划线方法见表 1-5。

表 1-5　常用的基本划线方法

划线要求	图示	划线方法
作与线段 *AB* 距离为 *R* 的平行线	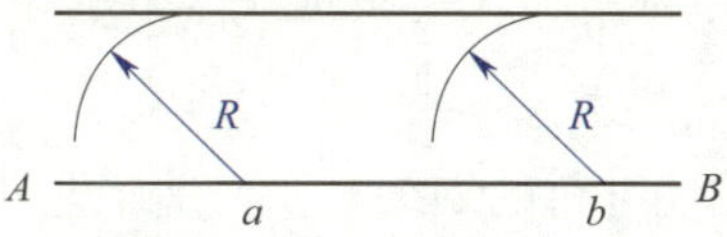	1. 在已知线段上任取两点 *a*、*b* 2. 分别以 *a* 点、*b* 点为圆心，*R* 为半径，在同侧作圆弧 3. 作两圆弧的公切线，即为所求的平行线

续表

划线要求	图示	划线方法
过已知线段 *AB* 的端点 *B* 作垂直线段	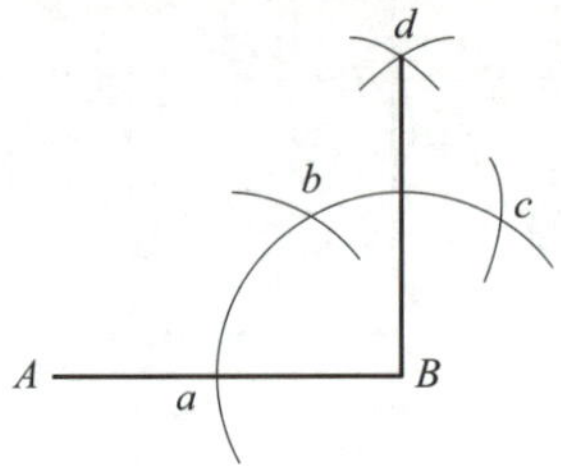	1. 在 *AB* 上任取一点 *a*，以 *B* 点为圆心，取 *Ba* 为半径作圆弧 2. 分别以 *a* 点和 *b* 点为圆心，以 *Ba* 为半径，在圆弧上截取圆弧段 *ab* 和 *bc* 3. 分别以 *b* 点、*c* 点为圆心，*Ba* 为半径作圆弧，得到交点 *d* 4. 连接 *Bd*，即为所求垂直线段
作与两相交直线相切的圆弧线	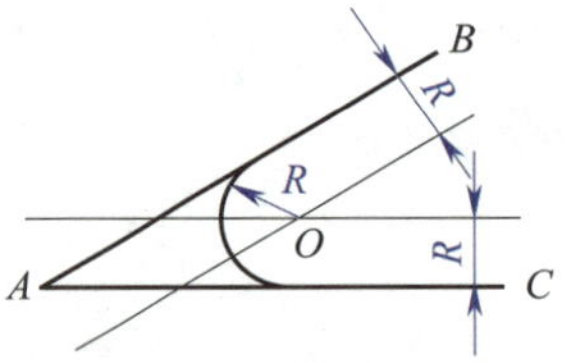	1. 在两相交直线的角度内，作与两直线相距为 *R* 的两条平行线，交于 *O* 点 2. 以 *O* 点为圆心，*R* 为半径作圆弧，即得到与两相交直线相切的圆弧线
作与两圆弧线外切的圆弧线	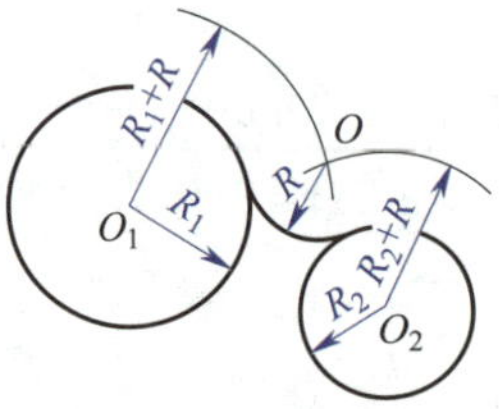	1. 分别以 O_1 点和 O_2 点为圆心，以 R_1+R 和 R_2+R 为半径作圆弧，交于 *O* 点 2. 以 *O* 点为圆心，*R* 为半径作圆弧，即得到与两圆弧线外切的圆弧线
作与两圆弧线内切的圆弧线	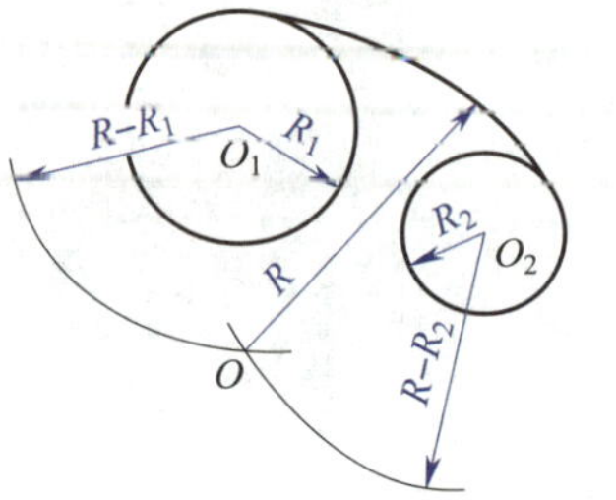	1. 分别以 O_1 点和 O_2 点为圆心，以 $R-R_1$ 和 $R-R_2$ 为半径作圆弧，交于 *O* 点 2. 以 *O* 点为圆心，*R* 为半径作圆弧，即得到与两圆弧线内切的圆弧线
作与两相向圆弧相切的圆弧线	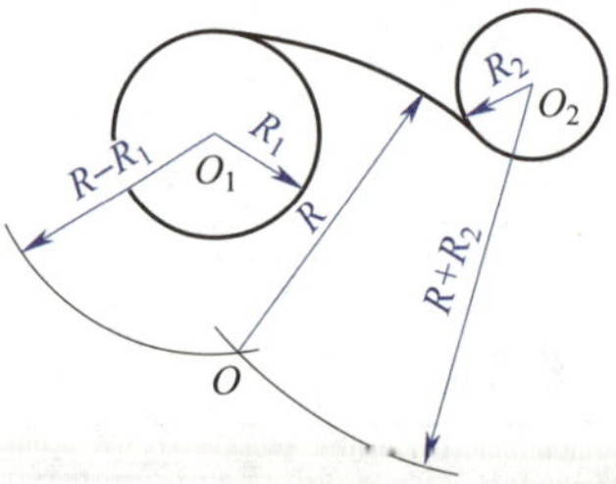	1. 分别以 O_1 点和 O_2 点为圆心，以 $R-R_1$ 和 $R+R_2$ 为半径作圆弧，交于 *O* 点 2. 以 *O* 点为圆心，*R* 为半径作圆弧，即得到与两相向圆弧相切的圆弧线

五、划线时的找正和借料

立体划线在很多情况下是对铸件、锻件毛坯进行的划线。受铸造工艺和锻造工艺的影响，铸件和锻件的毛坯常会出现形状歪斜、偏心、各部分壁厚不均匀等属于几何误差的缺陷。当几何误差不大时，可以通过划线时的找正和借料进行补救。

1. 划线时的找正

在毛坯上划线时一般先要进行找正。找正就是利用划线盘、直角尺等工具对工件位置进行调整，使工件上有关的毛坯面处于合适的位置。其目的如下：

（1）当工件上有非加工表面时，按非加工表面的位置找正后再划线，以便使待加工表面与非加工表面之间尺寸均匀。图 1–26 所示的轴承架毛坯内孔和外圆不同轴，在划内孔加工界线前，应先以外圆（不加工）为找正依据，找出其中心；然后以找出的中心为基准划出内孔加工界线。这样就可以基本保证内孔与外圆同轴。同样，在划底面加工界线前，首先以上平面 *A*（非加工表面）为找正依据，用划线盘找正其水平位置；然后划出底面加工界线。这样就可以使底座各处的厚度比较均匀。

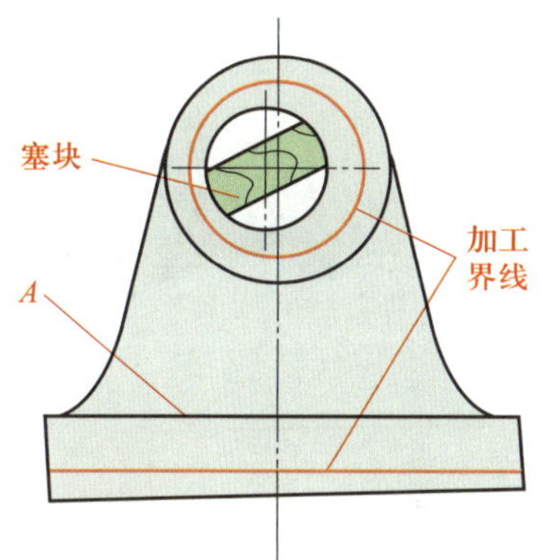

图 1–26 轴承架毛坯的找正

当工件上有两个或两个以上的非加工表面时，应选择其中面积较大的、较重要的、外观质量要求较高的表面为主要找正依据，兼顾其他较次要的非加工表面，使划线后各非加工表面与待加工表面之间的尺寸（如箱体的壁厚、凸台的高低等）尽量均匀并符合要求，而把难以弥补的误差转移到较次要或不醒目的部位上去。

（2）当工件上没有非加工表面时，通过对各待加工表面自身位置的找正及划线，可以使各待加工表面的加工余量均匀、合理，避免出现个别待加工表面的加工余量过多或过少的现象。当工件上有已加工表面时，则应以已加工表面为找正依据。如果有多个已加工表面时，应取主要的已加工表面作为找正依据。

2. 划线时的借料

大多数毛坯都存在一定的误差和缺陷。当误差和缺陷不太大时，通过调整或试划可以使各待加工表面都有足够的加工余量，以避免毛坯的误差和缺陷转移到加工表面上，或使其影响减小到最低程度。这种划线时的补救方法称为借料。

要做好借料工作，先要知道待划线毛坯误差的大小，确定需要借料的方向和大小，这样才能提高划线效率。如果毛坯误差超过允许范围，就不能利用借料来补救了，应及时将毛坯报废。借料的步骤大致可分为以下三步：

（1）检查毛坯各部分尺寸和偏差情况。

（2）确定借料的方向和尺寸，并划好基准线。

（3）通过试划线，检查各加工表面的加工余量是否合理。

注意：划线时的找正和借料这两项工作是密切进行的，如果只考虑一方面而忽略另一方面，不可能做好划线工作。

任务实施

一、准备工作

准备好练习用钢直尺、划规、划针、样冲、锤子、薄钢板等，如图 1–27 所示。

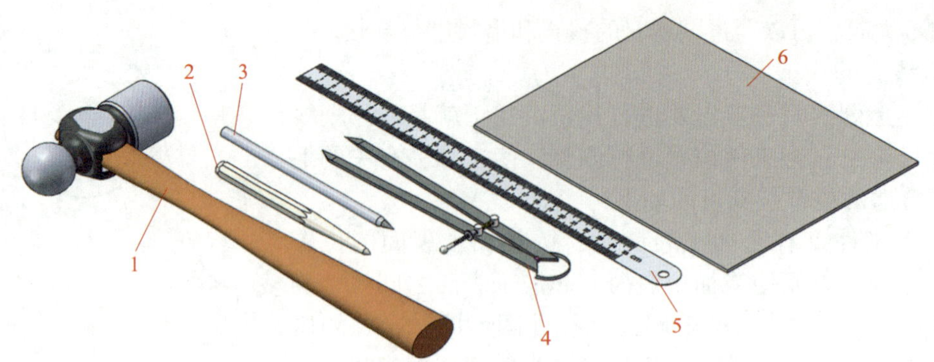

图 1–27　平面划线准备工作

1—锤子　2—样冲　3—划针　4—划规　5—钢直尺　6—薄钢板

二、平面划线

1. 准备好所用的划线工具，清理薄钢板表面并在其表面涂色。

2. 熟悉摆角样板图形的画法，指出该图形应采取的划线基准和最大轮廓尺寸，在薄钢板上合理安排基准线的位置，并在圆心 O_1、O_2、O_3、O_4、O_5 处打样冲眼，如图 1–28 所示。

3. 以 O_1 点为圆心，分别以 13 mm 和 23 mm 为半径划出两个同心圆；以 O_2 点为圆心，划出 $R5.5$ mm 和 $R15$ mm 的两个半圆；以 O_3 点为圆心，划出一个 $R5.5$ mm 的半圆；以 O_4 点、O_5 点为圆心，分别划出 $R5$ mm 和 $R12$ mm 的两个半圆；以 O_1 点为圆心，分别以 53 mm、63 mm、70 mm 为半径划出三段相切圆弧；再作两条与中心线 O_1O_4 相距 15 mm 和 10 mm 的平行线，如图 1–29 所示。

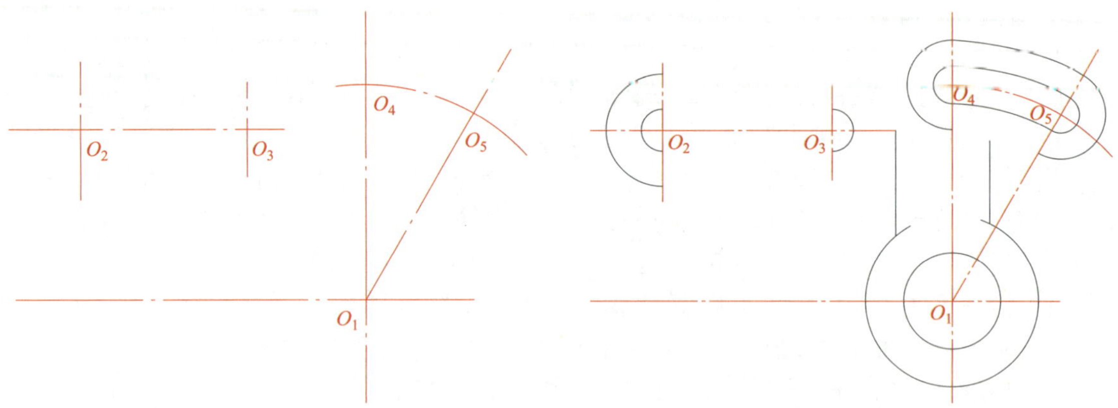

图 1–28　摆角样板基准线和相关圆弧的圆心　　**图 1–29　划出摆角样板的已知圆弧与直线**

4. 根据摆角样板中直线与圆弧、圆弧与圆弧的连接形式，划出 O_6、O_7、O_8、O_9、O_{10} 五个相切圆弧的圆心，并打样冲眼，如图 1–30 所示。

5. 分别以 O_6、O_7、O_8、O_9 点为圆心，以 5 mm 为半径划出四段相切圆弧；以 O_{10} 点为圆心、10 mm 为半径划出一段相切圆弧，如图 1–31 所示。

6. 根据图样要求划出 A、B 两点，然后用钢直尺和划针连接线段 AB。完成划线操作的摆角样板如图 1–32 所示。

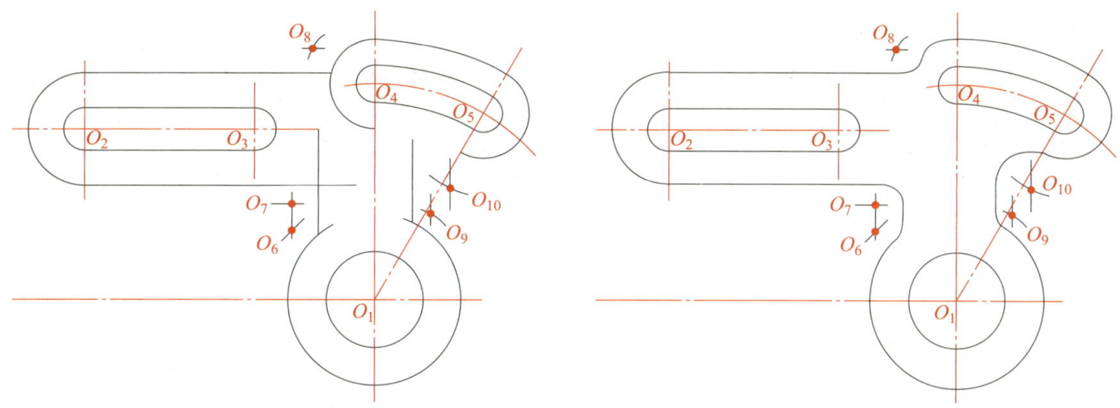

图 1–30 确定相切圆弧的圆心　　图 1–31 划出相关连接圆弧

7. 复核图形，用游标卡尺检查划线尺寸是否正确。若有线条不清晰、遗漏、错误等应予以纠正。

8. 在轮廓上打出样冲眼，划线工作结束。

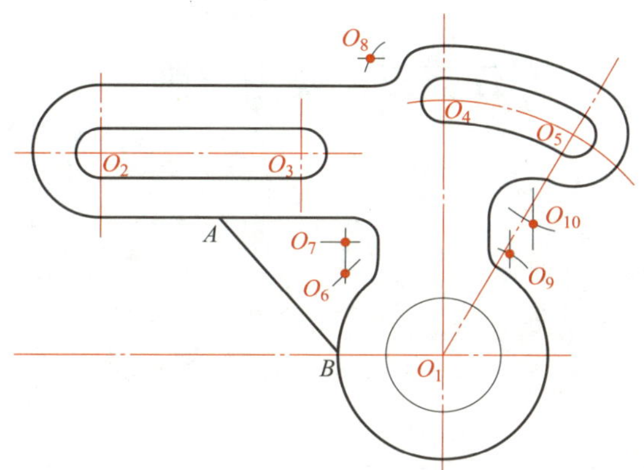

图 1–32 划出线段 *AB*

三、划线操作注意事项

1. 划线操作前建议在纸上先进行试划，熟悉作图方法。

2. 划线工具和量具的使用方法要正确，划线的动作要自然、协调。

3. 划线的尺寸要准确，一般划线的精度只能达到 0.25 ~ 0.5 mm，线条要细而清晰，样冲眼的位置要准确、合理。

4. 划线工具要合理摆放。要把左手用的工具放在操作者的左手边，右手用的工具放在操作者的右手边，工具排放要整齐、稳妥。

5. 划线后必须仔细做一次复检、校对工作，避免出错。

任务评价

摆角样板划线训练成绩评定见表 1–6。

表 1-6　　　　摆角样板划线训练成绩评定

序号	项目与技术要求	配分	评分标准	检测结果	得分
1	图形及其排列位置正确	15	总体评定		
2	线条清晰且无重线	15	线条不清晰或有重线每处扣 1 分		
3	尺寸和线条位置正确	15	不正确酌情扣分		
4	各圆弧连接圆滑	15	一处不圆滑扣 1 分		
5	样冲眼位置正确	15	冲偏一处扣 0.5 分		
6	样冲眼位置分布合理	15	分布不合理每处扣 1 分		
7	使用工具正确，操作姿势正确	10	发现一次不正确扣 2 分		
8	安全文明生产		不符合要求每次倒扣 2 分		
合计		100			

任务三　锯　　削

学习目标

1. 能合理选用并正确安装锯条。
2. 能正确安装要锯削的工件。
3. 能利用所掌握的锯削基本知识进行锯削操作。

任务描述

使用锯弓、锯条和台虎钳锯削图 1-33 所示的工件，使其达到图样要求。毛坯为 ϕ32 mm 的 45 钢圆棒。

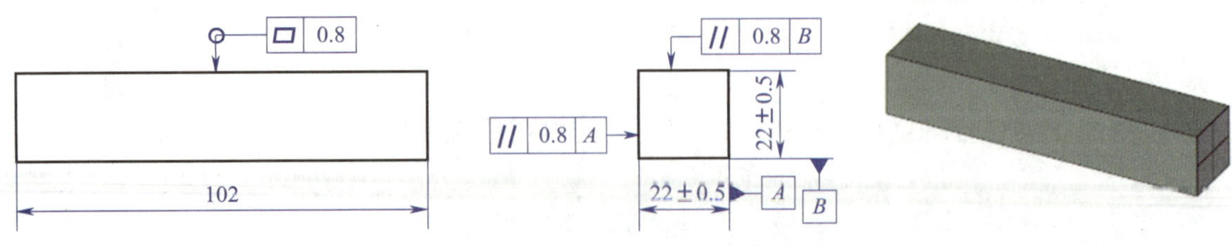

图 1-33　锯削技能训练图

任务分析

要完成该工件的锯削任务，其操作步骤为划线→选择锯削工具→装夹工件→进行锯削加工（锯削四个平面）。

相关知识

锯削是指用锯削工具（手锯）对原材料或工件（毛坯、半成品）进行切断或切槽等的加工方法，其工作范围如图 1-34 所示。

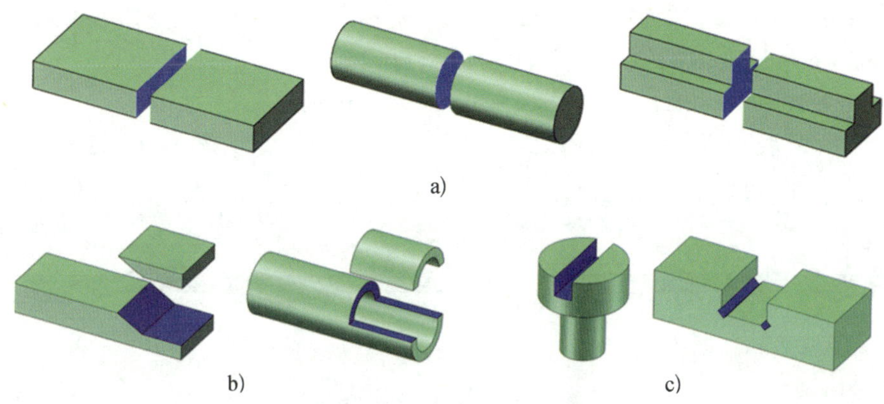

图 1-34 锯削的工作范围

a）锯断各种原材料或半成品 b）锯掉工件上多余的部分 c）在工件上锯削沟槽

一、手锯

手锯是由锯弓和锯条两部分组成的。

1. 锯弓

锯弓是用来装夹并张紧锯条的工具，有固定式和可调式两种，如图 1-35 所示。

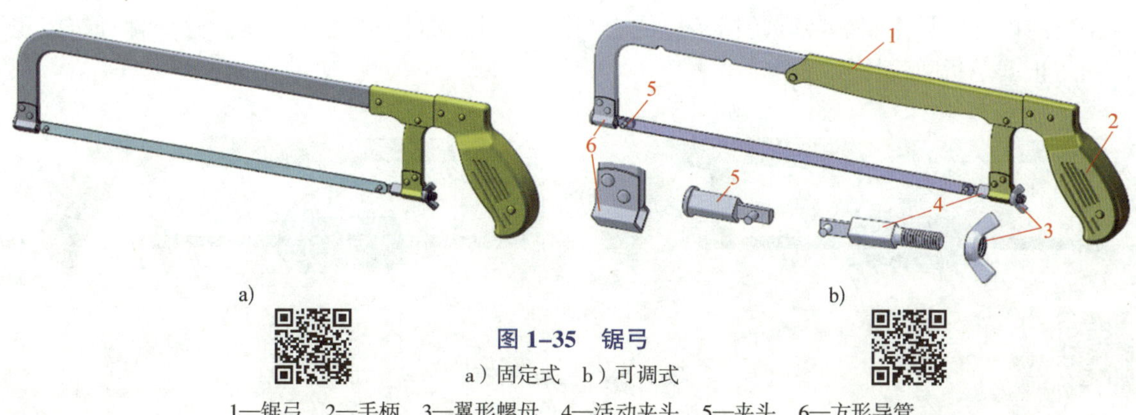

图 1-35 锯弓

a）固定式 b）可调式

1—锯弓 2—手柄 3—翼形螺母 4—活动夹头 5—夹头 6—方形导管

固定式锯弓只使用一种规格的锯条；对于可调式锯弓，因弓架是由两段组成的，可使用几种不同规格的锯条。因此，可调式锯弓使用较为方便，它由手柄、方形导管、夹头等组成，夹头上装有挂锯条的销钉，后面的活动夹头 4 上装有拉紧螺钉，并配有翼形螺母，以便于拉紧锯条。

2. 锯条

锯条是锯削加工所使用的刀具，一般由渗碳软钢冷轧而成。锯条的尺寸规格是指两安装孔间的距离，一般为 150 ~ 400 mm（常用 300 mm），宽度为 10 ~ 25 mm，厚度为 0.6 ~ 0.8 mm。锯条的刃口是锯齿，锯齿的切削角度如图 1–36 所示，各锯齿的作用相当于一排同样形状的錾子，每个齿都参与切削，一般前角 γ_o=0°，后角 α_o=40°，楔角 β_o=50°。锯齿一般按一定的规律左右错开并排列成一定的形状，称为锯路，如图 1–37 所示。根据锯条按每 25 mm 长度内的锯齿数不同，锯条可以分为粗齿锯条（14 ~ 18 齿）、细齿锯条（24 ~ 32 齿）和中齿锯条（介于粗齿锯条和细齿锯条两者之间）。

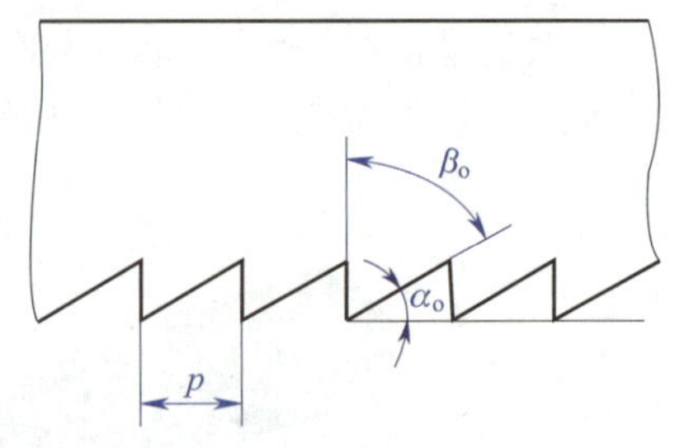

图 1–36 锯齿的切削角度

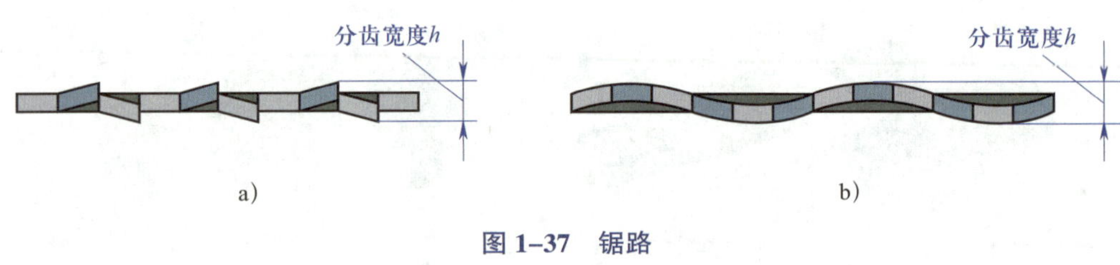

图 1–37 锯路

a）交叉形 b）波浪形

选择锯条的主要依据是被锯削工件的材质和厚度，软材料（如铜、铝、低碳钢、中碳钢等）和较厚的工件一般选用粗齿锯条；硬钢、薄板金属、薄壁管料等一般选用细齿锯条；普通碳钢、铸铁和中等厚度的工件一般选用中齿锯条。

安装锯条时锯条齿尖应朝前如图 1–38a 所示，如果装反了，如图 1–38b 所示，则锯齿前角为负值，不能正常锯削。在调节锯条松紧时，翼形螺母不宜旋得太紧或太松，太紧时锯条受力太大，在锯削中用力稍有不当就会折断；太松则锯条在锯削时容易扭曲，也易折断，而且锯出的锯缝容易歪斜。装好的锯条应使它与锯弓保持在同一中心平面内，这对保证锯缝正直和防止锯条折断都比较有利。

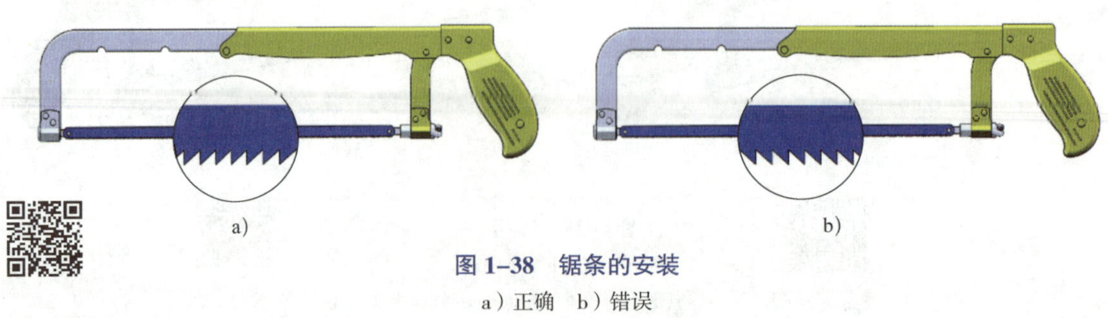

图 1–38 锯条的安装

a）正确 b）错误

二、锯削的方法

1. 锯削的基本姿势

（1）手锯的握法

锯削时右手满握锯柄，左手扶在锯弓前端，如图 1–39 所示。

（2）站立位置和姿势

锯削时的站立位置如图 1–40 所示。锯削前，操作者站在台虎钳的左侧，左脚向前跨半步，与台虎钳竖直中心平面成 30° 角，右脚与台虎钳竖直中心平面成 75° 角，左膝略弯曲，右脚站稳，右腿伸直并轻微用力，两脚相距 250 ~ 300 mm，保持舒适、自然状态。身体与台虎钳水平中心平面约成 45° 角，双手扶正手锯放在工件上，左臂略微弯曲，右臂与锯削方向基本保持平行。

图 1–39　手锯的握法

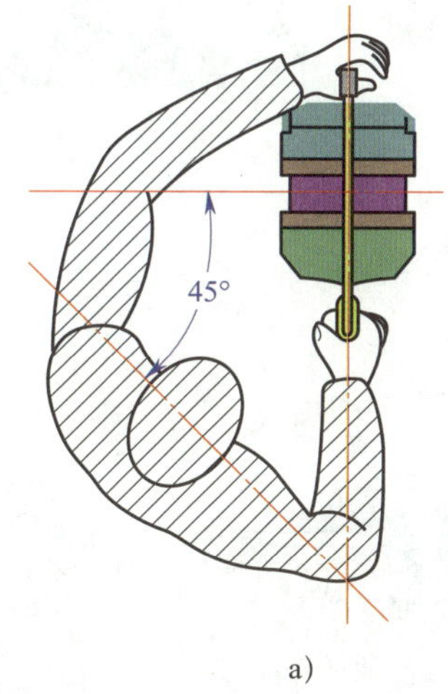

a）

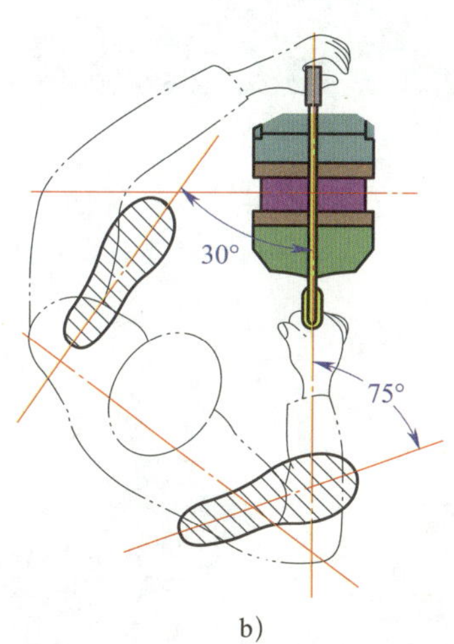

b）

图 1–40　锯削站立位置

a）锯削时身体位置　b）锯削步位

（3）起锯方法

起锯是锯削工作的开始。起锯时应用拇指或物体靠住锯条侧面，保证锯条在某一固定的位置起锯，并平稳地逐步切入工件，使锯条不会跳出锯缝，如图 1–41a 所示。起锯的方法分为远起锯和近起锯两种，从工件远离操作者的一端起锯称为远起锯，如图 1–41b 所示；从工件靠近操作者的一端起锯称为近起锯，如图 1–41c 所示。远起锯起锯方便，起锯角容易掌握，是常用的一种起锯方法；近起锯便于施加压力及控制锯条方向，尤其适用于锯削小件或薄件。

2. 锯削的动作

锯削操作姿势如图 1–42 所示，锯削时，双脚不要移动，双手带动手锯一起向前运动，右腿保持伸直状态，与身体一起自然、协调向前倾，身体重心慢慢移到左腿上，左膝弯曲。随着锯削行程的增加，身体的倾斜度也随之增大。当手锯向前推至锯条长度的 3/4 时，身体往后倾，从而带动左腿略微伸直，身体重心后移，手锯顺势退回锯削开始状态。

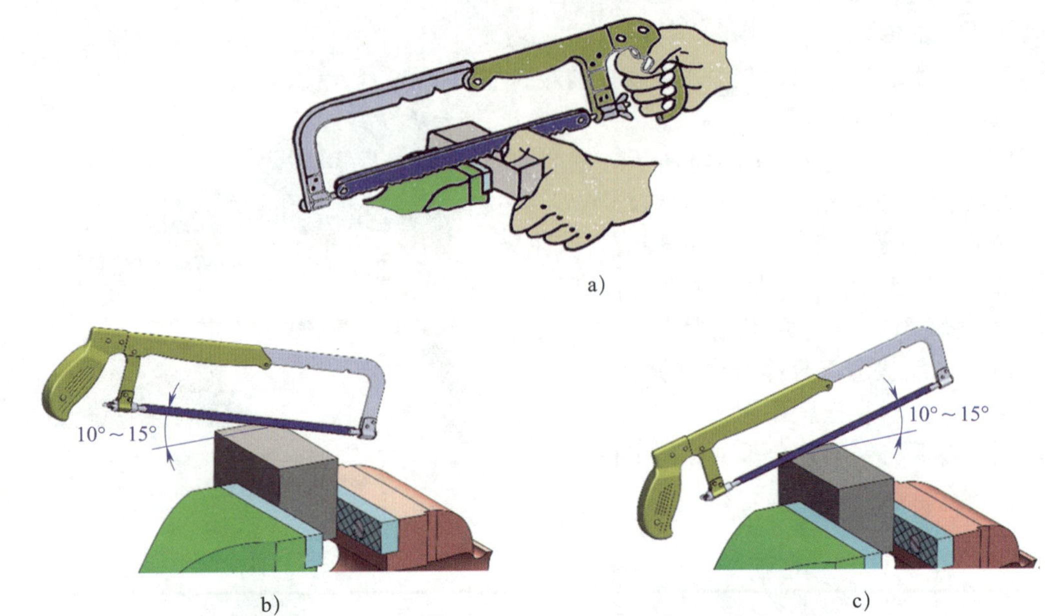

图 1–41　起锯的方法

a）起锯开始　b）远起锯　c）近起锯

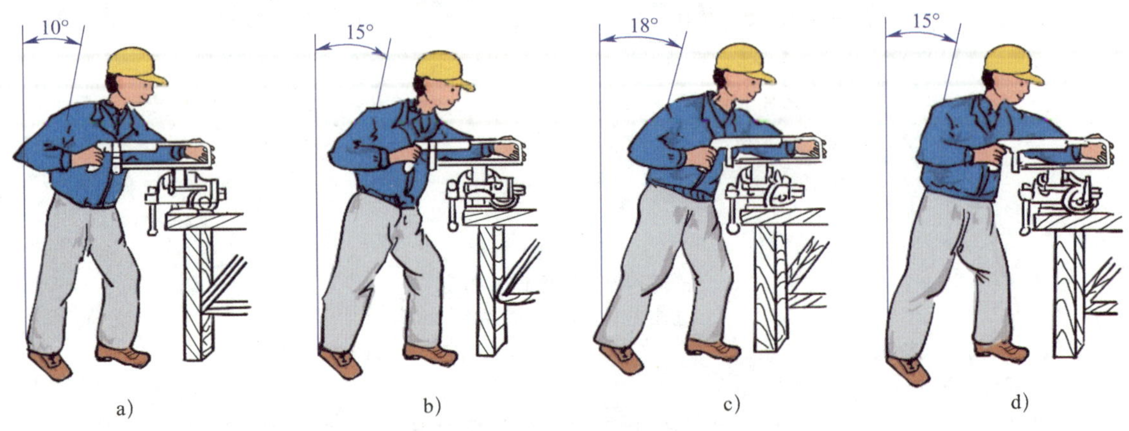

图 1–42　锯削操作姿势

3. 锯削的注意事项

（1）起锯的角度一般为 10°～15°，右手推动手锯的行程要短，速度要慢，压力要小。当锯齿锯入工件 2～3 mm 时，左手拇指离开工件，双手扶正手锯进入正常锯削状态。

（2）锯削的速度要均匀、平稳、有节奏、快慢适度，一般以每分钟往复 20～60 次为宜。过慢，效率低；过快，操作者容易疲劳，锯条也会因过热而损坏。

（3）锯削时对锯弓施加的力要均匀，大小要合适。用右手控制锯削的推力与压力，左手扶正锯弓，并配合右手调节对锯弓施加的压力。锯削硬材料时的压力比锯削软材料时要大些，手锯退回时不能对锯弓施加压力。

（4）锯削钢材时应加少许机油对锯条进行润滑。

（5）锯条参与锯削的长度应不小于锯条长度的 2/3。

（6）当锯缝歪斜时应停止锯削，将工件转动一定角度后重新起锯，再进行锯削。

（7）当锯削工作接近尾声时，压力要小，速度要慢，行程要短。对于即将锯断的工件，应用左手扶住即将锯断的工件，或者留一点余量，用手反复掰动工件，最后将工件掰断。

三、常见工件的锯削方法

1. 管子的锯削

锯削较大直径的管子时，一般锯至管子内壁时应退出手锯，然后将管子转动一定角度（转动的角度以下次锯削时不脱离原锯缝为宜），再沿原锯缝锯至管子内壁，如图 1–43 所示，重复上述过程直至将管子锯断为止；否则，将会出现锯齿被管子内壁钩住而崩裂以及锯缝不平整等现象。

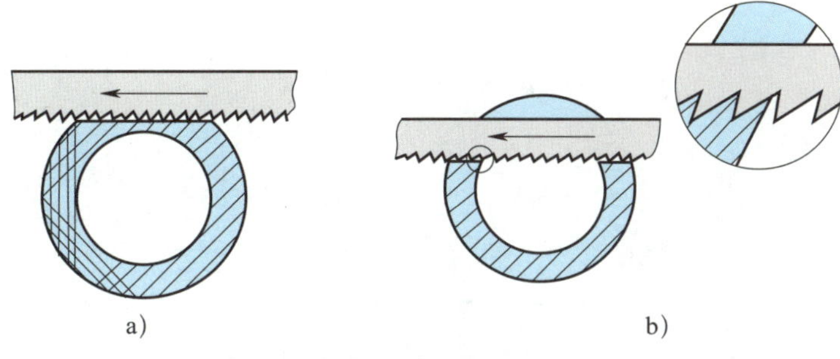

图 1–43　管子的锯削

a）正确　b）错误

2. 板材的锯削

这里的板材是指厚度大于 4 mm 的板料。锯削板料时，容易产生颤动、变形或钩住锯齿等现象。通常采用下述方法加以避免：将手锯与板料倾斜一定角度，采用横向斜推锯法锯削，以增加锯条与板料的接触齿数，避免产生钩齿现象，如图 1–44a 所示；将板料夹在两块木板之间，锯削时连同木板一起锯下，以提高板料的刚度，避免锯削时产生颤动或钩齿现象，如图 1–44b 所示。

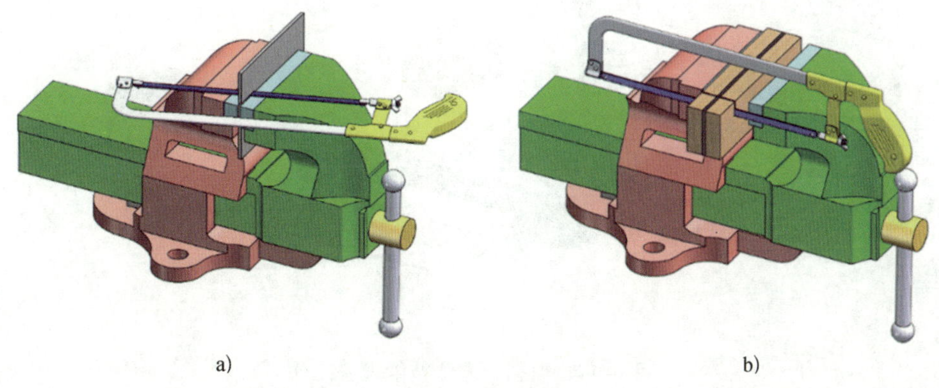

图 1–44　板材的锯削

a）横向斜推锯　b）夹在木板中锯削

3. 深缝件的锯削

锯削深缝件时，锯缝的深度大于锯弓的高度，采用正常安装锯条的方法无法完成锯削工作，如图 1–45a 所示。这时可将锯条转过 90° 后重新安装，如图 1–45b 所示，使锯弓处于工件的外侧；如果将锯条转过 90° 重新安装后，锯弓与工件发生干涉或不便于操作时，则应将锯弓转过 180° 后重新安装，如图 1–45c 所示，使锯弓处于工件的下方，以便于进行锯削加工。

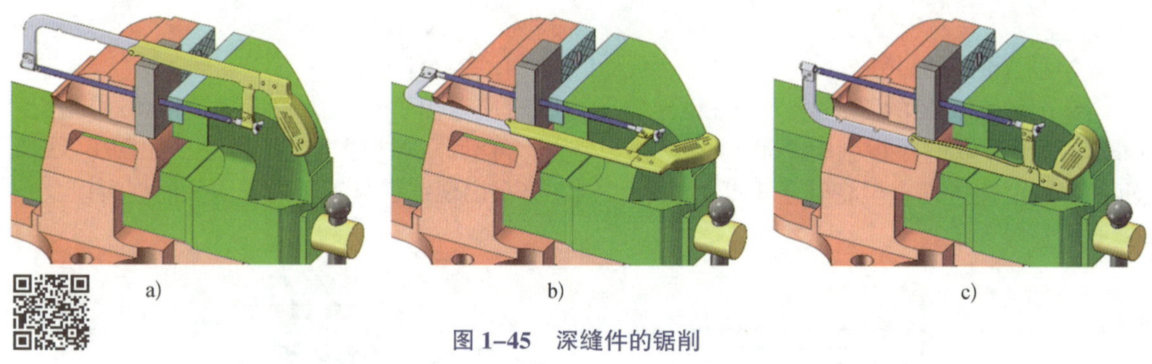

a)　　b)　　c)

图 1–45　深缝件的锯削

任务实施

一、准备工作

1. 工具和量具：粉笔、钢直尺、游标卡尺、刀口形直尺、刀口形直角尺、塞尺、游标高度卡尺、划线平板、划规、锤子、铜棒、划针、样冲、V 形架、锯条（若干）、锯弓等，如图 1–46a 所示。

2. 辅助工具：软钳口衬垫、刷子、润滑油（油枪）等，如图 1–46b 所示。

3. 材料：每人一件 ϕ35 mm × 102 mm 的圆钢棒料。

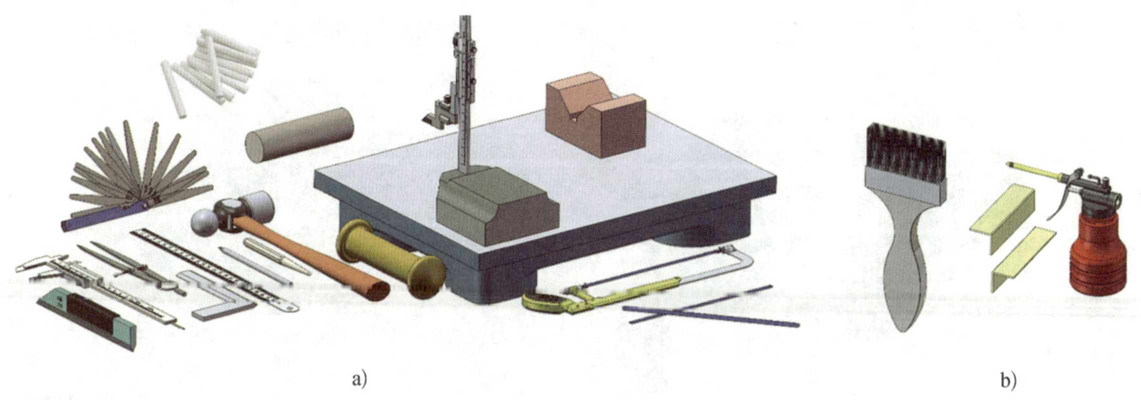

a)　　b)

图 1–46　锯削长方体技能准备工作

a）工具、量具和材料　b）辅助工具

二、锯削长方体

1. 圆棒料划线

锯削长方体前圆棒料划线的操作步骤见表 1–7。

表 1–7　圆棒料划线的操作步骤

步骤	加工内容描述	图示
1. 涂色	用白粉笔在工件毛坯表面涂色，涂色的目的在于使所划线条清晰	
2. 测量工件外圆最高点尺寸	在划线平板上将工件放到 V 形架上，用游标高度卡尺测出工件外圆最高点至平板的实际尺寸值 M	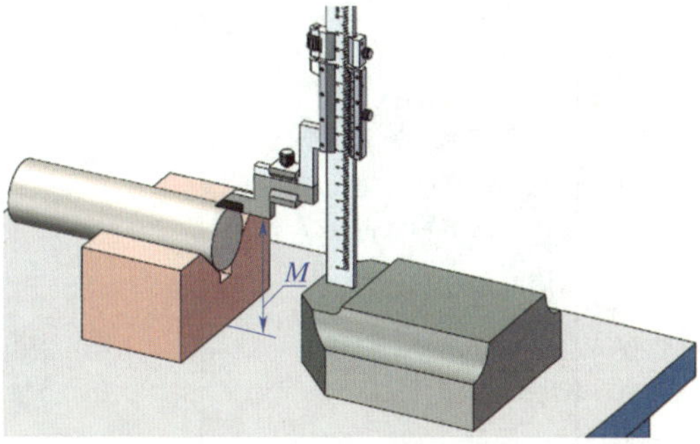
3. 划中心线	把游标高度卡尺调至高度 $H\left(H=M-\frac{D}{2}\right)$处，用游标高度卡尺在圆钢棒料两端划出中心线	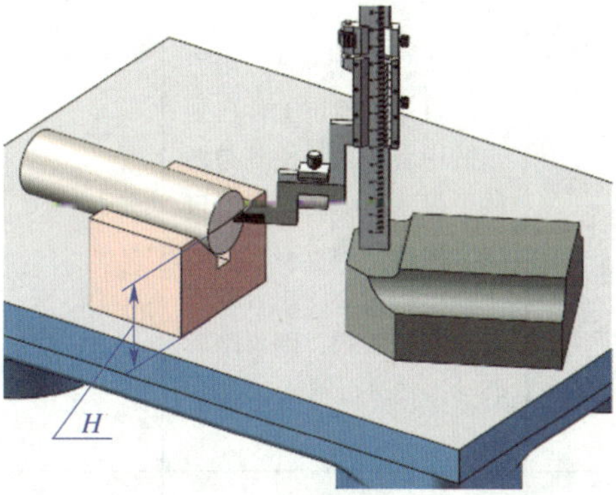
4. 划四周线条	调整游标高度卡尺，使其升至高度 L_1（$L_1=H+$ 11 mm）处。左手按住工件上表面，使其在 V 形架中不发生转动，用游标高度卡尺在工件两端面和外圆上划出四周线条	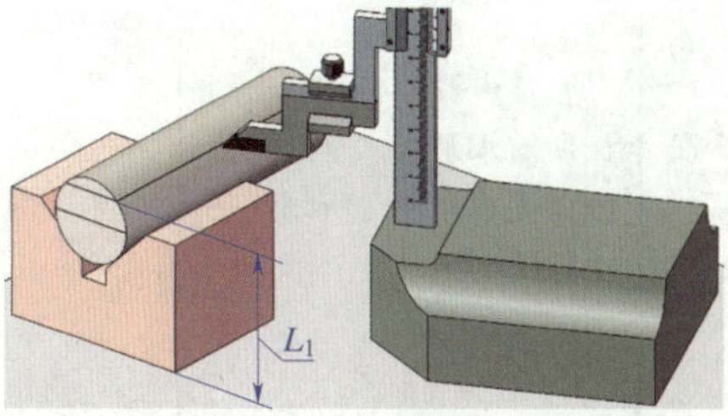

续表

步骤	加工内容描述	图示
5. 工件翻转180°后找正中心线	将工件翻转180°，再次将游标高度卡尺调到工件中心高度H处，用游标高度卡尺的尺尖找正工件水平位置。通过尺尖的水平移动来检查工件端面中心线是否水平，若有倾斜，可略微转动工件，直至游标高度卡尺的尺尖位置能与已划出的水平中心线重合为止	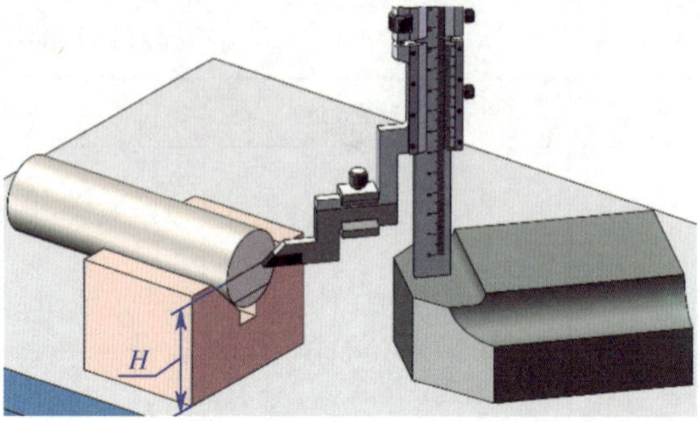 H
6. 第二次划四周线条	调整游标高度卡尺，将其升至高度L_1处，第二次在工件上划高度为L_1的四周线条	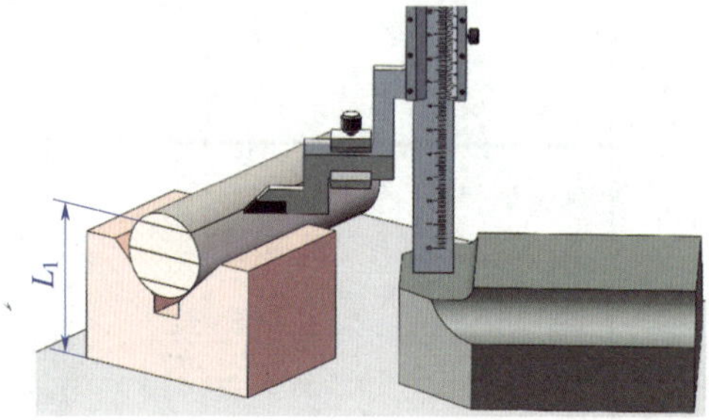 L_1
7. 工件转动90°后找正中心线垂直位置	将工件转动90°，用刀口形直角尺找正工件已划出的中心线，并使其与划线平板垂直。此时，刀口形直角尺的测量刀口应与工件已划中心线重合或平行，若有倾斜，则可略微转动工件进行调整	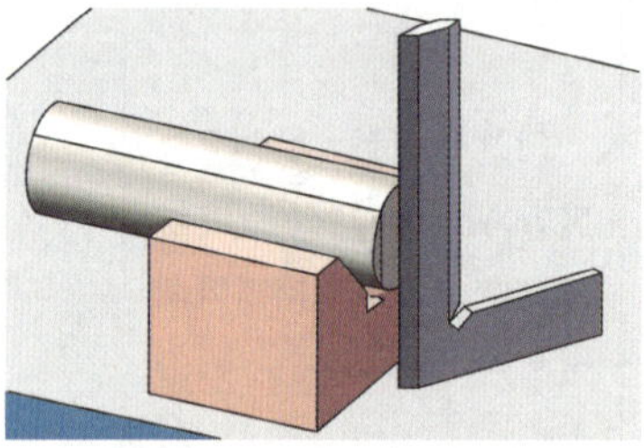
8. 划水平线条并打样冲眼	重复步骤3～步骤6，划出所有水平线，至此全部线条完成，并在所划线条上打样冲眼	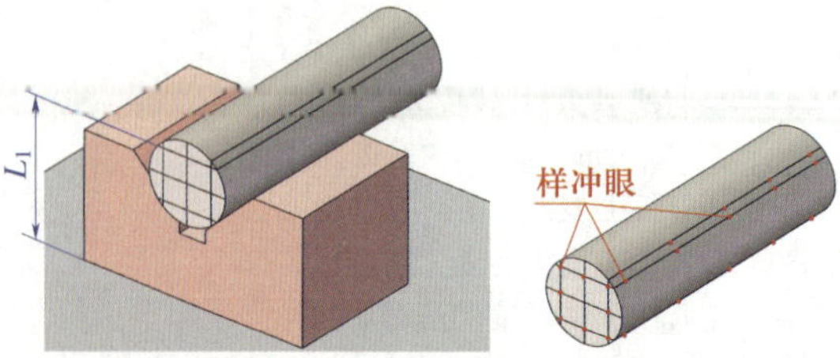 L_1 样冲眼

2. 长方体锯削

锯削长方体的操作步骤见表 1–8。

表 1–8 锯削长方体的操作步骤

步骤	加工内容描述	图示
1. 锯削并检查第一面	将已划好线的工件竖直装夹在台虎钳上，锯削第一面，使其达到平面度公差 0.8 mm 和加工面的尺寸要求	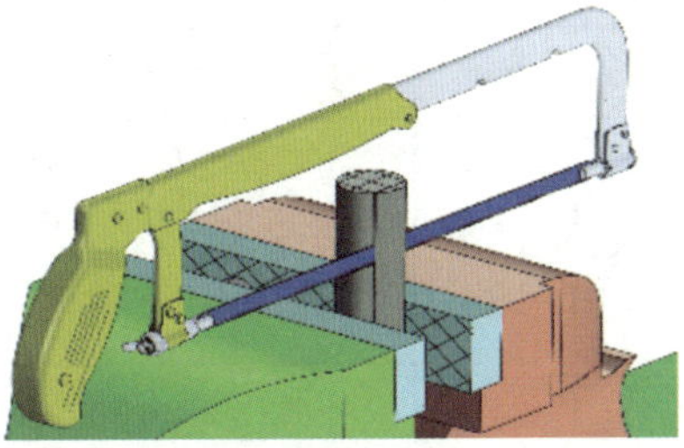 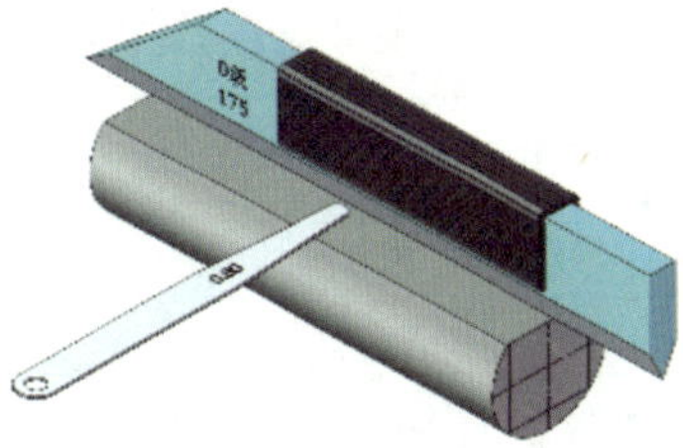
2. 锯削并检查第一面的对面	锯削第一面的对面，使其达到平面度公差 0.8 mm、平行度公差 0.8 mm、尺寸（22 ± 0.5）mm 的要求	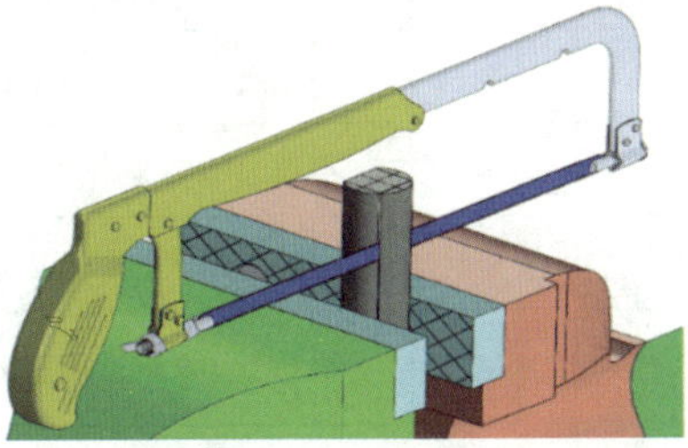 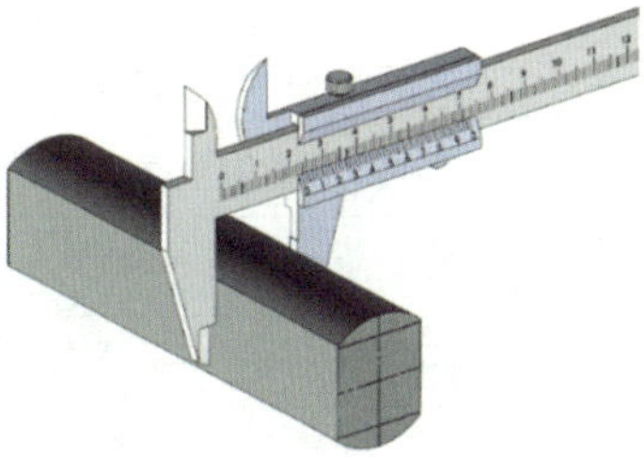
3. 锯削第一面的垂直面	锯削第一面的垂直面，使其达到平面度公差 0.8 mm 和加工面的尺寸要求	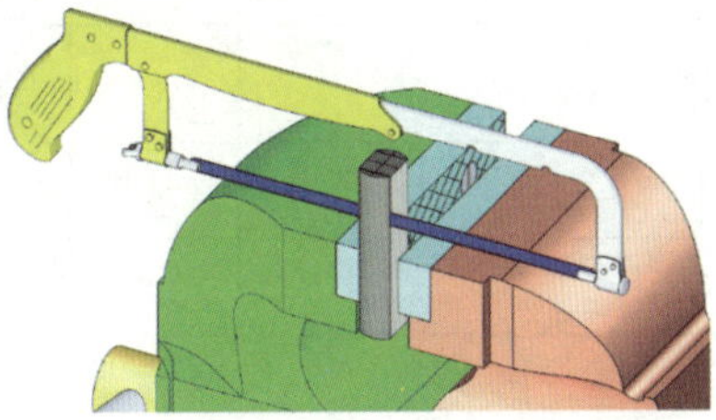
4. 检查第三面和第四面的尺寸与几何精度，去毛刺，送检	锯削第四面，使其达到平面度公差 0.8 mm、平行度公差 0.8 mm、尺寸（22 ± 0.5）mm 的要求	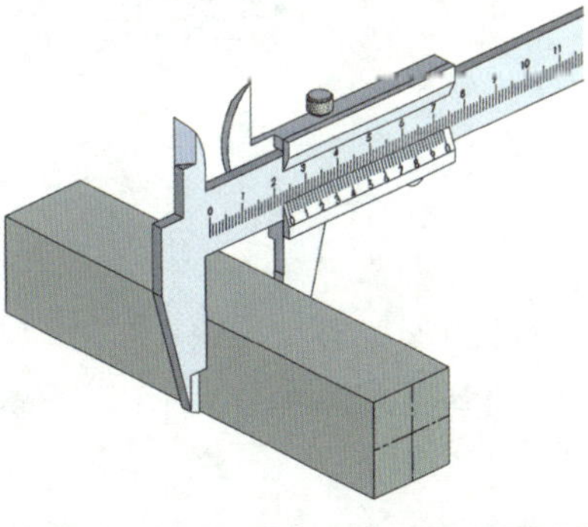

三、锯削操作注意事项

1. 选择中齿锯条进行锯削操作。
2. 锯削速度以 20 ~ 40 次 /min 为宜，不宜过快。
3. 锯削过程中要经常检查锯缝的直线度，出现歪斜现象应及时纠正。

任务评价

锯削姿势及锯削长方体训练成绩评定见表 1–9。

表 1–9　　锯削姿势及锯削长方体训练成绩评定

序号	项目与技术要求	配分	评分标准	检测结果	得分
1	工件夹持正确	5	不符合要求酌情扣分		
2	工具和量具摆放位置正确，排列整齐	5	不符合要求酌情扣分		
3	握锯正确、自然	5	不符合要求酌情扣分		
4	锯削姿势正确	5	不符合要求酌情扣分		
5	锯削断面纹路整齐	5	不符合要求酌情扣分		
6	锯条使用正确	5	不符合要求酌情扣分		
7	（22 ± 0.5）mm（4 处）	7 × 4	每超差 0.2 mm 扣 7 分		
8	▱ 0.8（4 处）	5 × 4	每超差 0.2 mm 扣 5 分		
9	// 0.8 *A*	8	每超差 0.1 mm 扣 4 分		
10	// 0.8 *B*	8	每超差 0.1 mm 扣 4 分		
11	安全文明生产	6	不符合要求每次扣 2 分		
合计		100			

任务四　锉　　削

学习目标

1. 能合理选用锉刀。
2. 能正确安装要锉削的工件。
3. 能利用所掌握的锉削基本知识进行锉削操作。

任务描述

利用锉刀和台虎钳，锉削模块一任务三中经过锯削的长方体的平面，尺寸、几何公差和表面粗糙度要求如图 1–47 所示。通过锉削该长方体，掌握正确的平面锉削姿势及在钢件上进行平面锉削的技能。

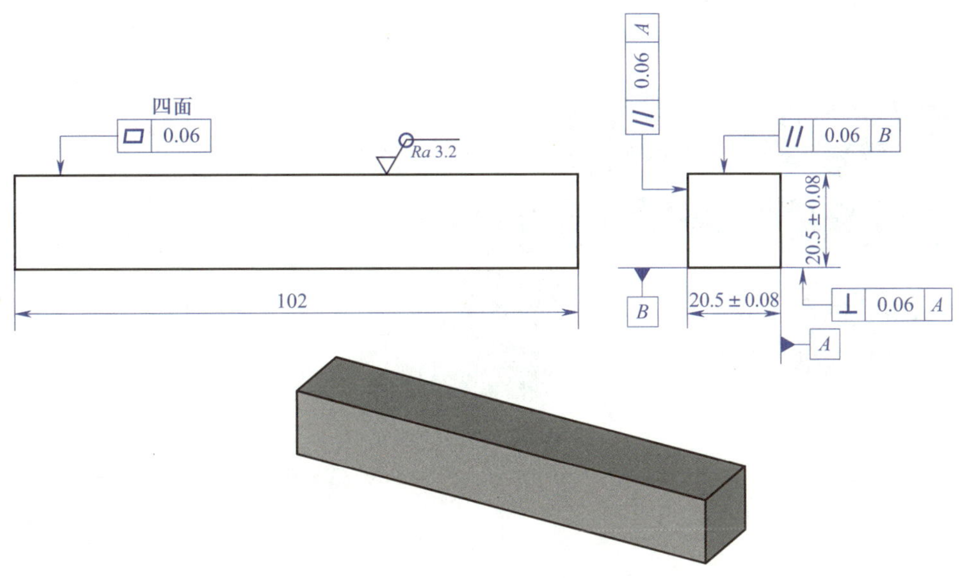

图 1–47 锉削长方体技能训练图

任务分析

要完成长方体的锉削任务，其操作步骤为选择锉削工具和量具→装夹工件→锉削加工。下面先学习与锉削相关的专业知识。

相关知识

用锉刀对工件表面进行切削加工，使其尺寸精度、几何精度和表面质量等都达到要求，这种加工方法称为锉削。锉削的加工范围包括内外平面、内外曲面、内外角、沟槽和各种形状复杂的表面。下面介绍锉削工具及其使用方法。

一、锉削工具

锉削的主要工具是锉刀。锉刀用高碳工具钢 T12、T12A、T13A 等制成，经热处理淬硬，硬度可达 62HRC 以上。由于锉削工作较广泛，目前使用的锉刀规格都已标准化。

1. 锉刀的组成

锉刀主要由锉齿、锉刀面、锉刀边、锉刀尾、锉刀舌、锉柄等组成，如图 1–48 所示。

2. 锉齿和锉纹

锉刀有无数个锉齿，锉削时每个锉齿都相当于一把錾子对材料进行切削。

锉纹是锉齿按一定规则排列的图案。锉刀的齿纹有单齿纹和双齿纹两种，如图 1–49 所示。单齿纹是指锉刀上只有一个方向的齿纹，锉削时全齿宽同时参加切削，切削力大，因此常用来锉削软材料，如图 1–49a 所示。双齿纹是指锉刀上有两个方向排列的齿纹，齿纹深的称为主锉纹，起主要切削作用；另一个方向齿纹浅的称为辅锉纹，起分屑作用，如图 1–49b 所示。主锉纹与辅锉纹的方向和角度不一样，锉削时能使每一个齿的锉痕交错而不重叠，使锉削后工件的表面粗糙度值减小。

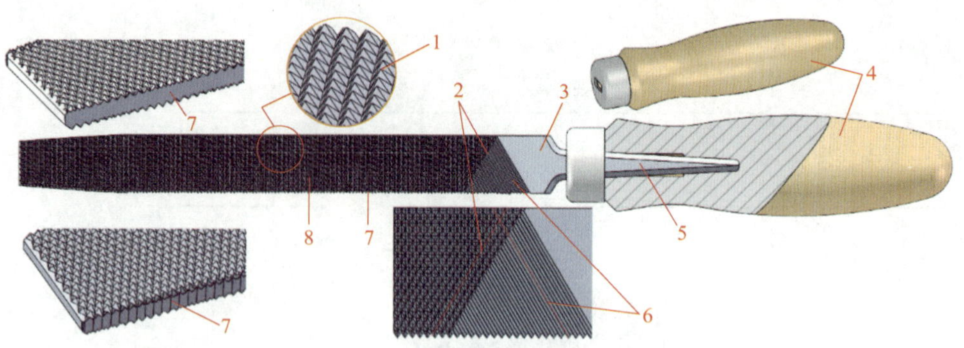

图 1–48　锉刀的组成

1—锉齿　2—辅锉纹　3—锉刀尾　4—锉柄　5—锉刀舌　6—主锉纹　7—锉刀边　8—锉刀面

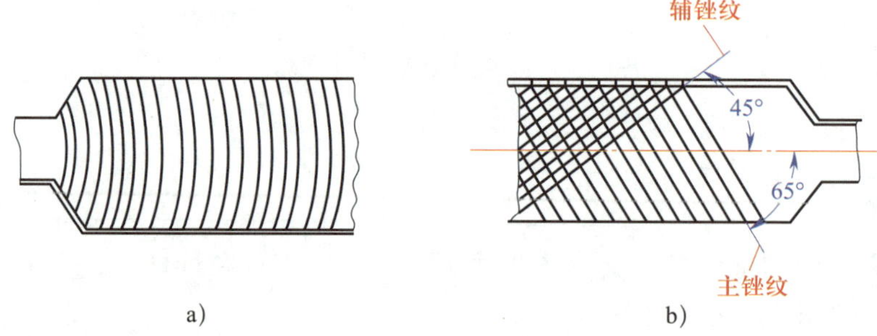

图 1–49　锉刀的齿纹

a）单齿纹　b）双齿纹

采用双齿纹锉刀锉削时，锉屑是碎断的，切削力小，再加上锉齿强度高，所以适用于硬材料的锉削。

3. 锉刀的种类、形状和用途

锉刀的种类、形状和用途见表 1–10。

表 1–10　锉刀的种类、形状和用途

名称	锉刀的种类和断面形状图	用途
钳工锉		钳工锉是钳工最常用的锉削工具，按其断面形状不同，分为扁锉、方锉、三角锉、半圆锉和圆锉五种，用于加工金属工件的各种表面，加工范围广泛

续表

名称	锉刀的种类和断面形状图	用途
异形锉		异形锉用来锉削工件上的特殊表面，有弯形和直形两种
整形锉		整形锉主要用于修整工件上的细小结构，主要用于对模具、仪表等零件进行整形加工。通常以多把不同断面形状的锉刀组成一组（常用的有5支、8支、10支为一组），按其断面形状不同，分为平锉、方锉、三角锉、圆锉、半圆锉、菱形锉、刀口锉、椭圆锉、单边三角锉等多种

4. 锉刀的规格

锉刀的规格分为尺寸规格和齿纹粗细规格两种。

方锉的尺寸规格以方形尺寸表示，圆锉的尺寸规格用直径表示，其他锉刀的尺寸规格则以锉身长度表示。钳工常用锉刀的锉身长度有100 mm、125 mm、150 mm、200 mm、250 mm、300 mm、350 mm、400 mm等多种规格。

齿纹粗细规格以锉刀每10 mm轴向长度内主锉纹的条数表示。

5. 锉刀的选择

每种锉刀都有其适当的用途，如果选择不当，就不能充分发挥它的效能，甚至会过早地使其丧失切削能力。因此，正确、合理地选择锉刀，有助于延长锉刀的使用寿命，提高锉削质量和效率。锉刀的选择原则如下：

（1）锉刀断面形状和长度应根据被锉削工件的表面形状和大小选用。锉刀形状应适应工件加工表面形状。

（2）锉刀齿纹粗细规格取决于工件材料的性质、加工余量的大小、加工精度和表面质量要求的高低。例如，粗齿锉刀由于齿距较大而不易堵塞，一般用于锉削软材料及加工余量大、尺寸精度低和表面质量要求不高的工件；而细齿锉刀用于锉削钢、铸铁以及加工余量小、尺寸精度和表面质量要求高的工件；油光锉刀用于最后修光工件表面。

二、锉刀的使用和锉削的方法

1. 锉刀的握法

（1）较大锉刀的握法

较大锉刀一般指锉刀长度大于 250 mm 的锉刀。较大锉刀的握法如图 1–50a 所示。右手握着锉柄，将锉柄外端顶在拇指根部的手掌上，拇指放在锉柄上，其余手指由下而上握住锉柄，如图 1–50b 所示。左手在锉刀上的握法有三种：一是左手掌斜放在锉刀刀头上，拇指根部肌肉轻压在锉刀刀头上，中指和无名指抵住锉刀刀头右下方，如图 1–50c 所示；二是左手掌斜放在锉刀刀头上，拇指自然伸出，其余各指自然蜷曲，小指、无名指、中指抵住锉刀前端，如图 1–50d 所示；三是左手掌斜放在锉刀刀头上，各指自然平放，如图 1–50e 所示。

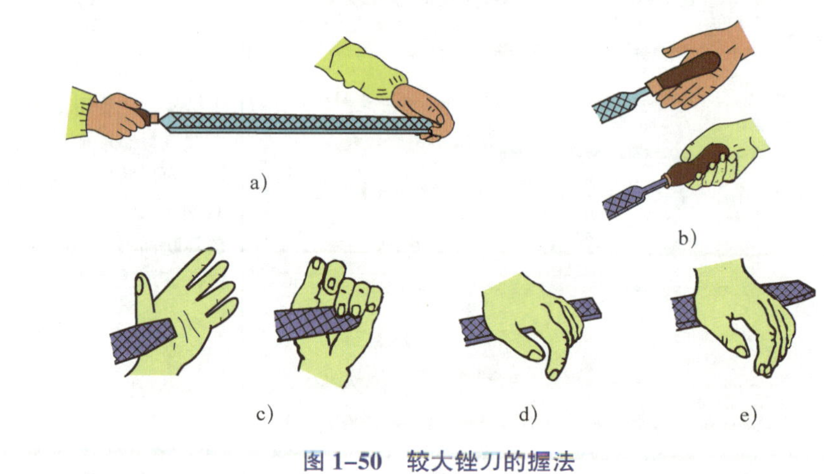

图 1–50　较大锉刀的握法

（2）中型锉刀的握法

使用中型锉刀时，右手的握法与较大锉刀的握法相同，左手的拇指和食指轻轻扶住锉刀，如图 1–51 所示。

（3）小型锉刀的握法

使用小型锉刀时，右手的食指平直扶在锉柄外侧面，左手的四指压在锉刀的中部，以防止锉刀弯曲，如图 1–52 所示。

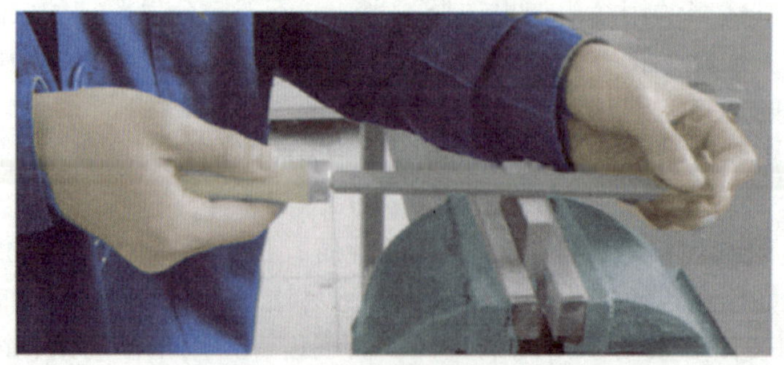

图 1–51　中型锉刀的握法

（4）整形锉的握法

使用整形锉时，单手握持锉柄，食指放在锉刀面上方，如图 1–53 所示。

图 1–52　小型锉刀的握法

图 1–53　整形锉的握法

2. 锉削的站立位置和姿势

锉削时的站立位置和姿势如图 1–54 所示，操作时摆动要自然。

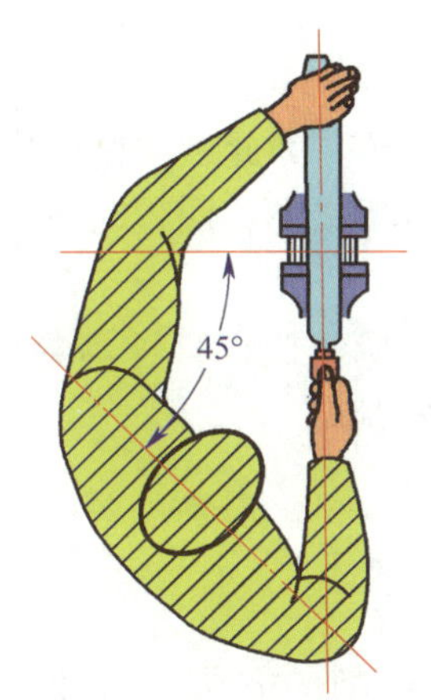

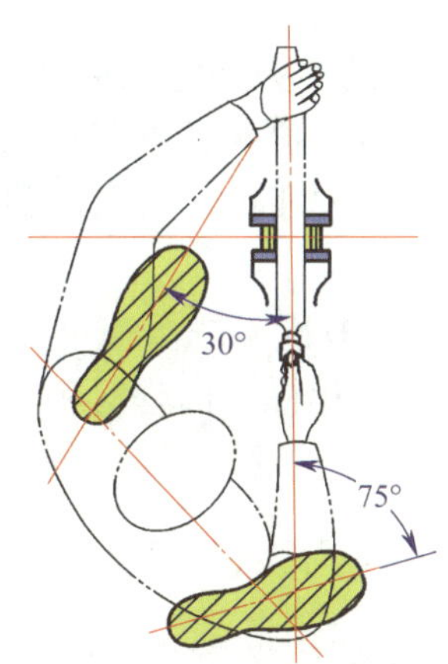

图 1–54　锉削时的站立位置和姿势

3. 锉削方法和动作

锉刀运动方向与工件夹持方向始终一致。在锉削宽平面时，每次退回锉刀后都在横向做适当的移动。锉削时常采用顺向锉法（见图 1–55），锉削动作如图 1–56 所示。两只手握住锉刀放在工件上，左臂弯曲，小臂与工件锉削面的左右方向保持基本平行；右小臂要与工件锉削面的前后方向基本平行，但要自然。锉削时，身体先于锉刀并与之一起向前，右腿伸直并稍向前倾，重心在左脚，左膝呈弯曲状态。当锉刀锉至约 3/4 行程时，身体停止前进，两臂则继续将锉刀向前推到头；同时，左膝自然伸直，随着锉削时的反作用力将身体重心后移，使身体恢复原位，并顺势将

图 1–55　顺向锉法

锉刀收回。当锉刀收回将近结束时，身体又开始先于锉刀前倾，做第二次锉削的向前运动。

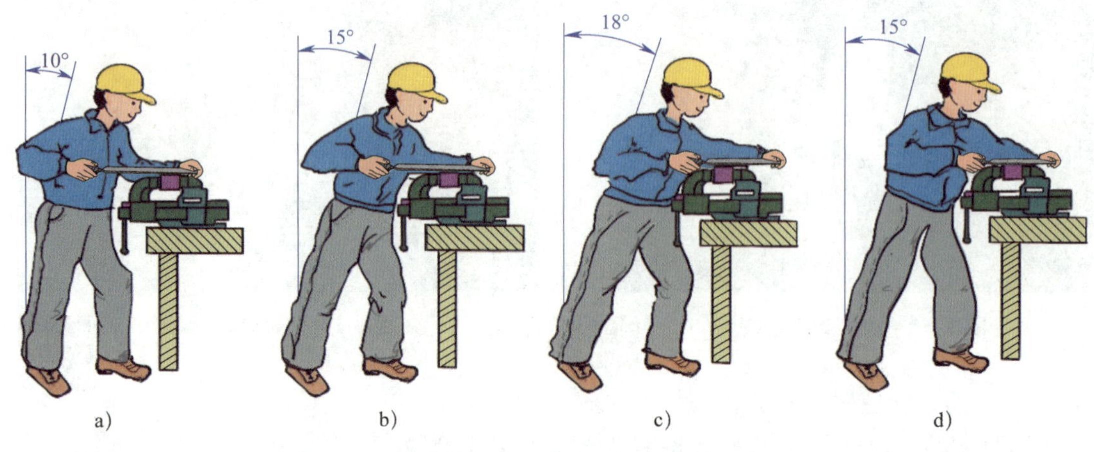

图 1–56　锉削动作

4. 锉削时两只手的用力和锉削速度

要锉出平直的平面，必须使锉刀保持直线的锉削运动。为此，锉削时右手的压力要随着锉刀推动而逐渐增大，左手的压力要随着锉刀推动而逐渐减小。回程时不要施加压力，以减少锉齿的磨损。

锉削速度一般为 40 次 /min。速度太快，操作者容易疲劳，且锉齿易磨钝；速度太慢，则切削效率低。推出时稍慢，回程时稍快，动作要自然协调。

三、平面的锉削方法

1. 顺向锉法

顺向锉法是指将锉刀沿着同一个方向对工件进行锉削的方法，是最基本的锉削方法之一。锉削方向一般与工件的夹持方向相同，如图 1–57 所示。此法获得的表面具有锉纹均匀一致、清晰、美观和表面粗糙度值较小的特点。

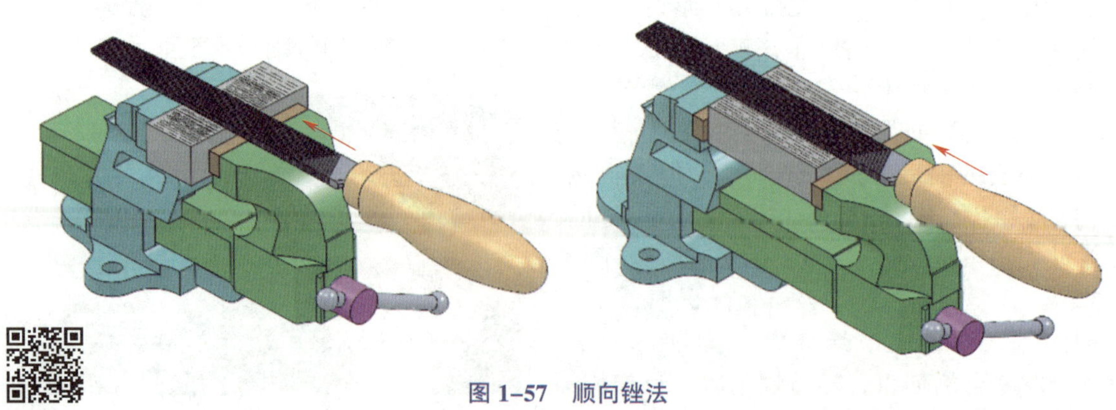

图 1–57　顺向锉法

2. 交叉锉法

交叉锉法是指锉刀的运动方向是交叉进行的锉削方法。一般先从一个方向锉完整个平面，然后从另一个方向锉削该平面。锉刀运动方向与工件夹持方向成 30° ~ 40° 角，如图 1–58 所示。由于锉刀与工件的接触面大，锉刀锉削平稳，同时从刀痕上可以判断出锉削面的情况，容易将工件表面锉平，故一般适用于粗锉。

3. 推锉法

推锉法是指用两只手对称横握锉刀，用拇指推动锉刀顺着工件长度方向进行锉削的方法，如图 1–59 所示。此法锉纹与顺向锉法相同，一般用来锉削狭长平面。

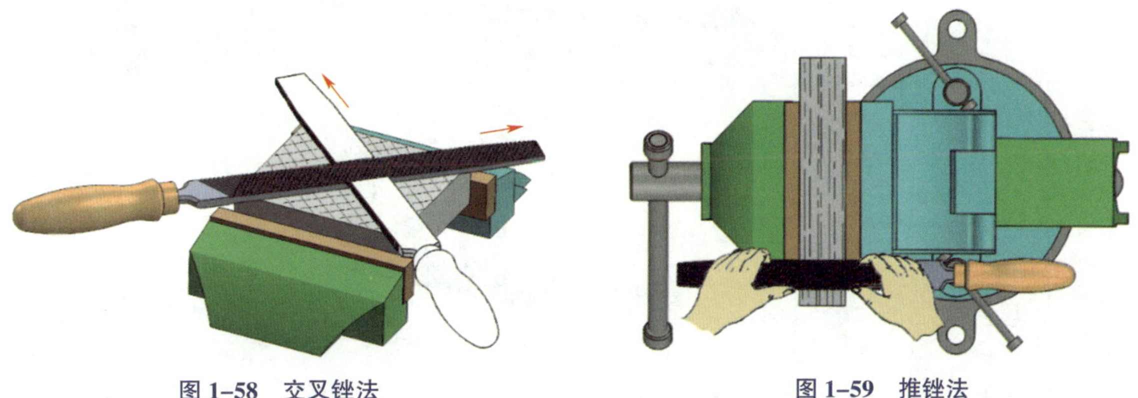

图 1–58 交叉锉法　　图 1–59 推锉法

任务实施

一、准备工作

1. 工具和量具：平板、游标卡尺、游标高度卡尺、刀口形直角尺、塞尺、300 mm 粗扁锉、250 mm 细扁锉、200 mm 细扁锉等，如图 1–60 所示。

2. 辅助工具：软钳口衬垫、钢丝刷、毛刷等。

3. 材料：由模块一任务三转来，每人一件。

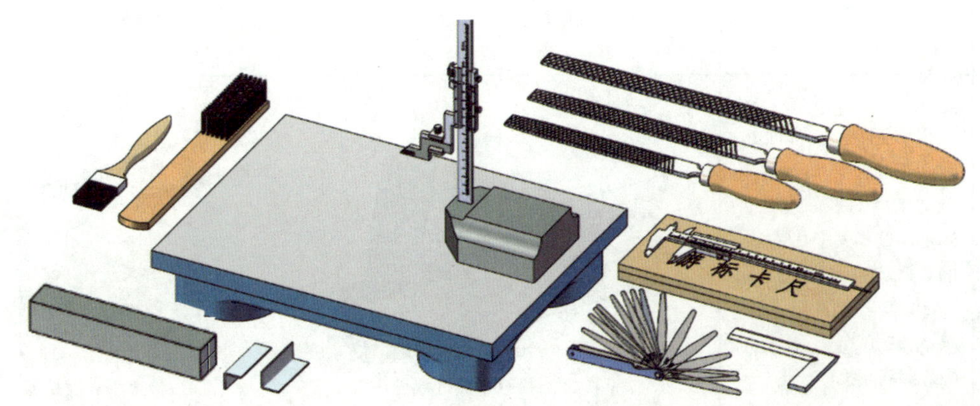

图 1–60 锉削长方体准备工作

二、锉削长方体

锉削长方体的操作步骤见表 1–11。

表 1–11　锉削长方体的操作步骤

步骤	加工内容描述	图示
1	粗、精锉基准面 *A*。粗锉用 300 mm 粗扁锉，精锉用 250 mm、200 mm 细扁锉。达到平面度误差≤ 0.06 mm、表面粗糙度 *Ra* ≤ 3.2 μm 的要求	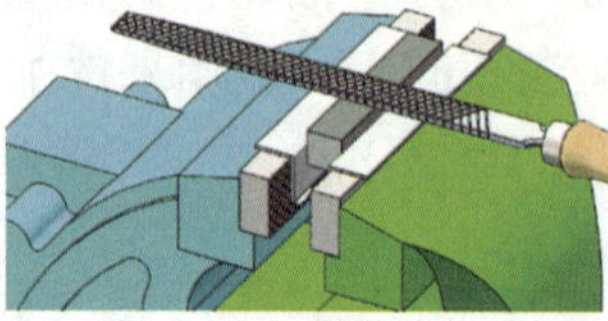 a）粗锉 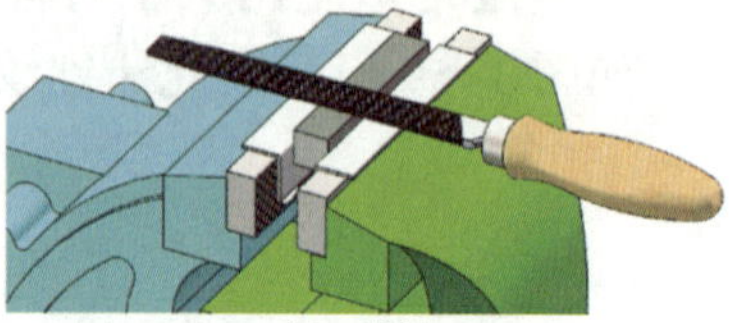　b）精锉 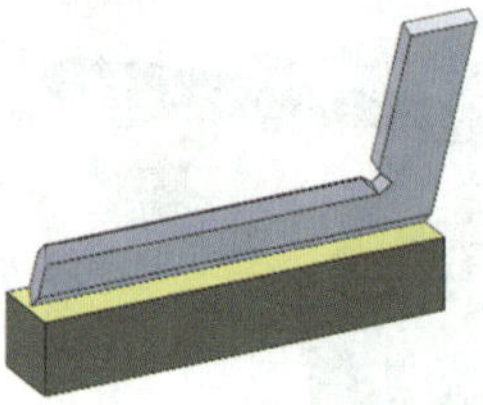　c）检验
2	粗、精锉基准面 *A* 的对面。先用游标高度卡尺划出相距 20.5 mm 的平面加工线，然后粗锉，留 0.15 mm 左右的精锉余量，再精锉达到图样要求	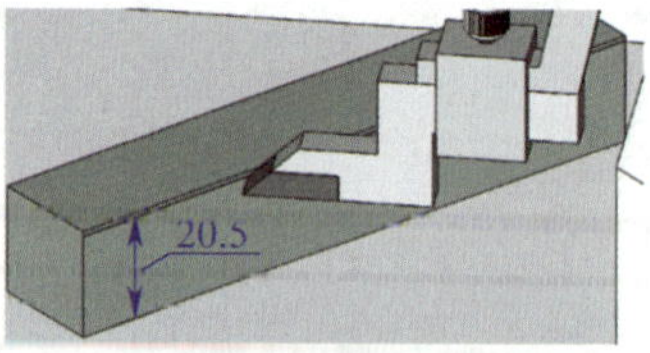 20.5 a）划线 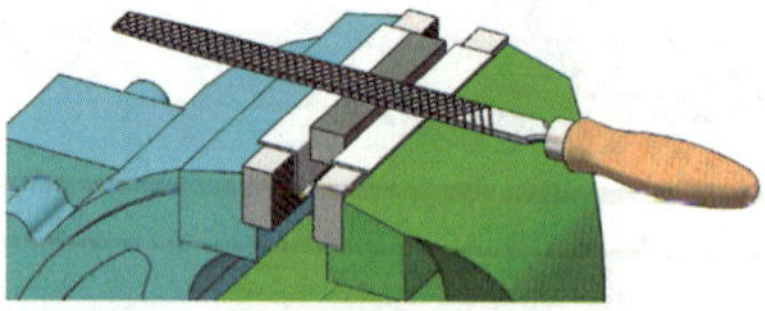　b）粗锉 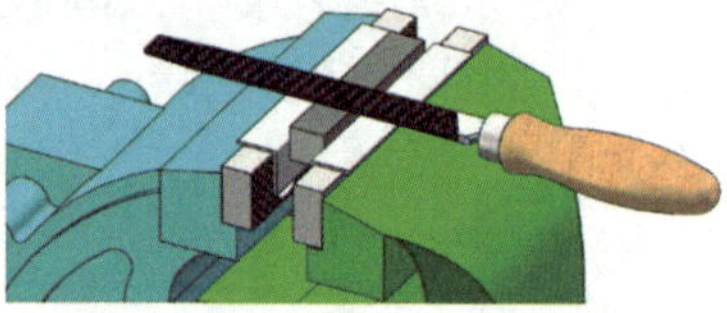　c）精锉 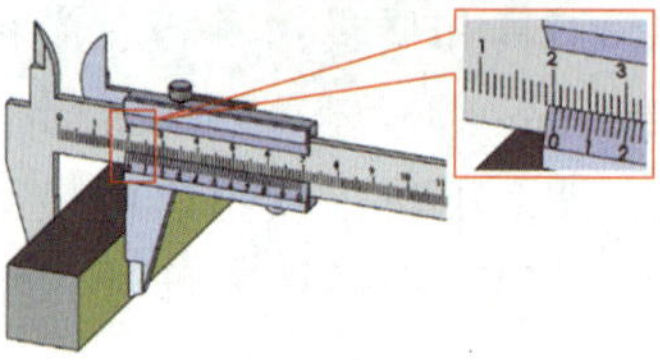　d）检验
3	粗、精锉基准面 *B*，并用刀口形直角尺检查该加工面的平面度是否满足误差不大于 0.06 mm 的要求，以及该加工面与基准面 *A* 的垂直度是否满足误差不大于 0.06 mm 的要求	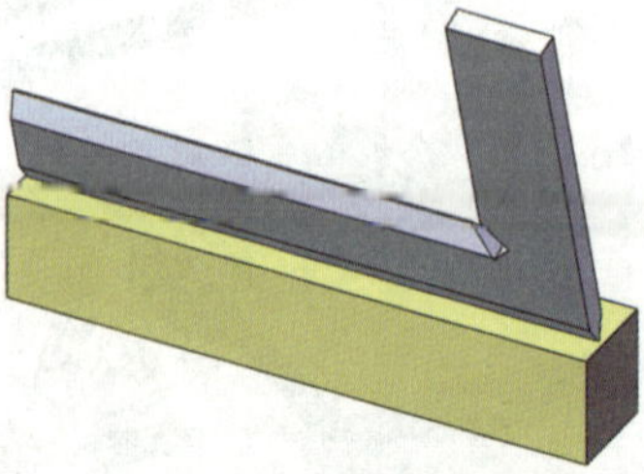 a）检查平面度误差 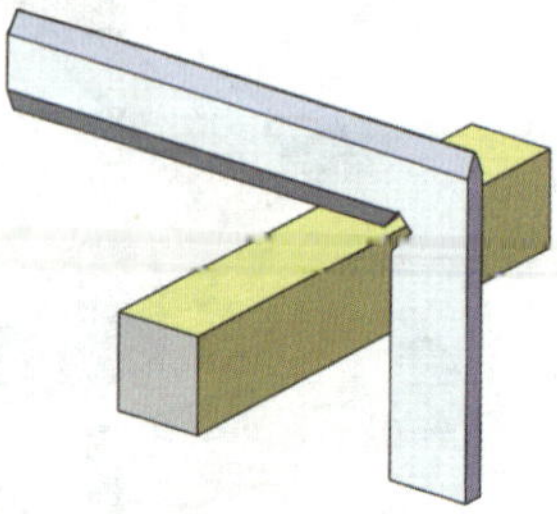　b）检查垂直度误差

续表

步骤	加工内容描述	图示
4	粗、精锉基准面 *B* 的对面。先用游标高度卡尺划出 20.5 mm 的平面加工线，然后粗锉，留 0.15 mm 左右的精锉余量，再精锉达到图样要求	20.5 a）划线 b）粗锉 c）精锉 d）检验
5	全部复检，并做必要的修锉，最后倒钝锐边	

三、锉削操作注意事项

1. 夹紧已加工工件时，要在台虎钳上垫好软钳口衬垫，以避免将工件表面夹伤。

2. 在锉削时要掌握好加工余量，仔细检查尺寸，避免尺寸超差；要根据工件的具体情况采用合适的锉削方法，并利用锉刀的有效全长进行加工。

3. 为保证垂直度要求，各面的横向尺寸必须首先尽可能获得较高的精度；在测量前必须倒钝锐边，以保证测量准确。

4. 对于工件表面粗糙度的检测，通常凭经验判断。对于初学者，可用表面粗糙度比较样块（见图 1–61）进行对比，目测检查工件的表面粗糙度是否符合要求。

图 1–61　表面粗糙度比较样块

任务评价

锉削长方体训练成绩评定见表 1–12。

表 1–12　　锉削长方体训练成绩评定

序号	项目与技术要求	配分	评分标准	检测结果	得分
1	正确选用锉刀	8	不符合要求酌情扣分		
2	锉削姿势正确，动作协调	8	不符合要求酌情扣分		
3	工具和量具摆放位置正确，排列整齐	6	不符合要求酌情扣分		
4	⏥ 0.06（4 处）	5×4	不正确酌情扣分		
5	（20.5 ± 0.08）mm（2 组）	9×2	超差不得分		
6	// 0.06 A	6	超差不得分		
7	// 0.06 B	6	超差不得分		
8	⊥ 0.06 A	6	超差不得分		
9	$Ra \leqslant 3.2\ \mu m$（4 处）	3×4	不合格每处扣 3 分		
10	安全文明生产	10	不符合要求每次扣 2 分		
合计		100			

任务五　复 合 作 业

学习目标

1. 能叙述内、外圆弧面的加工方法，保证所加工圆弧面连接圆滑，位置和尺寸正确。

2. 能在教师指导下合理安排錾口锤子的加工步骤并能选用合适的工具和量具。

3. 综合运用划线、锯削、锉削技能，加工出合格的錾口锤子，达到锉削表面纹理整齐、光洁的要求。

任务描述

综合前面已学过的划线、锯削、锉削、孔加工等基本操作技能，对图 1–62 所示錾口锤子进行完整的钳加工，进一步提高学生学习钳工的兴趣。

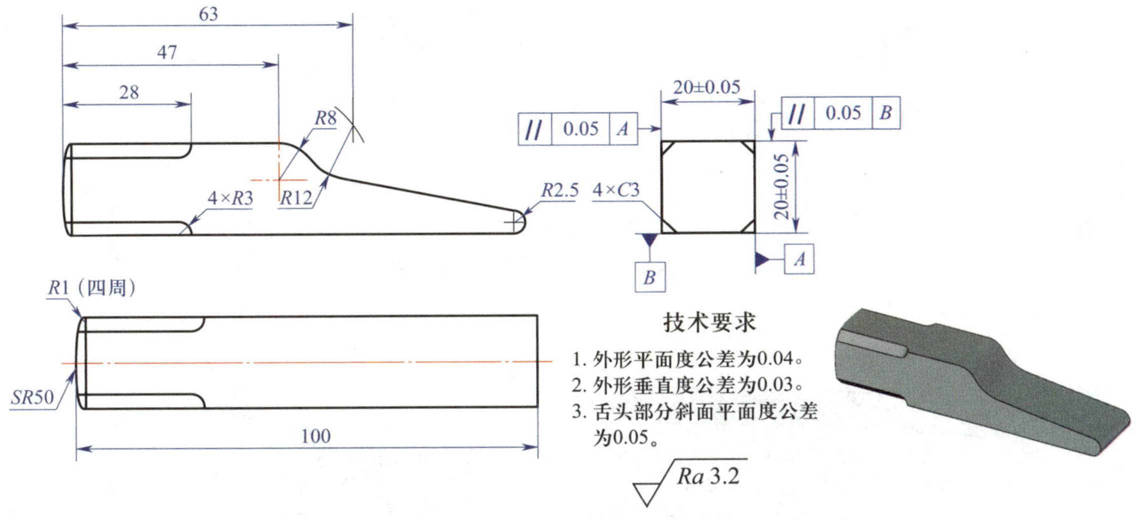

图 1–62 錾口锤子加工技能训练图

任务分析

要完成该工件的钳加工任务，其操作步骤如下：选择划线、锯削、锉削工具和量具 → 精锉长方体 → 划线 → 锉削倒角和指甲弧 → 锯削舌头多余部分 → 锉削舌头部分 → 锉削头、尾圆头部分。

相关知识

一、曲面锉削方法

常见的曲面锉削是单一的外圆弧面、内圆弧面和球面的锉削。

1. 外圆弧面锉削方法

当余量不大或对外圆弧面进行修整时，一般用锉刀顺着圆弧面锉削，如图 1–63a 所示，在锉刀做前进运动时，还应绕工件圆弧的中心做摆动。当锉削余量较大时，可采用横对着圆弧面锉削的方法，如图 1–63b 所示，先按圆弧面要求锉成多棱形，然后顺着圆弧面锉削，最后精锉成圆弧。

2. 内圆弧面锉削方法

如图 1–64a 所示，锉削内圆弧面时，锉刀要同时完成三个运动：前进运动、向左或向右的移动、绕锉刀中心线的转动（按顺时针或逆时针方向转动约 90°）。三个运动须同时进行才能锉出合格的内圆弧面。也可以采用推锉的方法，锉刀横对着圆弧面前进并绕锉刀中心线转动，如图 1–64b 所示。

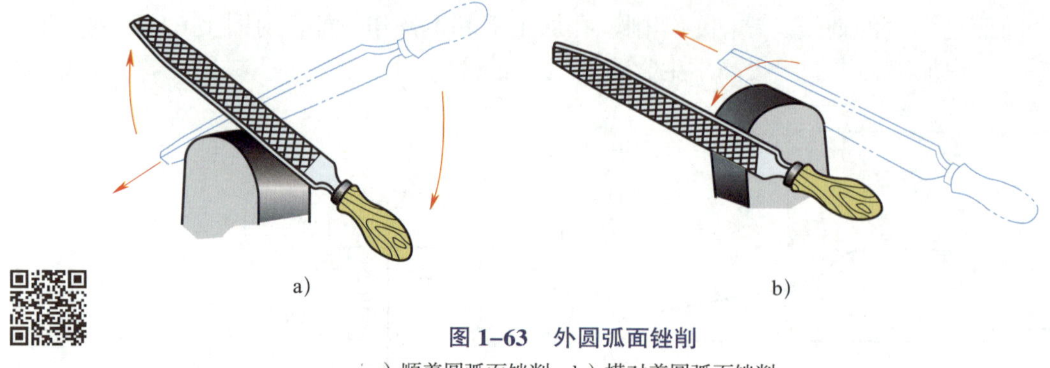

图 1–63　外圆弧面锉削

a）顺着圆弧面锉削　b）横对着圆弧面锉削

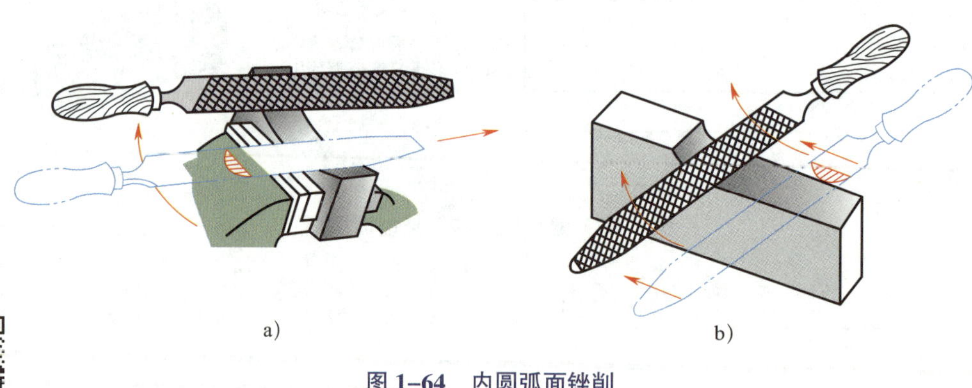

图 1–64　内圆弧面锉削

a）锉削内圆弧面的运动　b）推锉内圆弧面

3. 球面锉削方法

推锉时，锉刀绕球面中心线摆动，同时做弧形运动，其运动包括锉刀的前进、转动和摆动，如图 1–65 所示。

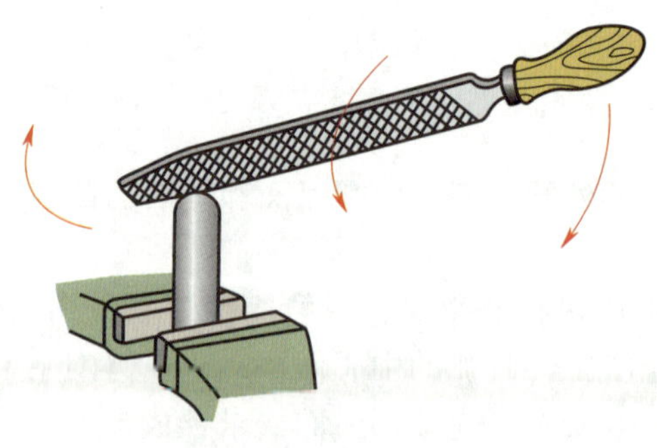

图 1–65　球面的锉削

二、曲面锉削质量检测

对于锉削加工后的内、外圆弧面，可采用半径样板检查曲面的轮廓度，半径样板通常包括凸面样板和凹面样板两类，如图 1–66 所示。半径样板左端的凸面样板用于检查内圆弧面，其右端的凹面样板用于检查外圆弧面，注意要在整个圆弧面上进行检查后做出综合评定，如图 1–67 所示。

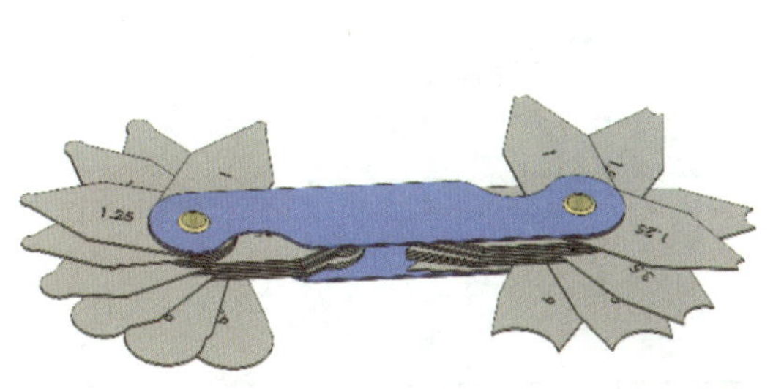

图 1–66　半径样板

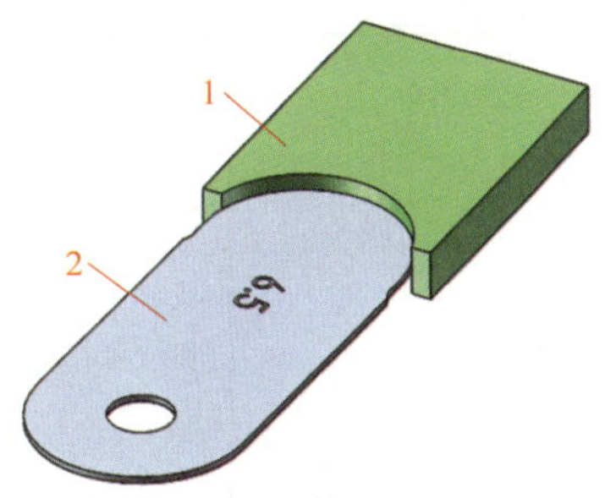

图 1–67　用半径样板检查曲面的轮廓度

1—工件　2—半径样板

任务实施

一、准备工作

1. 工具和量具：各种尺寸规格的锉刀（包括 250 mm 粗扁锉、200 mm 细扁锉、150 mm 细扁锉、150 mm 粗齿半圆锉、150 mm 细齿半圆锉、6 mm 粗齿圆锉、6 mm 细齿圆锉等）、游标卡尺、游标高度卡尺、刀口形直角尺、钢直尺、半径样板、划针、样冲、手锯、锯条、锤子等，如图 1–68 所示。

2. 辅助工具：软钳口衬垫、毛刷、砂布等。

3. 材料：由项目一任务四转来的锉削后的长方体，每人一块。

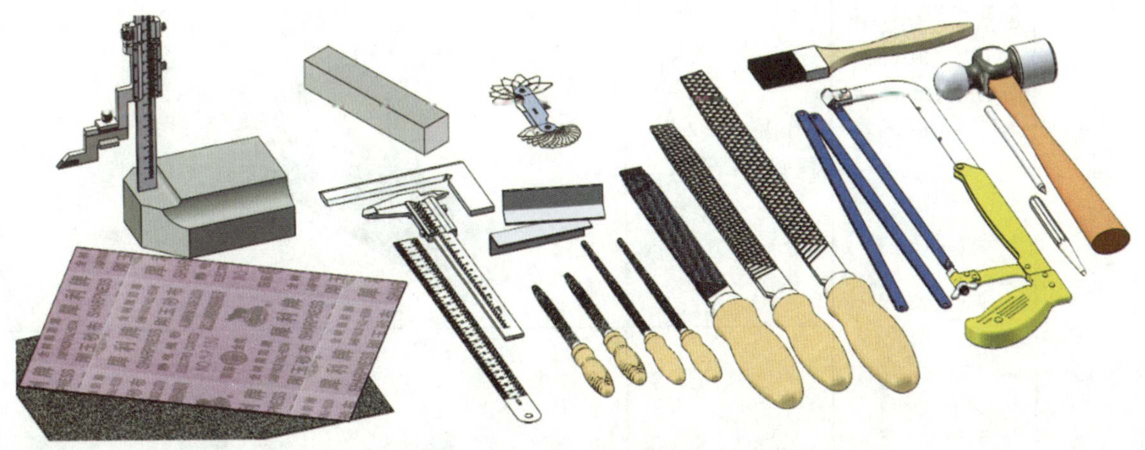

图 1–68　錾口锤子加工操作准备

二、加工錾口锤子

錾口锤子加工操作步骤见表 1–13。

表 1–13　　　　錾口锤子加工操作步骤

步骤	加工内容描述		图示
1	用游标卡尺检查材料尺寸（20.5 ± 0.08）mm ×（20.5 ± 0.08）mm × 102 mm		
2	垫上软钳口衬垫，将工件装夹在台虎钳上，按图样要求精加工长方体外形。如右图所示，要求外形平面度误差不大于 0.04 mm，尺寸精度为（20 ± 0.05）mm ×（20 ± 0.05）mm × 102 mm，平行度误差不大于 0.05 mm，垂直度误差不大于 0.03 mm。分别用游标卡尺和刀口形直角尺检查	精锉，保证一个方向尺寸精度、形状精度（两个面）和位置精度	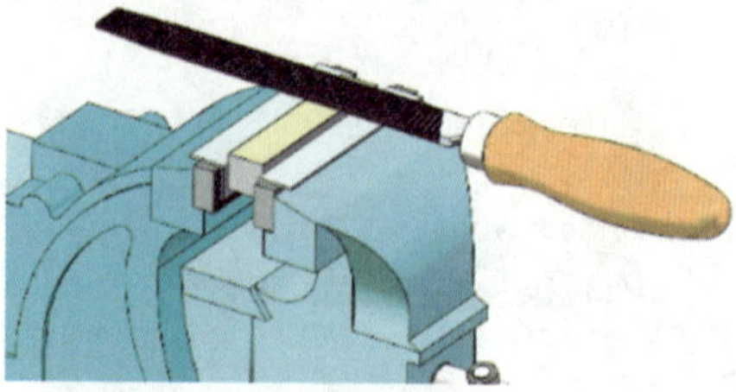
		精锉，保证另一个方向尺寸精度、形状精度（两个面）和位置精度	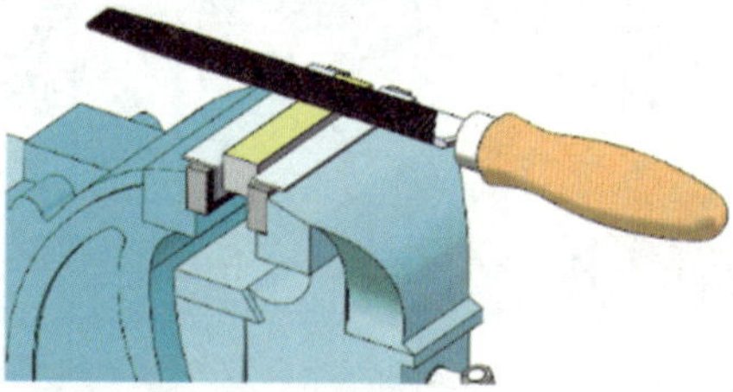
		精锉完成	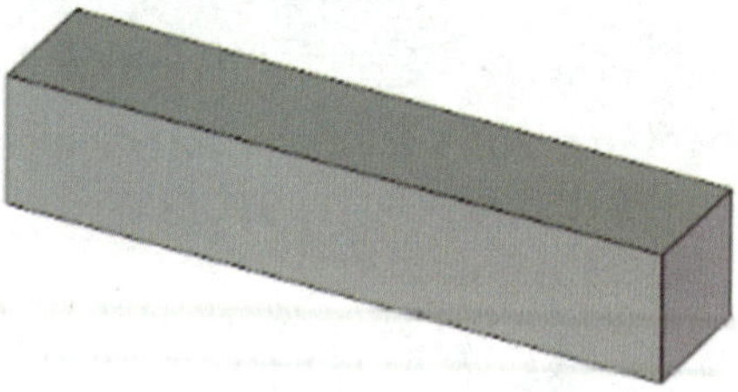
		用游标卡尺检测两个方向平行度	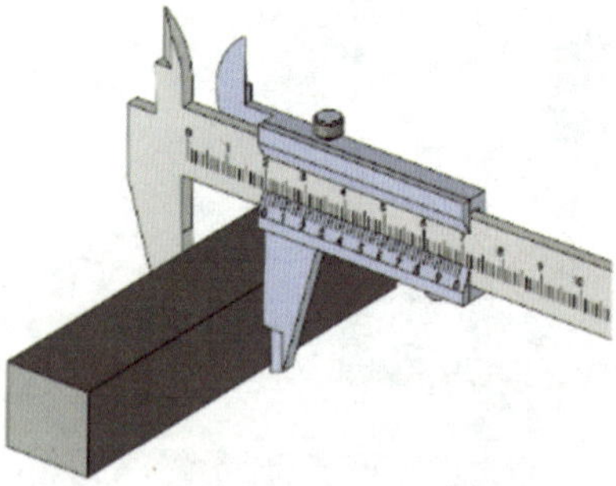
		用刀口形直角尺检查平面度误差	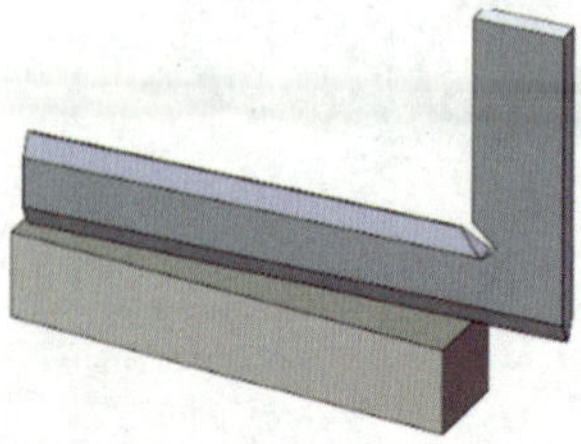

续表

<table>
<tr><th>步骤</th><th colspan="2">加工内容描述</th><th>图示</th></tr>
<tr><td>3</td><td colspan="2">以一个长面为基准锉削长方体的一个端面，达到基本垂直，表面粗糙度 Ra 值不大于 3.2 μm</td><td> 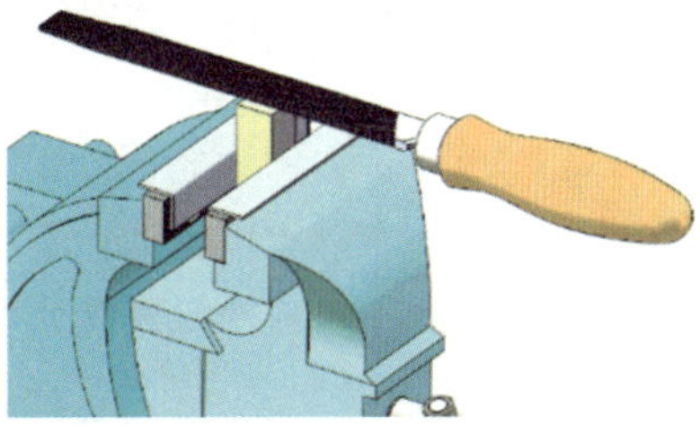 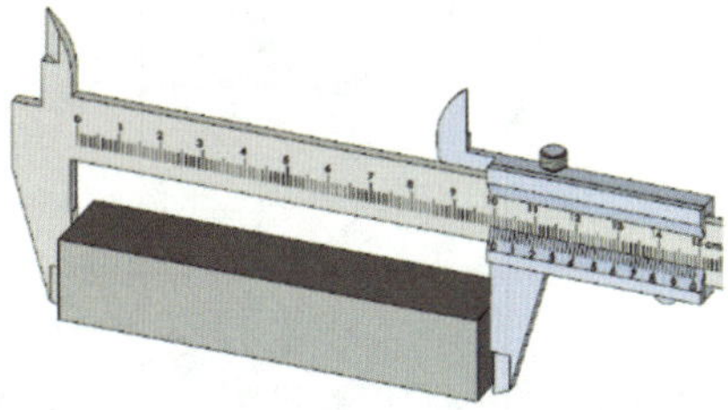 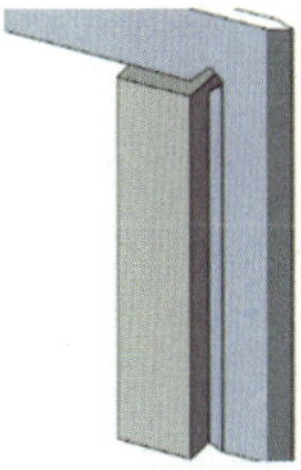</td></tr>
<tr><td>4</td><td colspan="2">以工件一个长面和端面为基准，用划针划出錾口锤子舌头部分加工线（两面同时划出），并按图样尺寸划出 4 × C3 mm 倒角加工线</td><td> 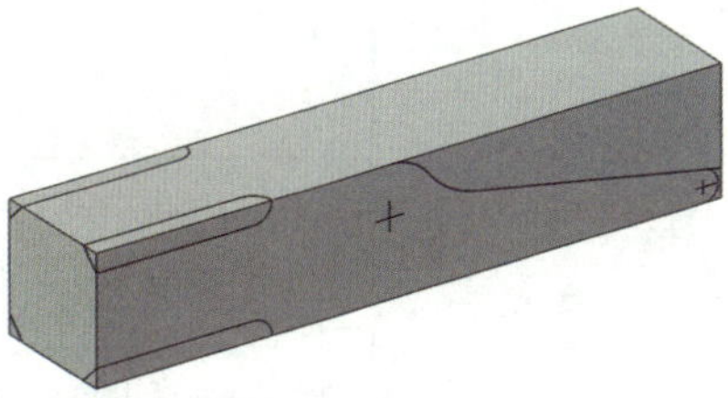</td></tr>
<tr><td>5</td><td>锉削 4 × C3 mm 倒角和指甲弧并使其达到相关要求</td><td>用 6 mm 粗齿圆锉粗锉出四个 R3 mm 圆弧</td><td> 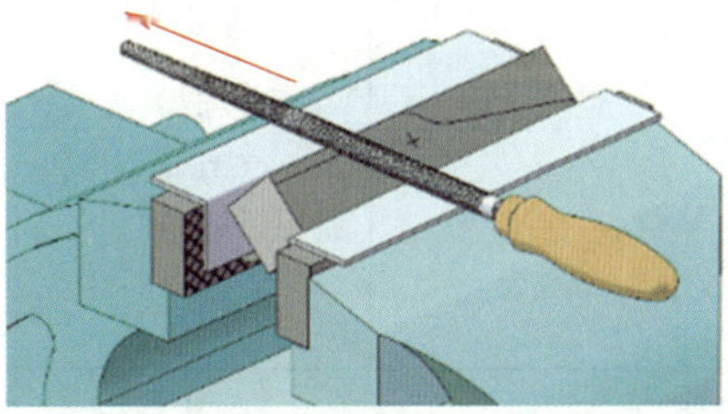 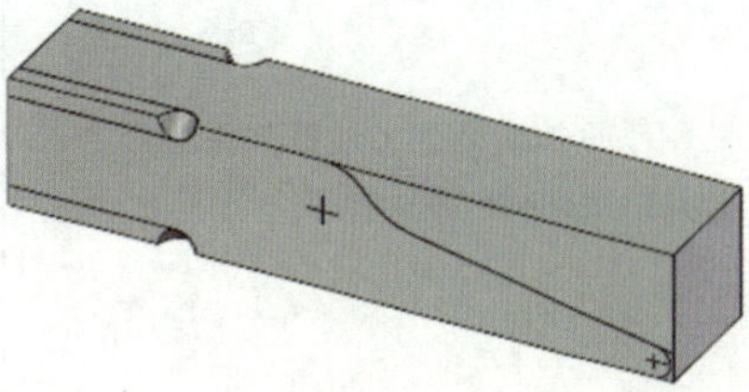</td></tr>
</table>

续表

<table>
<tr><th>步骤</th><th colspan="2">加工内容描述</th><th>图示</th></tr>
<tr><td rowspan="4">5</td><td rowspan="4">锉削 4×C3 mm 倒角和指甲弧并使其达到相关要求</td><td>分别用 250 mm 粗扁锉粗锉四个 C3 mm 倒角</td><td> 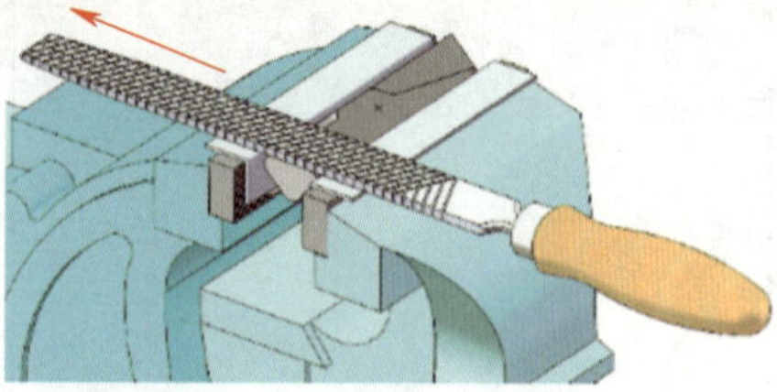 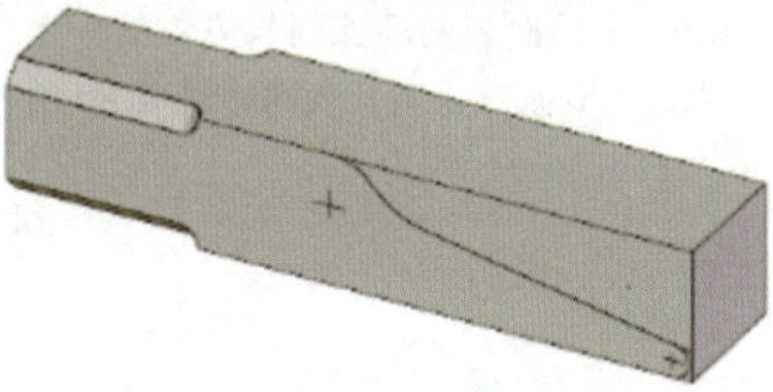</td></tr>
<tr><td>用 6 mm 细齿圆锉精锉四个 R3 mm 圆弧</td><td> 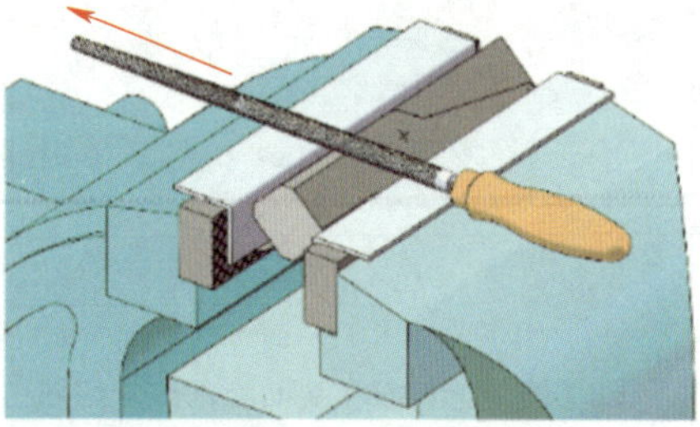</td></tr>
<tr><td>用 200 mm 细扁锉和 150 mm 细扁锉推锉四个 C3 mm 倒角，达到四个指甲弧粗细均匀、对称的要求</td><td> 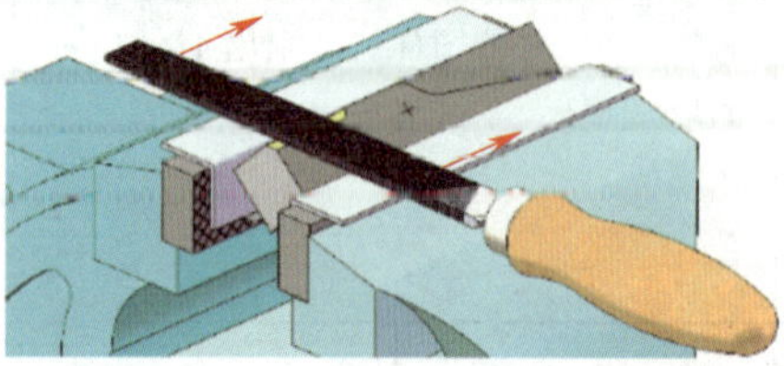</td></tr>
<tr><td>用砂布抛光，完成 4×C3 mm 倒角和指甲弧的加工</td><td> 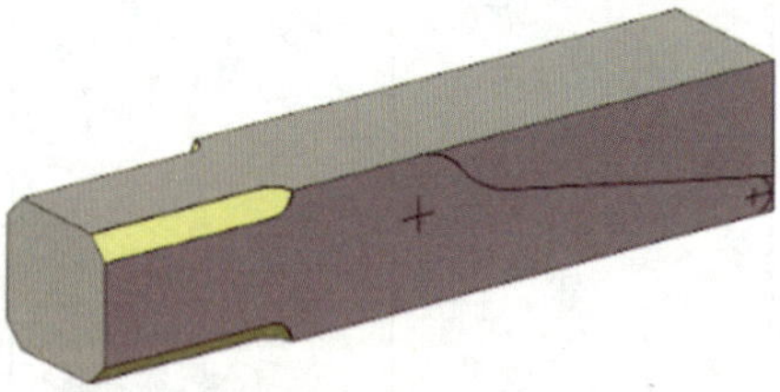</td></tr>
<tr><td>6</td><td colspan="2">用手锯按所划加工线锯削舌头多余部分并留足锉削余量</td><td> 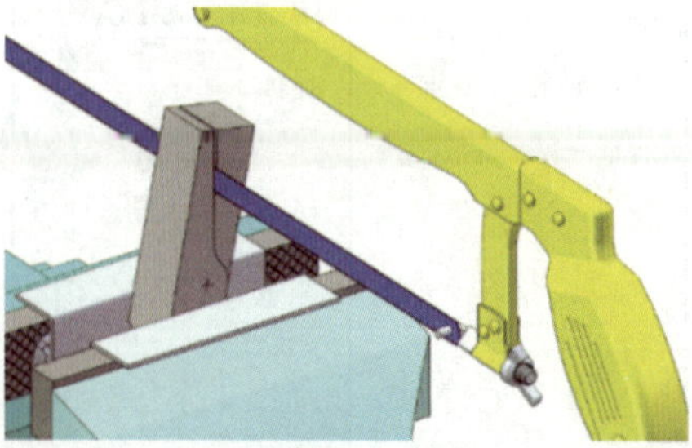</td></tr>
</table>

续表

步骤	加工内容描述	图示
7	垫上软钳口衬垫，将工件装夹在台虎钳上，先用150 mm粗齿半圆锉粗锉R12 mm内圆弧面，用250 mm粗扁锉粗锉斜面与R8 mm圆弧面至所划线条；再用200 mm细扁锉半精锉斜面，用150 mm细齿半圆锉半精锉R12 mm内圆弧面，用200 mm细扁锉半精锉R8 mm外圆弧面；最后用150 mm细扁锉和150 mm细齿半圆锉推锉修整舌头部分，达到各面连接圆滑、光洁、纹理齐整的要求	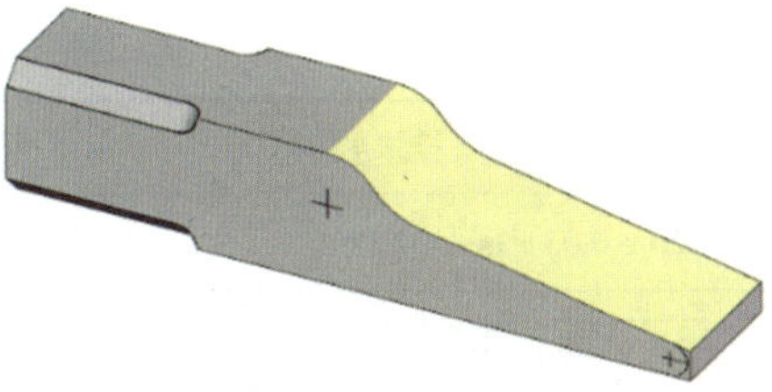
8	将工件竖直装夹在台虎钳上，先用250 mm粗扁锉粗锉圆头至所划线条，再用150 mm细扁锉锉R2.5 mm的圆头，并保证工件总长100 mm	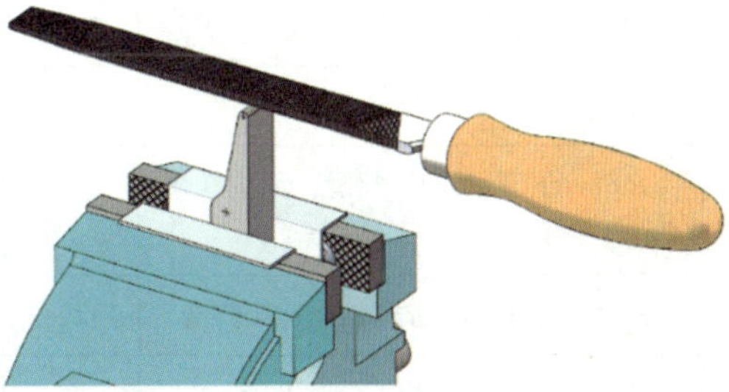 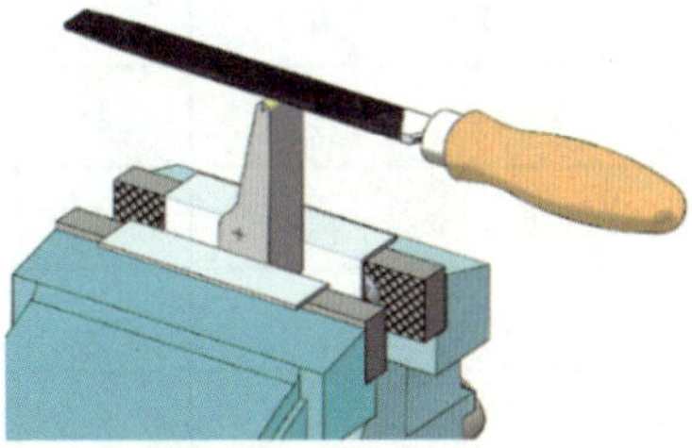 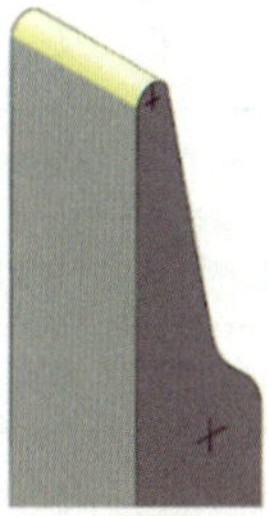
9	用250 mm粗扁锉、200 mm细扁锉、150 mm细扁锉粗、精锉錾口锤子头部SR50 mm的球形面，周边倒圆角R1 mm	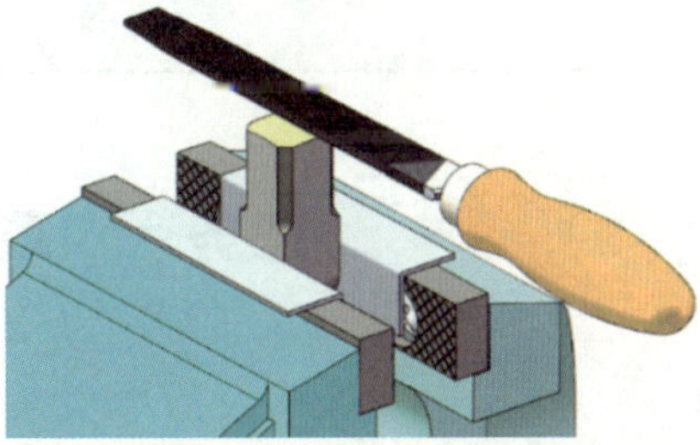 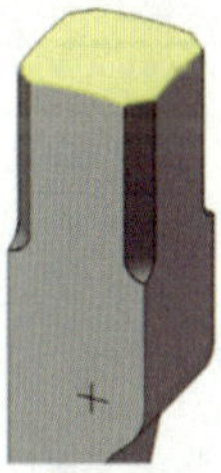
10	用砂布将各加工面抛光，检验	

三、锉削操作注意事项

1. 采用横向锉法加工四角R3 mm内圆弧时一定要锉准、锉光，这样才能使后面的推光操作容易进行，且圆弧尖角处不易塌角。

2. 在加工R12 mm的内圆弧和R8 mm的外圆弧时，横向推锉必须平直，并与侧平面垂直，这样才能使弧形面连接正确，外形美观。

任务评价

錾口锤子加工训练成绩评定见表 1–14。

表 1–14 錾口锤子加工训练成绩评定

序号	项目与技术要求	配分	评分标准	检测结果	得分
1	（20 ± 0.05）mm（2 处）	4 × 2	超差不得分		
2	// 0.05 A	3	超差不得分		
3	// 0.05 B	3	超差不得分		
4	外形垂直度公差 0.03 mm（4 处）	3 × 4	超差不得分		
5	*C*3 mm（4 处）	3 × 4	超差不得分		
6	*R*3 mm 内圆弧连接圆滑，无尖端塌角（4 处）	3 × 4	不符合要求酌情扣分		
7	*R*12 mm 与 *R*8 mm 圆弧面连接圆滑	12	不符合要求酌情扣分		
8	舌头部分斜面平面度公差 0.05 mm	8	超差不得分		
9	外形平面度公差 0.04 mm（4 处）	3 × 4	超差不得分		
10	*R*2.5 mm 圆弧面圆滑	2	不符合要求酌情扣分		
11	棱线清楚，倒角均匀	4	不符合要求酌情扣分		
12	表面光滑，纹理整齐	4	不符合要求酌情扣分		
13	安全文明生产	8	不符合要求酌情扣分		
合计		100			

任务六　攻　螺　纹

学习目标

1. 能描述台式钻床的基本结构，并能叙述钻削用量的选择及钻床转速的调整方法。

2. 能按图样要求正确划出钻孔位置线，并能选择合适的装夹方法进行钻孔。

3. 能描述麻花钻的基本结构；会计算攻螺纹时底孔的直径并选择合适的麻花钻；能完成在钢件上的钻孔任务。

4. 能描述丝锥、铰杠的结构和用途；能叙述螺纹加工的基本过程，并保证螺孔的垂直度。

任务描述

在模块一任务五的基础上，对已加工好的錾口锤子进行钻孔并攻螺纹。学生根据图 1–69 所示技能训练图的要求，完成螺孔的加工并达到相应的技术要求。

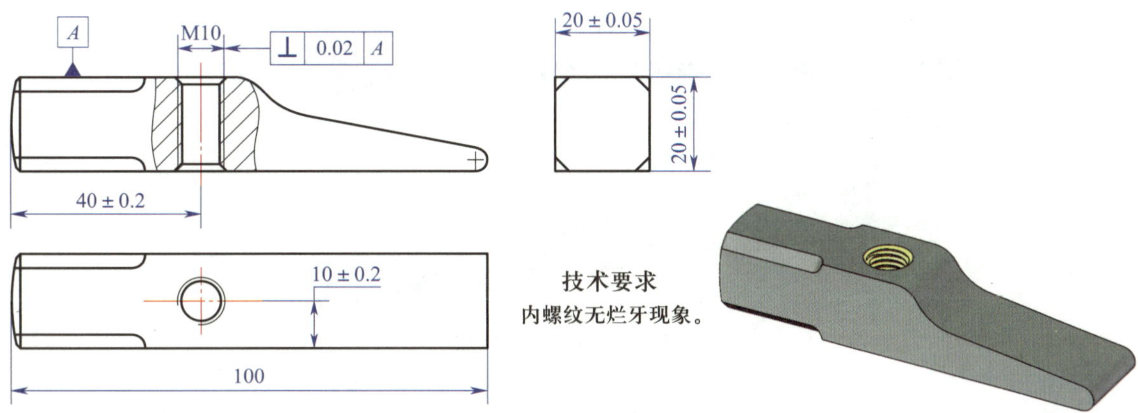

图 1–69 錾口锤子螺孔的加工技能训练图

任务分析

要完成錾口锤子上螺孔的加工任务，其操作步骤如下：划线→确定螺纹底孔尺寸→选择钻孔工具和量具→选择钻孔设备→装夹工件→加工螺纹底孔→选择攻螺纹工具→再次装夹工件→攻螺纹。

相关知识

一、钻孔加工和钻孔工具

1. 钻孔加工

用钻头在钻床上对实体材料进行孔加工的操作称为钻孔。钻孔时，钻头装夹在钻床主轴上，依靠钻头与工件之间的相对运动完成钻削加工。钻头的切削运动分为主运动和进给运动，如图 1–70 所示。

钻削时的主运动为钻床主轴（或钻头）的旋转运动，钻削时的进给运动为钻床主轴（或钻头）的轴向移动。由于钻孔时钻头处于半封闭状态，转速高，切削量大，排屑困难，因此，钻孔时的加工精度不高，一般为 IT11 ~ IT10 级，表面粗糙度 Ra 值为 50 ~ 12.5 μm，常用于加工精度和表面质量要求不高的孔或作为孔的粗加工。

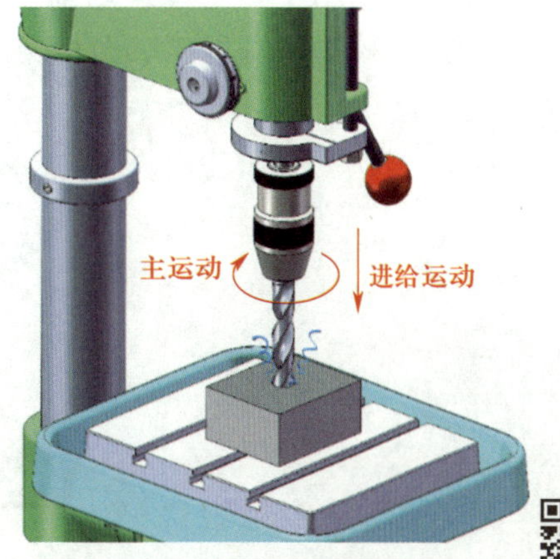

图 1–70 钻孔时钻头的运动

2. 钻孔工具

（1）麻花钻的结构

普通麻花钻一般采用高速钢（W18Cr4V 或 W9Cr4V2）制成，经过淬火后，其硬度达到 62 ~ 68HRC。普通麻花钻主要由柄部、颈部和工作部分组成，如图 1–71 所示。

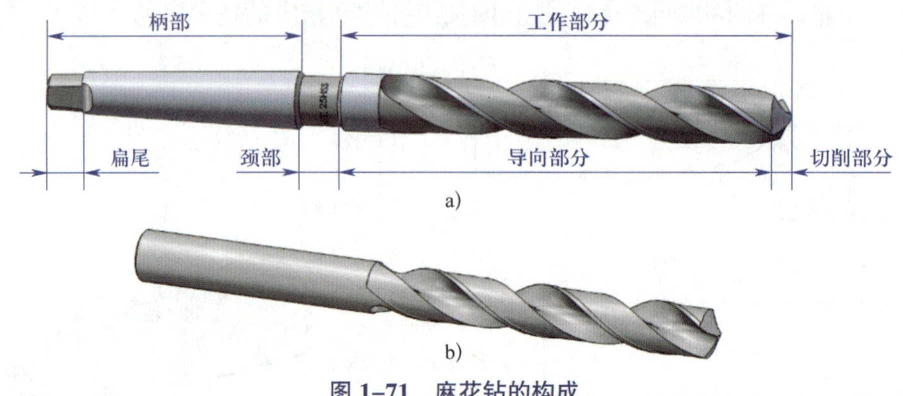

图 1–71 麻花钻的构成

a）锥柄麻花钻 b）直柄麻花钻

1）柄部。柄部是钻头的夹持部分。在钻削过程中，经装夹后用来定心及传递动力，根据普通麻花钻直径的大小，柄部有直柄和锥柄两种不同的形式。一般直柄用于直径为 0.3 ~ 13 mm 的钻头，而锥柄通常为莫氏锥度，常用莫氏锥柄麻花钻的直径见表 1–15。

表 1–15 常用莫氏锥柄麻花钻的直径

莫氏锥柄号（morse No.）	No.1	No.2	No.3	No.4
钻头直径 /mm	3 ~ 14	14 ~ 23.02	23.02 ~ 31.75	31.75 ~ 50.8

2）颈部。颈部是在磨削普通麻花钻时遗留的退刀槽，一般普通麻花钻的尺寸规格、材料和商标都标刻在颈部。

3）工作部分。工作部分由切削部分和导向部分组成，如图 1–71 所示。

如图 1–72 所示，切削部分由两条主切削刃、一条横刃、两个前面、两个主后面和两个副后面组成，其作用主要是承担切削工作。导向部分有两条螺旋槽和两条窄的螺旋形棱边（刃带），螺旋形棱边与螺旋槽表面相交成两条棱刃（副切削刃）。

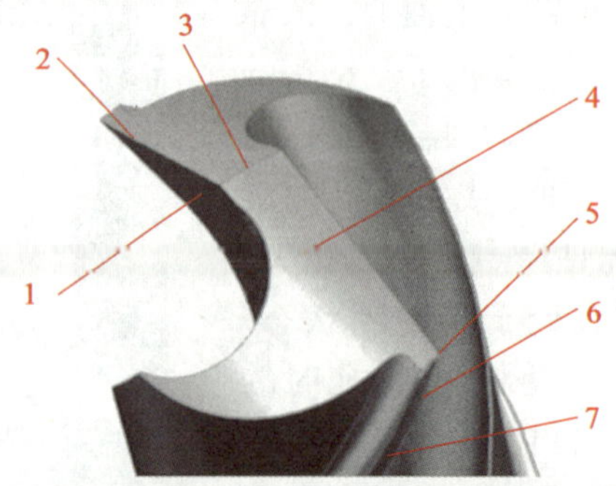

图 1–72 麻花钻切削部分的组成

1—前面 2—主切削刃 3—横刃 4—主后面 5—刀尖 6—副切削刃 7—第一副后面（刃带）

导向部分在切削过程中使钻头保持正确的钻削方向并起修光孔壁的作用，同时通过螺旋槽排屑及输送切削液，此外，导向部分还是切削部分的后备部分。

（2）麻花钻的刃磨与修磨

如图 1–73 所示，一般钻头只刃磨其主后面，具体步骤如下：

1）使钻头的轴线与砂轮母线在水平面内的夹角为顶角 2φ 的一半（κ_r=59°）左右，同时钻头柄部向下倾斜，如图 1–73a 所示。

2）以钻头前端支点为圆心，缓慢地使钻头绕其轴线由下向上转动，右手配合左手的向上摆动同步缓慢地做下压运动（略带转动），刃磨压力逐渐增大，磨出主切削刃和主后面。为保证钻头近中心处磨出较大的后角，还应适当右移，如图 1–73b 所示。

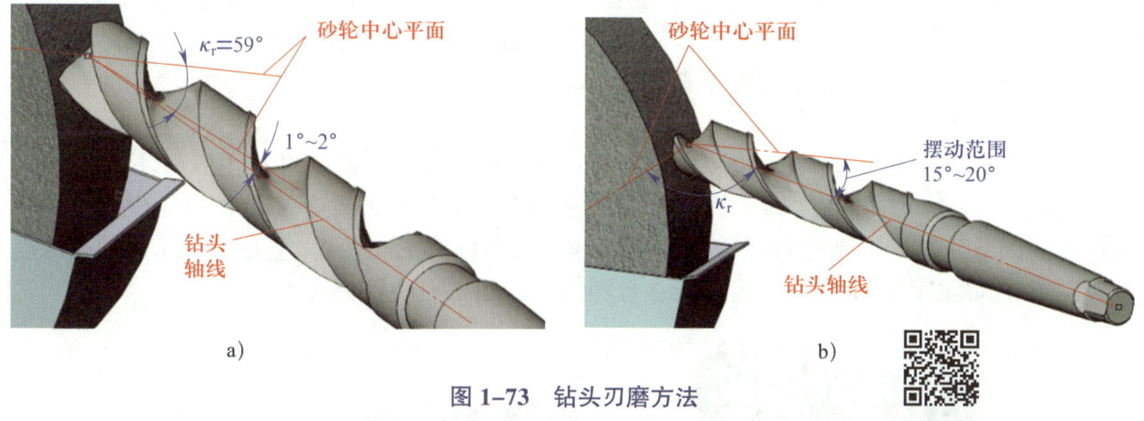

图 1–73 钻头刃磨方法

3）刃磨好一条主切削刃后，将钻头旋转 180°，用同样的方法再刃磨另一条主切削刃。

4）刃磨后将钻头切削部分向上竖立，两眼平视，反复观察两条主切削刃的长短、高低和主后角的大小；必要时可用样板或量角器配合钢直尺检查钻头的顶角，如图 1–74 所示。如钻头有偏差，必须进行修磨，直至两条主切削刃对称为止。

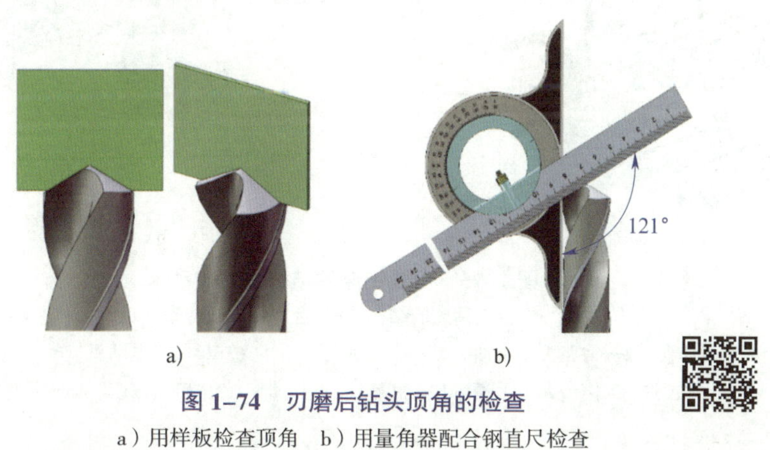

图 1–74 刃磨后钻头顶角的检查

a）用样板检查顶角 b）用量角器配合钢直尺检查

（3）刃磨麻花钻的注意事项

1）选择 F46 ~ F80 的氧化铝砂轮，砂轮的硬度选中软级为宜，刃磨前应对砂轮做必要的修整。

2）左手摆动钻柄时，柄部不能超过水平面，以免将钻头磨成负后角。

3）两手动作应协调自然，由刃口向主后面方向刃磨。

4）刃磨后，两条主切削刃应对称于钻头轴线，且顶角为 118° ± 2′，外缘处的后角为 8° ~ 14°，横刃斜角为 50° ~ 55°。

5）刃磨时，压力不宜过大，应均匀摆动钻柄，并对钻头头部经常蘸水冷却，以防止钻头过热而使硬度降低。

二、钻床

1. 钻床的分类

钻床是钳工用来钻孔的主要设备。在钻床上，主要用钻头切削加工精度要求不高的孔，此外，还可以进行扩孔、锪孔、铰孔、攻螺纹以及锪平端面等操作。常用钻床按其结构形式不同可以分为台式钻床、立式钻床、摇臂钻床等。

（1）台式钻床

台式钻床的结构及其传动如图 1–75 所示。台式钻床的主轴可以实现五级不同的转速（480 ~ 4 100 r/min），转速之间的转换主要依靠一组带轮，通过改变 V 带在带轮中的位置实现转速的调节。其最大钻孔直径一般为 12 mm，最小可加工 0.1 mm 左右的微孔，钻孔深度一般在 100 mm 以内。主轴下端为莫氏 2 号圆锥孔，用来安装钻夹头。

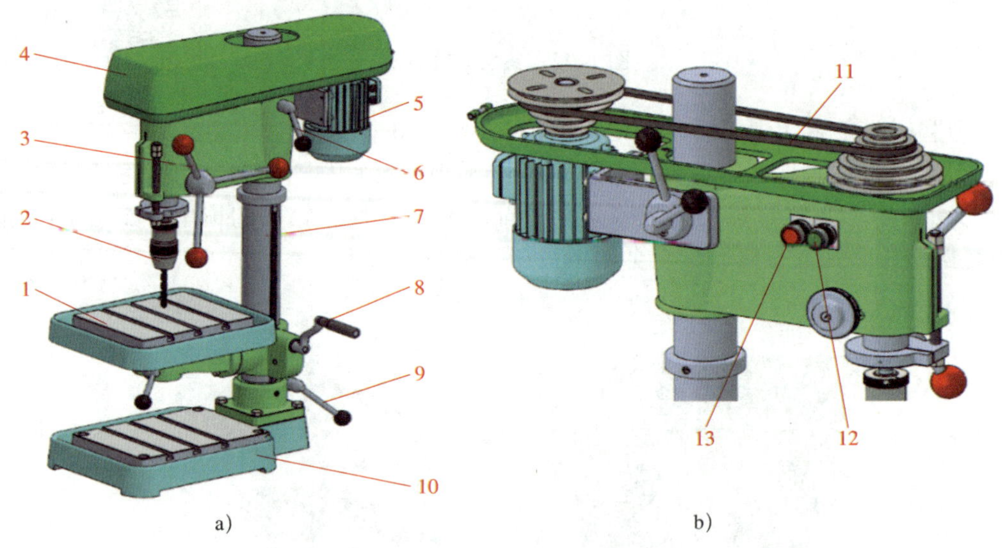

图 1–75 台式钻床的结构及其传动

a）台式钻床的结构 b）台式钻床的传动

1—可调工作台 2—钻夹头（主轴） 3—进给手柄 4—防护罩 5—电动机 6、9—锁紧手柄 7—立柱 8—工作台调节手柄 10—底座 11 V 带 12—启动按钮 13—停止按钮

（2）立式钻床

立式钻床的结构如图 1–76 所示。它的最大钻孔直径为 25 mm，主轴下端采用莫氏 3 号圆锥孔。在加工时，立式钻床可以实现九种不同的主轴转速（97 ~ 1 360 r/min）和九种不同的主轴进给量（0.1 ~ 0.81 mm/r）。

立式钻床除了能实现主运动和进给运动，还可实现两个辅助运动，分别是进给箱的升降运动和工作台的升降运动。

（3）摇臂钻床

摇臂钻床适用于加工大、中型工件和多个在同一平面内不同位置上的孔，可以进行钻孔、扩孔、铰孔、锪平面及攻螺纹等加工。摇臂钻床的结构如图 1–77 所示。

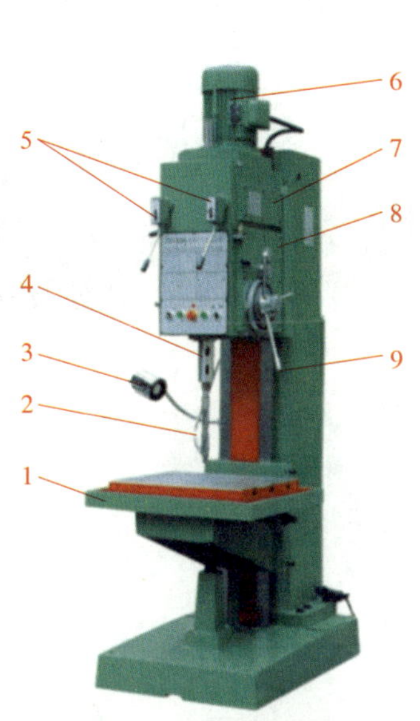

图 1–76　立式钻床的结构

1—工作台　2—切削液管　3—照明灯　4—主轴　5—拨叉　6—电动机　7—主轴箱　8—进给箱　9—进给手柄

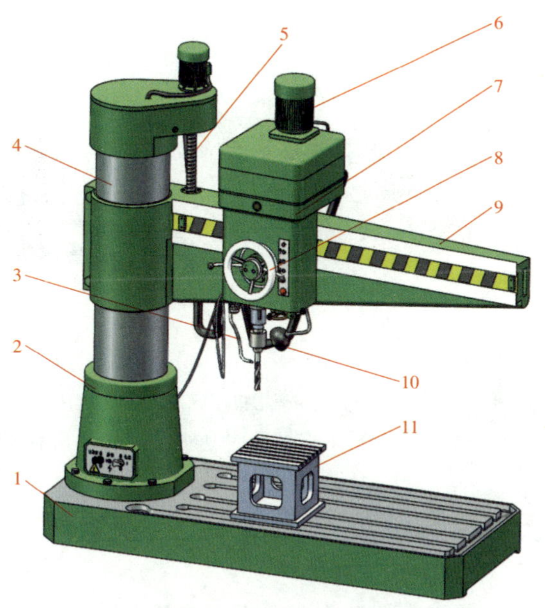

图 1–77　摇臂钻床的结构

1—基座　2—外立柱　3—切削液管　4—内立柱　5—丝杆　6—电动机　7—主轴箱　8—进给手轮　9—摇臂　10—照明灯　11—工作台

摇臂钻床可以实现三个辅助运动，分别是摇臂绕内立柱 360° 旋转、主轴箱沿摇臂水平导轨的移动以及摇臂沿立柱的上下移动。

2. 钻床的维护与保养

（1）在使用过程中，工作台面必须保持清洁。

（2）钻通孔时必须使钻头能通过工作台面上的让刀孔，或在工件下面垫上垫铁，以免钻坏工作台面。

（3）使用完毕必须将机床外露滑动面和工作台面擦拭干净，并对各滑动面和各注油孔加注润滑油。

三、钻孔时工件的装夹

在工件上钻孔时，根据工件的形状和钻削力的大小（或钻孔的直径）等情况，采用不同的装夹（定位和夹紧）方法，以保证钻孔的质量和安全。常用的钻孔装夹方法如图 1–78 所示。

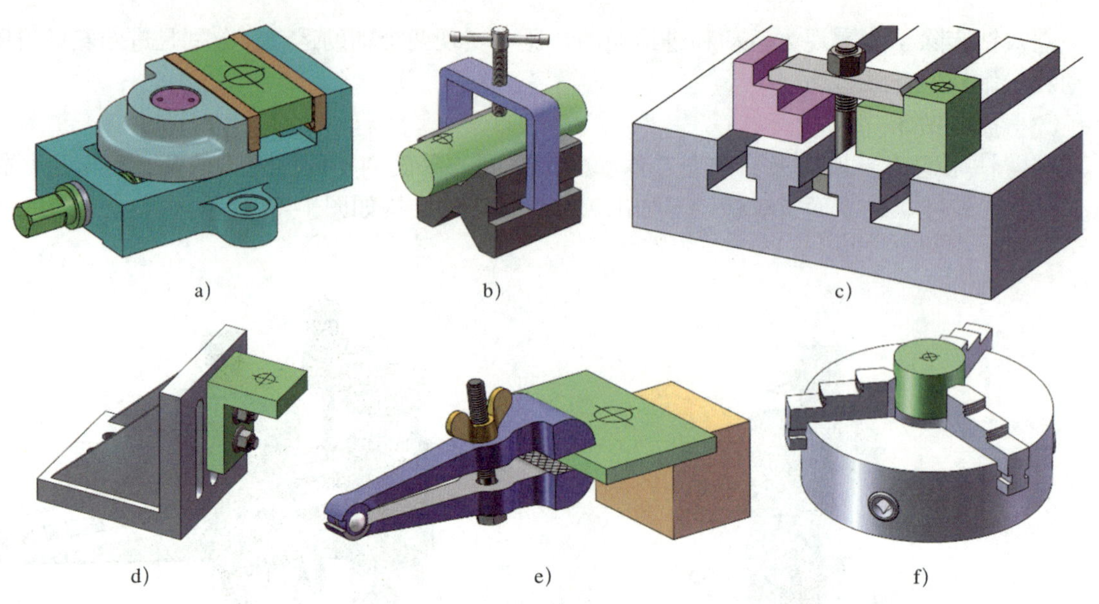

图 1–78　常用的钻孔装夹方法

a）用机用虎钳[①]装夹　b）用 V 形架装夹　c）用台阶垫铁和压板装夹

d）用角铁装夹　e）用手虎钳装夹　f）用三爪自定心卡盘装夹

四、钻孔

1. 钻头的装夹

除了少数钻头可以直接安装在钻床上，大多数钻头都需要辅具才能安装在钻床的主轴上。

（1）用钻头变径套装夹锥柄钻头

钻头变径套又称中间套筒或过渡套筒，如图 1–79a 所示。对于直径大于 13 mm 的锥柄钻头，用柄部的莫氏锥体直接与钻床主轴相连接。连接时必须将钻头锥柄和主轴锥孔擦干

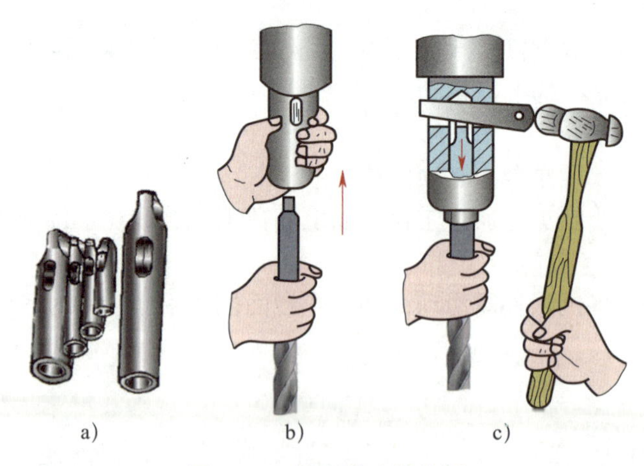

图 1–79　锥柄钻头的装拆

a）钻头变径套　b）用钻头套装夹　c）用楔铁拆下钻头

① 机床用平口虎钳简称机用虎钳。

净，且使钻头矩形舌部的长向与钻床主轴上腰形孔的中心线方向一致，利用加速冲力一次将其装接好，如图 1–79b 所示。当钻头锥柄小于主轴锥孔时，可加过渡套筒进行连接。拆卸过渡套筒内的钻头和钻床主轴上的钻头时，将楔铁敲入过渡套筒或钻床主轴上的腰形孔内，楔铁带圆弧的一边要放在上面，利用楔铁斜面的张紧分力，使钻头与过渡套筒或钻床主轴分离，如图 1–79c 所示。

（2）用钻夹头装夹直柄钻头

钻夹头又称扳手钻夹头，如图 1–80b 所示，通过转动钻夹头钥匙，使钻夹头上的三个夹爪伸出或缩进，将钻头夹紧或松开。标准钻夹头一般用于装夹直柄钻头。

先用钻夹头钥匙逆时针松开钻夹头，然后选择合适的直柄钻头装进钻夹头的三个夹爪中，同时调整好钻头装夹长度，最后用钻夹头钥匙顺时针锁紧，如图 1–80 所示。

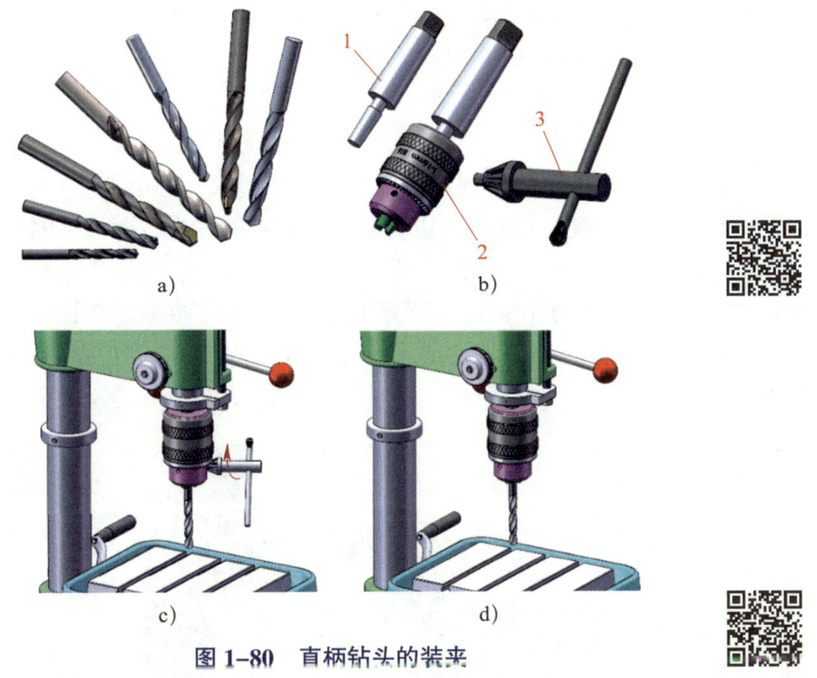

图 1–80　直柄钻头的装夹

a）直柄钻头　b）钻夹头与钻夹头钥匙　c）钻头的夹紧　d）钻头安装完成

1—连接杆　2—钻夹头　3—钻夹头钥匙

2. 钻孔方法

（1）划线钻孔

在钻孔处划线并打样冲眼，如图 1–81 所示。钻孔时，先用钻头在圆心的样冲眼处锪一浅孔（约为孔径的 1/4），并检查孔是否正确。如果钻偏，纠正后再钻出整个孔。在孔将钻穿时，应减小进给量，以免钻头折断或因钻头摆动而影响钻孔质量。钻盲孔时，应注意控制孔的深度，以免将孔钻深而出现质量事故。

若孔的位置偏位较少，可在起钻的同时用力将工件向偏位的反方向推移，逐步校正；若偏位较多，如图 1–82 所示，可在校正方向打上几个样冲眼或用油槽錾錾出几条槽，以减小此处的切削力，达到校正的目的。无论采用哪种方法，都必须在浅坑外圆直径小于钻头直径前完成；否则校正就困难了。

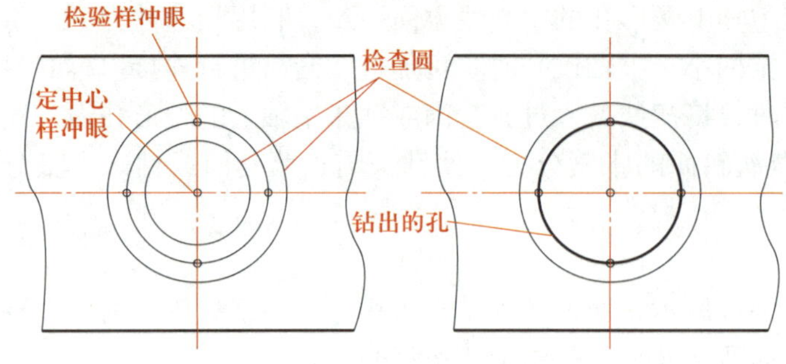

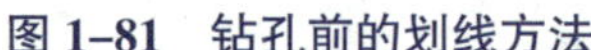
图 1–81 钻孔前的划线方法

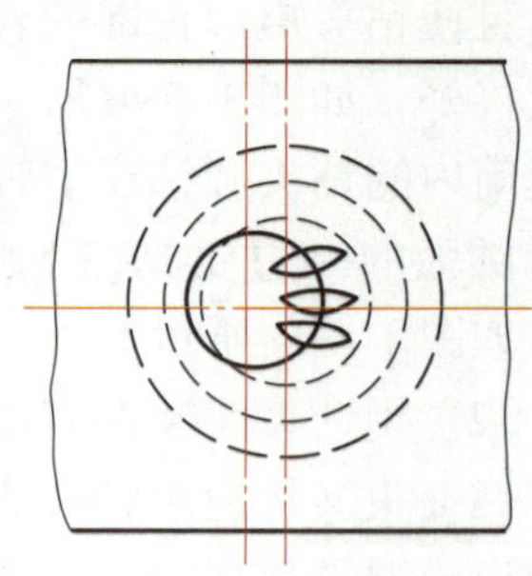
图 1–82 纠正起钻偏位的方法

（2）钻深孔

当钻削的孔深大于孔径的三倍时，会出现排屑和冷却困难，严重时将使钻头折断。钻削时，应及时退出钻头进行排屑和冷却。

（3）钻薄板孔

在薄板（厚度小于 1.5 mm）上钻孔时，钻孔的中心不容易控制，会出现多边形孔、孔口飞边和毛刺、薄板变形、孔被撕裂等现象；如果进给量过大，还会产生“扎刀”现象。在薄板上钻孔时，采用薄板钻（又称三尖钻）可以克服上述现象的发生，薄板钻的结构如图 1–83 所示。

3. 起钻的方法

起钻时要先使麻花钻的钻尖对正所划孔中心线的样冲眼，如图 1–84a 所示。用右手操纵进给手柄，使麻花钻轻压在工件表面上，左手反转钻夹头，使钻尖对准孔中心样冲眼，如图 1–84b 所示。

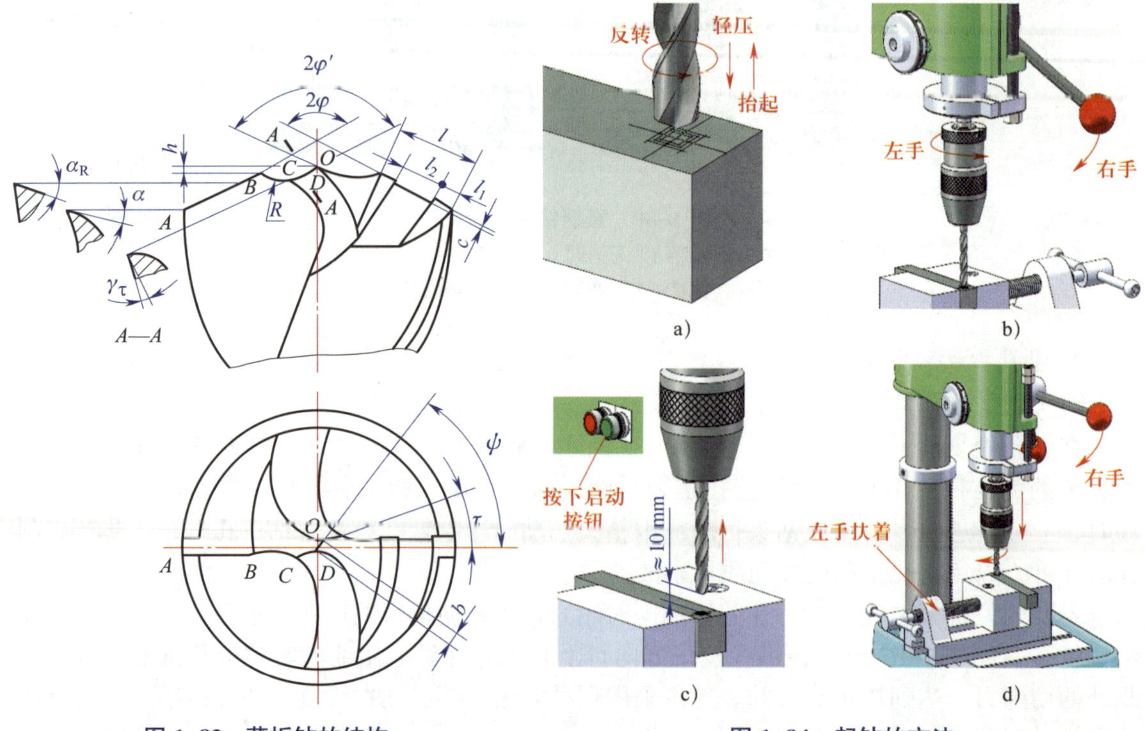

图 1–83 薄板钻的结构

图 1–84 起钻的方法

找正后抬起进给手柄，使钻尖与工件表面距离为 10 mm 左右，启动钻床，如图 1–84c 所示。然后左手轻扶着机用虎钳，右手操纵进给手柄，使麻花钻对工件进行正常的切削，如图 1–84d 所示。

五、攻螺纹

1. 攻螺纹的工具

用丝锥在工件孔中切削出内螺纹的加工方法称为攻螺纹。

（1）丝锥

丝锥是加工内螺纹的工具，普通螺纹丝锥有机用丝锥和手用丝锥两类。机用丝锥通常用高速钢制成，一般是单独一支，其切削部分较短，夹持部分与工作部分的同轴度精度较高。手用丝锥用碳素工具钢或合金工具钢制成，一般由两支或三支组成一组，有初锥、中锥和底锥之分，攻螺纹时应按顺序使用。

如图 1–85 所示，丝锥由工作部分和柄部组成。工作部分又分为切削部分和校准部分。

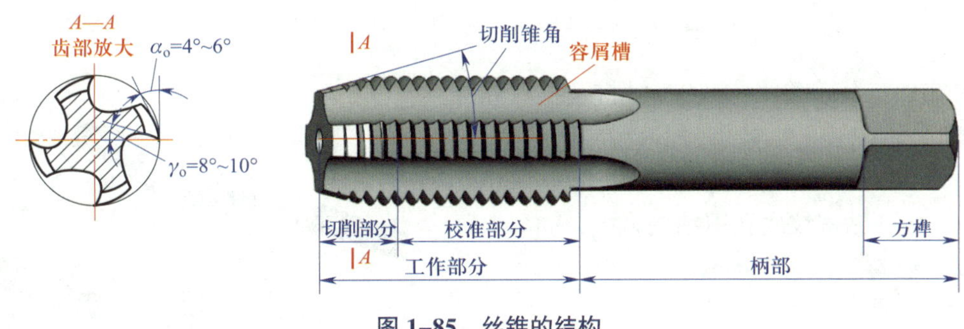

图 1–85　丝锥的结构

丝锥沿轴向开有几条容屑槽，以形成切削部分锋利的切削刃，起主要切削作用。丝锥前端磨出切削锥角，切削负荷分布在几个刀齿上，使切削省力，便于其切入工件。丝锥校准部分有完整的牙型，用来修光及校准已切出的螺纹，并引导丝锥沿轴向前进。

（2）铰杠

铰杠是用来夹持丝锥柄部方榫，带动丝锥旋转进行切削的工具。铰杠有普通铰杠和丁字铰杠两类，各类铰杠又分为固定式和活络式两种，如图 1–86 所示。

（3）丝锥在铰杠中的安装

在攻螺纹时一般用丝锥和铰杠，丝锥需正确安装在铰杠中，如图 1–87 所示。

2. 攻螺纹前底孔直径和深度的确定

（1）攻螺纹前底孔直径的确定

攻螺纹时，丝锥在切削金属的同时，还伴随着较强的挤压作用，因此，金属产生塑性变形形成凸起并挤向牙尖，使内螺纹的小径小于底孔直径。由此可见，攻螺纹前的底孔直径应稍大于螺纹小径，并根据工件材料的塑性和钻孔扩张量确定，按经验公式计算得出。

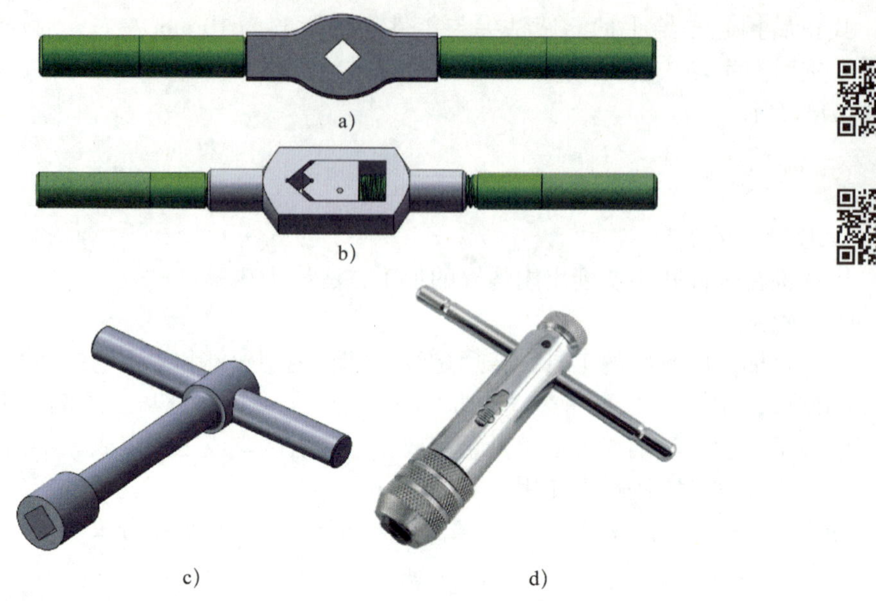

图 1–86 铰杠

a）固定铰杠 b）活络铰杠 c）固定丁字铰杠 d）活络丁字铰杠

1）在加工钢和塑性较好的材料及扩张量中等的条件下：

$$D_{钻}=D-P$$

式中 $D_{钻}$——钻螺纹底孔用钻头直径，mm；

D——螺纹大径，mm；

P——螺距，mm。

2）在加工铸铁和塑性较小的材料及扩张量较小的条件下：

$$D_{钻}=D-（1.05\sim1.1）P$$

常用英制螺纹在攻螺纹前，钻底孔的钻头直径也可以从有关手册中查出。

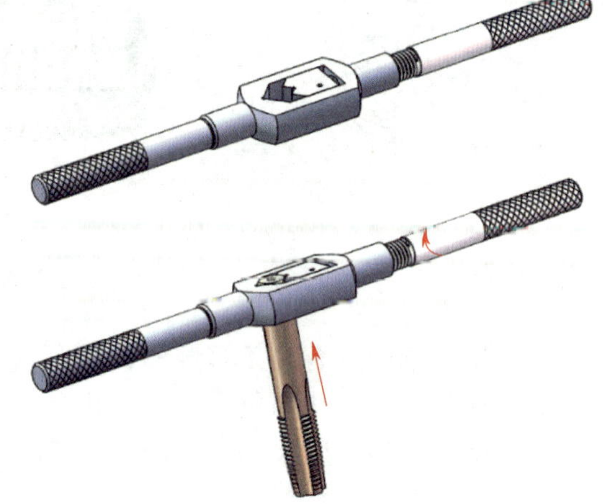

图 1–87 丝锥的安装

（2）攻螺纹前底孔深度的确定

攻不通孔螺纹时，由于丝锥切削部分有锥角，端部不能切出完整的牙型，因此，钻底孔深度要大于螺纹的有效深度，一般按下式计算：

$$H_{钻}=h_{有效}+0.7D$$

式中 $H_{钻}$——底孔深度，mm；

$h_{有效}$——螺纹有效深度，mm；

D——螺纹大径，mm。

3. 攻螺纹的方法

（1）划线，钻底孔。

（2）在螺纹底孔的孔口倒角，通孔螺纹两端都要倒角，倒角处直径可略大于螺孔大径，这样可使丝锥开始切削时容易切入，并可防止孔口被挤压出凸边。

（3）用头锥起攻。起攻时，可用一只手的手掌按住铰杠中部，沿丝锥轴线用力加压，另一只手配合做顺向旋进，如图 1–88a 所示；或两只手握住铰杠两端均匀施加压力，并顺向旋进丝锥，如图 1–88b 所示。应保证丝锥中心线与孔中心线重合，不歪斜。在丝锥攻入 1 ~ 2 圈后，应及时从前后、左右两个方向用刀口形直角尺进行检查，如图 1–88c 所示，并不断校正，使丝锥与工件大平面垂直。

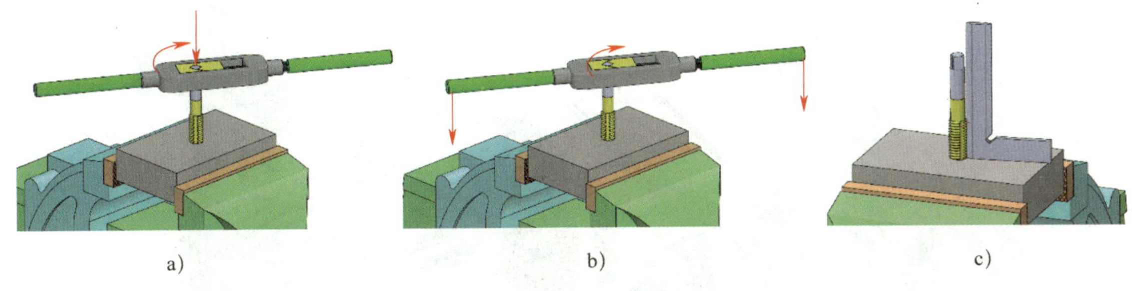

图 1–88　用头锥起攻螺纹

（4）当丝锥的切削部分全部进入工件时，则不需要再施加压力，而靠丝锥做旋进切削。此时，两只手旋转用力要均匀，丝锥要经常正转 1/2 ~ 1 圈后倒转 1/4 ~ 1/2 圈，使切屑碎断后容易排出，避免因切屑堵塞而将丝锥卡住，如图 1–89 所示。

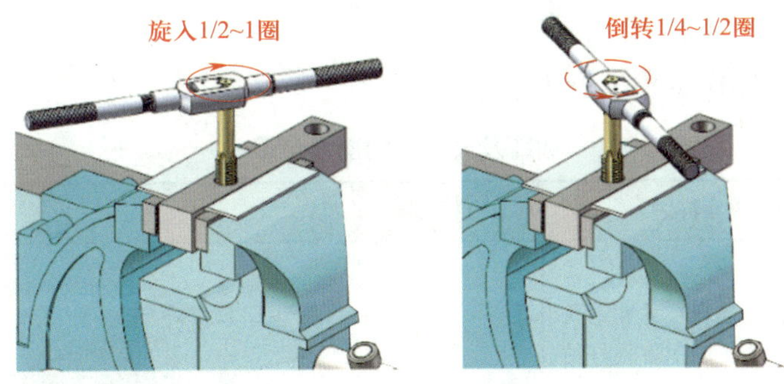

图 1–89　正常攻螺纹方法

攻螺纹时，必须以头锥、二锥、三锥的顺序攻削至标准尺寸。在较硬的材料上攻螺纹时，可轮换丝锥交替攻下，以减小切削部分负荷，防止丝锥折断。

攻不通孔螺纹时，可在丝锥上做好深度标记，并要经常退出丝锥，清除留在孔内的切屑；否则，会因切屑堵塞使丝锥折断或达不到深度要求。当工件不便于清屑时，可用弯曲的小管子吹出切屑，或用磁性棒吸出切屑。

在韧性材料上攻螺纹时要加切削液，以减小切削力，减小所加工螺孔的表面粗糙度值，延长丝锥的使用寿命。攻钢件时用机油，螺纹质量要求高时可用工业植物油，攻铸铁件时可用煤油。

任务实施

一、准备工作

1. 工具和量具：ϕ8.5 mm 麻花钻、ϕ12 mm 麻花钻、M10 丝锥、铰杠、刀口形直角尺、游标卡尺、M10 的螺栓等，如图 1–90 所示。

2. 辅助工具：台式钻床、钻夹头（含钻夹头钥匙）、机用虎钳、旋具、切削液和涂料（红丹粉或蓝油）等，如图 1–90 所示。

3. 材料：由任务五转入。

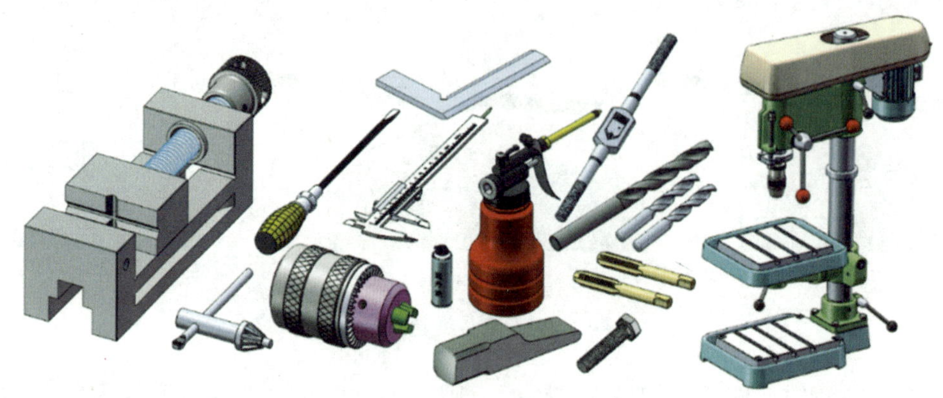

图 1–90　台式钻床操作及钻孔准备

二、钻孔及攻螺纹

钻孔及攻螺纹的操作步骤见表 1–16。

表 1–16　钻孔及攻螺纹的操作步骤

步骤	加工内容描述	图示
1	划线：根据图样尺寸和钻孔要求在錾口锤子的上方划好钻孔位置线，并打上样冲眼	
2	钻孔	
（1）	将划好线的工件正确装夹在机用虎钳上，并使其上表面处于水平面内	
（2）	将 ϕ8.5 mm 的钻头装夹在台式钻床的钻夹头上，启动台式钻床，观察钻头是否夹正，如未夹正，要重新装夹，直至夹正为止	

续表

步骤	加工内容描述	图示
（3）	钻螺纹底孔，钻通后，换 ϕ12 mm 的钻头对两面孔口进行倒角	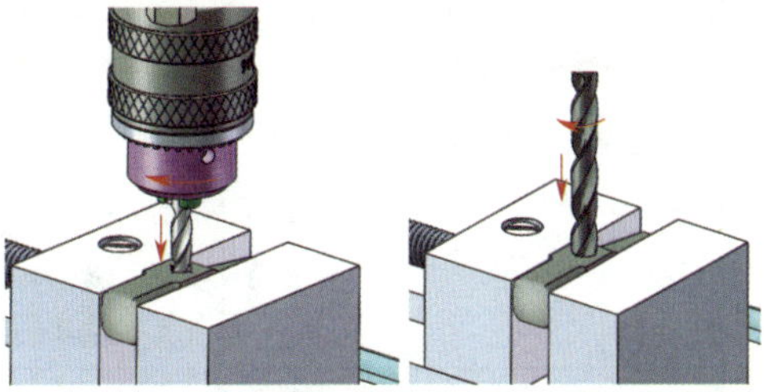 a）钻螺纹底孔 b）倒角
（4）	用游标卡尺检查孔的直径尺寸和位置尺寸	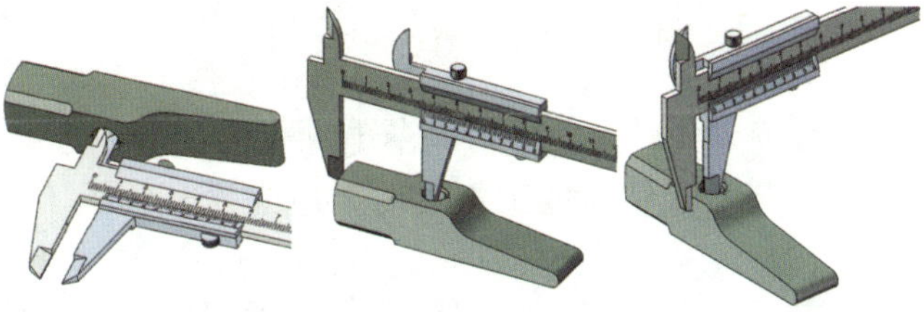
3	攻螺纹	
（1）	将钻好孔的工件夹紧在台虎钳上，尽量使螺纹底孔的中心线处于竖直位置	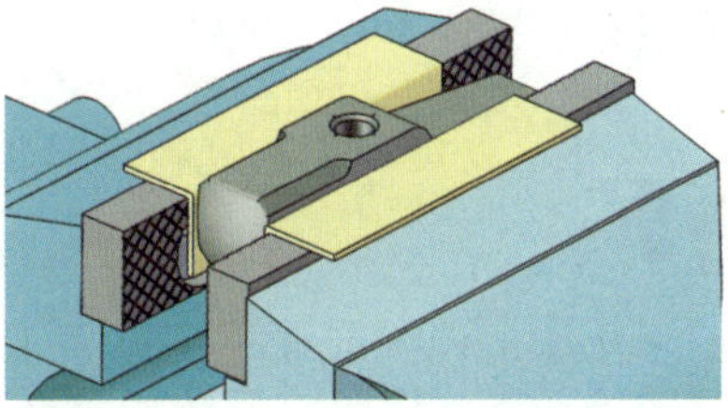
（2）	用头攻丝锥攻螺纹，并用刀口形直角尺检查及校正丝锥，丝锥装夹无误后正常攻螺纹，全部攻完后退出丝锥	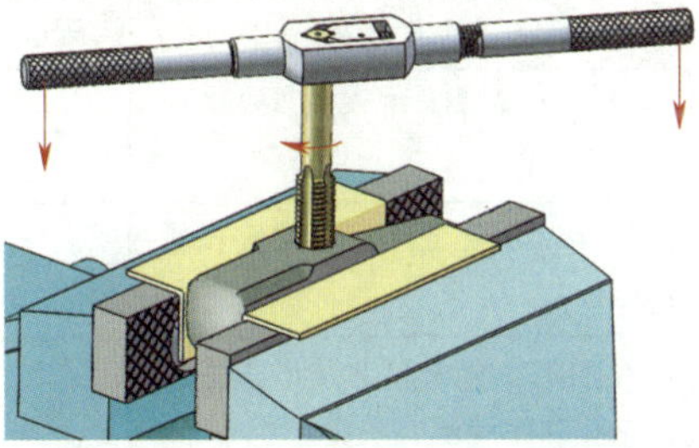
（3）	用二攻丝锥对螺孔进行一次清理，操作方法与用头攻丝锥攻螺纹相同	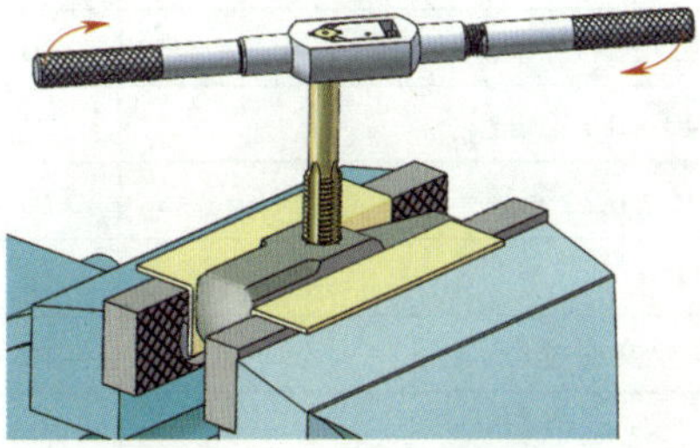

续表

步骤	加工内容描述	图示
（4）	用M10的螺栓检查螺孔尺寸	
4	全部复检，并做必要的修锉，最后倒钝锐边	

三、钻孔及攻螺纹操作注意事项

1. 变换钻床转速时，可调节电动机的位置，适当放松V带，以便于操作。

2. 升降台式钻床的工作台时，应先松开锁紧工作台的调节手柄，再把工作台调至合适的位置。

3. 工件必须夹紧，特别是在小工件上钻较大直径孔时必须装夹牢固，孔将钻穿时，要尽量减小进给力。

4. 起攻的正确性以及攻螺纹时能两只手用力均匀并掌握好用力程度，是攻螺纹的基本功之一，必须用心掌握。

任务评价

錾口锤子螺孔加工训练成绩评定见表1–17。

表1–17　錾口锤子螺孔加工训练成绩评定

序号	项目与技术要求	配分	评分标准	检测结果	得分
1	练习台式钻床转速变换，要求顺序正确，动作规范	20	不符合要求酌情扣分		
2	练习装夹钻头、工件，要求操作正确，动作规范	10	不符合要求酌情扣分		
3	练习孔加工，要求起钻及借正方法正确，钻孔动作规范	10	不符合要求酌情扣分		
4	攻螺纹操作姿势正确，动作规范	10	不符合要求酌情扣分		
5	螺纹无烂牙现象	10	不符合要求酌情扣分		
6	（40±0.2）mm	10	超差不得分		
7	（10±0.2）mm	10	超差不得分		
8	M10	10	超差不得分		
9	安全文明生产	10	不符合要求酌情扣分		
合计		100			

普通车床加工

任务一　普通车床加工基本知识和技能

学习目标

1. 掌握车削加工安全操作规程。
2. 能描述车削加工并列举其加工内容。
3. 能描述典型普通车床的结构及其功用。
4. 能描述车床各手柄和手轮的位置及其用途。
5. 能对车床进行空运行操作。

任务描述

认识图 2–1 所示 CA6140 型卧式车床的结构及其各部分作用，并能对其进行空运行操作。

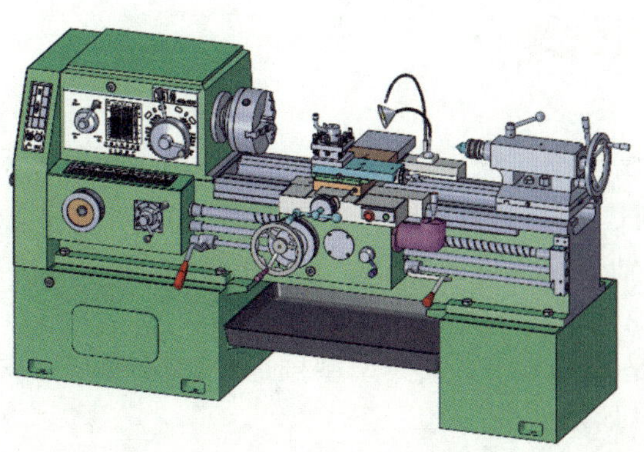

图 2–1　CA6140 型卧式车床

任务分析

CA6140 型卧式车床的基本操作是能让车床进行空运行，并在运行时能够改变转速、进给速度等，主要包括以下内容：

1. 基本操作方面包括车床的启停操作，刀架纵向进给和横向进给的手动操作，刀架换刀的操作，尾座的手动操作。

2. 速度调整操作方面包括主轴转速变速操作，刀架进给速度调整操作，刀架纵向和横向机动进给操作。

要求学生在操作车床前必须细心观察普通车床，了解普通车床的组成、分类；同时，通过对普通车床所加工产品的了解，总结出普通车床的工作原理和应用场合，并了解普通车床的主要加工参数。

相关知识

一、车削加工的工作特点和工作内容

1. 车削加工的工作特点

车削加工就是在车床上利用工件的旋转运动和刀具的直线运动（或曲线运动）改变毛坯的形状和尺寸，将毛坯加工成符合图样要求的工件，如图 2–2 所示。在切削加工中，车削加工是最常用的一种加工方法。车床占机床总数的一半左右，故在机械加工中具有重要的地位和作用。

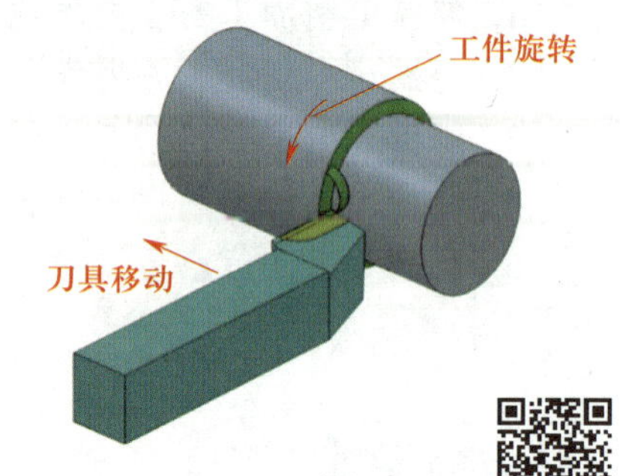

图 2–2　车削加工

2. 车削加工的工作内容

车削加工的工作内容包括车外圆、车端面、切断和车槽、车圆锥、钻中心孔、钻孔、车孔、铰孔、车成形面、车螺纹、滚花和盘绕弹簧等，如图 2–3 所示。如果在车床上装上一些附件和夹具，还可进行镗削、磨削、研磨和抛光等。

二、普通车床的型号、结构和附件

1. 车床的型号

根据国家标准《金属切削机床　型号编制方法》（GB/T 15375—2008）对机床的分类，车床共分为 10 组，分别是仪表小型车床，单轴自动车床，多轴自动、半自动车床，回轮、转塔车床，曲轴及凸轮轴车床，立式车床，落地及卧式车床，仿形及多刀车床，轮、轴、辊、锭及铲齿车床，其他车床，其组代号分别为 0 ~ 9。

生产中应用最多的是卧式车床，其典型型号是 CA6140 型卧式车床。车床型号一般都印在车床铭牌上，如图 2–4 所示。

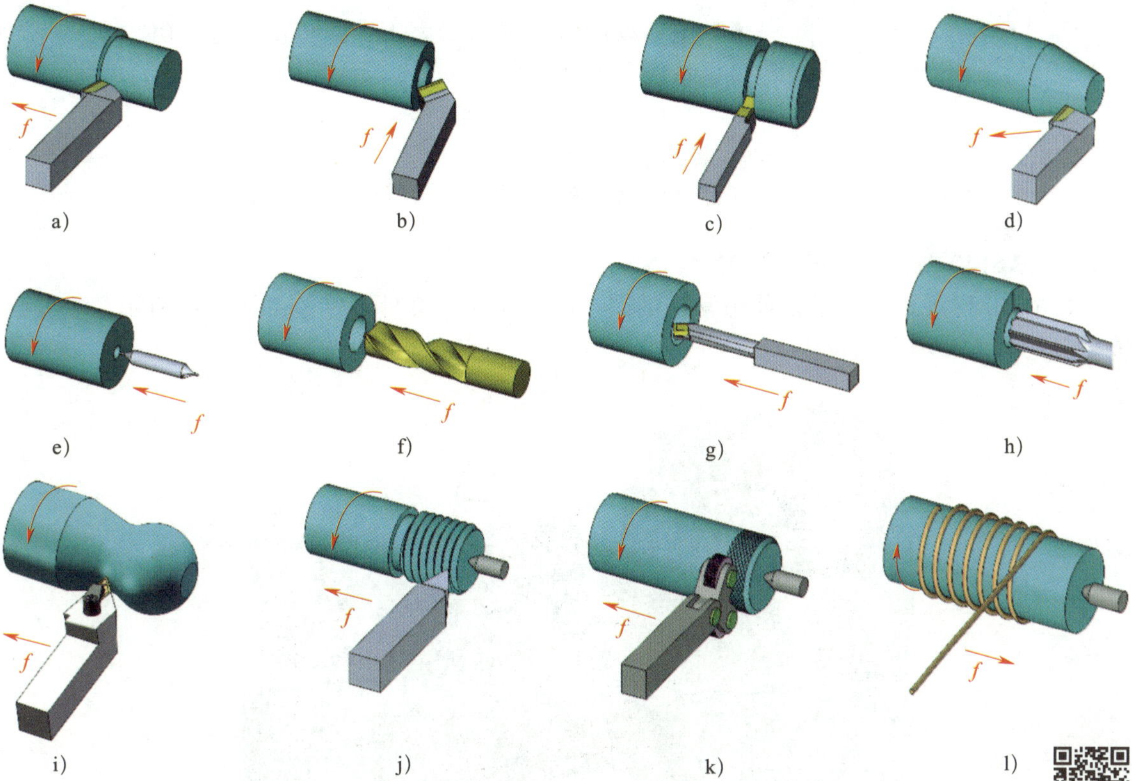

a) b) c) d)

e) f) g) h)

i) j) k) l)

图 2–3 车削的工作内容

a）车外圆 b）车端面 c）切断和车槽 d）车圆锥 e）钻中心孔 f）钻孔 g）车孔 h）铰孔 i）车成形面 j）车螺纹 k）滚花 l）盘绕弹簧

图 2–4 车床铭牌

CA6140 型卧式车床型号的含义如下：

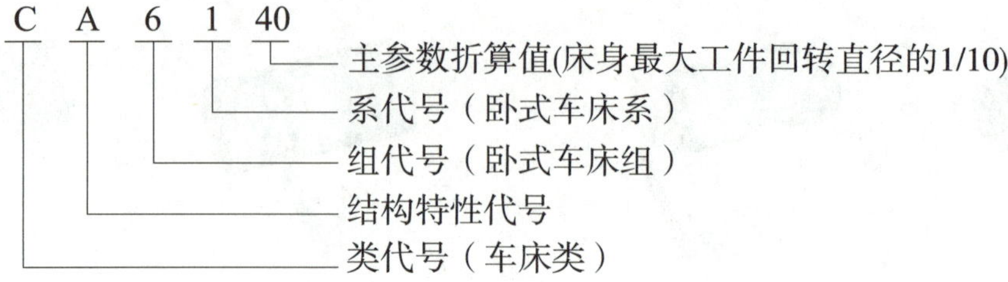

2. CA6140 型卧式车床的结构

CA6140 型卧式车床是目前最常用的国产卧式车床，其外形结构如图 2–5 所示，主要组成部分的名称和用途见表 2–1。

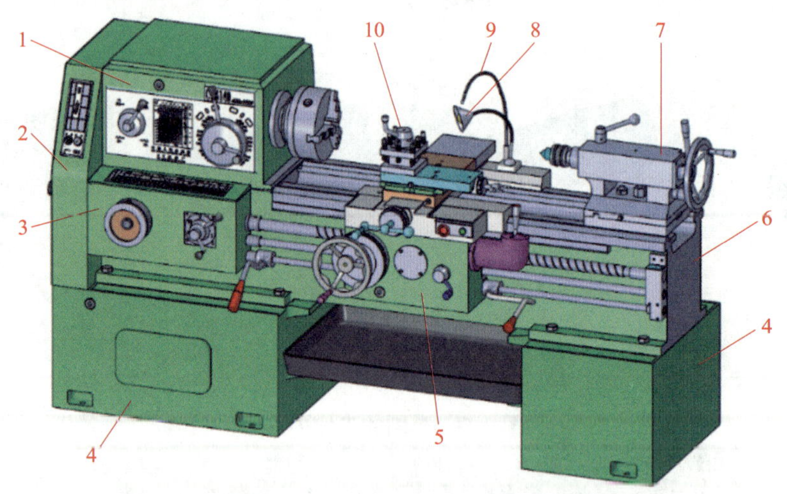

图 2–5　CA6140 型卧式车床的结构

1—主轴箱　2—交换齿轮箱　3—进给箱　4—床脚　5—溜板箱　6—床身
7—尾座　8—照明装置　9—冷却装置　10—刀架部分

表 2–1　CA6140 型卧式车床主要组成部分的名称和用途

名称	图示	用途
主轴箱		主轴箱支承并驱动主轴带动工件做旋转主运动。箱内装有齿轮、轴等，组成变速传动机构，变换主轴箱外手柄位置，可使主轴得到多种转速 主轴通过卡盘等夹具装夹工件，并带动工件旋转，以实现车削运动

续表

名称	图示	用途
进给箱	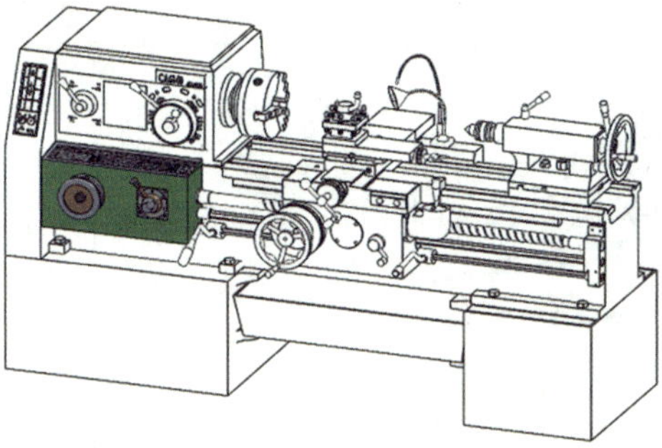	进给箱是进给传动系统的变速机构。它把交换齿轮箱传递过来的运动经过变速后传递给丝杠，以车削各种螺纹；传递给光杠，以实现机动进给
交换齿轮箱	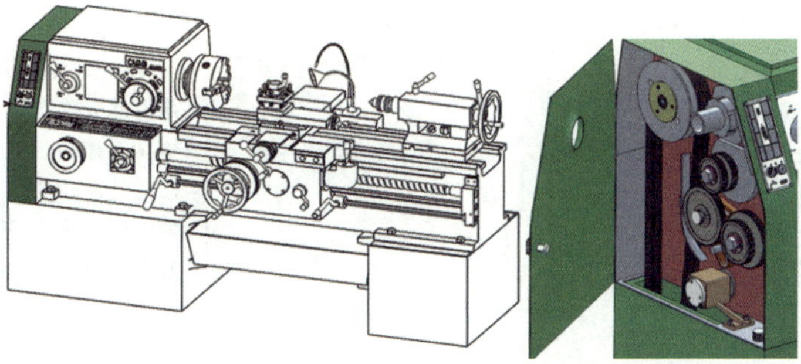	交换齿轮箱又称挂轮箱，用来把主轴箱的运动传递给进给箱。更换箱内齿轮，配合进给箱内的变速机构，可以得到车削各种螺距螺纹（或蜗杆）的进给运动；同时，可满足车削时对不同纵向进给和横向进给时进给量的需求
溜板箱	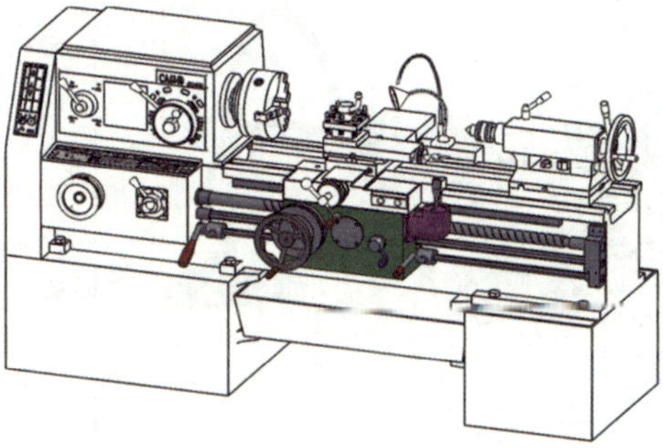	溜板箱接受光杠或丝杠传递的运动，以驱动床鞍、中滑板、小滑板和刀架实现车刀的纵向和横向进给运动。其上还装有一些手柄和按钮，可以很方便地操作车床，选择机动进给、手动进给、车螺纹及快速移动等运动方式
床身	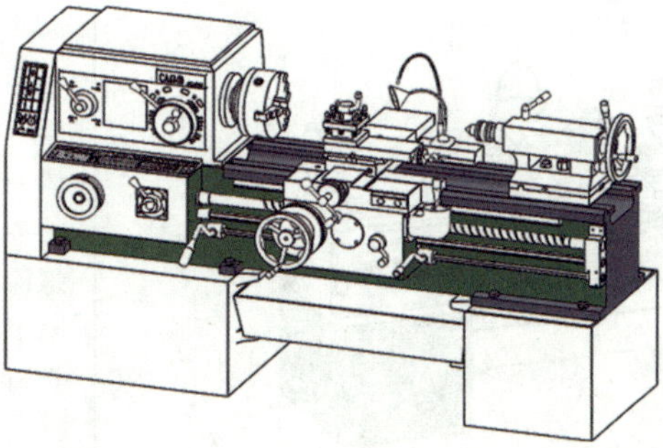	床身是车床精度要求很高的带有导轨（山形导轨和平导轨）的一个大型基础部件。它用于支承及连接车床的各部件，并保证各部件在工作时有准确的相对位置

续表

名称	图示	用途
刀架部分	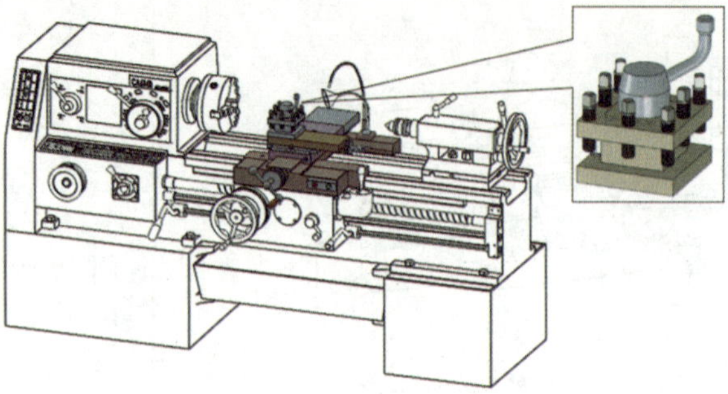	刀架部分由两层滑板（中滑板和小滑板）、床鞍与刀架体共同组成。它用于安装车刀并带动车刀做纵向运动、横向运动或斜向运动
尾座	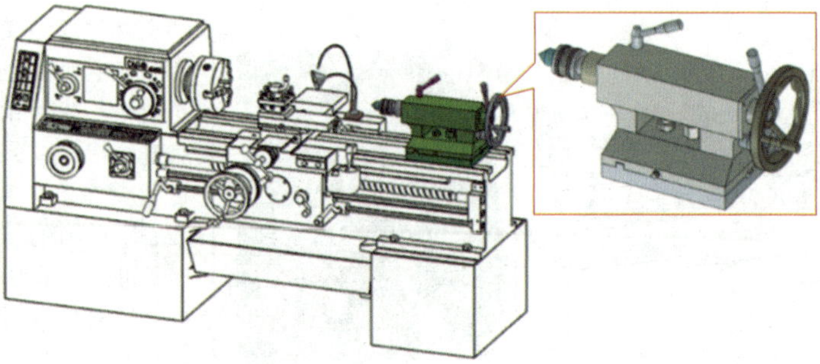	尾座安装在床身导轨上，并沿此导轨纵向移动，以调整其工作位置。尾座主要用来安装后顶尖，以支承较长的工件，也可安装钻头、铰刀等切削刀具进行孔加工
照明和冷却装置	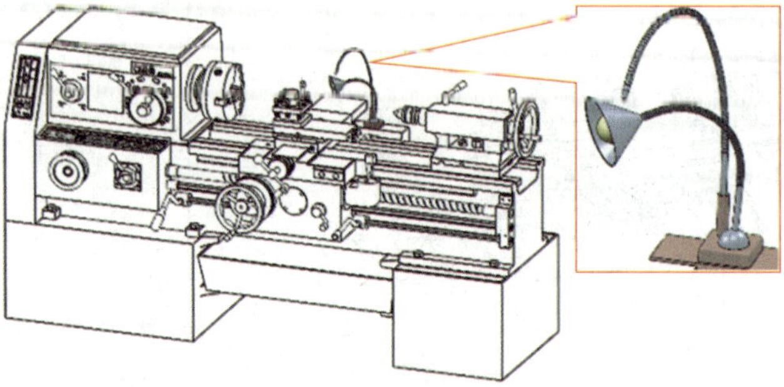	照明灯使用安全电压，为操作者提供充足的光线，保证操作环境明亮，以便于观察和测量工件。冷却装置主要通过冷却泵将水箱中的切削液加压后喷射到切削区域，降低切削温度，冲走切屑，润滑加工表面，以延长刀具寿命及提高工件的表面质量
床脚	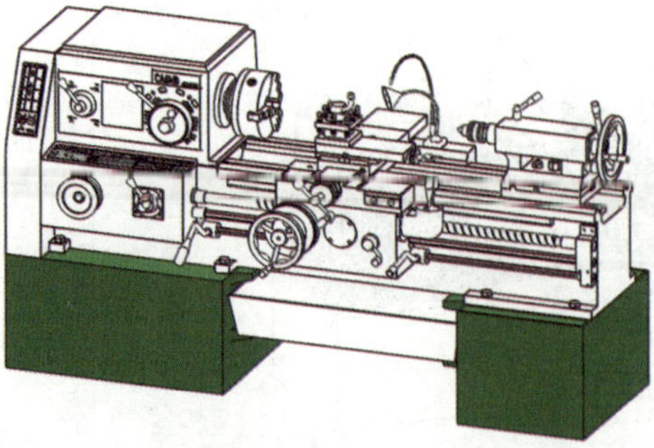	左、右两个床脚分别与床身左、右两端下部连为一体，用以支承安装在床身上的各部件。同时，通过地脚螺栓和调整垫块使整台车床固定在工作场地上，并使床身调整到水平状态

3. 普通车床的常用附件

（1）三爪自定心卡盘

三爪自定心卡盘的结构如图 2-6 所示。用卡盘扳手插入小锥齿轮 3 端部的方孔中，转动扳手使小锥齿轮转动，并带动大锥齿轮 4 回转。大锥齿轮的背面有平面螺纹 5，与卡爪 6 的端面螺纹相啮合，大锥齿轮回转时，平面螺纹带动与其啮合的三个卡爪沿径向同时做向心或离心移动。

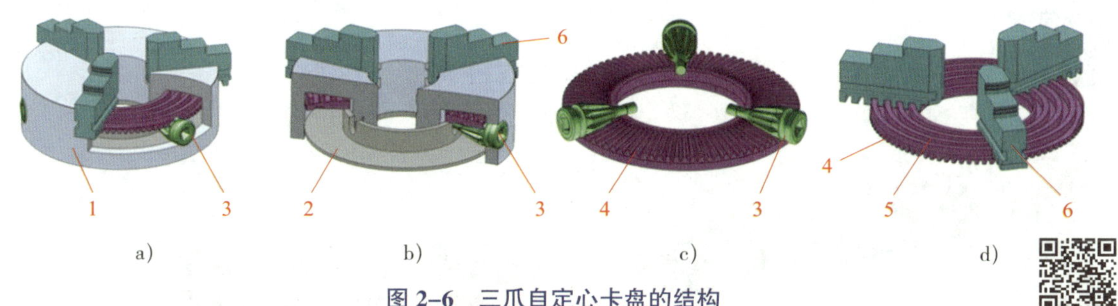

图 2-6 三爪自定心卡盘的结构

1—卡盘壳体 2—防尘盖板 3—小锥齿轮 4—大锥齿轮 5—平面螺纹 6—卡爪

常用的三爪自定心卡盘规格有 150 mm、200 mm、250 mm 等。

三爪自定心卡盘的卡爪有正卡爪和反卡爪两种，如图 2-7 所示。正卡爪用于装夹外圆直径较小和内孔直径较大的工件，如图 2-7a、b 所示；反卡爪用于装夹外圆直径较大的工件，如图 2-7c 所示。

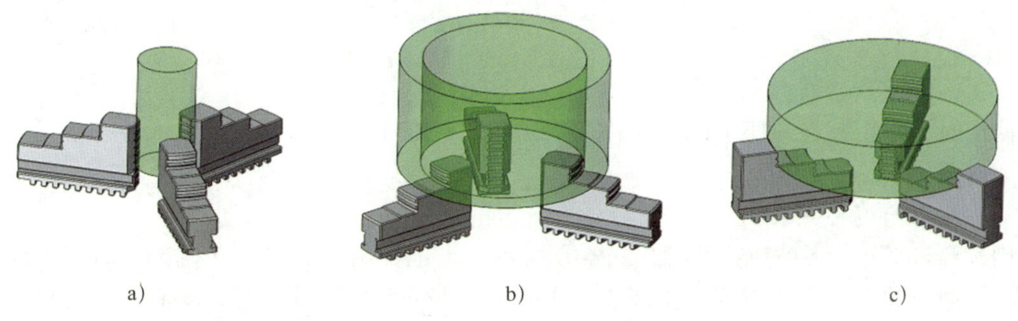

图 2-7 三爪自定心卡盘的正卡爪和反卡爪

a)、b）正卡爪 c）反卡爪

（2）四爪单动卡盘

四爪单动卡盘（见图 2-8），有四个各自独立运动的卡爪，各卡爪背面都有半圆弧形螺纹与螺杆啮合，每个螺杆的顶端都有方孔，在方孔中插入卡盘扳手的方榫并转动卡盘扳手，便可通过螺杆带动卡爪单独移动，以适应所夹持工件大小的需要。通过四个卡爪的相互配合，可将工件装夹在卡盘中。与三爪自定心卡盘一样，四爪单动卡盘的背面有定位台阶（即止口）与车床主轴上的连接盘连接成一体。

（3）顶尖

顶尖有固定顶尖和回转顶尖两种，其作用是用来支承工件及承受工件重力。固定顶尖的结构如图 2-9a 所示，回转顶尖的结构如图 2-9b 所示。

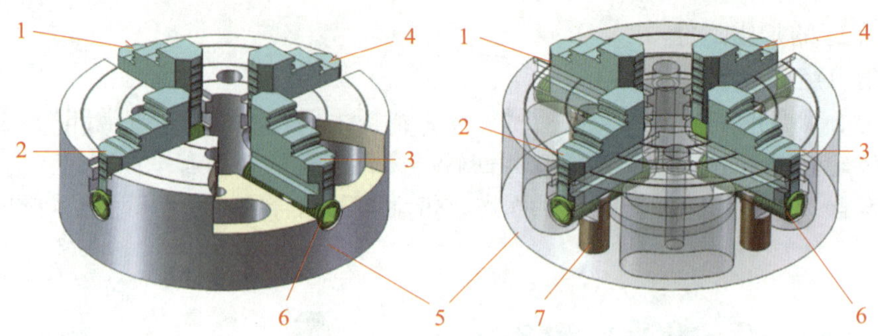

图 2-8　四爪单动卡盘

1、2、3、4—卡爪　5—卡盘体　6—螺杆　7—螺杆限位柱

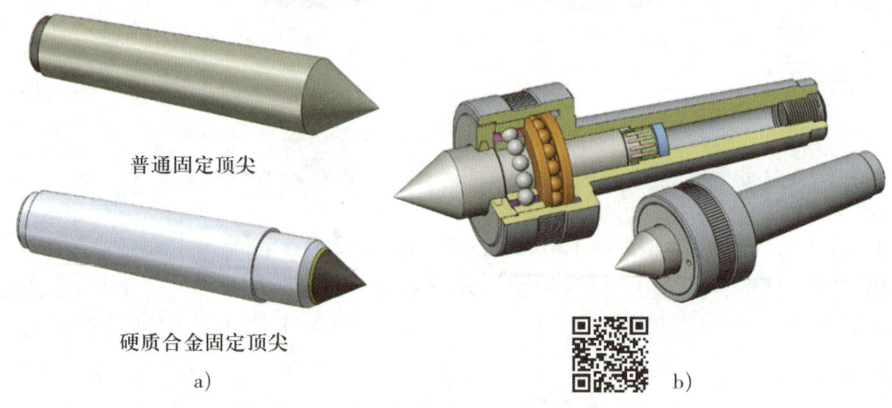

图 2-9　顶尖的结构

a）固定顶尖　b）回转顶尖

使用时，常把装在尾座上的顶尖称为后顶尖，装在主轴锥孔内的顶尖或装在卡盘上的顶尖称为前顶尖。

（4）拨盘与鸡心夹头

用拨盘和鸡心夹头装夹工件如图 2-10 所示。当工件用顶尖支承在机床上时，工件的旋转运动是通过鸡心夹头获得的。用鸡心夹头的夹持部分装夹工件一端，鸡心夹头的另一端则与同主轴相连接的拨盘相互配合，才能将运动传至工件并进行车削加工。

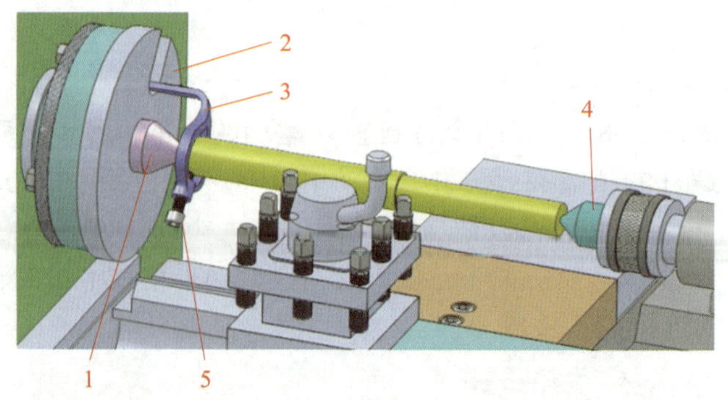

图 2-10　用拨盘和鸡心夹头装夹工件

1—前顶尖　2—拨盘　3—鸡心夹头　4—后顶尖　5—锁紧螺钉

（5）花盘

用花盘装夹工件如图 2-11 所示。花盘适用于装夹用四爪单动卡盘也不便夹持的外形不规则的工件。夹持时需用螺栓、压板进行压紧，必要时采用弯板配合安装并配置平衡块，以便使工件旋转时受力均衡。

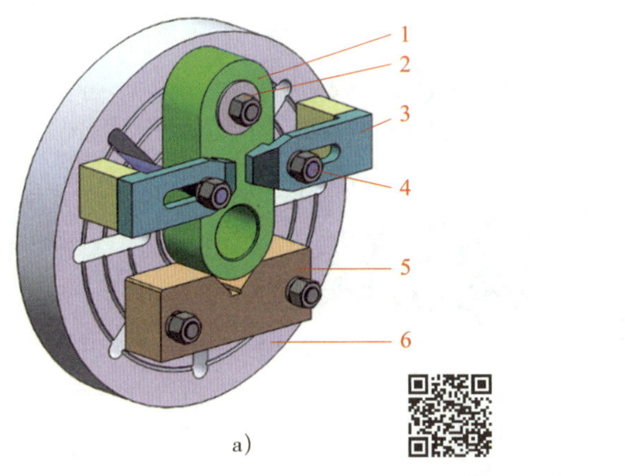

a）

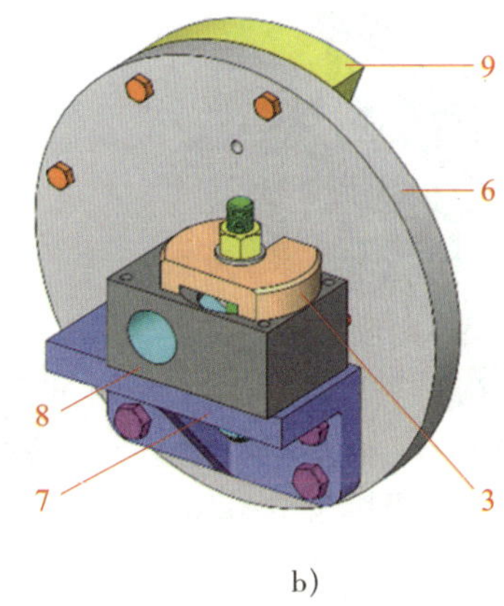

b）

图 2-11 用花盘装夹工件

a）用螺栓压板在花盘上装夹工件 b）用直角铁和平衡块配合在花盘上装夹工件

1、8—工件 2—螺母 3—压板 4—螺栓 5—V 形架 6—花盘 7—直角铁 9—平衡块

（6）跟刀架

跟刀架的结构和应用如图 2-12 所示，它安装在刀架附近的床鞍上，能随床鞍做纵向移动，其作用是平衡切削力，减少（控制）工件的弯曲变形，提高工件的刚度，以利于车削。

需要指出的是，跟刀架固定于床鞍上刀架的左侧，随床鞍一起移动，通常只有两个支承爪。

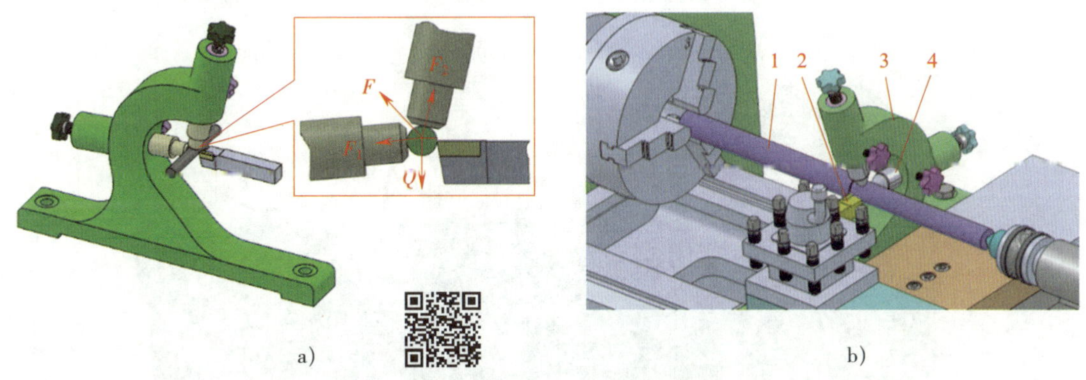

a） b）

图 2-12 跟刀架的结构和应用

a）跟刀架的结构 b）跟刀架的应用

1—细长轴 2—车刀 3—跟刀架 4—支承爪

（7）中心架

中心架的结构如图 2-13 所示，使用时将中心架固定在机床床身上，其三个爪支承于工件上已预先加工好的外圆柱面上，如图 2-14 所示。作为被加工工件的支承物，其作用与跟刀架相同。

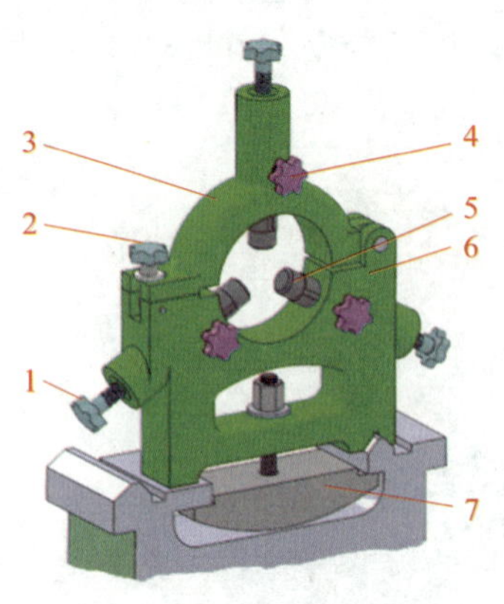

图 2-13 中心架的结构

1—调整螺钉 2—螺钉 3—上盖 4—紧固螺钉 5—支承爪 6—架体 7—压板

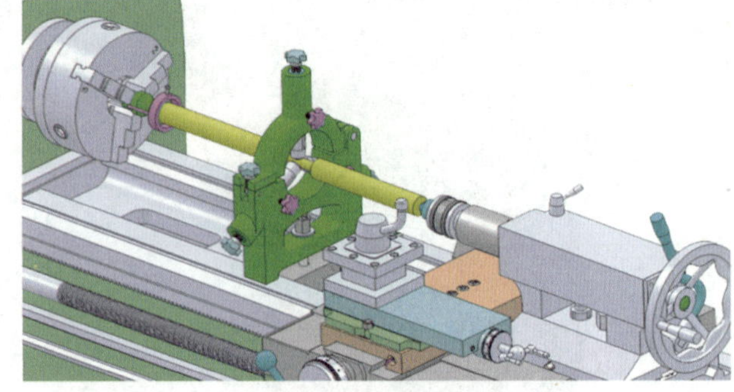

图 2-14 中心架的应用

应用跟刀架或中心架时，工件被支承部分应是加工好的外圆表面，且需加机油润滑，工件的转速不能太高，以免工件与支承爪之间摩擦过热而烧坏或磨损支承爪。

三、普通车床的操作手柄和刻度盘

以 CA6140 型卧式车床为例进行介绍。要掌握 CA6140 型卧式车床的操作，先要了解各手柄的名称、工作位置和作用，并熟悉它们的使用方法和操作步骤。图 2-15 所示为 CA6140 型卧式车床的各手柄和手轮，它们各自的名称见表 2-2。

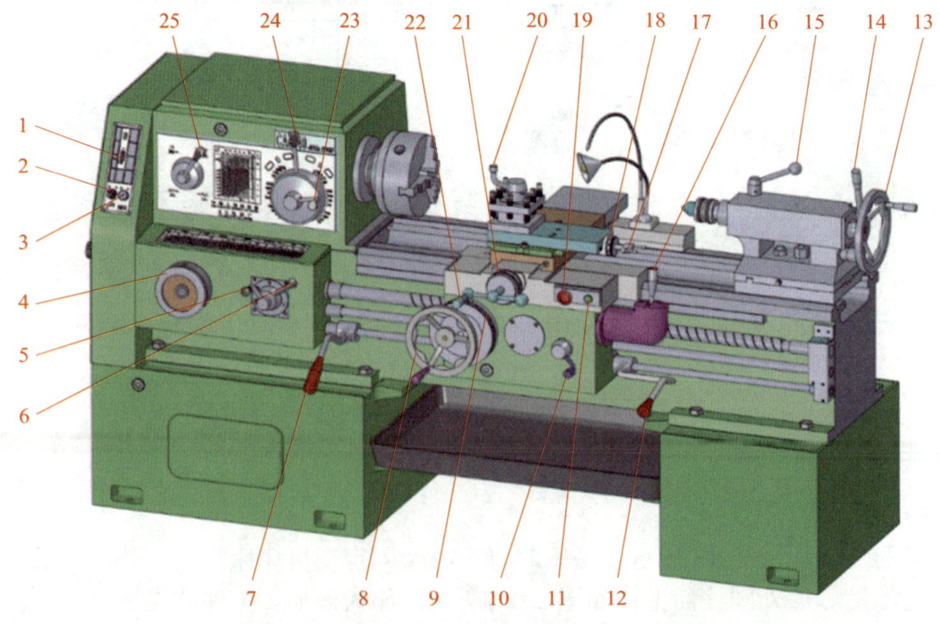

图 2-15 CA6140 型卧式车床的各手柄和手轮

表 2-2　　CA6140 型卧式车床操作手柄和手轮的名称

图上编号	名称	图上编号	名称
1	电源总开关（ON 和 OFF 两个位置）	14	尾座快速紧固手柄
2	冷却泵总开关	15	尾座套筒锁紧手柄
3	电源开关锁（0 和 1 两个位置）	16	机动进给手柄和快速移动按钮
4	进给变速基本组手轮	17	小滑板手柄
5	进给量和螺距变换手柄	18	小滑板刻度盘
6	螺纹种类和丝杠、光杠变换手柄	19	停止（急停）按钮（红色旋停）
7、12	主轴正、反转操作手柄	20	刀架转位及固定手柄
8	床鞍手轮	21	中滑板刻度盘（横向刻度盘）
9	床鞍刻度盘（纵向刻度盘）	22	中滑板手柄
10	开合螺母手柄	23	主轴变速（长、短）手柄
11	启动按钮（绿色）	24	主轴变速（长、短）手柄
13	尾座套筒移动手轮	25	加大螺距及左、右螺纹变换手柄

1. 主轴箱手柄

（1）车床主轴变速手柄

CA6140 型卧式车床的主轴变速手柄如图 2-16 所示。车床主轴的变速通过主轴箱正面右侧叠套的长手柄 24、弯短手柄 23 的位置来控制。上层的弯短手柄 23 在圆周上有六个挡位，每个挡位都有用四种颜色标志的四级转速；下层的长手柄 24 除有两个空挡位（白色圆圈）外，还有由四种颜色标志的四个挡位。

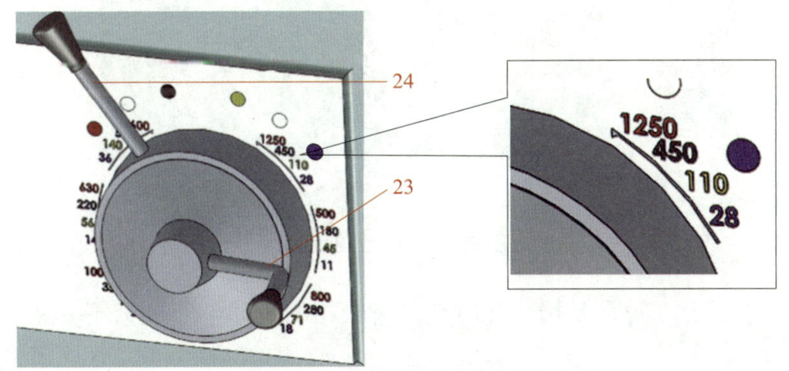

图 2-16　主轴变速手柄

（2）加大螺距及左、右螺纹变换手柄

如图 2-17 所示，主轴箱正面左侧的手柄 25 是加大螺距及左、右螺纹变换手柄，它有四个挡位，分别如图 2-17 所示，纵向、横向正常进给车削时，一般放在右上角的挡位上。

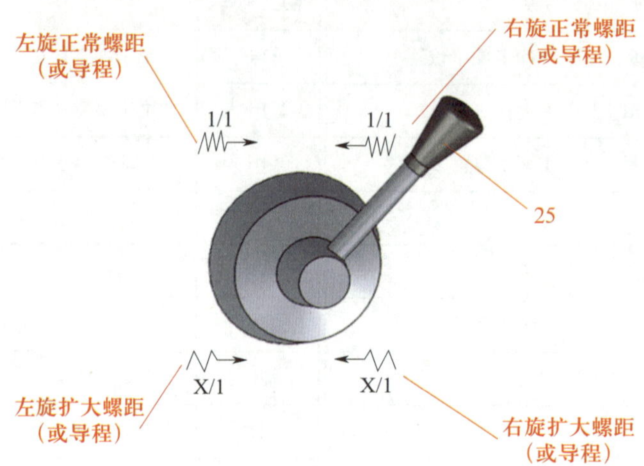

图 2–17　加大螺距及左、右螺纹变换手柄

2. 进给箱手柄

如图 2–18 所示，车床进给箱正面左侧是进给变速基本组手轮 4，有 1 ~ 8 共八个挡位；右侧是增倍组手柄，有前后叠装的两个手柄，前面的手柄 5 有Ⅰ、Ⅱ、Ⅲ、Ⅳ四个挡位（图 2–18 上挡位Ⅴ不与基本组配合），与左侧进给变速基本组手轮的八个挡位相配合，用以调整螺距和进给量，后面的手柄 6 有 A、B、C、D 四个挡位，是螺纹种类和丝杠、光杠变换手柄。实际操作时应根据加工要求确定进给量和螺距，查找图 2–19 所示进给箱油池盖上铭牌的进给量和螺距调配表来确定手轮和手柄的具体位置。

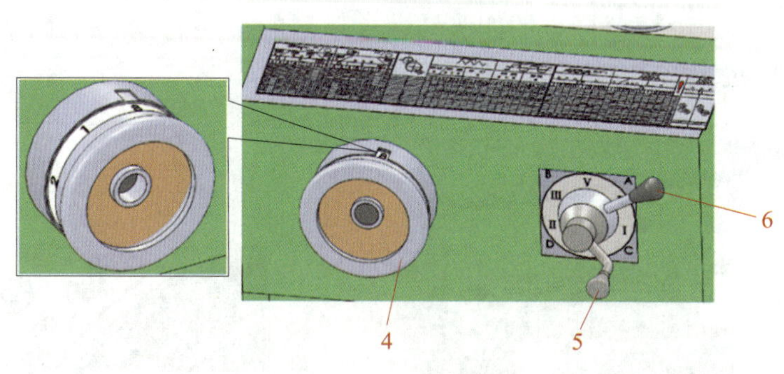

图 2–18　进给箱手柄

当手柄 5 处于正上方时是Ⅴ挡，此时交换齿轮箱的运动不经进给箱变速，而与丝杠直接相连。

3. 刻度盘

在图 2–20 所示的溜板箱和刀架部分，床鞍、中滑板和小滑板的移动是依靠手轮 8 和手柄 22、手柄 17 来实现的，它们移动的距离依靠刻度盘来控制，车床刻度盘的使用情况见表 2–3。

A B C	t								n/1				D_p							mπ								纵向进给 mm/r								横向进给 mm/r							
	B								D											B								A					C						A				
	1/1				X/1				1/1								X/1			1/1				X/1				X/1	1/1					X/1				1/1				X/1	
	Ⅰ	Ⅱ	Ⅲ	Ⅴ	Ⅲ Ⅰ	Ⅴ Ⅱ	Ⅲ	Ⅴ	Ⅰ	Ⅱ	Ⅲ	Ⅳ	Ⅰ	Ⅱ	Ⅲ	Ⅳ	Ⅲ Ⅰ	Ⅳ Ⅱ	Ⅲ	Ⅰ	Ⅱ	Ⅲ	Ⅳ	Ⅲ Ⅰ	Ⅳ Ⅱ	Ⅲ	Ⅳ	Ⅰ		Ⅱ	Ⅲ	Ⅳ		Ⅲ Ⅰ	Ⅳ Ⅱ	Ⅳ Ⅱ	Ⅲ Ⅰ	Ⅳ		Ⅲ	Ⅱ	Ⅰ	
1									13		$3\frac{1}{4}$													3.25	6.5	13	26	0.028	0.08	0.16	0.33	0.66	1.59	3.16	6.33	3.16	1.58	0.79	0.33	0.16	0.08	0.040	0.014
2		1.75	3.5	7	14	28	56	112	14	7	$3\frac{1}{2}$		56	28	14	7	$3\frac{1}{2}$	$1\frac{3}{4}$					1.75	3.5	7	14	28	0.032	0.09	0.18	0.36	0.71	1.47	2.93	5.87	2.92	1.46	0.73	0.35	0.17	0.09	0.045	0.016
3	1	2	4	8	16	32	64	128	16	8	4	2	64	32	16	8	4	2	1	0.25	0.5	1	2	4	8	16	32	0.036	0.10	0.20	0.41	0.81	1.29	2.57	5.14	2.56	1.28	0.64	0.40	0.20	0.10	0.050	0.018
4		2.25	4.5	9	18	36	72	144	18	9	$4\frac{1}{2}$		72	36	18	9		$2\frac{1}{4}$					2.25	4.5	9	18	36	0.039	0.11	0.23	0.46	0.91	1.15	2.28	4.56	2.28	1.14	0.57	0.45	0.22	0.11	0.055	0.019
5									19																			0.043	0.12	0.24	0.48	0.96	1.09	2.16	4.32	2.16	1.08	0.54	0.48	0.24	0.12	0.060	0.021
6	1.25	2.5	5	10	20	40	80	160	20	10	5		80	40	20	10	5	$2\frac{1}{2}$	$1\frac{1}{4}$			1.25	2.5	5	10	20	40	0.046	0.13	0.26	0.51	1.02	1.03	2.05	4.11	2.04	1.02	0.51	0.50	0.25	0.13	0.065	0.023
7			5.5	11	22	44	88	176		11			88	44	22	11		$2\frac{3}{4}$					2.75	5.5	11	22	44	0.050	0.14	0.28	0.56	1.12	0.94	1.87	3.74	1.88	0.94	0.47	0.56	0.28	0.14	0.070	0.025
8	1.5	3	6	12	24	48	96	192	24	12	6	3	96	48	24	12	6	3	$1\frac{1}{2}$			1.5	3	6	12	24	48	0.054	0.15	0.30	0.61	1.22	0.86	1.71	3.42	1.72	0.86	0.43	0.61	0.30	0.15	0.075	0.027
	A=63				B=100				C=75				A=63				B=100			C=97								A=63					B=100						C=75				

图 2-19 进给箱铭牌

图 2–20　溜板箱和刀架部分

表 2–3　车床刻度盘的使用情况

刻度盘	度量移动的距离	手动时操作	机动时操作	整圈格数	车刀移动的距离 /（mm · 格 $^{-1}$）
床鞍刻度盘	纵向移动距离	床鞍手轮	机动进给手柄和快速移动按钮	300	1
中滑板刻度盘	横向移动距离	中滑板手柄		100	0.05
小滑板刻度盘	纵向移动距离	小滑板手柄	无机动进给	100	0.05

四、车削加工安全操作规程

1. 车床启动前，检查车床各部分机构是否完好，各手柄位置是否正确。检查所有注油孔并进行润滑。然后，低速运转车床 2 min 左右，查看车床运转是否正常。若发现车床有异常响声，则立即停机检查及修理（在手柄位置正确的情况下）。

2. 工作时应穿工作服，袖口应扎紧。女同志应戴工作帽，头发应扎紧后塞入帽中，操作中不准戴手套或其他饰物，夏季禁止穿裙子、短裤和凉鞋操作车床。

3. 工作中，主轴需要变速时必须先停机再变速。

4. 工作时必须集中精力，身体和衣服不能靠近正在旋转的车床的零部件，如带轮、齿轮、卡盘等，身体不准依靠在车床上。

5. 工作时，头不应离工件太近，高速切削时必须戴防护眼镜。

6. 车床运转时不能离开车床，若要离开车床，应关闭电源。

7. 下班前，应清除车床上及车床周围的切屑和杂物，车床擦净后应加注润滑油，将溜板箱摇至床尾一端，各传动手柄放到空挡位置。关闭车床电源。

任务实施

一、刀架部分和尾座的操作

1. 刀架部分的操作

（1）床鞍

如图 2–21 所示，顺时针转动溜板箱左侧的床鞍手轮 8，床鞍向右纵向移动，简称“鞍退”；反之，床鞍向左移动，简称“鞍进”。

（2）中滑板

如图 2–21 所示，顺时针转动中滑板手柄 22，中滑板向远离操作者的方向移动，即横向进给，简称“中进”；反之，中滑板向靠近操作者的方向移动，即横向退出，简称“中退”。

（3）小滑板

如图 2–21 所示，顺时针转动小滑板手柄 17，小滑板向左移动，简称“小进”；反之，小滑板向右移动，简称“小退”。

（4）刀架

如图 2–21 所示，顺时针转动刀架转位及固定手柄 20，刀架被锁紧；逆时针转动该手柄，刀架会随之逆时针转动，以便调换车刀。

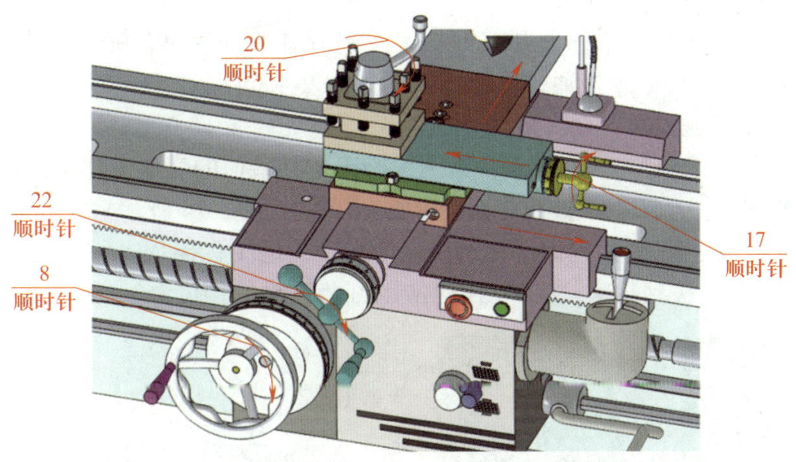

图 2–21 刀架部分的手动操作示意图

2. 尾座的操作

（1）尾座套筒的进退和固定

如图 2–22 所示，逆时针扳动尾座套筒锁紧手柄 15，松开尾座套筒。顺时针转动尾座套筒移动手轮 13，使尾座套筒伸出，简称“尾进”；反之，尾座套筒缩回，简称“尾退”。顺时针扳动尾座套筒锁紧手柄 15，可以将尾座套筒锁紧在所需的位置。

（2）尾座位置的固定

如图 2–22 所示，向前（远离操作者方向）扳动尾座快速紧固手柄 14，松开尾座，把尾座沿床身导轨纵向移到所需的位置，再向后（靠近操作者方向）扳动该手柄，即可快速把尾座固定在床身导轨上。

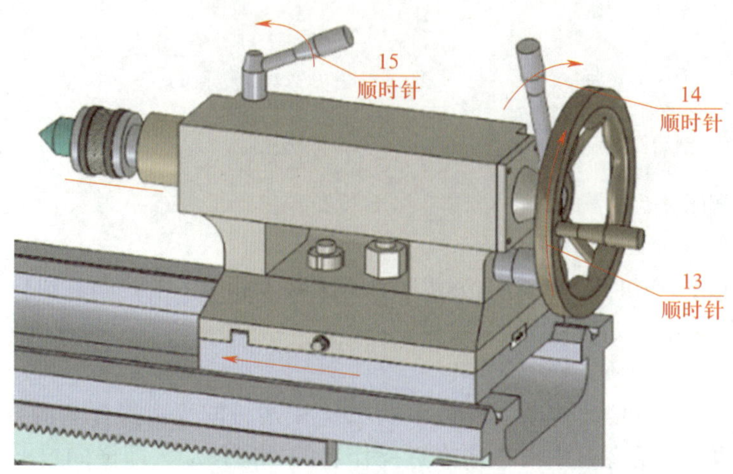

图 2–22　尾座操作示意图

二、车床的变速操作和空运行

1. 车床启动准备

（1）检查车床各变速手柄是否处于空挡位置，操作杆是否处于停止状态，机动进给手柄是否处于十字槽中央的停止位置等。

（2）将交换齿轮箱保护罩前面开关面板上的电源开关锁 3 向右旋至“1”位置，然后向上扳动电源总开关 1，即电源接通，车床得电，如图 2–23 所示。

2. 主轴转速的变速

以需要将主轴转速调整为 900 r/min 为例，车床主轴转速的变速操作步骤如下：

（1）找出要调整的车床主轴转速在圆周上哪个挡位，图 2–24 所示 900 r/min 的转速位置在圆周左下角，使弯短手柄 23 指向此部分的黑色箭头，并记住 900 r/min 所对应的颜色为红色。

（2）将长手柄 24 拨到数字“900”所对应的红色方框的挡位上。

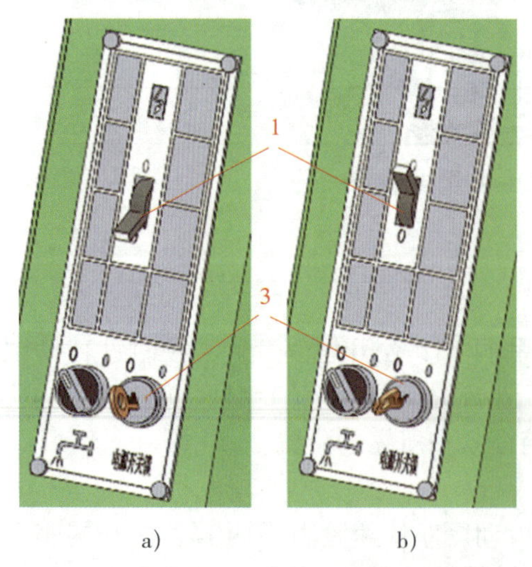

图 2–23　开关面板操作

a）通电前　b）通电后

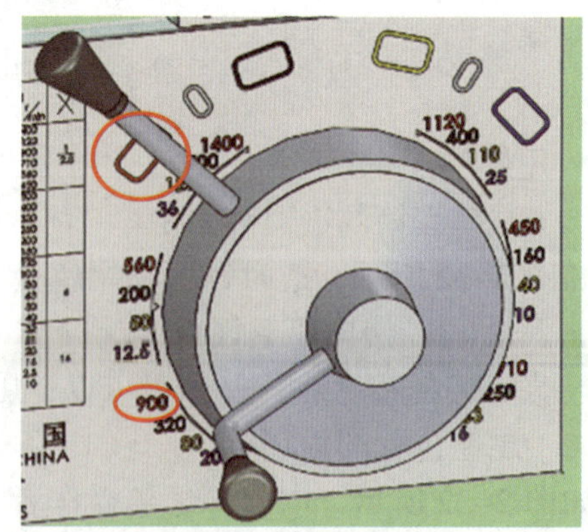

图 2–24　主轴变速

3. 主轴正转的空运转

（1）按照车床主轴转速的变速操作步骤，变速至 40 r/min，如图 2–25a 所示。

（2）顺时针旋出红色急停按钮并按下床鞍上的绿色启动按钮，启动电动机，如图 2–25b 所示，但此时车床主轴不转。

（3）向上提起主轴正、反转操作手柄 7 或 12，实现车床主轴的正转，如图 2–25c 所示，此时车床主轴转速为 40 r/min。

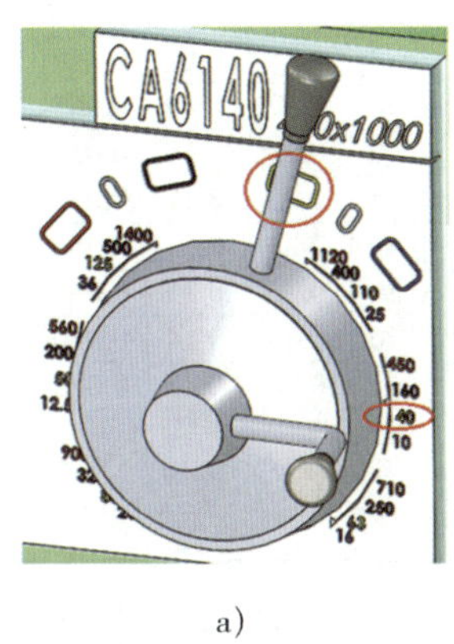

a)

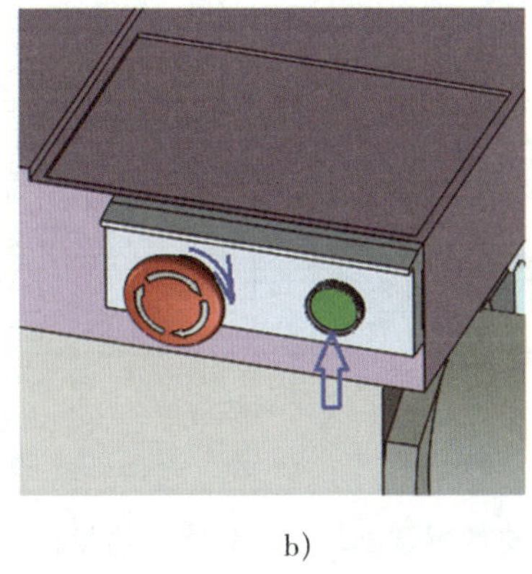
b)

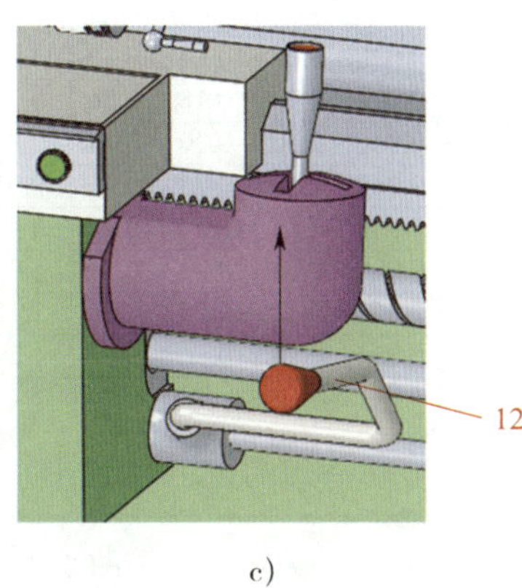

c)

图 2–25　车床主轴正转空运行

4. 主轴反转的空运转

如图 2–25c 所示，只要将主轴正、反转操作手柄 7 或 12 向下扳动，就可实现车床主轴的反转，其他操作与主轴正转的空运转操作相同。

5. 主轴的停止

如图 2–25c 所示，使主轴正、反转操作手柄 7 或 12 处于中间位置，车床主轴停止转动。

6. 车床的停止

按下床鞍上的红色停止（或急停）按钮（见图 2–25b），车床停止。

如果车床需长时间停止，则必须再完成以下步骤：

（1）向下扳动电源总开关 1，即电源由“接通”至“断开”状态，车床不再带电。

（2）将开关面板上的电源开关锁 3 向左旋至“0”位置，并把钥匙拔出、收好。这时即便合上电源总开关 1，车床也不会得电。

三、进给箱的操作

进给箱变速操作就是通过变换主轴箱、交换齿轮箱、进给箱上手轮和手柄的位置来调整纵向进给量和横向进给量，CA6140 型卧式车床进给箱上的进给量调配表（局部）如图 2–26 所示。

进给箱左侧手轮 4 是进给变速基本组手轮，右侧手柄 5 是进给量和螺距变换手柄，实际操作中应根据加工要求，查找进给箱盖上进给量调配表的螺纹和进给量数值来确定手轮、手柄的具体位置。

例如，选择图 2–26 中纵向进给量 2.05 mm/r，其手柄、手轮变换的具体操作步骤见表 2–4。

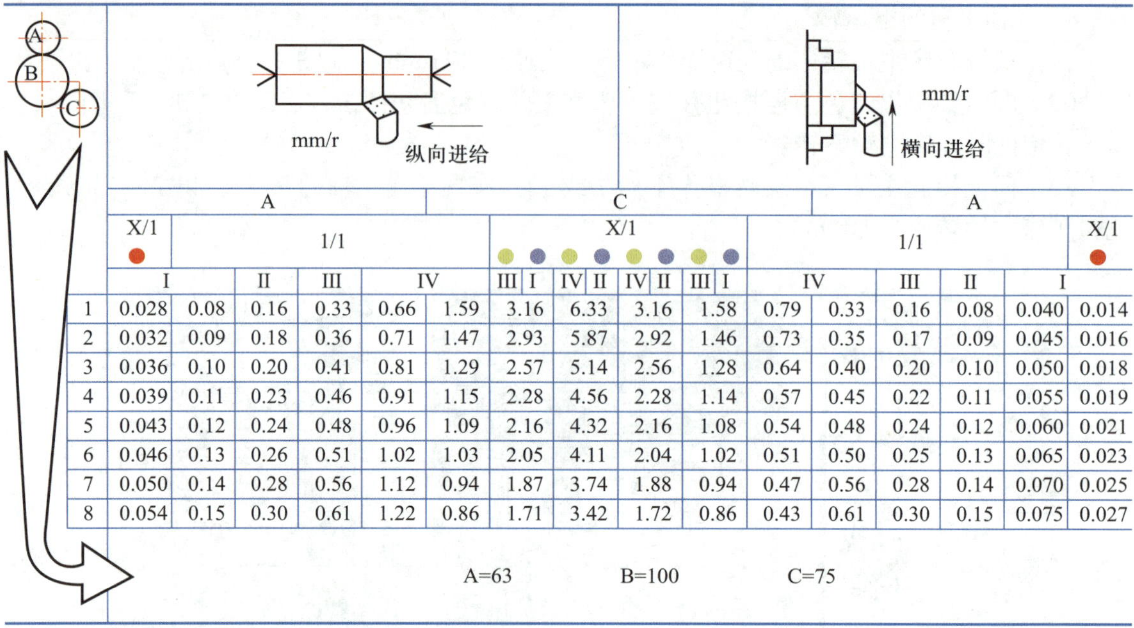

	A						C				A					
	X/1 ●	1/1					X/1 ● ● ● ● ● ● ● ●				1/1					X/1 ●
	I		II	III	IV		III I	IV II	IV II	III I	IV		III	II	I	
1	0.028	0.08	0.16	0.33	0.66	1.59	3.16	6.33	3.16	1.58	0.79	0.33	0.16	0.08	0.040	0.014
2	0.032	0.09	0.18	0.36	0.71	1.47	2.93	5.87	2.92	1.46	0.73	0.35	0.17	0.09	0.045	0.016
3	0.036	0.10	0.20	0.41	0.81	1.29	2.57	5.14	2.56	1.28	0.64	0.40	0.20	0.10	0.050	0.018
4	0.039	0.11	0.23	0.46	0.91	1.15	2.28	4.56	2.28	1.14	0.57	0.45	0.22	0.11	0.055	0.019
5	0.043	0.12	0.24	0.48	0.96	1.09	2.16	4.32	2.16	1.08	0.54	0.48	0.24	0.12	0.060	0.021
6	0.046	0.13	0.26	0.51	1.02	1.03	2.05	4.11	2.04	1.02	0.51	0.50	0.25	0.13	0.065	0.023
7	0.050	0.14	0.28	0.56	1.12	0.94	1.87	3.74	1.88	0.94	0.47	0.56	0.28	0.14	0.070	0.025
8	0.054	0.15	0.30	0.61	1.22	0.86	1.71	3.42	1.72	0.86	0.43	0.61	0.30	0.15	0.075	0.027

图 2–26　进给量调配表（车外圆、端面部分）

注：1. ● 主轴转速为 150 ~ 1 400 r/min。
● 主轴转速为 40 ~ 125 r/min。
● 主轴转速为 10 ~ 32 r/min。
2. 此表应与主轴箱上加大螺距手柄和进给箱上手柄对应的标牌挡位配合使用。

表 2–4　纵向进给量为 2.05 mm/r 时手柄、手轮变换的具体操作步骤

步骤	图示	说明
1	1/1 1/1 25 X/1 X/1	调整主轴箱左侧加大螺距及左、右螺纹变换手柄： 将手柄调整至右上角位置
2	CA6140 24 黄色框 转速 40r/min 23	调整主轴转速手柄： 将长手柄 24 调整至黄色框位置，弯短手柄 23 调整至“40”位置，选择主轴转速为 40 r/min

续表

步骤	图示	说明
3		调整进给量和螺距变换手柄： 根据选择的进给量值，查看进给量调配表，将进给量和螺距变换手柄5调整至“C”的位置，同时将螺纹种类和丝杠、光杠变换手柄6调整至“Ⅲ”的位置
4		调整进给变速基本组手轮： 根据选择的进给量值，查看进给量调配表，将手轮4调整至“6”的位置

四、刀架的机动进给及快速移动操作

机动进给手柄在溜板箱右侧，可沿十字槽纵向、横向扳动，手柄扳动方向与刀架运动方向一致，操作简单、方便，如图2–27所示。扳动手柄的同时摁下手柄顶部的红色按钮可以启动快速电动机，使刀架快速移动。

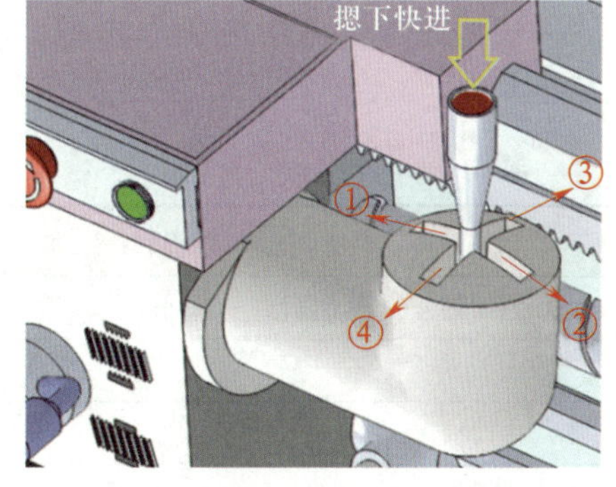

图2–27 刀架的机动进给手柄

1. 纵向机动进给

（1）把溜板箱右侧的机动进给手柄16向左扳动，使刀架向左纵向机动进给，如图2–27①所示。

（2）向右扳动手柄16，刀架向右纵向机动进给，如图2–27②所示。

2. 横向机动进给

（1）把机动进给手柄16向前（远离操作者方向）扳动，使刀架向前横向机动进给，如图2–27③所示。

（2）向后（靠近操作者方向）扳动手柄16，使刀架向后横向机动进给，如图2–27④所示。

3. 纵向快速移动

（1）向左扳动机动进给手柄16，同时按下手柄顶部的快速移动按钮，刀架向左快速纵向移动。

（2）放开快速移动按钮，快速电动机停止转动；向右扳动手柄16，同时按下手柄顶部的快速移动按钮，刀架向右快速纵向移动。

4. 横向快速移动

（1）向前扳动机动进给手柄16，同时按下手柄顶部的快速移动按钮，刀架向前快速横向移动。

（2）放开快速移动按钮，快速电动机停止转动；向后扳动手柄 16，同时按下手柄顶部的快速移动按钮，刀架向后快速横向移动。

五、普通车床操作注意事项

1. 当主轴在各转速之间转换时，必须先停车再换速。

2. 主轴正、反转的转换要在主轴停止转动后进行，避免因连续转换操作使瞬间电流过大而发生电气故障或多片摩擦式离合器快速磨损。工作完毕，各手柄恢复至开机状态，关闭车床电源总开关。

3. 进行机动进给前应观察光杠是否处于工作（转动）状态，只有光杠转动（丝杠停止）时才能进行机动进给。

4. 当床鞍快速移至离主轴箱或尾座较近处时，以及中滑板伸出床鞍较长时，应立即松开快速移动按钮，停止快速机动进给，以免床鞍撞击主轴箱或尾座，以及因中滑板悬伸太长而使燕尾导轨受损。

任务评价

根据任务实施中的操作步骤，由小组其他成员判断其操作的正确性，并将结果记录在表 2–5 中。

表 2–5　　车床操作练习记录

操作内容	记录
1. 刀架部分的手动操作	
床鞍	正确□　错误□
中滑板	正确□　错误□
小滑板	正确□　错误□
刀架	正确□　错误□
2. 车床的变速操作和空运转练习	
车床启动准备	正确□　错误□
车床主轴变速	正确□　错误□
车床正、反转空运转	正确□　错误□
车床停止	正确□　错误□
3. 进给箱的操作	
进给箱手柄（右）调整	正确□　错误□
进给箱手柄（左）调整	正确□　错误□
4. 刀架的机动进给及快速移动操作	
纵向、横向机动进给	正确□　错误□
纵向、横向快速移动	正确□　错误□

任务二 台阶轴的车削

学习目标

1. 分析零件图，根据工件的几何形状特征，能正确选用（使用）刀具、量具和加工方法。
2. 能手动进给均匀地移动床鞍、中滑板、小滑板，按图样要求车削工件。
3. 会用试切、试测的方法车外圆，掌握台阶尺寸的控制方法。
4. 遵守操作规程，养成安全文明生产的习惯。

任务描述

在车床上加工图 2–28 所示的台阶轴，毛坯为 ϕ50 mm × 135 mm 的 45 钢，加工件数为 1 件。

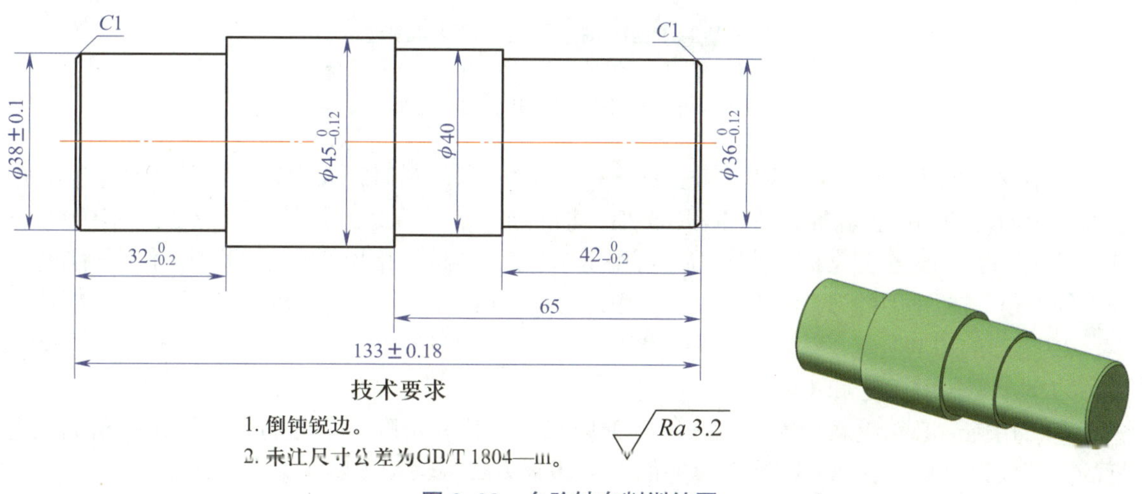

图 2–28 台阶轴车削训练图

任务分析

图 2–28 所示工件的主要特征为台阶轴，其外圆直径公差为 0.12 mm、0.2 mm 或未注公差，公差等级要求一般，但台阶端面应与轴线垂直；长度尺寸公差为 0.2 mm、0.36 mm 或未注公差。因此，在车削时要按粗、精加工分步车削外圆。精加工时，在保证直径尺寸和长度尺寸的同时，还应保证端面与轴线的垂直度。

车削该工件的基本步骤如下：选择刀具→选择切削用量→调整机床→装夹工件→确定车削工艺→车削台阶轴。

通过该工件的车削，重点掌握外圆、端面和台阶的车削方法。

相关知识

一、车刀及其刃磨

1. 车台阶轴常用车刀

如图 2–29 所示，常用的车外圆、端面、台阶、倒角的车刀主偏角有 45°、75° 和 90° 等几种。

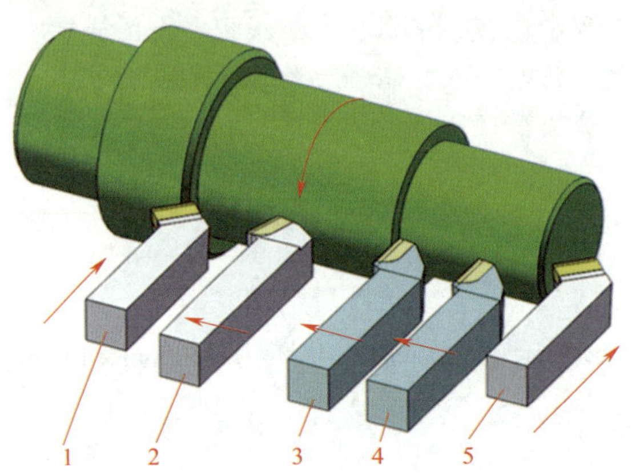

图 2–29 车台阶轴常用的车刀及其用途

1—45° 车刀倒角 2—75° 车刀车外圆 3—90° 车刀车台阶
4—90° 车刀车外圆 5—45° 车刀车端面

其中 90° 外圆车刀又称偏刀，其主偏角 κ_r = 90°，车外圆时径向力很小，常用来车削有垂直面台阶的外圆和细长轴等，特别是用于细长轴的加工，为保证工件的形状精度，均用 90° 外圆车刀车外圆。45° 车刀又称弯头车刀，可用于车外圆、端面和倒角等，有时也用于粗车刚度高的工件外圆。75° 车刀的刀头强度高，较耐用，常用于粗车外圆和没有台阶或台阶不大的外圆。

2. 车刀的刃磨

（1）车刀刃磨工艺和步骤

车刀用钝后必须重新刃磨，以恢复车刀原来的形状和角度。车刀的刃磨是在砂轮机上进行的。下面以 90° 硬质合金焊接车刀为例，讲述其刃磨步骤和刃磨工艺，见表 2–6。

表 2–6 90° 车刀刃磨步骤和刃磨工艺

刃磨步骤	刃磨工艺	图示
1. 磨刀柄部分	用白色氧化铝砂轮先磨去车刀前面、后面上的焊渣，并将车刀底面磨平	
2. 粗磨主后面	选绿色碳化硅砂轮。刀柄与砂轮轴线保持平行（κ_r=90°），刀柄向外侧倾斜的角度等于主后角（α_o=4°～6°） 刃磨时，应使主后面近底平面处先靠到砂轮中心的水平外圆处，并以此为起始位置继续向砂轮靠近，同时左右缓慢移动，一直磨至切削刃处为止	砂轮中心的水平位置 κ_r=90° α_o=4°~6°

续表

刃磨步骤	刃磨工艺	图示
3. 粗磨副后面	选绿色碳化硅砂轮。刀柄尾端向右偏摆，转过副偏角（κ'_r=8°～12°），刀头上翘的角度等于副后角（α'_o=4°～6°） 刃磨方法与步骤2相同，但应磨至刀尖处为止	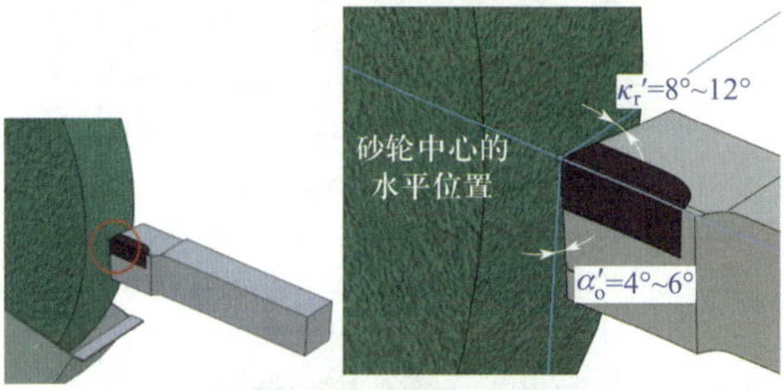
4. 粗磨前面	选绿色碳化硅砂轮。刀柄与砂轮轴线平行，车刀前面远离主切削刃一侧先靠近砂轮外圆水平中心处，一直磨至主切削刃处	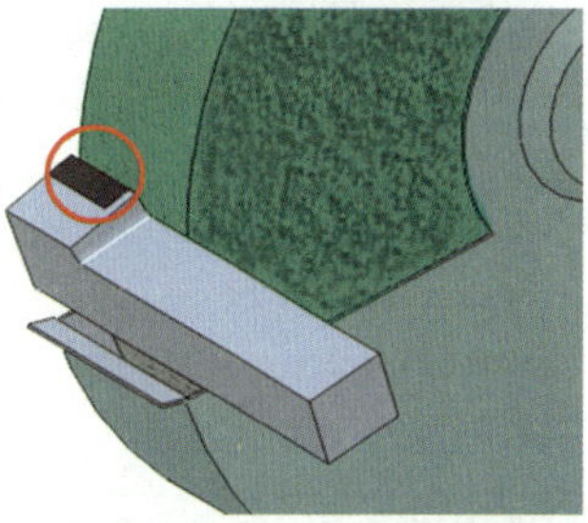
5. 刃磨断屑槽	选绿色碳化硅砂轮。断屑槽常见的有圆弧型和直线型两种 刃磨圆弧型断屑槽时，须先将砂轮外圆和端面的交角处用修砂轮的金刚石笔（或硬砂条）修磨成相应的圆弧。若刃磨直线型断屑槽，则砂轮的交角须修磨得很尖锐。刃磨断屑槽时刀尖可向下或向上。但选择刃磨断屑槽的部位时，应考虑留出刀头倒棱的宽度（即留出相当于进给量大小的距离）	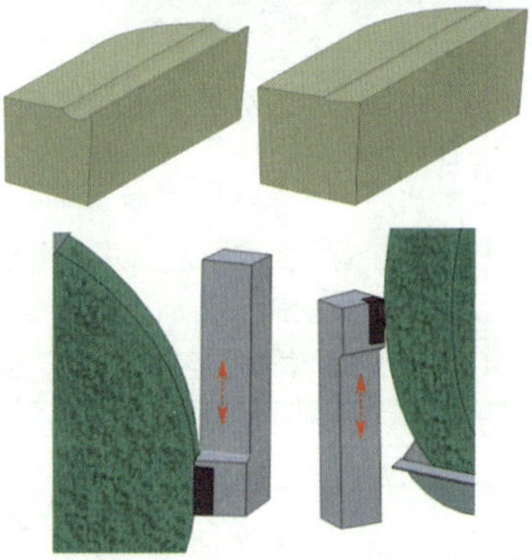
6. 精磨主后面和副后面	选绿色碳化硅砂轮 修整好砂轮，保证其回转平稳。刃磨车刀时保持好手形，将车刀后面靠住砂轮圆周面缓慢地左右移动，保证车刀刃口平直	
7. 磨负倒棱	为了提高主切削刃的强度，改善其受力和散热条件。通常在车刀的主切削刃上磨出负倒棱。负倒棱的倾斜角 γ_f 为 −5°，其宽度 b=（0.4～0.8）f（f 为进给量） 刃磨时，用力要轻微，要使主切削刃的后端向刀尖方向摆动。可采用直磨法和横磨法。为了保证切削刃的质量，最好采用直磨法	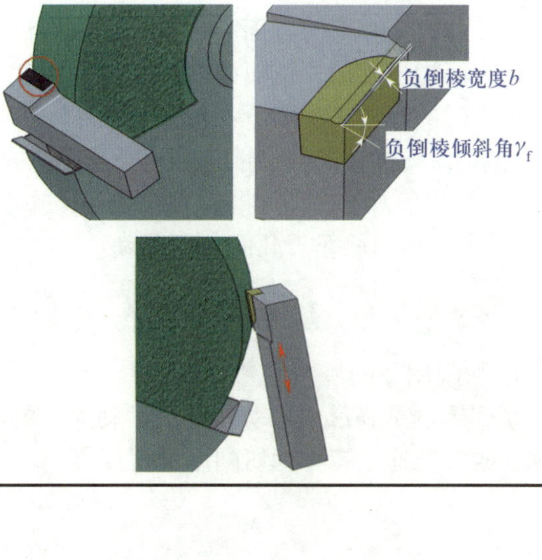

续表

刃磨步骤	刃磨工艺	图示
8. 磨过渡刃	过渡刃有直线型（又称倒角刀尖）和圆弧型（又称修圆刀尖）两种。刃磨圆弧型过渡刃时（$R1 \sim 2$ mm），在车刀刀尖与砂轮端面轻微接触后，刀柄基本上以刀尖为圆心，在主、副切削刃与砂轮端面的夹角大致等于 15° 的范围内，缓慢、均匀地转动车刀，此时，用力要轻，推进要慢 刃磨直线型过渡刃时，使车刀主切削刃与砂轮外圆成一个大致为主偏角一半的角度，再用很小的力缓慢地把刀尖向砂轮推进。当磨出的过渡刃长度符合要求时即可	倒角刀尖 修光刃 $\approx \kappa_r/2$ 修圆刀尖 15° 15°
9. 用油石研磨	在砂轮上刃磨的车刀，可以发现其刃口上呈微观凹凸不平状态。所以，手工刃磨的车刀还应用细油石研磨其切削刃 研磨时，手持油石在切削刃上来回移动。要求向刀尖方向施力，离开刀尖则贴平刀面退回。要求动作平稳，用力均匀	

（2）刃磨车刀的注意事项

刃磨车刀时，人要站在砂轮侧面，双手拿稳车刀，用力均匀，倾斜角度应合适，且在砂轮圆周面的中间部位刃磨，并左右移动车刀。刃磨高速钢车刀时，若刀头过热，应将其放入水中冷却，以免车刀因温度过高而退火软化。刃磨硬质合金车刀时，只能将刀柄置于水中冷却，避免刀头急冷而产生裂纹。

在砂轮机上将车刀各面磨好后，还应用油石研磨车刀各面，以进一步降低各切削刃和各刀面的表面粗糙度值，从而提高车刀的耐用度和工件的表面质量。

磨刀时的注意事项如下：

1）要保证操作的安全性，防止磨伤手指及发生重大事故。

2）刃磨车刀时，必须将各刀面磨平，并学会观察及比较刀面磨平的状态。

3）保证磨出的车刀几何角度正确。

二、切削用量

1. 切削用量的基本概念

切削用量是表示主运动和进给运动大小的参数，是背吃刀量、进给量和切削速度三者的总称，故又把这三者称为切削用量三要素。

（1）背吃刀量 a_p

工件上已加工表面和待加工表面间的垂直距离称为背吃刀量，如图 2–30 中的尺寸 a_p。背吃刀量是每次进给时车刀切入工件的深度，故又称切削深度。车外圆时，背吃刀量可用下式计算：

$$a_p = \frac{d_w - d_m}{2}$$

式中 a_p——背吃刀量，mm；

d_w——工件待加工表面直径，mm；

d_m——工件已加工表面直径，mm。

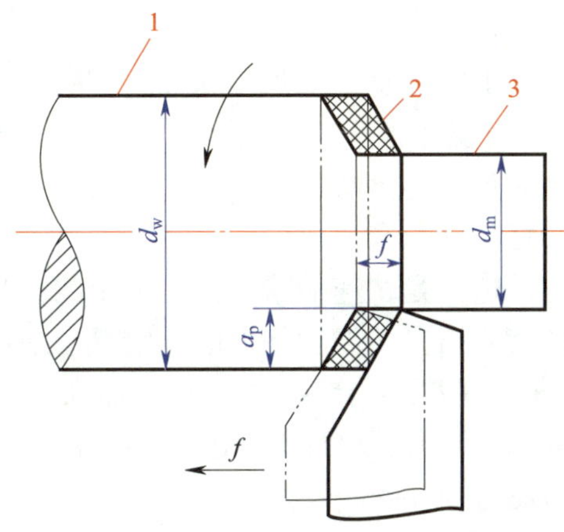

图 2–30 背吃刀量和进给量

1—待加工表面 2—过渡表面 3—已加工表面

（2）进给量 f

工件每转一周，车刀沿进给方向移动的距离称为进给量，单位为 mm/r。

根据进给方向的不同，进给量又分为纵向进给量和横向进给量。纵向进给量是指沿车床床身导轨方向的进给量，如图 2–31a 所示；横向进给量是指垂直于车床床身导轨方向的进给量，如图 2–31b 所示。

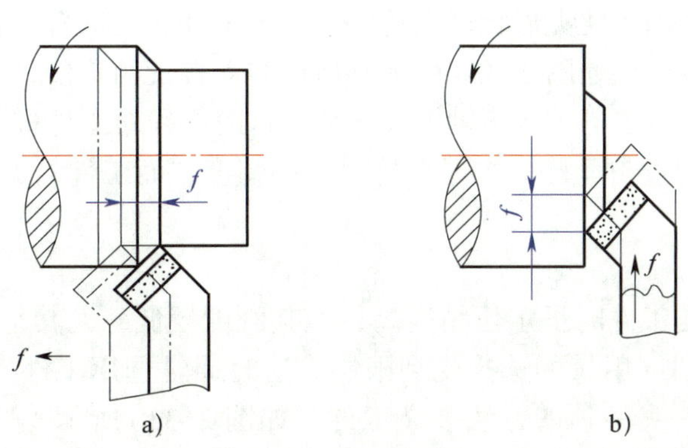

图 2–31 进给量

a）纵向进给量 b）横向进给量

（3）切削速度 v_c

车削时，刀具切削刃上某选定点相对于工件主运动的瞬时速度称为切削速度，单位为 m/min。切削速度也可理解为车刀在 1 min 内车削工件表面的理论展开直线长度（假定切屑没有变形或收缩），如图 2-32 所示，单位为 m/min。切削速度可用下式计算：

$$v_c=\frac{\pi dn}{1\,000}$$

式中 d——工件（或刀具）的直径，mm，一般取最大直径；

n——车床主轴转速，r/min。

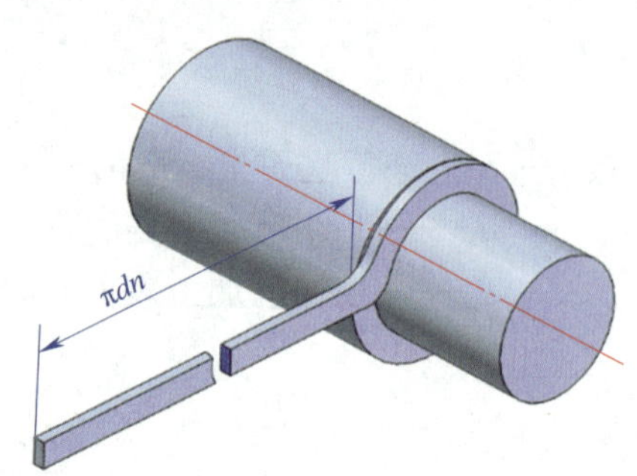

图 2-32 切削速度示意图

2. 切削用量的选择

影响切削用量选择的重要因素与被加工工件上的三个表面有关，即已加工表面、过渡表面和待加工表面，如图 2-30 所示。选择切削用量时要考虑这三个表面的加工要求，然后确定加工性质是粗加工还是精加工。

（1）粗车时切削用量的选择原则

粗车时选择切削用量的方法应当是快速切除工件上多余的坯料，并在留出一定精加工余量的前提下优先考虑采用大的背吃刀量，然后是大的进给量，最后选取合适的切削速度。一般背吃刀量 a_p 取 2 ~ 4 mm，进给量 f 取 0.15 ~ 0.4 mm/r。切削速度 v_c 的选择：用硬质合金车刀车削钢件时取 80 ~ 100 m/min，车削铸铁件时取 70 ~ 110 m/min；用高速钢车刀车削钢件或铸铁件时，其切削速度均不得超过 30 m/min。

（2）精车时切削用量的选择原则

精车时，应当保证工件的尺寸精度和表面质量符合图样要求，优先选用较大的切削速度（v_c）和较小的进给量（f），然后以合理去除精加工余量的背吃刀量（a_p）进行车削，以获得良好的切削效果。

三、工件的装夹方法

轴类工件的装夹方法如图 2-33 所示。

1. 三爪自定心卡盘装夹

三爪自定心卡盘适用于装夹形状规则的中、小型工件。三爪自定心卡盘能自动定心，装夹工件时一般不需要找正，如图 2-33a 所示。但在装夹较长的工件时，工件上离卡盘夹持部分较远处的回转中心不一定与车床主轴轴线重合，这时必须对工件进行找正。此外，当三爪自定心卡盘因使用时间过长而已失去原有的自定心精度，而工件的加工精度要求又较高时，也需要找正。

2. 一夹一顶装夹

用两顶尖装夹轴类工件时虽定位精度高，但其刚度较低，尤其是对粗大、笨重的工件，装夹时稳定性不够，切削用量的选择受到限制，这时通常选用工件一端用卡盘夹持，另一端用后顶尖支承，即一夹一顶的方法装夹工件，如图 2-33b 所示。这种装夹方法安全、可靠，能承受较大的轴向切削力。但对相互位置精度要求较高的工件，掉头车削时校正较困难。

3. 两顶尖装夹

两顶尖装夹适用于装夹较长的工件或必须经过多次装夹才能加工好的工件（如细长轴、长丝杠等），以及工序较多，在车削后还要铣削或磨削的工件，如图 2–33c 所示。采用两顶尖装夹工件的优点是装夹方便，不需找正，而且定位精度很高；缺点是装夹前必须先在工件的两端面加工出合适的中心孔，装夹刚度低，影响了切削用量的提高。

4. 四爪单动卡盘装夹

四爪单动卡盘的四个卡爪是各自独立运动的，如图 2–33d 所示。因此，在装夹工件时必须将工件加工部位的回转中心找正到与车床主轴轴线重合。

四爪单动卡盘找正比较费时，但夹紧力大，适用于装夹大型或形状不规则的工件。

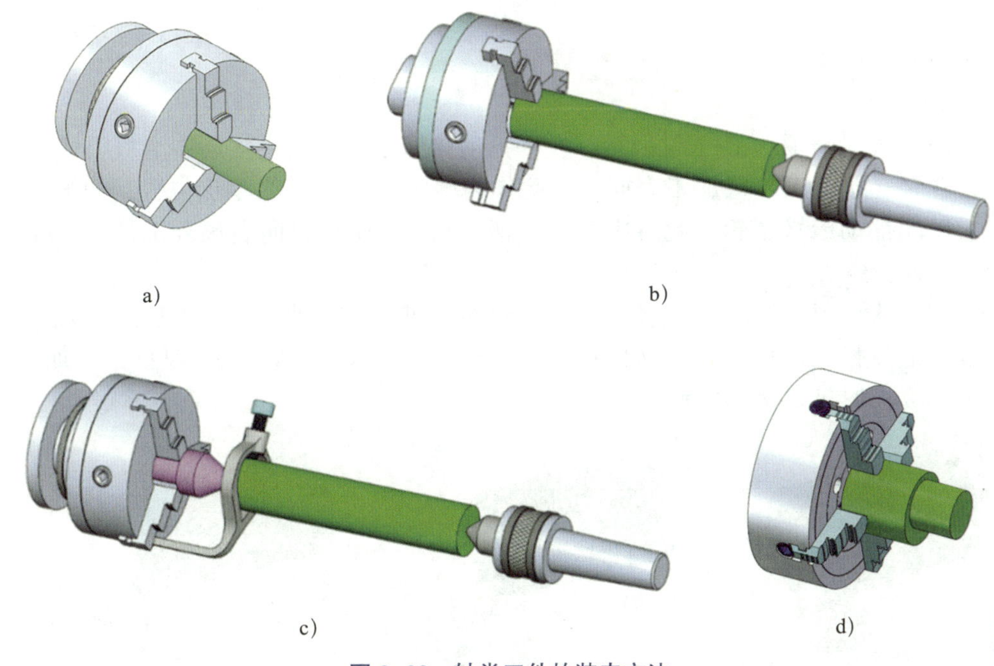

图 2–33 轴类工件的装夹方法

a）三爪自定心卡盘装夹 b）一夹一顶装夹 c）两顶尖装夹 d）四爪单动卡盘装夹

四、台阶轴的车削方法

1. 端面车削方法

开动机床使工件旋转，移动中滑板和床鞍，使 45° 车刀的刀尖轻触工件端面后，退出中滑板，此时床鞍不要移动。待刀尖横向离开工件后，再移动床鞍或小滑板，控制背吃刀量，摇动中滑板手柄做横向进给，由工件外缘向中心车削，如图 2–34a 所示；也可用 45° 车刀在工件端面对刀后，横向移至工件中心，纵向进刀后由工件中心向外缘车削，如图 2–34b 所示；若采用 90° 车刀车削端面，也应采用从中心向外缘车削的方法，如图 2–34c 所示。

注意，只有在启动车床后移动车刀，且移动过程中同时满足一定速度下的主运动（工件旋转运动）和进给运动（车刀移动），才可能使车刀不崩刃。

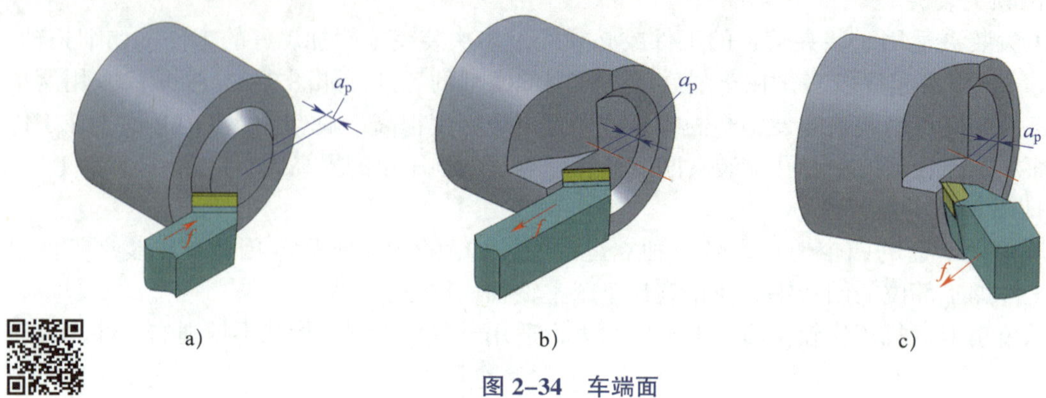

a）　　b）　　c）

图 2–34　车端面

2. 外圆车削方法

（1）车削方法

1）对刀。启动车床，使工件回转。左手摇动床鞍手轮，右手摇动中滑板手柄，使车刀刀尖趋近并轻轻接触工件待加工表面，以此作为确定背吃刀量的零点位置，如图 2–35a 所示；然后反向摇动床鞍手轮（此时中滑板手柄不动），使车刀向右离开工件 3 ~ 5 mm，如图 2–35b 所示。

2）进刀。摇动中滑板手柄，使车刀横向进给，进给的量即为背吃刀量，其大小通过中滑板刻度盘进行控制及调整，进给格数等于半径上加工余量 /0.05 mm 或直径上加工余量 /（0.05 mm × 2），如图 2–35c 所示。

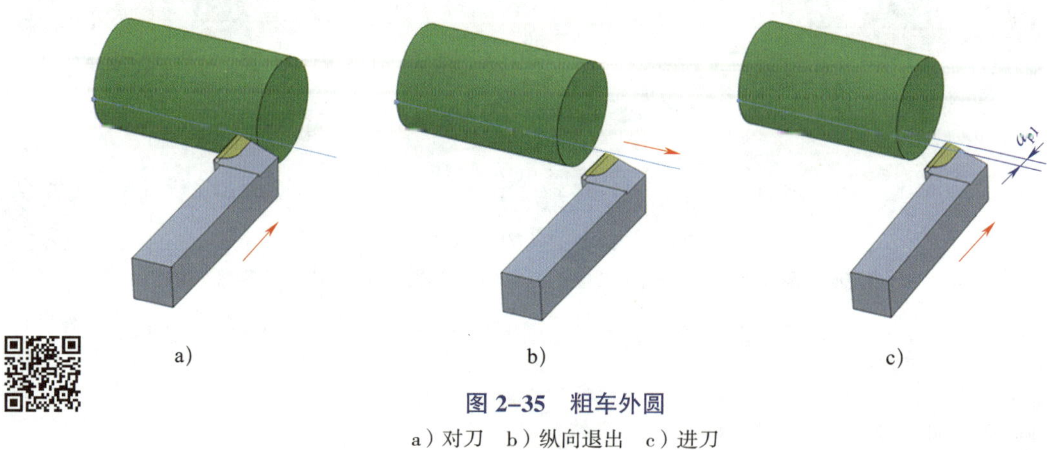

a）　　b）　　c）

图 2–35　粗车外圆

a）对刀　b）纵向退出　c）进刀

3）车削。双手均匀摇动床鞍手轮对工件外圆进行车削，车削至接近长度时（一般留 0.3 mm），逆时针转动中滑板手柄使车刀离开工件。若加工余量大于 5 mm，可按照背吃刀量由大至小的原则，进行多次分层进给车削，直至工件尺寸符合图样要求为止，但进刀次数应尽可能少。

（2）试切削

车削外圆时，通常要进行试切削和试测量，目的是控制背吃刀量，保证工件的加工精度，具体做法如下：

启动车床后，移动车刀至外圆表面对刀，再移动床鞍纵向退出，如图 2–36a 所示；根据工件直径余量的 1/2 移动中滑板横向进刀（背吃刀量一般小于加工余量），然后移动床鞍纵向车削长度小于 5 mm 后，纵向快速退出（横向不动），如图 2–36b 所示；停车后用游标卡尺或千分尺测量外圆直径，如图 2–36c 所示；根据测得的实际尺寸，按尺寸精度计算好进刀格数，再微调背吃刀量，然后车削至长度要求，如图 2–36d 所示。

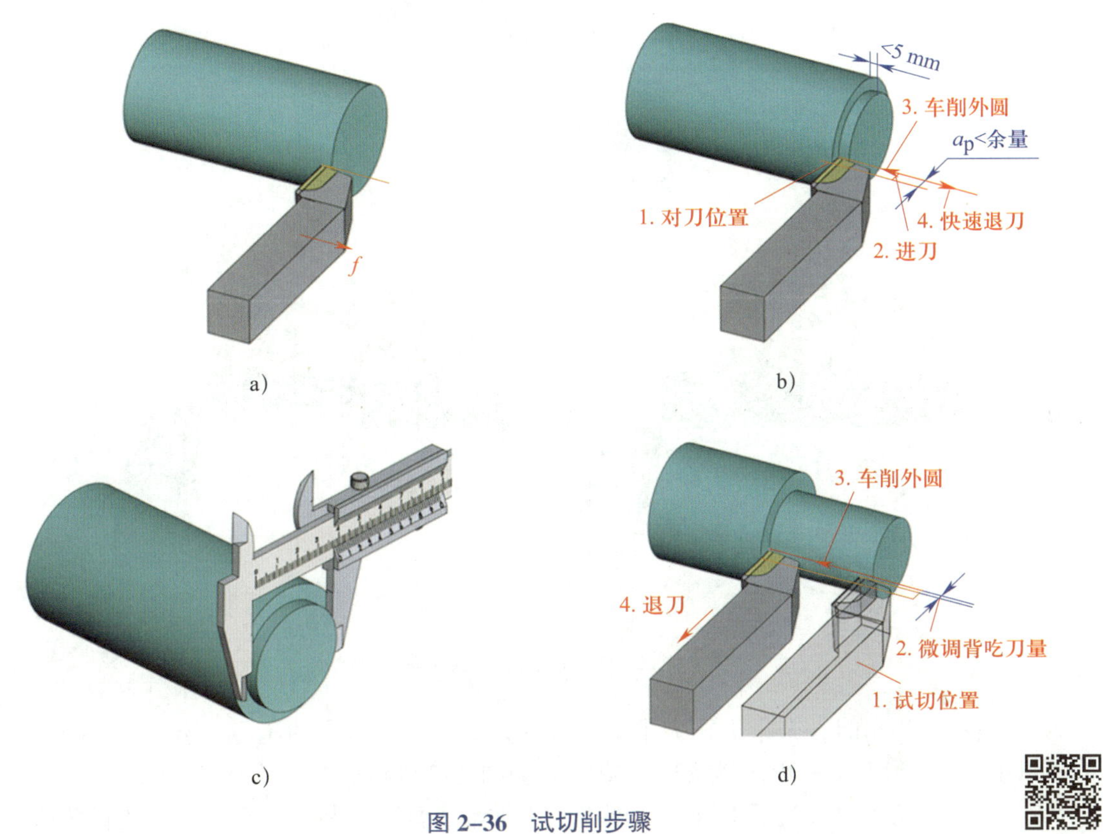

图 2–36 试切削步骤

a）对刀 b）进刀试切 c）测量直径 d）修正背吃刀量后切削

3. 台阶车削方法

台阶是外圆和平面的组合。车削时，要同时车出外圆和端面，既要保证外圆的尺寸精度和台阶面的长度要求，还要保证台阶端面与工件轴线的垂直度要求。

（1）车削方法

车削背吃刀量低于 5 mm 的台阶时，台阶端面可在车外圆时一并车出，如图 2–37 所示。为了使车刀的主切削刃垂直于工件轴线，可在先车好的端面上对刀，使主切削刃与端面贴平。

车削高度大于或等于 5 mm 的台阶时，应分层进行车削，如图 2–38a 所示，在末次纵向进刀后，车刀横向退出，车出 90° 台阶，如图 2–38b 所示。

（2）车刀的装夹方法

车台阶时，通常选用 90° 外圆车刀（偏刀）。装夹车刀时应根据粗车、精车和余量的大小来调整。

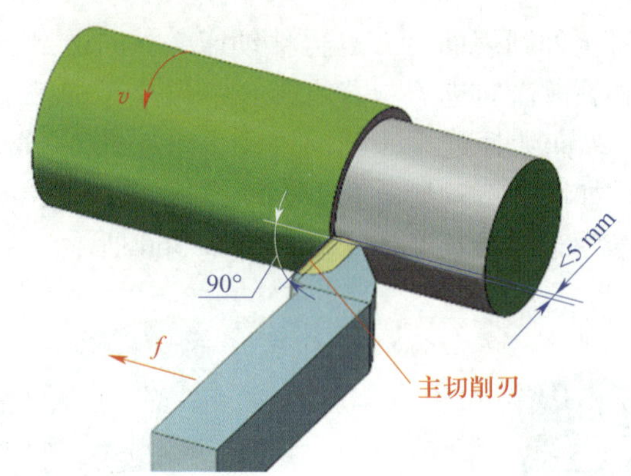

图 2–37　低台阶一次车出

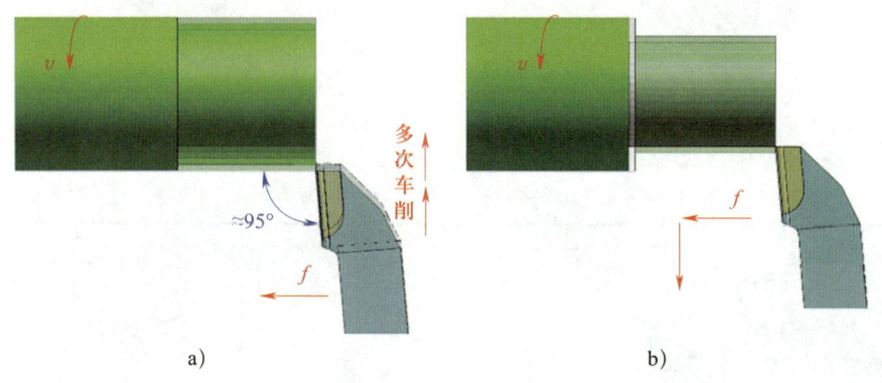

a）　　　b）

图 2–38　高台阶分层车削

1）粗车。粗车时，余量大，为了增大背吃刀量，减小刀尖的压力，装夹车刀时实际主偏角以小于 90° 为宜（一般 κ_r 为 85° ~ 90°），如图 2–39 所示。

2）精车。精车时，为了保证台阶端面与工件轴线垂直，装夹车刀时实际主偏角应大于 90°（一般 κ_r 为 93° 左右），如图 2–40 所示。

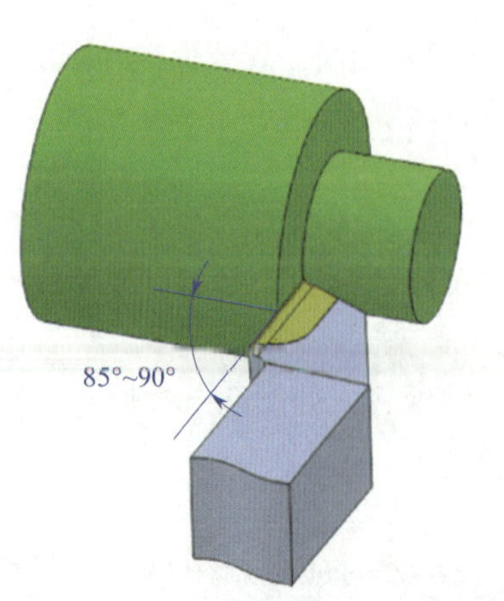

图 2–39　粗车台阶时偏刀的装夹位置

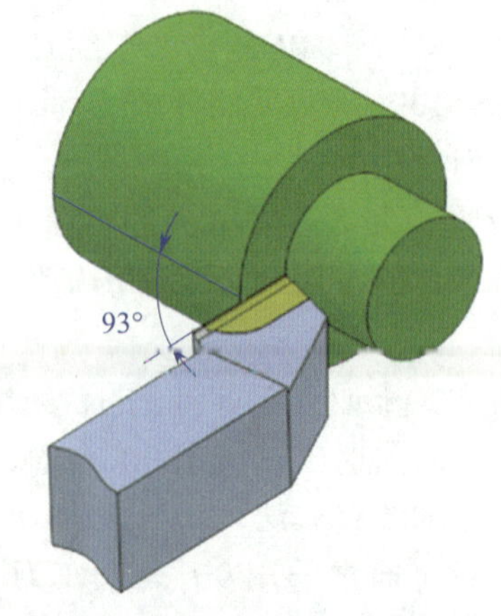

图 2–40　精车台阶时偏刀的装夹位置

（3）长度控制方法

1）刻线法。利用钢直尺或样板使车刀移至工件所需长度处，启动车床使工件旋转，如图 2–41 所示。中滑板横向进给，使车刀刀尖轻轻接触工件外圆刻一条线痕，然后中滑板横向退刀，以此方法来控制车削长度。

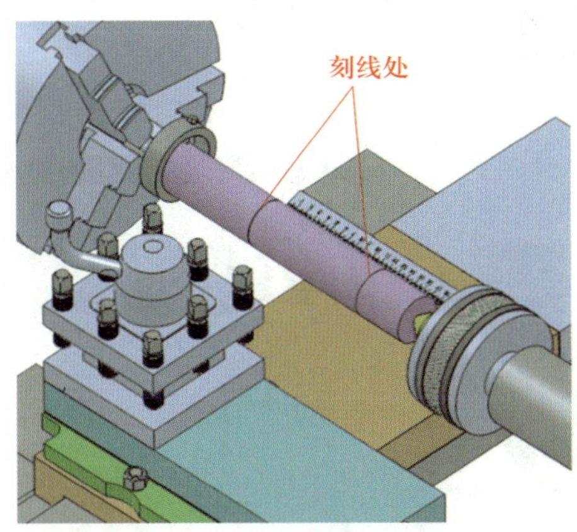

图 2–41 用刻线法车台阶

2）床鞍刻度盘控制法。CA6140 型卧式车床床鞍刻度盘一格等于 1 mm，可先将 90° 车刀在工件端面（台阶）处轻轻接触，此时床鞍刻度加上台阶长度即为车削时床鞍移动的距离，如图 2–42 所示。

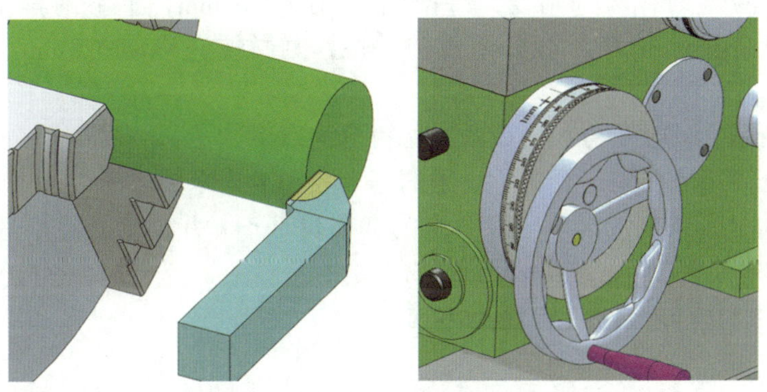

图 2–42 用床鞍刻度盘控制法车台阶

五、千分尺

千分尺是一种精密量具，它的测量精度比游标卡尺高，而且比较灵敏。因此，对于加工精度要求较高的工件，常用千分尺测量其尺寸。

1. 外径千分尺

（1）外径千分尺的结构

外径千分尺简称千分尺，其结构如图 2–43 所示。

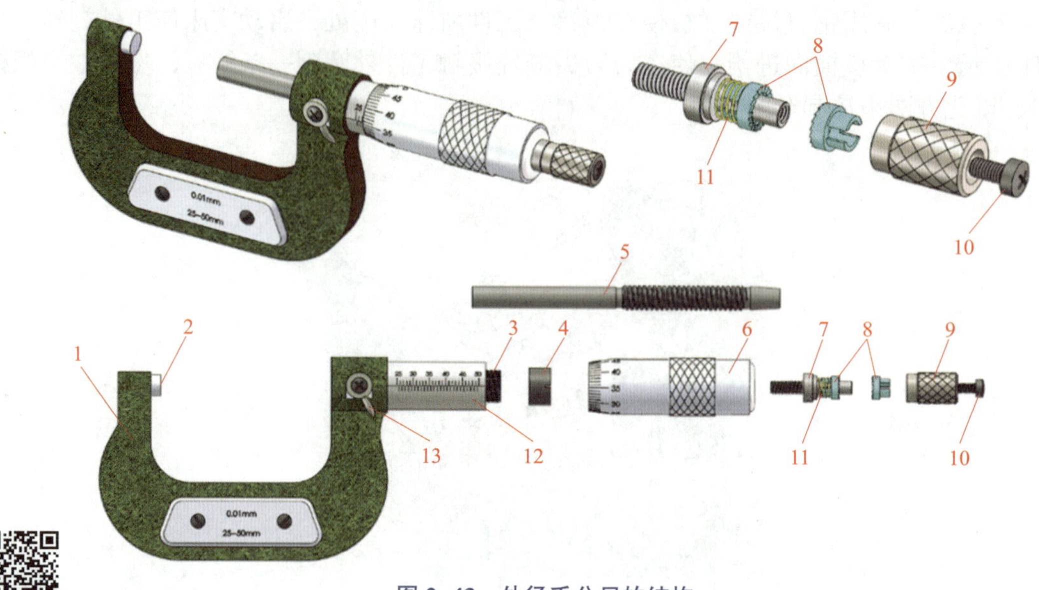

图 2-43 外径千分尺的结构

1—尺架 2—砧座 3—轴套 4—衬套 5—测微螺杆 6—微分筒 7—连接螺杆 8—棘轮 9—罩壳 10—螺钉 11—弹簧 12—固定套管 13—锁紧手柄

（2）外径千分尺的刻线原理和读数方法

因为测微螺杆右端螺纹的螺距为 0.5 mm，微分筒转一周，测微螺杆移动 0.5 mm，因此，固定套管的中线两侧刻有两排刻线，每排刻线间距为 1 mm，上下两排相互错开 0.5 mm。微分筒圆锥面上共刻有 50 格，微分筒每转一格，测微螺杆移动 0.5 mm ÷ 50=0.01 mm，如图 2-44 所示。

如图 2-45 所示，外径千分尺的读数方法可分为以下三步：

1）读出微分筒边缘在固定套管主尺上的毫米数和半毫米数。

2）看微分筒上哪条刻线与固定套管上的基准线对齐，并读出不足半毫米的数；若基准线对在微分筒的两刻线之间，则需要进行估计读数。

3）把两个读数相加就是测得的实际尺寸。

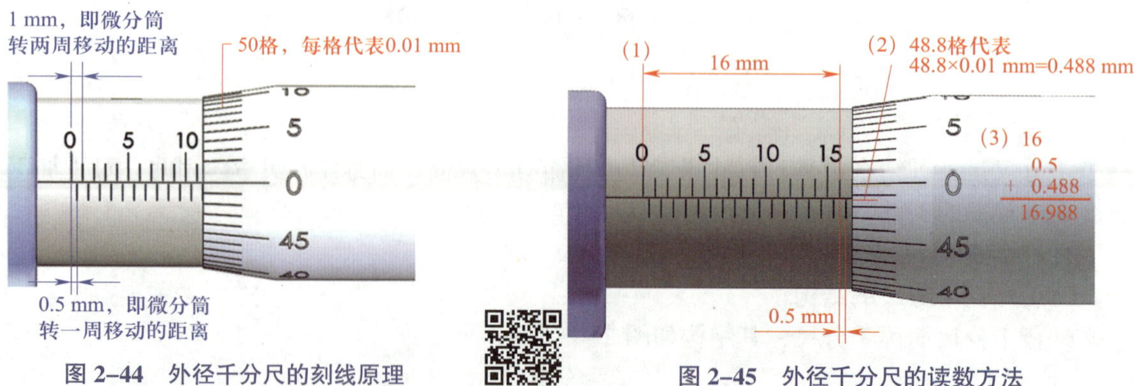

图 2-44 外径千分尺的刻线原理

图 2-45 外径千分尺的读数方法

2. 其他千分尺

除了外径千分尺，还有深度千分尺、内测千分尺（测量内径尺寸）、公法线千分尺（用于测量齿轮公法线长度）和螺纹千分尺（用于测量螺纹中径）等，如图 2–46 所示，其刻线原理和读数方法与外径千分尺相同。

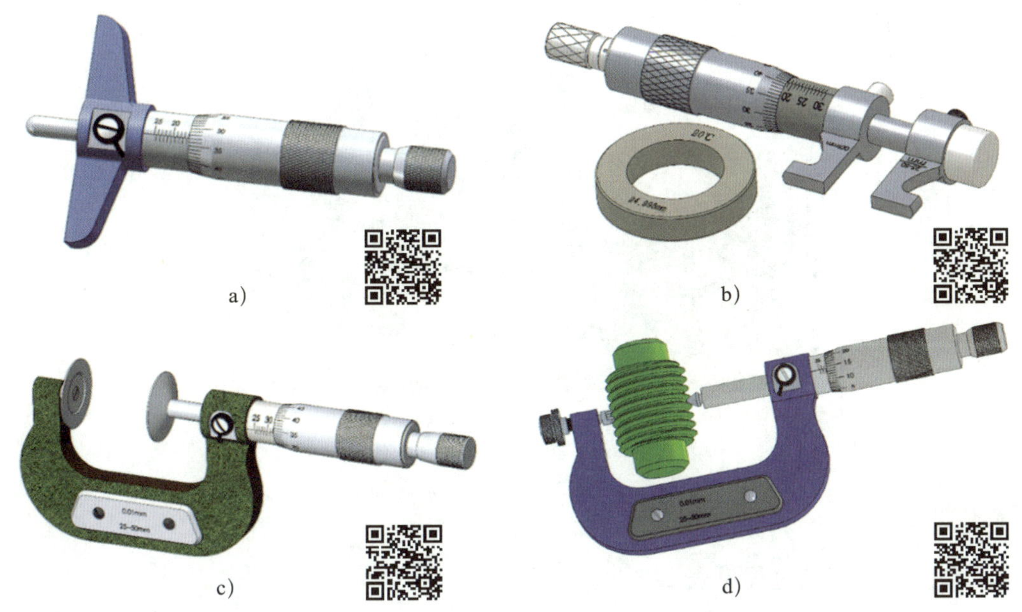

图 2–46 其他千分尺

a）深度千分尺 b）内测千分尺 c）公法线千分尺 d）螺纹千分尺

任务实施

一、准备工作

1. 选择刀具

本任务车削的工件是台阶轴，包括端面、外圆和台阶，工件材料为 45 钢，所以选用 90° 偏刀和 45° 车刀，刀具材料选择硬质合金。

2. 选择切削用量

因为台阶轴的各段直径有差异，所以主轴转速也要根据工件直径适当调整。

$$n=\frac{1\,000v_c}{\pi d}\approx\frac{1\,000\times 60\ \text{m/min}}{[3.14\times(36\sim50)]\ \text{mm/r}}\approx 382\sim531\ \text{r/min}，取\ n=400\sim560\ \text{r/min}。$$

考虑初次车削，a_p 取 0.5 ~ 2 mm；粗加工 f= 0.1 mm/r，精加工 f= 0.05 mm/r。

3. 调整机床

首先调整主轴转速，然后调整进给箱手柄，使机床设置达到加工要求。

4. 装夹工件和刀具

（1）工件的装夹

因为毛坯选用的是标准圆钢，本任务选择用三爪自定心卡盘装夹工件。

（2）车刀的装夹

车刀安装在刀架上，刀尖一般应与车床主轴回转轴线（尾座轴线）等高。此外，车刀在刀架上伸出的长度要合适（一般不超过刀柄高度的 2 倍），垫片数量一般不超过 3 片，并且安放要平整，车刀与刀架均要锁紧。车刀的装夹如图 2–47 所示。

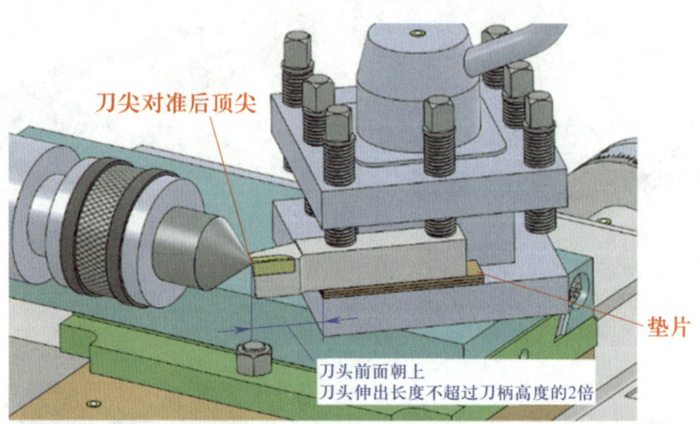

图 2–47　车刀的装夹

二、车削台阶轴

车削台阶轴的工艺过程见表 2–7。

表 2–7　车削台阶轴的工艺过程

步骤	加工内容描述	图示
1	车削工件左端	
（1）	在三爪自定心卡盘上夹住 ϕ50 mm 毛坯外圆，伸出长度大于 75 mm，找正并夹紧	
（2）	对刀，车端面，车平即可	

续表

步骤	加工内容描述	图示
（3）	粗车图样上 $\phi45_{-0.12}^{0}$ mm 的外圆至 $\phi45.5$ mm × 70 mm	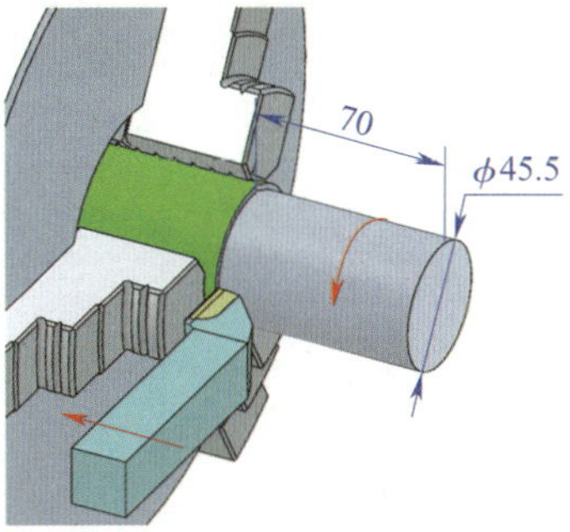 70 $\phi45.5$
（4）	分层粗车 ϕ（38 ± 0.1）mm 的外圆至 $\phi38.5$ mm × 31.5 mm	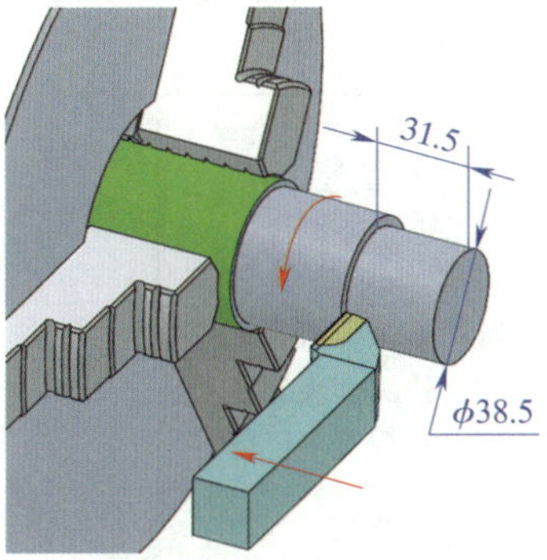 31.5 $\phi38.5$
（5）	精车 ϕ（38 ± 0.1）mm 的外圆，长度为 $32_{-0.2}^{0}$ mm	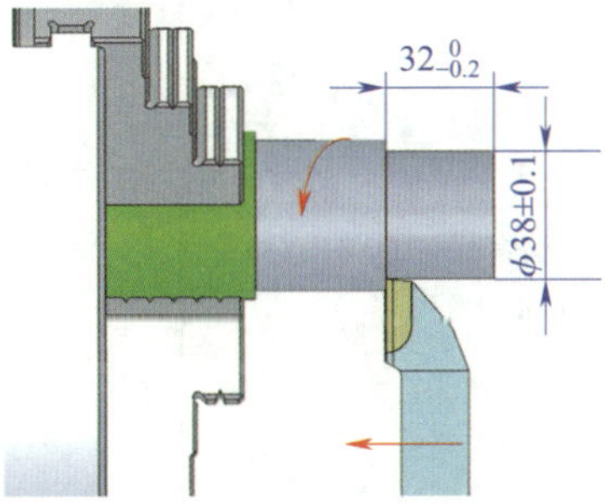 $32_{-0.2}^{0}$ $\phi38\pm0.1$
（6）	精车 $\phi45_{-0.12}^{0}$ mm 的外圆，长度为 70 mm	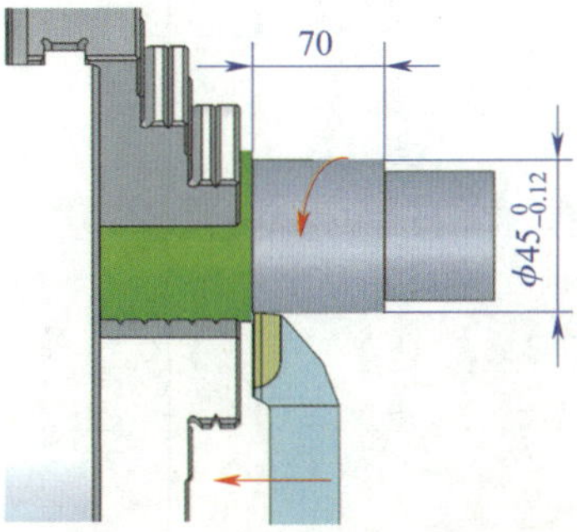 70 $\phi45_{-0.12}^{0}$

续表

步骤	加工内容描述	图示
（7）	去毛刺，倒角 *C*1 mm	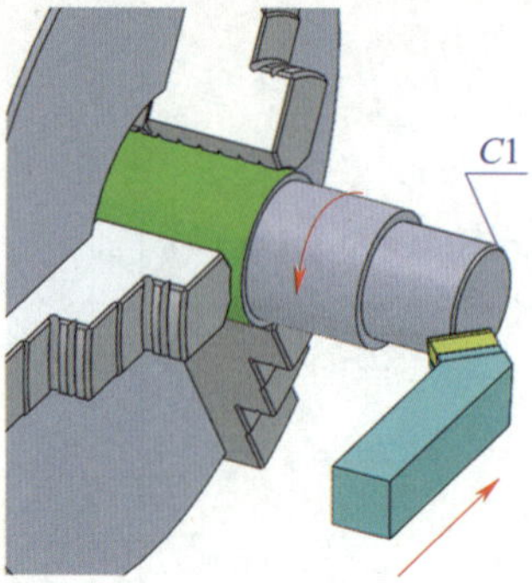
2	掉头，车削工件右端	
（1）	将工件掉头，垫铜皮夹住 $\phi45^{\ 0}_{-0.12}$ mm 外圆处，找正卡爪夹持处外圆并夹紧工件（找正的目的是保证平行度）	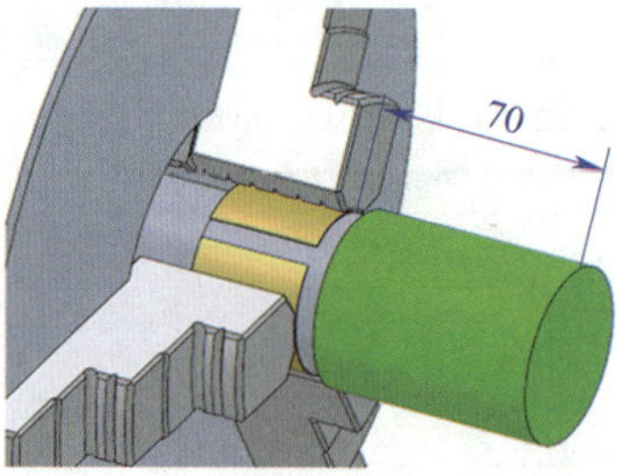
（2）	车端面，保证总长（133 ± 0.18）mm	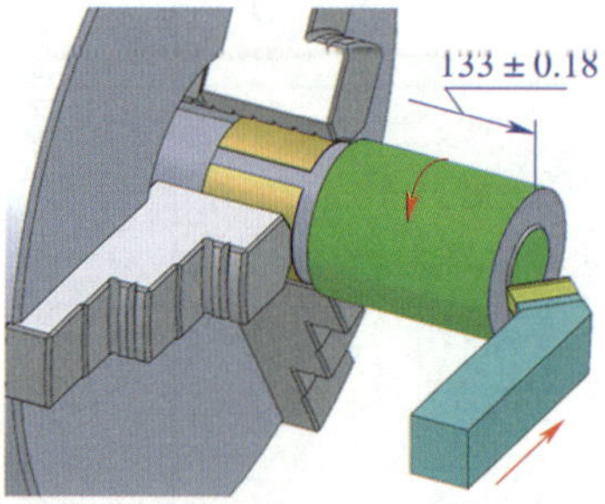
（3）	分层粗车图样上 $\phi40$ mm 的外圆至 $\phi40.5$ mm，长度为 64.5 mm	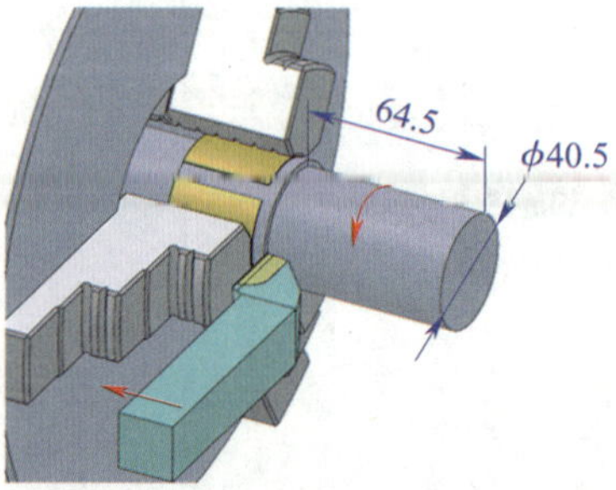

续表

步骤	加工内容描述	图示
（4）	粗车图样上 $\phi36_{-0.12}^{\ 0}$ mm 的外圆至 $\phi36.5$ mm，长度为 41.5 mm	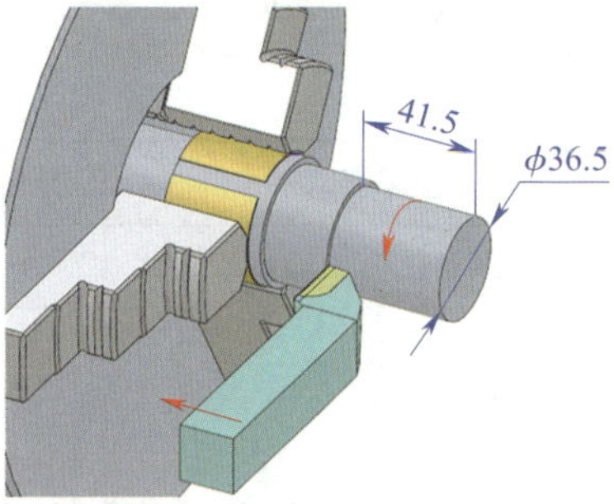
（5）	精车 $\phi36_{-0.12}^{\ 0}$ mm 的外圆，长度为 $42_{-0.2}^{\ 0}$ mm	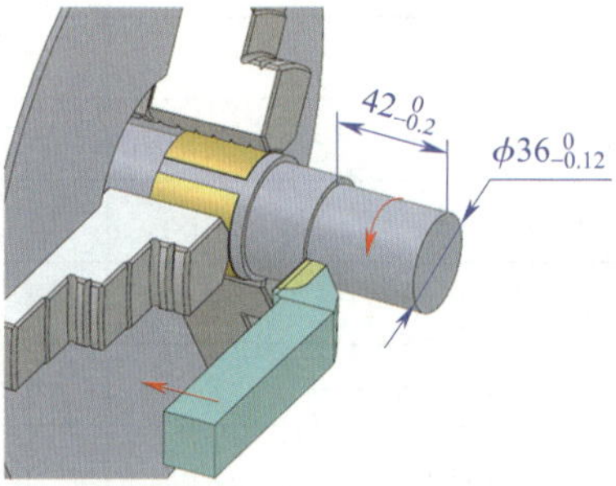
（6）	精车 $\phi40$ mm 外圆，长度为 65 mm	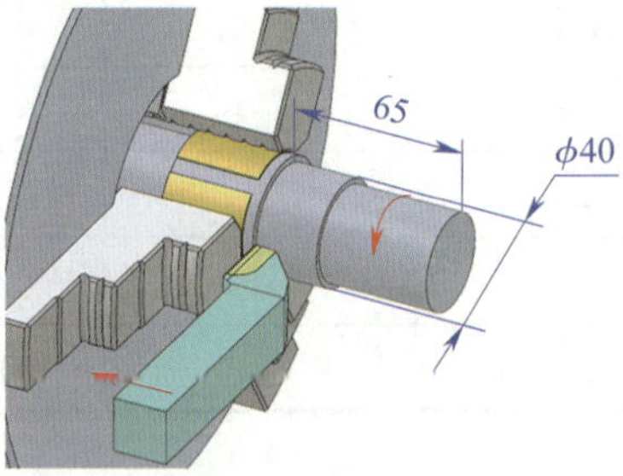
（7）	去毛刺，倒角 $C1$ mm	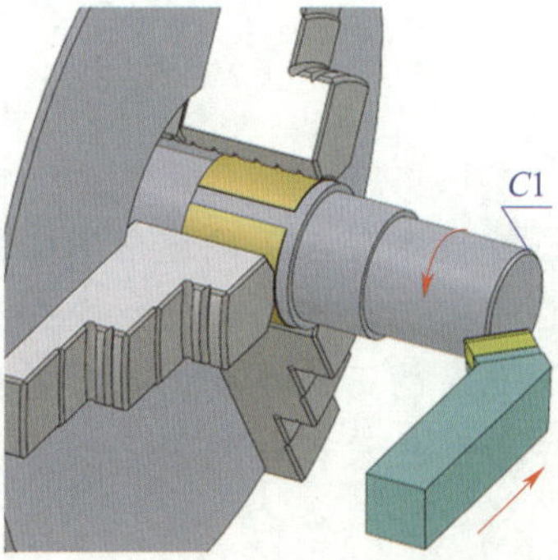

任务评价

台阶轴车削训练成绩评定见表 2–8。

表 2–8　台阶轴车削训练成绩评定

序号	项目与技术要求	分值	评分标准	检测结果	得分
1	工件装夹及调整正确	8	装夹不正确扣 4 分		
2	刀具安装正确	10	准备工作不充分扣 2 分；刀具安装位置不合理扣 2 分；装刀不牢靠不得分		
3	切削用量选择及机床调整正确	10	主轴转速调整不正确扣 5 分；进给量调整不当扣 5 分		
4	对刀方法正确	8	对刀方法不当酌情扣分		
5	车端面方法正确	5	车端面方法不正确酌情扣分		
6	车外圆方法正确	5	车外圆方法不正确酌情扣分		
7	$\phi 36_{-0.12}^{\ 0}$ mm	8	超差不得分		
8	$\phi 45_{-0.12}^{\ 0}$ mm	8	超差不得分		
9	ϕ（38 ± 0.1）mm	8	超差不得分		
10	（133 ± 0.18）mm	6	超差不得分		
11	$42_{-0.2}^{\ 0}$ mm	6	超差不得分		
12	$32_{-0.2}^{\ 0}$ mm	6	超差不得分		
13	$Ra \leqslant 3.2$ μm	12	不合格每处扣 1 分		
14	安全文明生产		不符合要求每次倒扣 2 分		
合计		100			

任务三　钻中心孔和滚花

学习目标

1. 会根据图样技术要求正确选用中心钻和滚花刀。
2. 能说明钻中心孔时的工作要点，并具备正确装夹中心钻及钻中心孔的能力。
3. 能说明滚花时的工作要点，并具备正确装夹滚花刀及对工件进行滚花的能力。
4. 遵守钻中心孔及滚花时的安全操作规程。

任务描述

在车床上加工图 2-48 所示的滚花台阶轴。毛坯为模块二任务二车削后的台阶轴，通过车削练习，重点掌握滚花及钻中心孔的车削工艺方法。

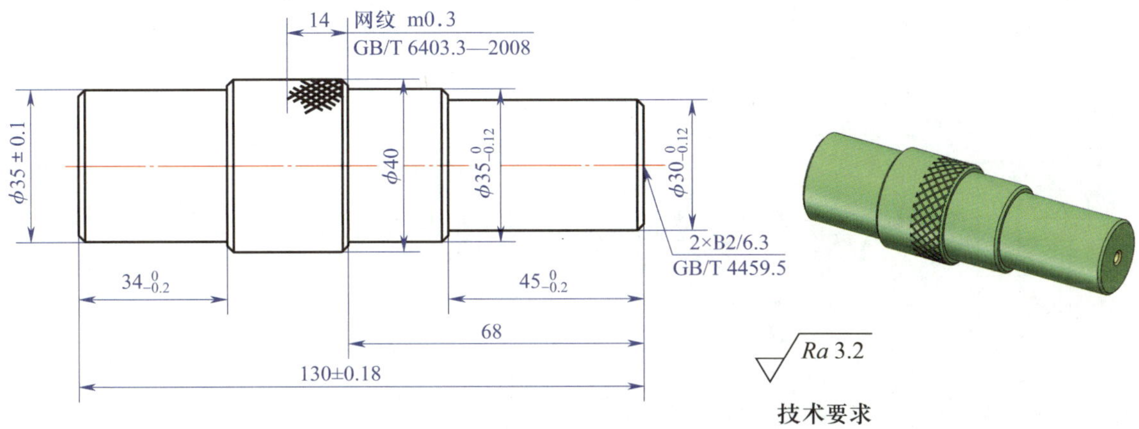

图 2-48 滚花台阶轴加工训练图

任务分析

图 2-48 所示为台阶轴工件，其直径和长度的公差与任务二中图 2-28 的要求一样，但在本任务中还需要钻两端的中心孔及对中间台阶进行滚花加工，因此，在任务二加工的工艺基础上，两端车平端面后需要钻中心孔，在台阶轴车削完成后采用一夹一顶的装夹工艺进行滚花加工。

相关知识

一、钻中心孔

用一夹一顶或两顶尖装夹工件车削时，必须先用中心钻在工件一端或两端的端面上加工出合适的中心孔。

1. 中心孔的种类

国家标准《机械制图　中心孔表示法》（GB/T 4459.5—1999）和《中心孔》（GB/T 145—2001）规定中心孔有 A 型（不带护锥）、B 型（带护锥）、C 型（带护锥和螺纹）和 R 型（弧形）四种形式。中心孔的形状如图 2-49 所示。

A 型中心孔由圆柱孔和圆锥孔组成。圆锥孔用来与顶尖配合，锥面是定中心、夹紧、承受切削力和工件重力的表面。圆柱孔一方面用来保证顶尖与锥孔密切配合，使定位准确；另一方面用来储存润滑油。因此，圆柱孔的深度是根据顶尖尖端不可能与工件相碰来确定的。定位圆锥孔的角度一般为 60°，重型工件用 90°。B 型中心孔带有 120° 的保护锥孔，使定位锥面不易被碰坏，以免影响加工精度。常用在需要多次装夹加工的工件上。C 型中心孔的内部有螺孔，是为了在轴加工完成后，能够把需要与轴固定在一起的其他工件固定在轴上。R 型中心孔的形状与 A 型中心孔相似，只是将 A 型中心孔的 60° 圆锥改成圆弧面。这样与顶尖锥面的配合变成线接触，在装夹轴类工件时能自动纠正少量的位置偏差。

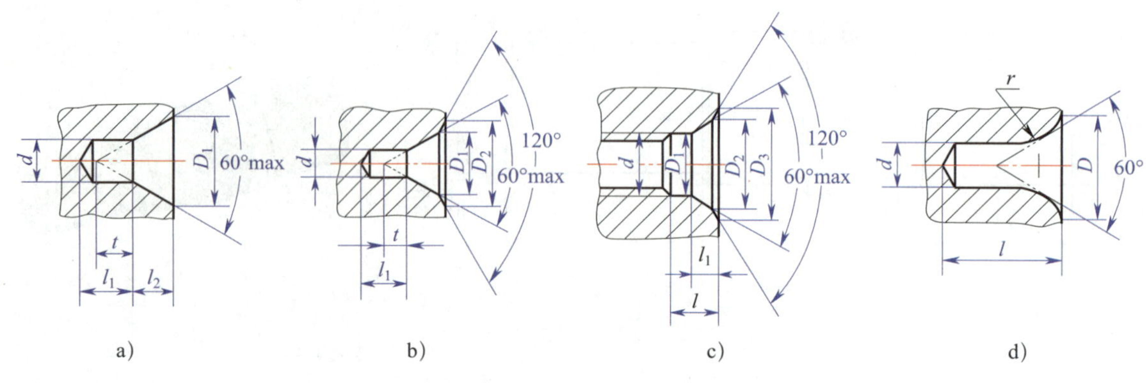

图 2–49　中心孔的形状

a）A 型　b）B 型　c）C 型　d）R 型

2. 中心钻

钻中心孔的刃具称为中心钻。为适应各种标准中心孔加工的需要，常用中心钻的形状如图 2–50 所示。

中心孔的基本尺寸为圆柱孔的直径 d，它是选取中心钻的依据。圆柱孔直径 $d \leqslant 6.3$ mm 的中心孔常用高速钢制成的中心钻直接钻出，$d > 6.3$ mm 的中心孔常用锪孔或车孔等方法加工。

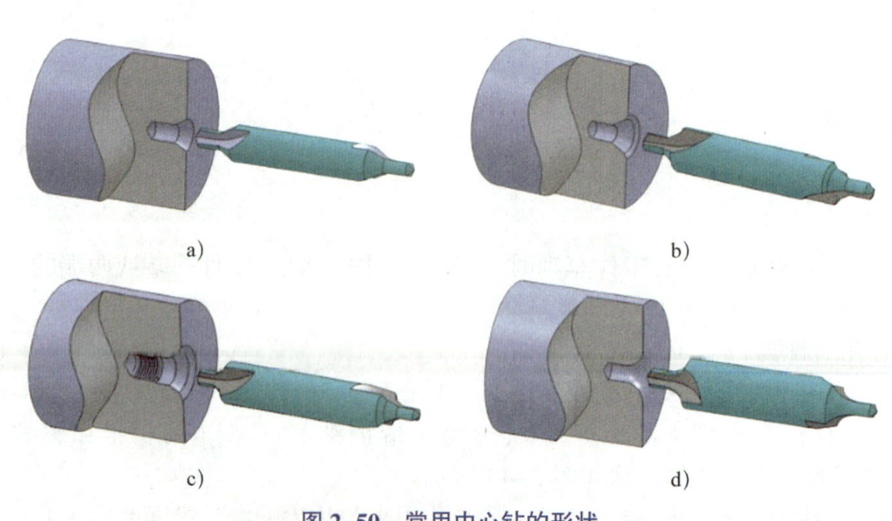

图 2–50　常用中心钻的形状

a）A 型中心钻　b）B 型中心钻　c）C 型中心钻　d）R 型中心钻

3. 钻中心孔的方法

（1）在钻夹头上安装中心钻

用钻夹头钥匙逆时针方向旋转钻夹头的外套，使钻夹头的三个夹爪张开，然后将中心钻插入三个夹爪之间，再用钻夹头钥匙顺时针方向转动钻夹头外套，通过三个夹爪将中心钻夹紧，如图 2–51 所示。

（2）在尾座锥孔中安装钻夹头

先擦净钻夹头柄部和尾座锥孔，然后用左手握住钻夹头的外套，沿尾座套筒轴线方向将钻夹头锥柄用力插入尾座套筒的锥孔中，同步将尾座套筒向外伸出即可。如钻夹头柄部与车床尾座锥孔大小不吻合，可增加合适的过渡锥套后再插入尾座套筒的锥孔内。过渡锥套如图 2–52 所示。

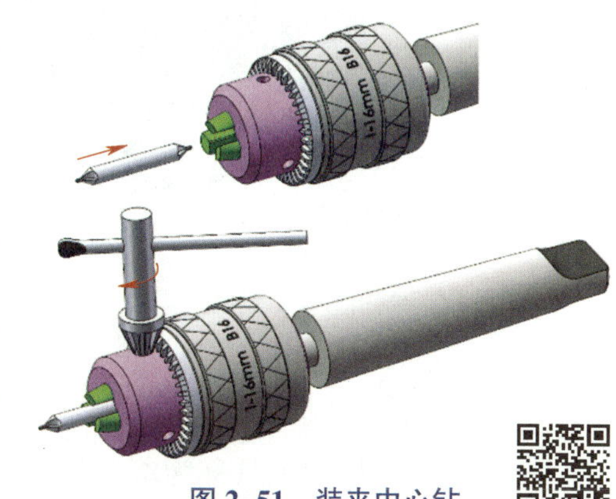

图 2–51　装夹中心钻

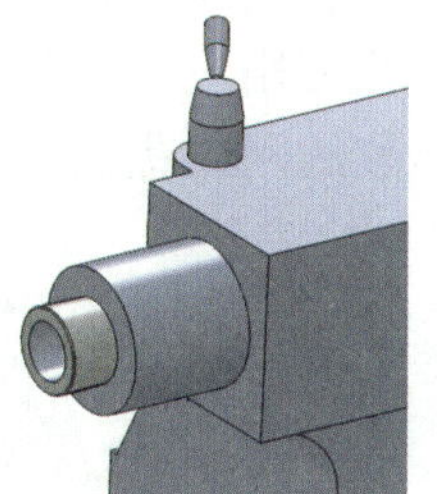

图 2–52　过渡锥套

（3）开始钻削

启动车床，使主轴带动工件回转，移动尾座至近工件端面，观察钻夹头中的中心钻是否与工件回转中心一致，校正后紧固尾座。

钻削时取较高的转速，进给量小而均匀，当中心钻进入工件后应及时加注切削液进行冷却和润滑。中心孔钻完后，中心钻在孔中稍作停留，以修光中心孔，提高中心孔的形状精度和表面质量，然后退出中心钻。

钻中心孔时，可适当提高主轴转速（通常为 800 r/min 左右），同时钻中心孔的轴向进给量应均匀，并注意观察，及时退刀（排屑），以防止中心钻折断。

钻中心孔前工件端面必须车平，不允许出现小凸台，尾座必须找正。钻中心孔时中心钻前端小圆柱进入工件端面前不可用力过大。

二、滚花

在某些工具和机器零件的捏手部位，为了增大表面摩擦力，便于使用或使零件表面美观，常在零件表面滚压出各种不同的花纹，如千分尺的微分筒、车床中滑板刻度盘表面等。

用滚花工具在工件表面滚压出花纹的加工称为滚花。

1. 滚花花纹的种类

滚花的花纹有直纹和网纹两种。花纹有粗细之分，并用模数 m 区分。模数越大，花纹越粗。花纹的形状如图 2–53 所示。

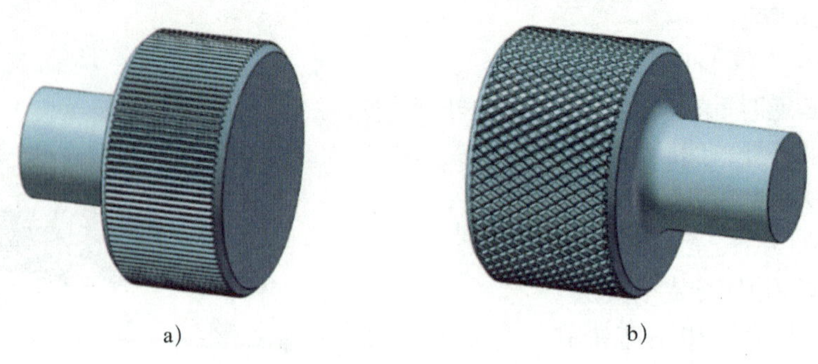

图 2–53　花纹的形状

a）直纹花纹　b）网纹花纹

2. 滚花刀

车床上滚花用的工具称为滚花刀。滚花刀一般有单轮、双轮和六轮三种，如图 2–54 所示。单轮滚花刀由直纹滚轮和刀柄组成，用来滚直纹花纹；双轮滚花刀由两个旋向不同的滚轮、浮动连接头和刀柄组成，用来滚网纹花纹；六轮滚花刀由三对不同模数的滚轮通过浮动连接头与刀柄组成一体，可以根据需要滚出三种不同模数的网纹花纹。

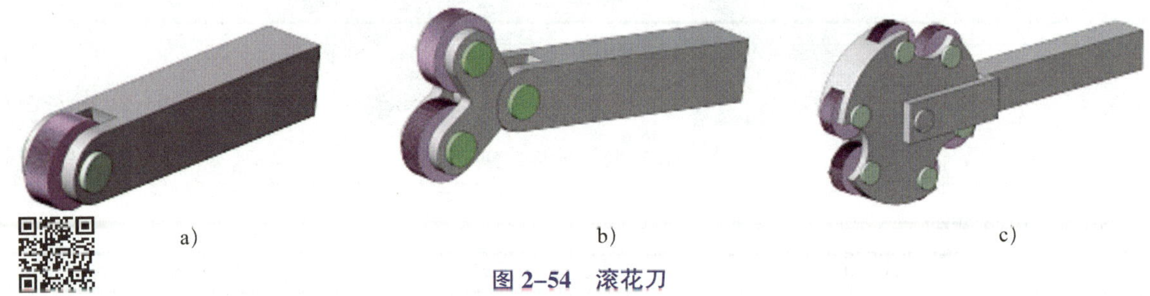

图 2–54　滚花刀

a）单轮（直纹）滚花刀　b）双轮（网纹）滚花刀　c）六轮（三种网纹）滚花刀

3. 滚花的方法

（1）滚花前的工件直径

滚花过程是利用滚花刀的滚轮来滚压工件表面的金属层，使其产生一定的塑性变形而形成花纹的，随着花纹的形成，滚花后工件直径会增大。因此，在滚花前滚花表面的直径应相应车小些。

一般在滚花前，根据工件材料的性质和花纹模数的大小，应将工件滚花表面的直径车小（0.8 ~ 1.6）m，m 为模数。

（2）滚花刀的装夹

滚花刀装夹在车床刀架上，滚花刀的装刀（滚轮）中心与工件回转中心等高，如图 2–55 所示。

滚压有色金属或在滚花表面要求较高的工件上滚花时，滚花刀表面与工件轴线平行，如图 2–56 所示。

滚压碳素钢或在滚花表面要求一般的工件上滚花时，滚花刀的滚轮表面相对于工件轴线向右倾斜 3° ~ 5° 安装，如图 2–57 所示。这样便于滚轮切入工件表面且不易产生乱纹。

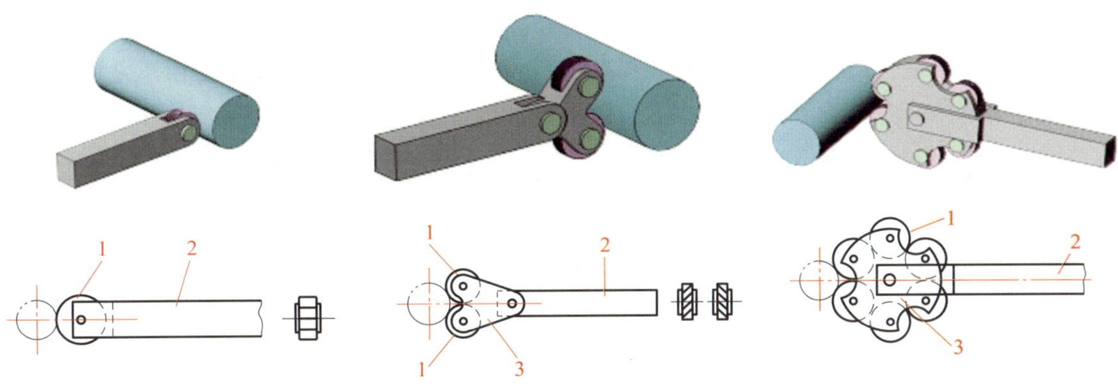

图 2-55 滚花刀滚轮中心与工件回转中心等高

1—滚轮 2—刀柄 3—滚轮连接头

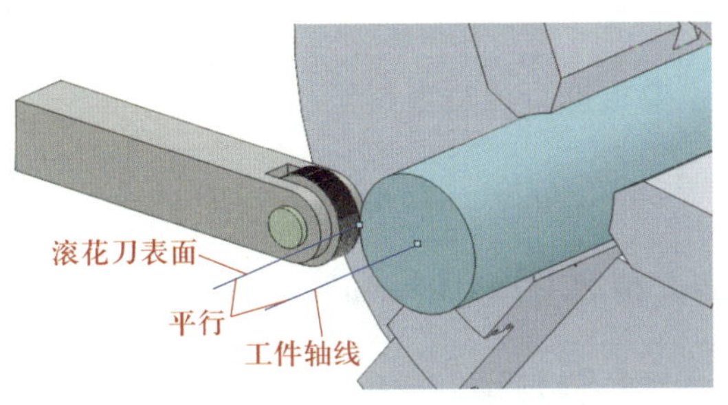

图 2-56 滚花刀平行装夹

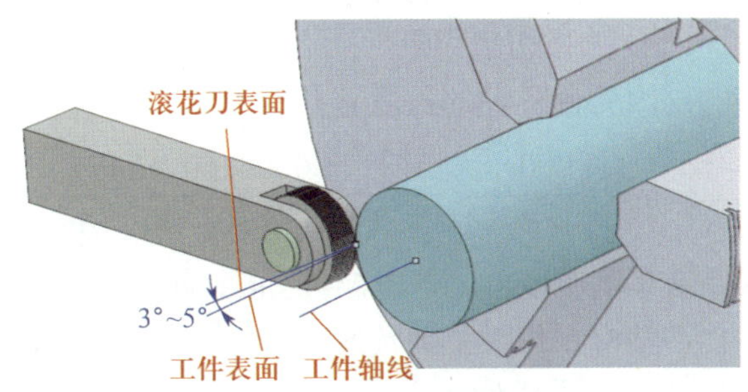

图 2-57 滚花刀倾斜装夹

4. 滚花注意事项

（1）在滚花刀接触工件开始滚压时，挤压的切削用量要选择大些，使工件圆周上一开始就形成较深的花纹，这样就不易产生乱纹。

（2）为了减小滚花开始时的径向压力，可以使滚轮表面宽度的 1/3 ~ 1/2 与工件接触，使滚花刀容易切入工件表面，如图 2-58 所示为滚花刀横向进给位置。在停车检查花纹符合要求后，即可纵向机动进给，反复滚压 1 ~ 3 次，直至花纹凸出达到要求为止。

（3）滚花时应选低的切削速度，一般为 5 ~ 10 m/min。纵向进给量可选择大些，一般为 0.3 ~ 0.6 mm/r。

（4）滚花时应充分浇注切削液，以润滑滚轮并防止滚轮因发热而损坏，并经常清除滚压产生的切屑。

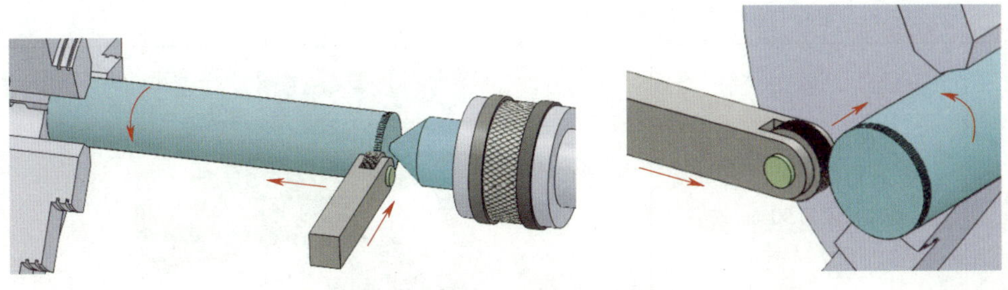

图 2-58 滚花刀横向进给位置

（5）滚花时径向力很大，所用设备刚度应较高，工件必须装夹牢靠。由于滚花时出现工件移位现象难以完全避免，因此车削带有滚花表面的工件时，滚花应安排在粗车之后、精车之前进行。

任务实施

一、准备工作

1. 选择刀具

本任务车削工件的特点是台阶轴，工件材料为 45 钢，所以选用 90° 偏刀和 45° 车刀，刀具材料选择硬质合金；另外根据图样上滚花的规格，选取 m=0.3 mm 的双轮网纹滚花刀；根据中心孔的规格选取对应的中心钻即可，中心钻的材料为高速钢。

2. 选择切削用量

因为台阶轴的各段直径有差异，所以主轴转速也要根据直径适当调整。

$n=\dfrac{1\,000v_c}{\pi d}\approx\dfrac{1\,000\times 60\ \text{m/min}}{[3.14\times(30\sim40)]\ \text{mm/r}}\approx 637\sim478\ \text{r/min}$，取 n=450 ~ 710 r/min。为保证车削质量，a_p 取 0.5 ~ 2 mm；粗加工 f= 0.1 mm/r，精加工 f= 0.05 mm/r。

钻中心孔时主轴转速根据经验选 800 r/min 左右。

3. 调整机床

首先调整车床主轴转速，然后调整进给箱手柄，使机床设置达到加工要求。

4. 装夹工件和刀具

因为选用的是标准圆钢，本任务车削外圆、端面等选择用三爪自定心卡盘装夹工件，滚花时考虑到切削力较大，采用一夹一顶装夹方式。

90° 偏刀和 45° 车刀的装夹采用图 2–47 所示的方法，中心钻和钻夹头的装夹采用图 2–51 和图 2–52 所示的方法，滚花刀的装夹采用图 2–56 和图 2–57 所示的方法。

二、车削带滚花花纹的台阶轴

带滚花花纹台阶轴的车削步骤见表 2–9。

表 2–9　带滚花花纹台阶轴的车削步骤

步骤	加工内容描述	图示
1	用三爪自定心卡盘装夹，车削工件左端	
（1）	用三爪自定心卡盘夹住毛坯最右端 $\phi36_{-0.12}^{\ 0}$ mm 外圆处，伸出长度为 90 mm 左右	90 $\phi36_{-0.12}^{\ 0}$

续表

步骤	加工内容描述	图示
(2)	对刀，车端面，车平即可。钻 B2 mm/6.3 mm 中心孔	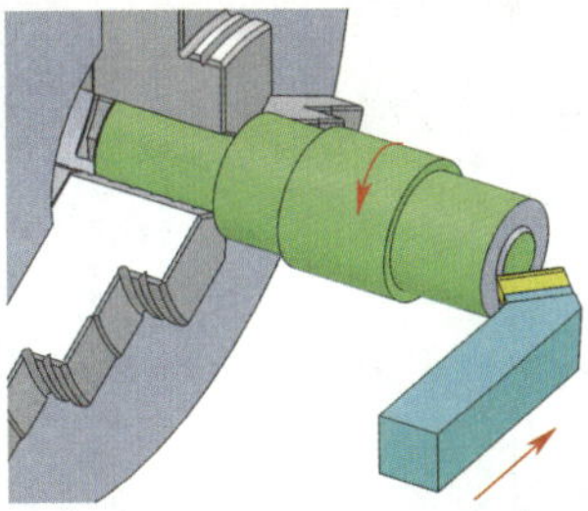 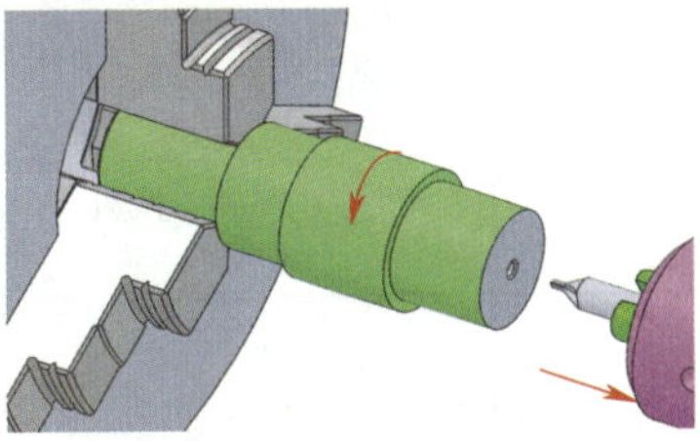
(3)	将图样上 ϕ（35 ± 0.1）mm 外圆分层粗车至 ϕ35.5 mm × 33.5 mm	33.5 ϕ35.5
(4)	将图样上 ϕ40 mm 外圆分层粗车至 ϕ40.5 mm × 66.5 mm	66.5 ϕ40.5
(5)	精车 ϕ（35 ± 0.1）mm 外圆至图样尺寸要求	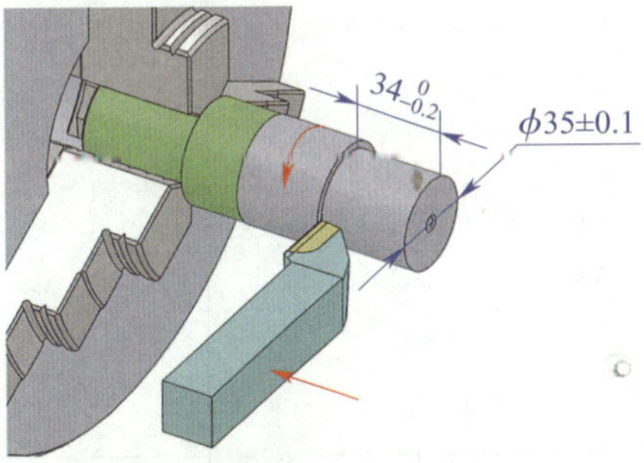 $34_{-0.2}^{\ 0}$ ϕ35±0.1
(6)	精车 ϕ40 mm 外圆至图样尺寸要求（滚花段直径车至 ϕ39.7 mm）	67 ϕ40

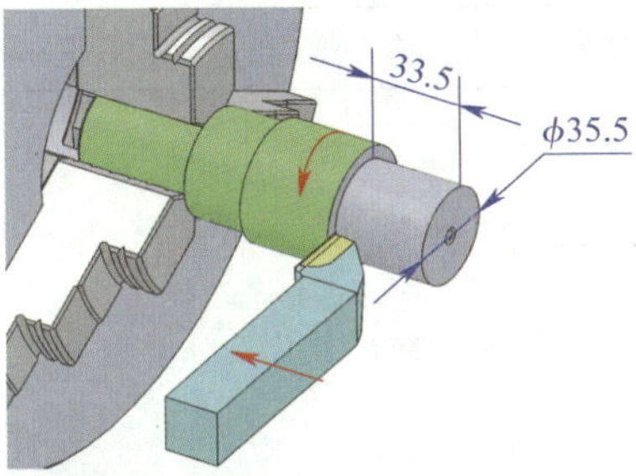

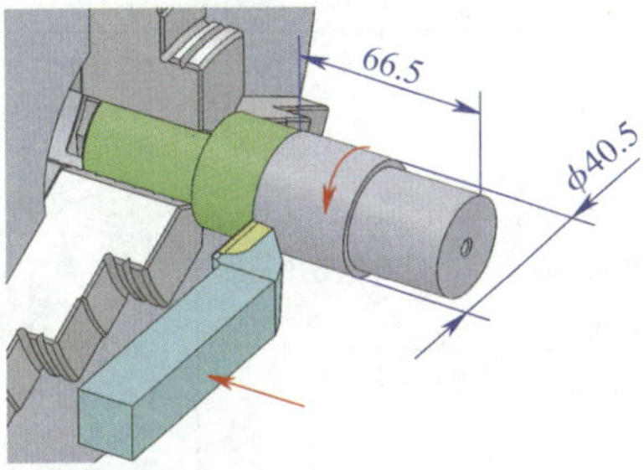

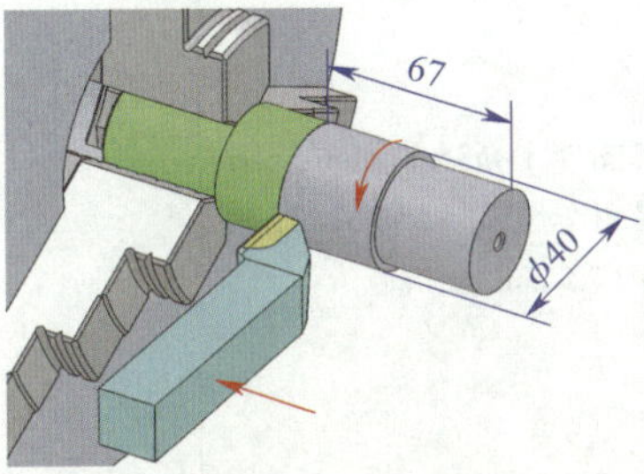

续表

步骤	加工内容描述	图示
（7）	倒角 C1 mm（两处）	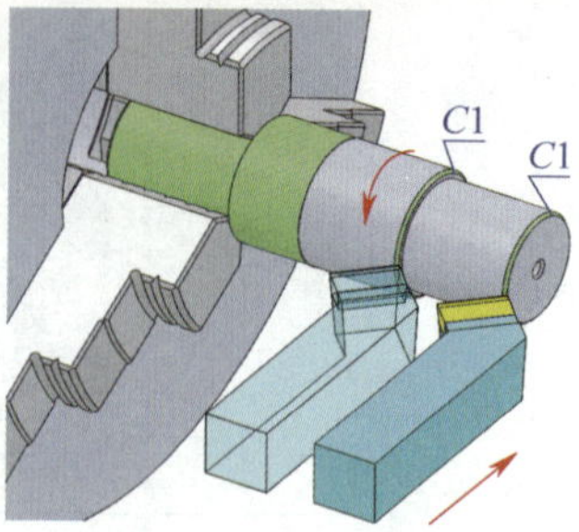
2	掉头，一夹一顶装夹工件，车削工件右端	
（1）	掉头，垫铜皮，用三爪自定心卡盘夹住 ϕ（35±0.1）mm 外圆，伸出长度为 96 mm 左右	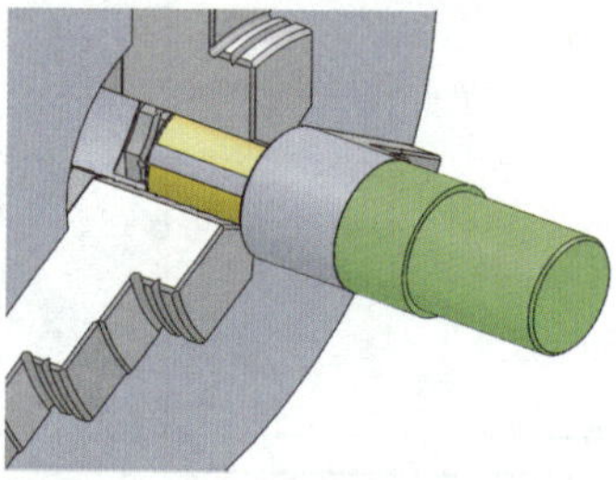
（2）	车端面，保证总长（130±0.18）mm。钻 B2 mm/6.3 mm 中心孔	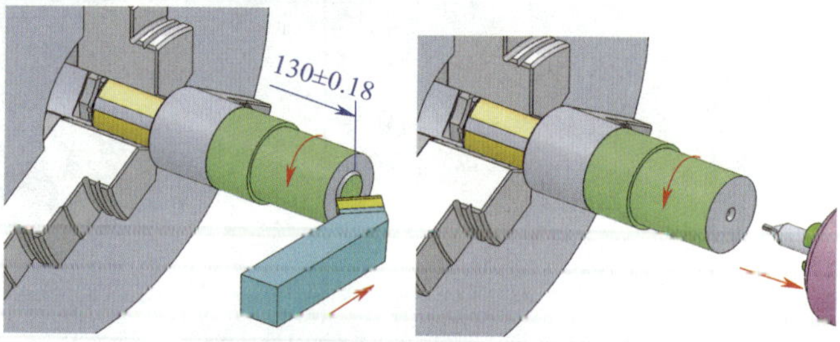
（3）	将图样上 $\phi30\,^{0}_{-0.12}$ mm 外圆分层粗车至 ϕ30.5 mm×44.5 mm	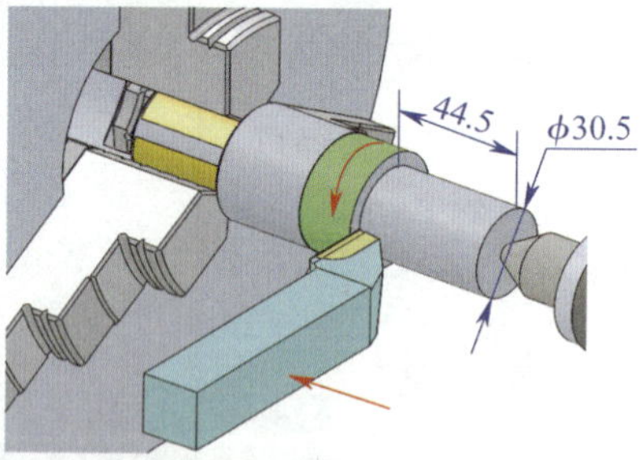
（4）	将图样上 $\phi35\,^{0}_{-0.12}$ mm 外圆分层粗车至 ϕ35.5 mm，控制长度 67.5 mm	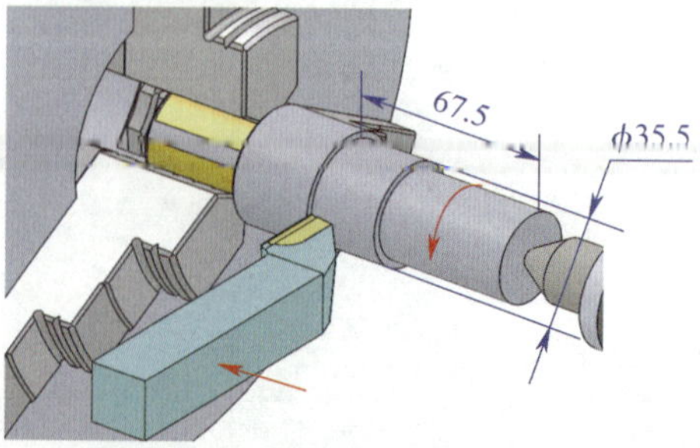

续表

步骤	加工内容描述	图示
(5)	精车 $\phi30_{-0.12}^{0}$ mm 外圆至图样尺寸要求	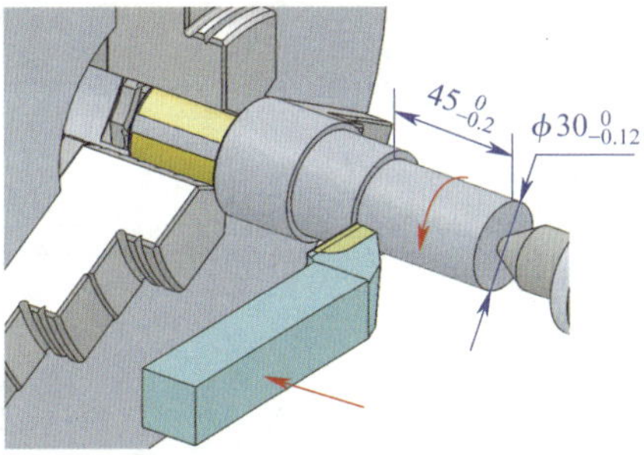
(6)	精车 $\phi35_{-0.12}^{0}$ mm 外圆至图样尺寸要求	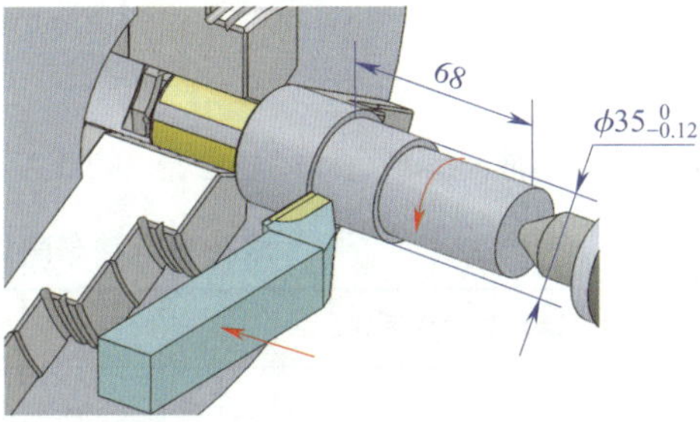
(7)	倒角 $C1$ mm（三处）	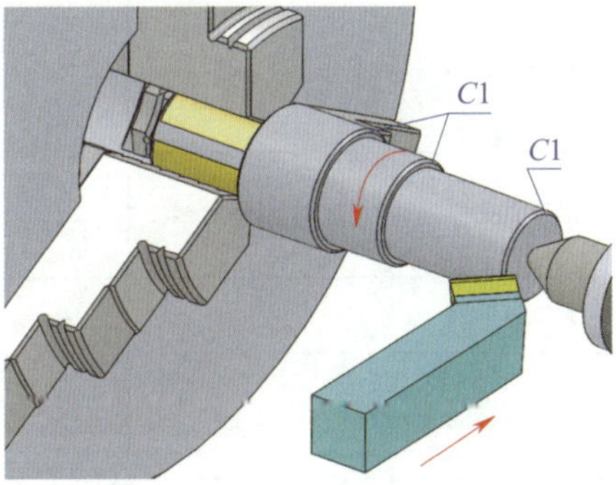
3	工件滚花加工	
(1)	一夹一顶装夹工件左端，装夹部位垫铜皮	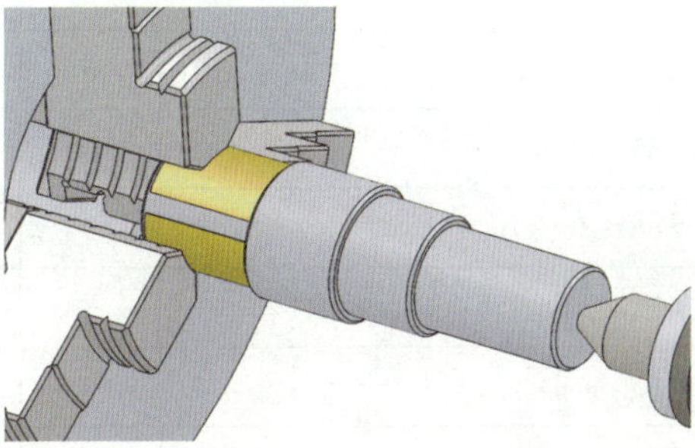

续表

步骤	加工内容描述	图示
（2）	扳转 m0.3 mm 的双轮滚花刀至工作位置，滚压 m0.3 mm 的网纹花纹至图样要求	14

任务评价

滚花台阶轴车削训练成绩评定见表 2-10。

表 2-10　滚花台阶轴车削训练成绩评定

序号	项目与技术要求	配分	评分标准	检测结果	得分
1	工件装夹及调整	6	装夹不正确扣 3 分；调整不当扣 3 分		
2	刀具安装正确	8	准备工作不充分扣 2 分；刀具安装位置不合理扣 2 分；装刀不牢靠不得分		
3	切削用量选择及机床调整正确	6	主轴转速调整不正确扣 3 分；进给量调整不当扣 3 分		
4	对刀方法正确	6	对刀方法不当酌情扣分		
5	车外圆、端面方法正确	5	车外圆、端面方法不正确酌情扣分		
6	中心孔钻削方法正确	8	钻削方法不正确酌情扣分		
7	滚花方法正确	10	滚花方法不正确酌情扣分		
8	$\phi 30_{-0.12}^{0}$ mm	6	超差不得分		
9	ϕ（35±0.1）mm	6	超差不得分		
10	$\phi 35_{-0.12}^{0}$ mm	6	超差不得分		
11	（130±0.18）mm	5	超差不得分		
12	$45_{-0.2}^{0}$ mm	5	超差不得分		
13	$34_{-0.2}^{0}$ mm	5	超差不得分		
14	ϕ40 mm	3	超差不得分		

续表

序号	项目与技术要求	配分	评分标准	检测结果	得分
15	68 mm	3	超差不得分		
16	$Ra \leqslant 3.2\ \mu m$	12	不合格每处扣 1 分		
17	安全文明生产		不符合要求酌情扣分		
合计		100			

任务四 车槽和切断

学习目标

1. 了解沟槽的种类。
2. 能在教师指导下选择车槽刀的几何参数并正确装夹车槽刀。
3. 能描述车槽和切断的工艺方法，具备车削外沟槽及切断的能力。

任务描述

在车床上加工图 2–59 所示台阶轴上的外沟槽，毛坯为模块二任务三车削后的滚花台阶轴，通过车削练习，重点掌握外沟槽的车削工艺方法。

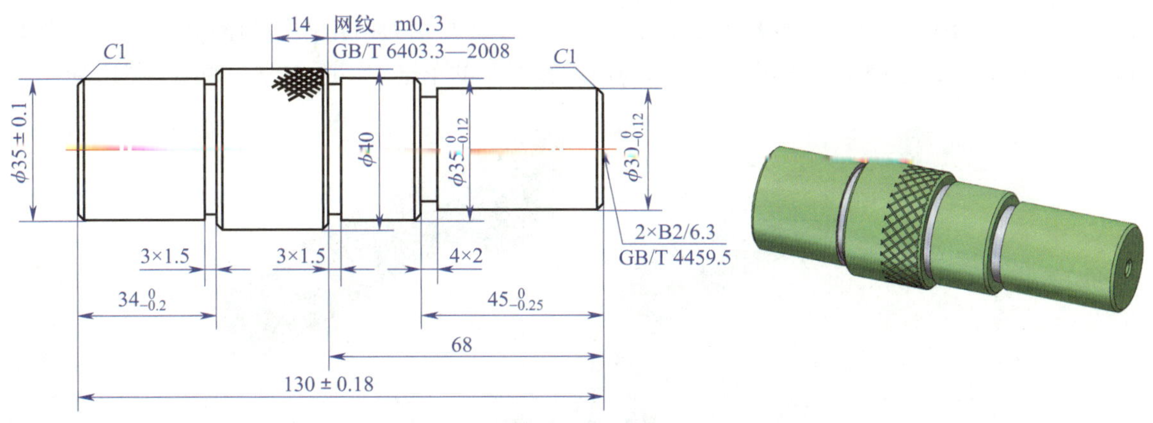

图 2–59 台阶轴车槽和切断训练图

任务分析

图 2–59 所示的台阶轴上有三处窄槽，由于在任务三中已经对台阶轴两端钻中心孔，因此，可以采用一夹一顶的方式装夹工件车削外沟槽。

相关知识

一、车槽概述

用车削方法加工工件的沟槽称为车槽，如图 2–60 所示。工件外圆和平面上的沟槽称为外沟槽，工件内孔中的沟槽称为内沟槽，工件端面上的沟槽称为端面槽。此处主要介绍外沟槽的车削。

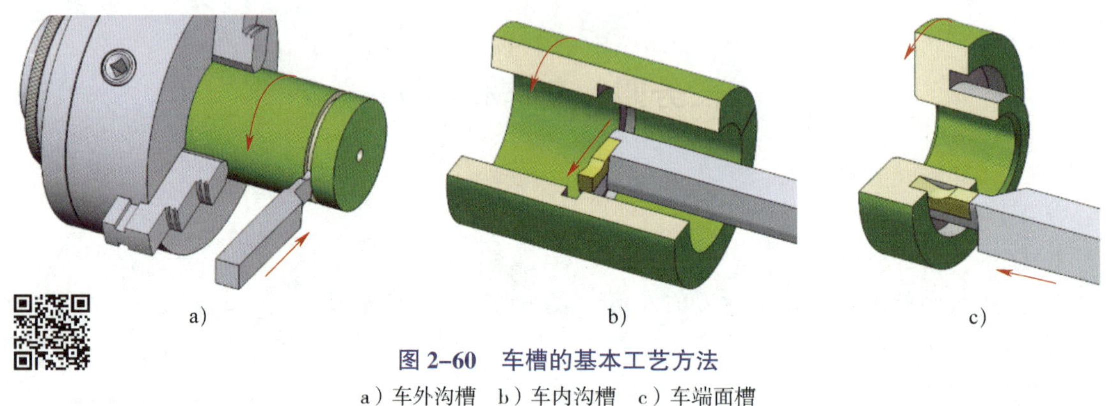

图 2–60 车槽的基本工艺方法

a）车外沟槽 b）车内沟槽 c）车端面槽

二、车槽（切断）刀

直形车槽刀和切断刀的几何形状相似，刃磨的方法基本相同，只是刀头部分的宽度和长度有些区别。有时车槽刀和切断刀可以通用。

按切削部分材料不同，车槽刀分为高速钢车槽刀和硬质合金车槽刀。高速钢车槽刀一般由高速钢的钢条磨削而成，如图 2–61a 所示。硬质合金车槽刀由用作切削部分的硬质合金焊接在刀柄上制成，适用于高速切削，是目前使用较普遍的车槽（切断）刀，如图 2–61b 所示。

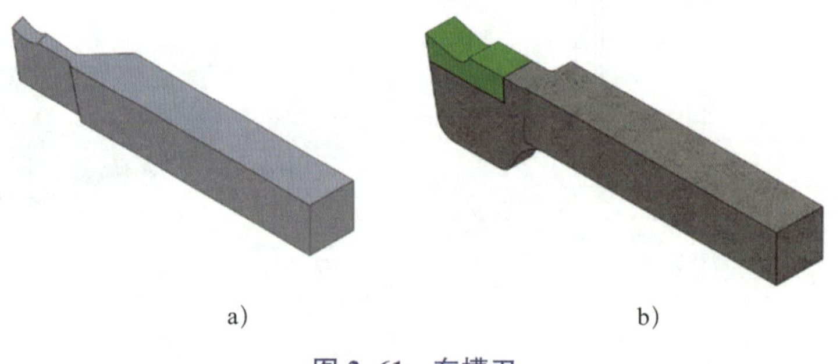

图 2–61 车槽刀

a）高速钢车槽刀 b）硬质合金车槽刀

1. 高速钢车槽（切断）刀

高速钢车槽（切断）刀的几何参数如图 2–62 所示。前面通常采用较大的圆弧面，排屑通畅。车削中碳钢材料时，前角 γ_o=20° ~ 30°；车削铸铁材料时，前角 γ_o=0° ~ 10°。车槽（切断）刀以横向进给为主，因此主偏角 κ_r=90°；车槽（切断）刀的两个副偏角必须对称，以免工件两侧所受的切削力不均匀而影响其平面度和垂直度。副偏角 κ_r' 不宜太大，以免削弱车刀强度，一般 $\kappa_r'=1° \sim 1°\ 30'$ 。一般主后角 $\alpha_o=6° \sim 8°$，切断塑性材料时取大值，切断脆性材料时取小值；两个副后角要对称，其作用是减少副后面与工件已加工表面间的摩擦，$\alpha_o'=1° \sim 2°$。

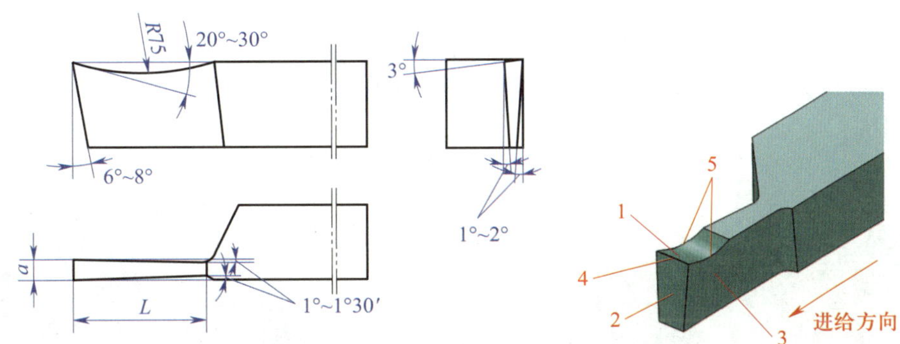

图 2–62 高速钢车槽（切断）刀的几何参数

1—前面 2—主后面 3—副后面 4—主切削刃 5—副切削刃

刀头宽度一般为 3 ~ 5 mm，如果刀头太宽，容易引起振动并浪费材料；如果刀头太窄，则刀头容易折断。刀头长度应满足工件切断要求，但不宜太长，以免引起振动或使刀头折断。刀头长度 L 一般为切入深度 +（2 ~ 3）mm（对于实心工件，切入深度为 $d/2$；对于空心工件，切入深度等于工件壁厚）。

2. 硬质合金车槽（切断）刀

用硬质合金车槽（切断）刀高速车削工件时，由于切屑与工件槽宽相等而容易堵塞在槽内，为了排屑顺畅，可将主切削刃两边倒角或将其磨成“人”字形，如图 2–63 所示。

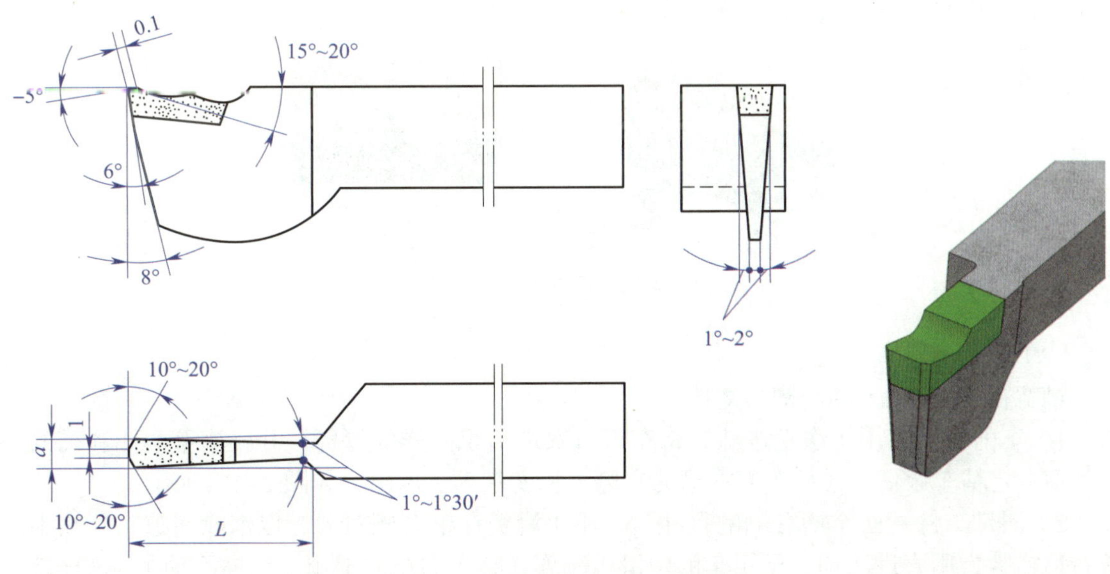

图 2–63 硬质合金车槽（切断）刀

三、车外沟槽

1. 车槽刀的装夹

安装车槽刀时，刀头中心对称线应与工件轴线垂直，如图 2-64 所示；否则，车出的槽壁可能不平直。主切削刃必须装得与工件中心等高，可用直角尺检查左右两侧副偏角，左右两侧副偏角要相等。

高速钢车槽刀窄而长，刚度低，不宜伸出过长。为防止刀架螺钉夹紧车槽刀时不稳固，可在刀柄上面与刀柄压紧螺钉之间垫一片垫片，如图 2-65 所示，使车削时刀柄受力均匀，提高刀柄强度。

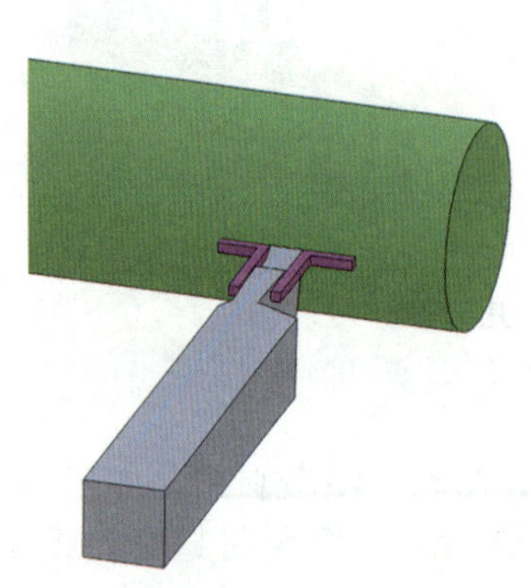

图 2-64　用直角尺检查车槽刀副偏角

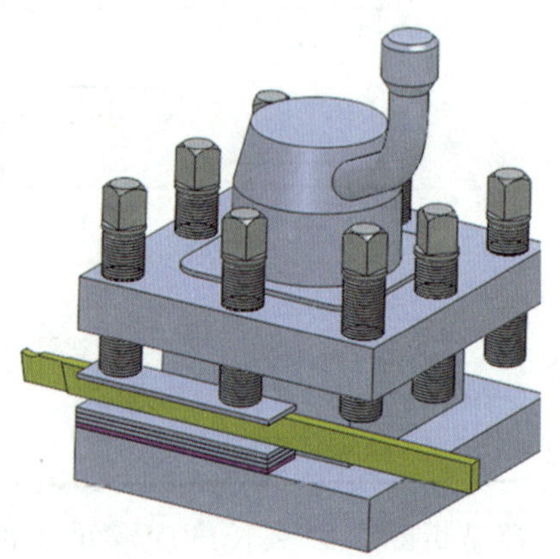

图 2-65　用垫片提高刀柄强度

2. 车外沟槽的方法

根据槽的宽窄，车外沟槽分为车窄槽和车宽槽两种。

（1）车窄槽

车削精度不高、宽度较窄（一般槽宽在 5 mm 以下）的沟槽时，可用刀头宽度等于槽宽的车槽刀采用直进法一次车出，如图 2-66 所示。

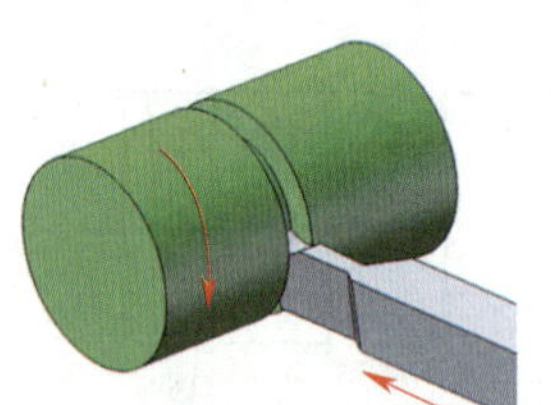

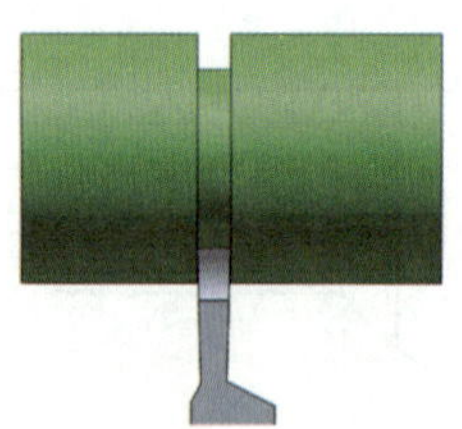

图 2-66　用直进法车沟槽

（2）车宽槽

槽宽在 5 mm 以上的沟槽为宽槽。

1）车削时可采用多次直进法，将车刀每次进给至同样的深度，并在槽壁两侧和槽的外圆处留一定精车余量，最后车刀在槽的右侧（长度基准）退出，如图 2-67a 所示。

2）测量工件端面至槽右侧的尺寸后，用小滑板在槽右侧对刀，以消除间隙，计算小滑板右移格数，用直进法切入至粗车的中滑板刻度，将车刀横向退出（纵向不动），这样就保证了工件端面至槽右侧的尺寸，如图 2-67b 所示。

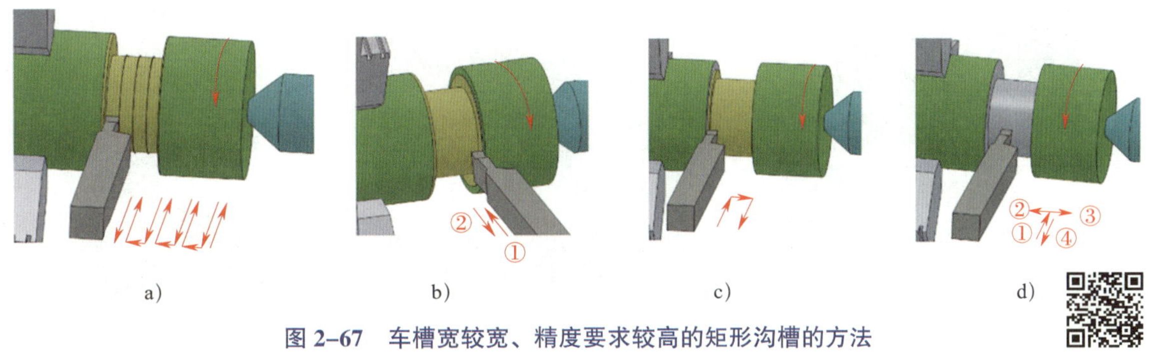

a) b) c) d)

图 2–67 车槽宽较宽、精度要求较高的矩形沟槽的方法

3）测量槽宽余量和车槽的宽度尺寸，以上次车削的终点为起点，直接用床鞍将车刀左移，靠近槽左侧时改用小滑板进给，对刀并消除间隙，计算好小滑板左移格数，用直进法切入至粗车的中滑板刻度，将车刀从槽的中间退出，这样就保证了槽宽尺寸，如图 2–67c 所示。

4）测量槽底的直径 d，将车刀在槽的外圆处对刀，计算好中滑板径向进刀格数，将车刀在槽的径向切入并纵向移动，至尺寸后将车刀从槽的中间退出，这样保证了沟槽的直径尺寸，如图 2–67d 所示。

3. 车槽（切断）时切削用量的选择

由于车槽刀的刀头强度较低，在选择切削用量时应适当减小其数值。总之，硬质合金车槽刀比高速钢车槽刀选用的切削用量要大，车削钢件时的切削速度比车削铸铁件时的切削速度要高，而进给量要略小一些。

（1）背吃刀量 a_p

车槽为横向进给车削，背吃刀量是垂直于工件已加工表面方向所量得的切削层宽度的数值。因此，车窄槽时的背吃刀量等于车槽刀主切削刃宽度。

（2）进给量 f 和切削速度 v_c

车槽时进给量和切削速度的选择见表 2–11。

表 2–11 车槽时进给量和切削速度的选择

刀具材料	高速钢车槽刀		硬质合金车槽刀	
工件材料	钢料	铸铁	钢料	铸铁
进给量 f/（$mm \cdot r^{-1}$）	0.05 ~ 0.1	0.1 ~ 0.2	0.1 ~ 0.2	0.15 ~ 0.25
切削速度 v_c/（$m \cdot min^{-1}$）	30 ~ 40	15 ~ 25	80 ~ 120	60 ~ 100

四、外沟槽的测量

外沟槽宽度和深度的测量方法如图 2–68 所示。用游标卡尺测量槽宽和槽深如图 2–68a、b 所示；槽深精度高时可用千分尺进行测量，如图 2–68c 所示；也可用钢直尺和卡钳配合测量，如图 2–68d、e 所示。

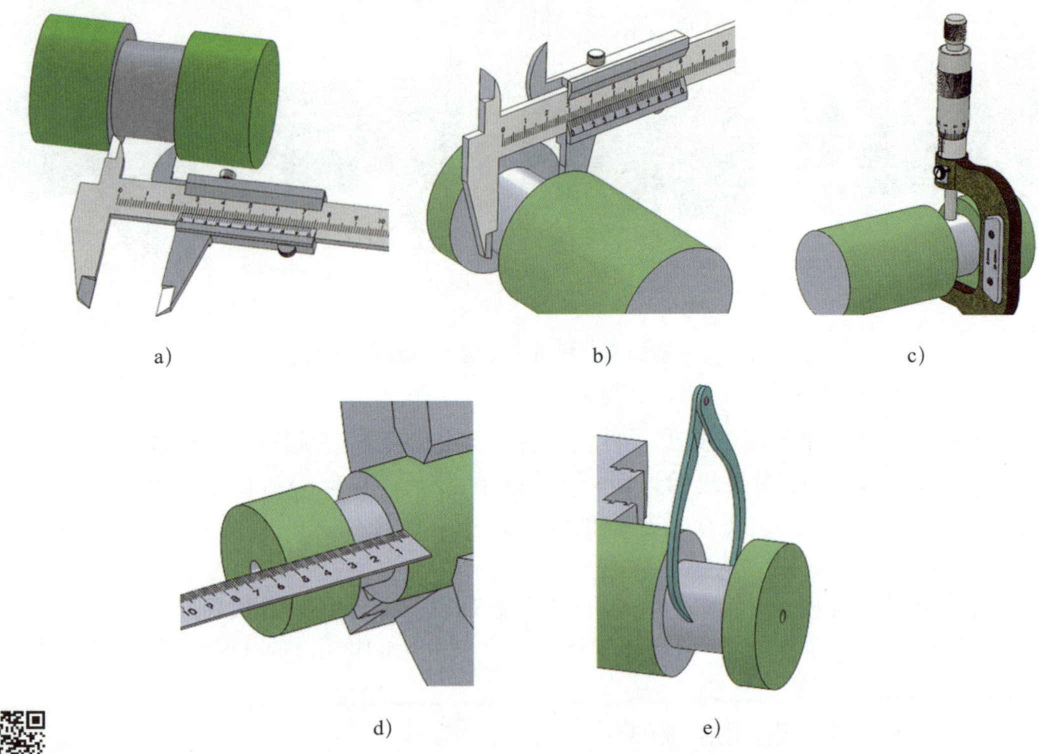

a)　b)　c)　d)　e)

图 2-68　外沟槽宽度和深度的测量方法

a）用游标卡尺测量槽宽　b）用游标卡尺测量槽深　c）用千分尺测量槽深
d）用钢直尺测量槽宽　e）用卡钳测量槽深

五、工件的切断

把毛坯或工件切成两段（或数段）的加工方法称为切断。

切断的关键是正确选择切断刀的几何参数并通过刃磨加以保证，以及选择合理的切削用量。

1. 切断刀的装夹

切断刀装夹是否正确，对切断工件能否顺利进行以及切断的工件平面是否平直有直接的关系。装夹切断刀时必须注意以下两点：

（1）切断实心工件时，切断刀的主切削刃必须严格对准工件的回转中心，主切削刃中心线与工件轴线垂直。

（2）刀柄不宜伸出过长，以提高切断刀的刚度及防止振动。

2. 切断方法

（1）直进法

直进法是指垂直于工件轴线方向进行切断，如图 2-69 所示。这种方法切断效率高，但对车床、切断刀的刃磨和安装都有较高的要求，否则容易造成刀头折断。

（2）左右借刀法

左右借刀法是指切断刀在轴线方向往返移动，并不断沿工件径向进给，直至将工件切断，如图 2-70 所示。在切削系统（刀具、工件、车床）刚度不足的情况下，可采用左右借刀法切断工件。

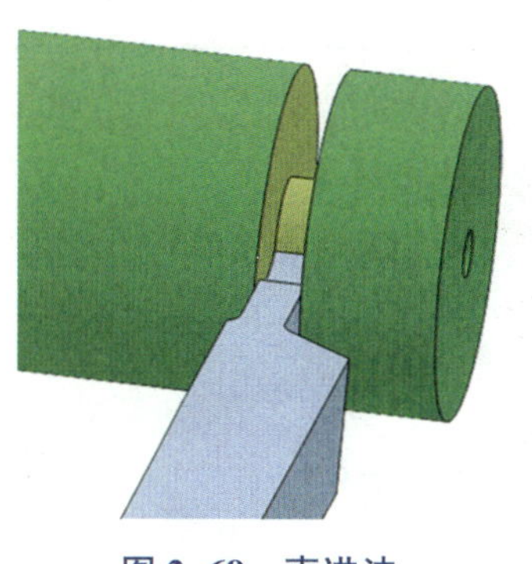
图 2–69　直进法

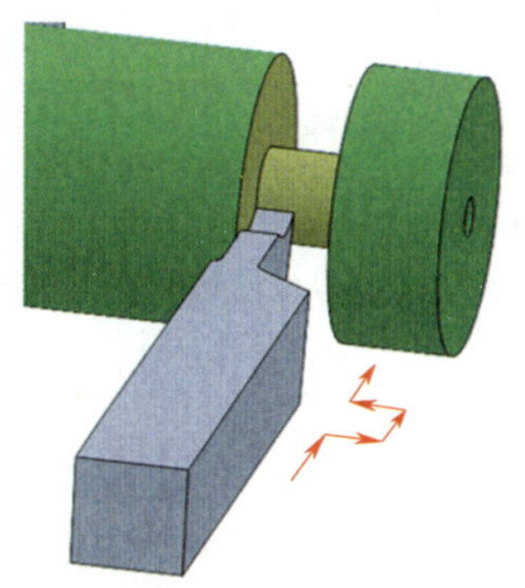
图 2–70　左右借刀法

任务实施

一、准备工作

1. 选择刀具

根据图 2–59 所示台阶轴的结构特点，选用图 2–62 所示的车槽刀，刀头宽度为 3 mm，刀具材料为高速钢。

2. 选择切削用量

本次车槽选用主轴转速 n = 450 ~ 710 r/min，进给量 f = 0.05 ~ 0.10 mm/r，初学者首次车槽或切断建议采用手动进给。

3. 调整机床

首先调整车床主轴转速，然后调整进给箱手柄，使机床设置达到加工要求。

4. 装夹工件和刀具

在本任务中，工件采用一夹一顶装夹方式；刀具采用图 2–64 和图 2–65 所示的方法进行装夹。

二、车削台阶轴外沟槽

外沟槽车削步骤见表 2–12。

表 2–12　外沟槽车削步骤

步骤	加工内容描述	图示
1	垫铜皮，一夹一顶装夹工件，车削右端 4 mm × 2 mm 和 3 mm × 1.5 mm 的外沟槽	
2	对刀	

续表

步骤	加工内容描述	图示
（1）	同时摇动床鞍手轮和中滑板手柄，使刀尖从位置①趋近并轻轻接触工件 $\phi 35_{-0.12}^{\ 0}$ mm 台阶右端面（位置②）	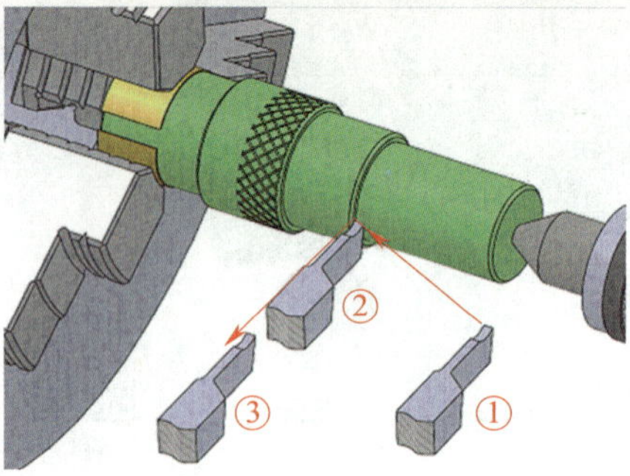
（2）	反向摇动中滑板手柄，使车槽刀横向退出至位置③，同时记住床鞍刻度盘数值	
3	车外沟槽	
（1）	摇动中滑板手柄，使车刀轻轻接触工件 $\phi 30_{-0.12}^{\ 0}$ mm 的外圆，记住中滑板刻度盘数值，或把此位置调至中滑板刻度盘零位，用来作为横向进给的起点	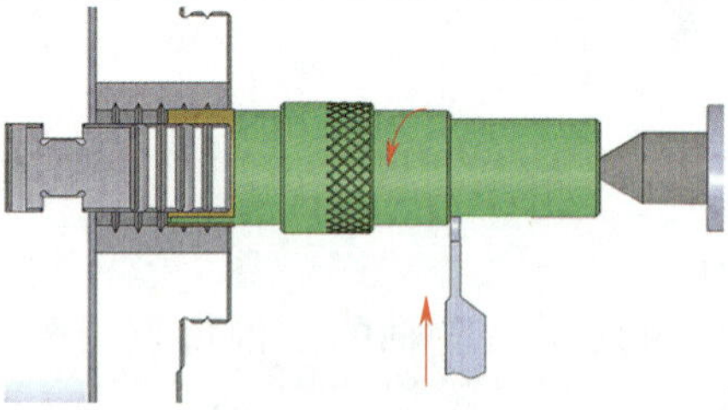
（2）	计算出中滑板的横向进给量，中滑板横向进给 40 格（2 mm/0.05 mm=40 格）	
（3）	双手均匀摇动中滑板手柄横向进给，车外沟槽至 3 mm × 2 mm（槽底直径车至 26 mm）	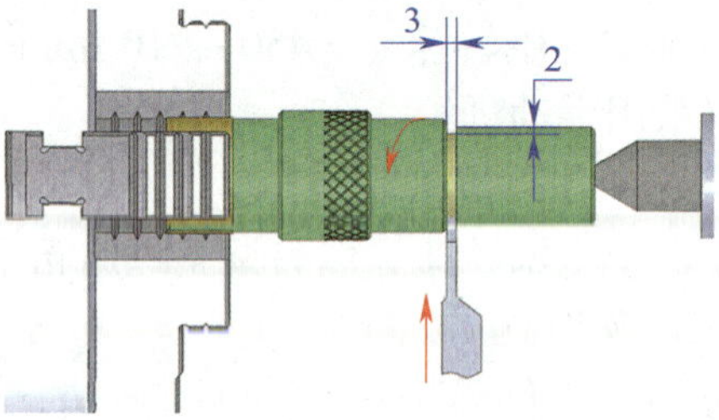 3 2
（4）	退出车刀，利用小滑板将车刀往右移动 1 mm（步骤①），重复步骤（1）~（3），车外沟槽至 2 mm 深（步骤②），向左移动小滑板，纵向车削整个槽底至槽左侧（步骤③）后将车刀退出工件（目的是将槽底接刀处车平）	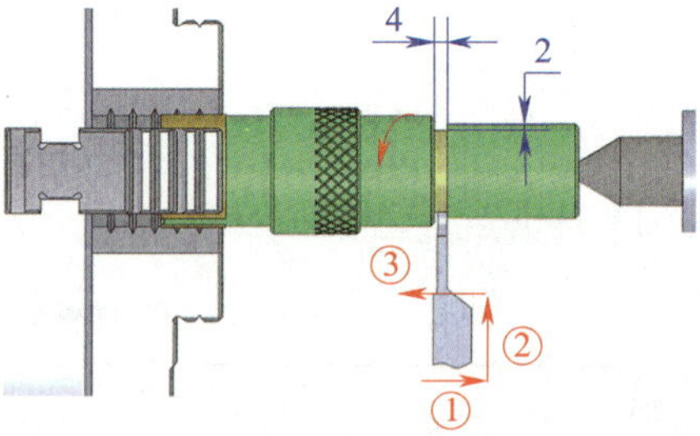 4 2 ③ ② ①
（5）	用前述方法车削 $\phi 35_{-0.12}^{\ 0}$ mm 外圆上的沟槽至 3 mm × 1.5 mm（槽底直径车至 32 mm）	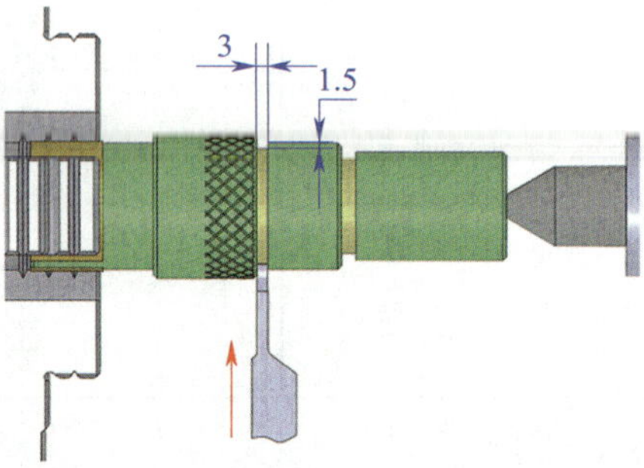 3 1.5

续表

步骤	加工内容描述	图示
4	掉头，垫铜皮，一夹一顶装夹工件，车削左端 3 mm × 1.5 mm 的外沟槽	
5	用前述方法车削 ϕ（35 ± 0.1）mm 外圆上的沟槽至 3 mm × 1.5 mm（槽底直径车至 32 mm）	

任务评价

台阶轴外沟槽车削训练成绩评定见表 2–13。

表 2–13　台阶轴外沟槽车削训练成绩评定

序号	项目与技术要求	配分	评分标准	检测结果	得分
1	工件装夹及调整	12	装夹不正确扣 6 分		
2	刀具安装正确	12	准备工作不充分扣 2 分；刀具安装位置不合理扣 2 分；装刀不牢靠不得分		
3	切削用量选择及机床调整正确	10	主轴转速调整不正确扣 5 分；进给量调整不当扣 5 分		
4	对刀方法正确	12	对刀方法不当酌情扣分		
5	车槽方法正确	15	车槽方法不正确酌情扣分		
6	3 mm × 1.5 mm（2 处）	12 × 2	超差不得分		
7	4 mm × 2 mm	15	超差不得分		
8	安全文明生产		不符合要求酌情扣分		
合计		100			

任务五　孔的切削加工

学习目标

1. 能叙述在车床上钻孔和扩孔的方法并能选择合适的麻花钻。
2. 能用麻花钻在车床上进行钻孔和扩孔操作。
3. 掌握车孔的关键技术。
4. 具备车通孔、台阶孔和盲孔的能力并能进行质量分析。

任务描述

在车床上车削图 2–71 所示的套筒工件，毛坯为用模块二任务四中车槽后的台阶轴切断后的左端，该任务的练习重点是掌握钻孔、扩孔、车孔工艺方法。

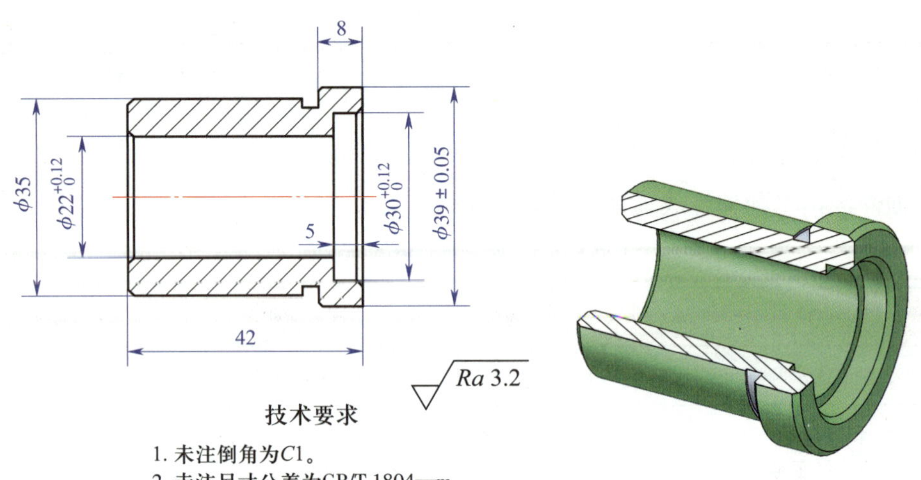

图 2–71　套筒加工训练图

任务分析

图 2–71 所示套筒工件的主要特征为圆柱内孔，其外圆和内孔尺寸中有一处直径公差为 0.1 mm，两处公差为 0.12 mm，其余直径和长度均未标注公差，未注公差按 GB/T 1804—m 确定。毛坯为实体轴，因此，车削内孔前还应进行钻孔、扩孔操作。车削该工件的基本步骤如下：选择刀具→选择切削用量→调整机床→装夹工件→确定车削工艺→钻孔、扩孔→切断→车孔。

相关知识

在车削加工中，孔的加工方法很多，可以进行钻孔、扩孔、铰孔和车孔，常采用钻孔和车孔的方法。

一、钻孔

1. 在车床上钻孔时的切削用量

在车床上钻孔时的切削用量如图 2–72 所示。

（1）背吃刀量 a_p

钻孔时的背吃刀量为麻花钻的半径（见图 2–72），即：

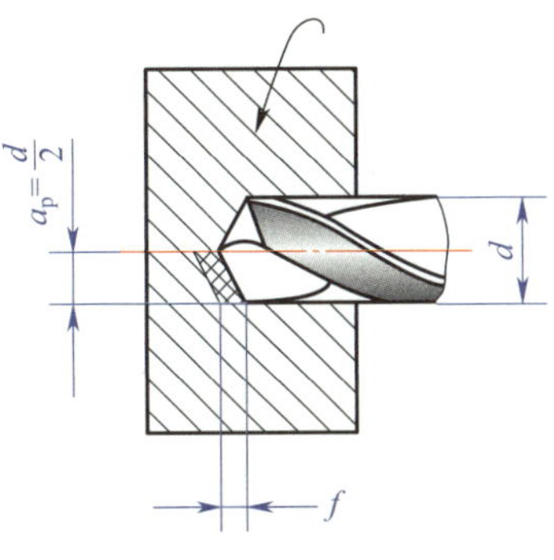

图 2–72　钻孔时的切削用量

$$a_p=\frac{d}{2}$$

式中　a_p——背吃刀量，mm；

d——麻花钻的直径，mm。

（2）进给量 f

在车床上钻孔时的进给量是用手转动车床尾座手轮来控制的，用小直径麻花钻钻孔时，进给量太大会导致麻花钻折断，一般选 $f=(0.01\sim0.02)d$；用直径为 12～15 mm 的麻花钻钻钢料时，进给量 f=0.15～0.35 mm/r，钻铸铁时进给量可略大些。

（3）切削速度

钻孔时的切削速度 v_c 可按下式计算：

$$v_c=\frac{\pi dn}{1\ 000}$$

式中　v_c——切削速度，m/min；

d——麻花钻的直径，mm；

n——车床主轴转速，r/min。

用高速钢麻花钻钻钢料时，切削速度 v_c 一般取 15～30 m/min。

2. 钻孔时切削液的选用

在车床上钻孔属于半封闭加工，切削液很难进入切削区域，因此，钻孔时对切削液的要求也比较高，其选用方法见表 2–14。在加工过程中，切削液的浇注量和压力也要大一些；同时还应经常退出钻头，以利于排屑和冷却。

表 2–14　钻孔时切削液的选用方法

麻花钻的种类	被钻削的材料		
	低碳钢	中碳钢	淬硬钢
高速钢麻花钻	用 1%～2% 的低浓度乳化液、电解质水溶液或矿物油	用 3%～5% 的中等浓度乳化液或极压切削油	用极压切削油
镶硬质合金麻花钻	一般不用，如用可选 3%～5% 的中等浓度乳化液		用 10%～20% 的高浓度乳化液或极压切削油

3. 在普通车床上钻孔

（1）麻花钻的选用

1）麻花钻直径的选择。对于精度要求不高的孔，可用麻花钻直接钻出；对于精度要求较高的孔，钻孔后还要再经过车孔或扩孔、铰孔等加工才能完成，在选用麻花钻的直径时，应根据后续工序的要求，留出加工余量，一般孔直径在 30 mm 以下的可选择比孔径小 2 mm 的钻头。

2）麻花钻长度的选择。选用麻花钻的长度时，应使导向部分长度（即麻花钻螺旋槽部分）略大于孔深。若麻花钻过长，则刚度低；若麻花钻过短，则排屑困难，也不宜钻通孔。

（2）麻花钻的装拆

1）直柄麻花钻的装夹。先将直柄麻花钻用钻夹头装夹，再将钻夹头的锥柄插入尾座套筒的锥孔中，如图 2–73 所示。

2）锥柄麻花钻的装夹。锥柄麻花钻可直接或用莫氏过渡锥套（变径套）插入尾座套筒的锥孔中，如图 2–74 所示。

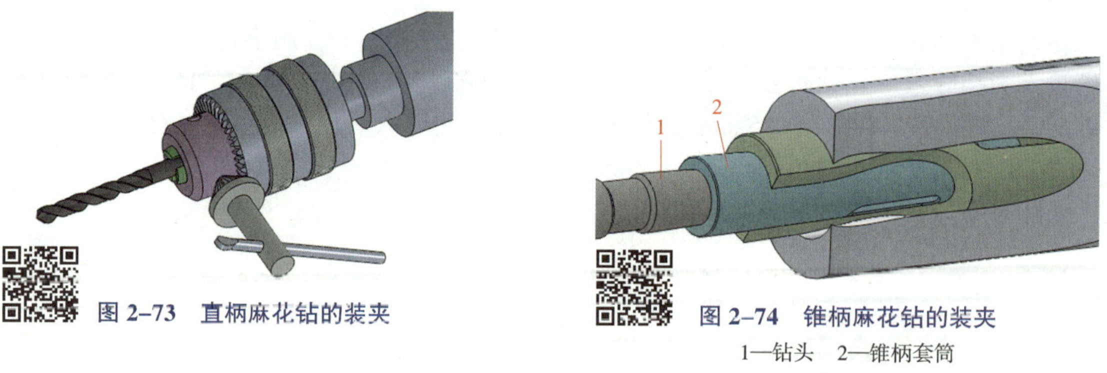

图 2–73　直柄麻花钻的装夹

图 2–74　锥柄麻花钻的装夹

1—钻头　2—锥柄套筒

3）变径套（莫氏过渡锥套）中锥柄麻花钻的拆卸。用楔铁插入变径套尾部的腰形孔中，敲击楔铁，通过挤压力的作用即可把麻花钻从变径套中卸下来，如图 2–75 所示。

图 2–75　锥柄麻花钻的拆卸

（3）钻孔方法

1）钻孔前，先将工件端面车平，中心处不允许留有凸台，以利于钻头正确定心。

2）找正尾座，使钻头轴线对准工件回转中心；否则，可能会将孔钻大，使钻头偏磨或折断。

3）用细长麻花钻钻孔时，为防止钻头晃动，可在刀架上夹一挡铁，用于支顶钻头头部，帮助钻头定心，如图 2–76 所示。具体方法如下：先用钻头尖端少量钻入工件端面，然后缓慢摇动中滑板手柄，移动挡铁逐渐接近钻头前端，使钻头轴线稳定地落在工件回转中心的位置上后，继续钻削即可，当钻头已正确定心时，挡铁即可退出。

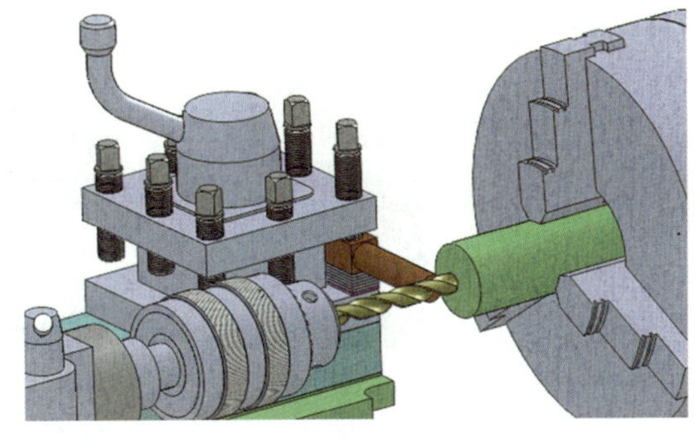

图 2–76　用挡铁支顶钻头

4）用小直径麻花钻钻孔前，可先在工件端面钻出中心孔，再进行钻孔，这样既便于定心，还使钻出的孔同轴度精度高。

5）对于钻孔后需铰孔的工件，由于所留铰削余量较少，因此，钻孔时当钻头钻进工件 1 ~ 2 mm 后，应将钻头退出，停车检查孔径，防止因孔径扩大没有铰削余量而导致工件报废。

6）钻不通孔与钻通孔的方法基本相同，只是钻孔时需要控制孔的深度。常用的控制方法如下：钻削开始时，摇动尾座手轮，当麻花钻切削部分（钻尖）切入工件端面时，用钢直尺测量尾座套筒的伸出长度，孔的深度用尾座套筒总伸出长度减去钻孔前已测量出的尾座套筒的伸出长度来控制，如图 2–77 所示。如尾座套筒有刻度，只需按刻度控制钻孔深度。

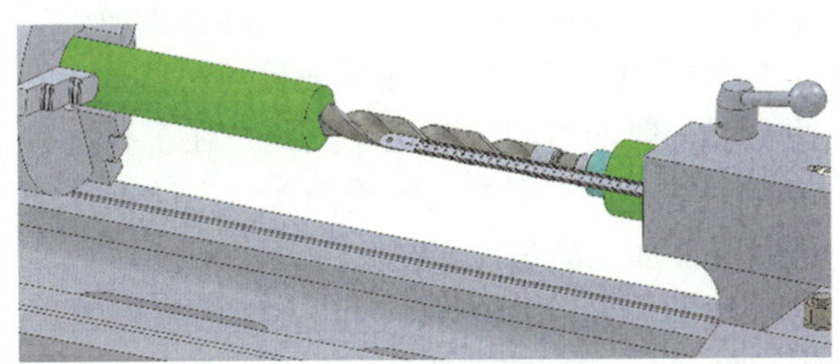

图 2–77　钻不通孔的深度控制

二、扩孔

用扩孔工具扩大工件孔径的加工方法称为扩孔。扩孔精度一般可达 IT10 ~ IT9 级，表面粗糙度 Ra 值达 6.3 μm 左右。常用的扩孔工具有麻花钻和扩孔钻等。孔精度要求一般时可用麻花钻扩孔，精度要求较高的孔的半精加工可用扩孔钻扩孔。

1. 用麻花钻扩孔

在实体材料上钻孔时，孔径较小的孔可一次钻出。如果孔径较大（D>30 mm），则所用麻花钻直径也较大，横刃长，进给力大，钻孔时很费力，这时可分两次钻削。第一次钻出直径为（0.5 ~ 0.7）D 的孔，第二次扩削到所需的孔径 D。扩孔时的背吃刀量为扩孔余量的一半。

2. 用扩孔钻扩孔

扩孔钻有高速钢扩孔钻和镶硬质合金扩孔钻两种，其结构如图 2–78 所示。扩孔钻在自动车床和镗床上用得较多，其主要特点如下：

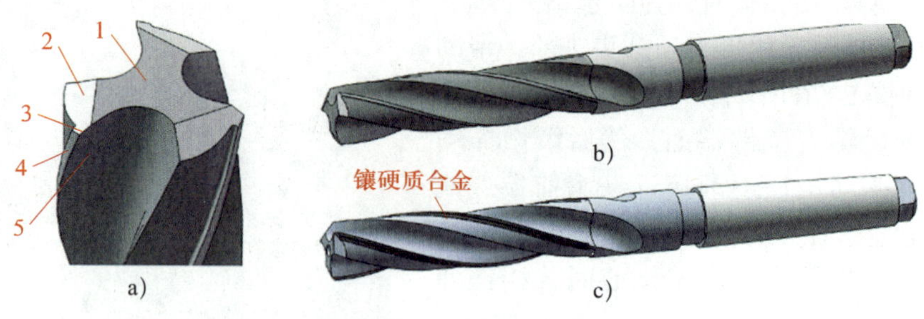

图 2–78 扩孔钻的结构

a）切削部分结构 b）高速钢扩孔钻 c）镶硬质合金扩孔钻

1—钻心 2—主后面 3—主切削刃 4—棱边 5—前面

（1）扩孔钻的钻心粗，刚度高，且扩孔时背吃刀量小，切屑少，排屑容易，可提高切削速度和进给量，如图 2–79 所示。

（2）扩孔钻的刀齿一般有 3 ~ 4 个，周边的棱边数量增多，导向性比麻花钻好，可改善加工质量。

（3）扩孔时可避免横刃引起的不良影响，提高了生产效率。

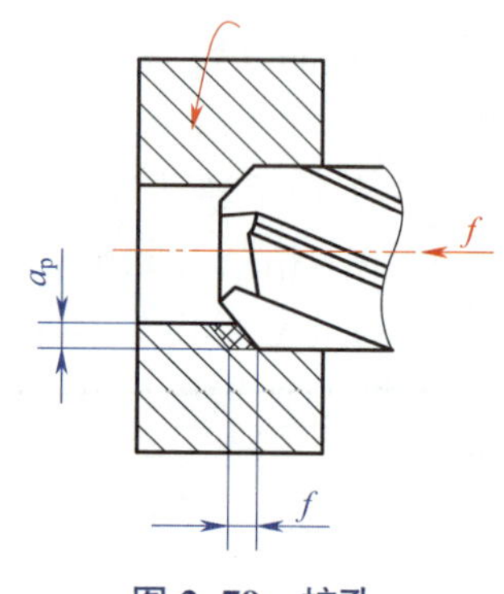

图 2–79 扩孔

三、车孔

1. 车孔的精度要求

车孔时，要求保证工件的孔与外圆的同轴度、孔与端面的垂直度、两端面的平行度。在车削加工过程中，除保证尺寸公差和表面粗糙度要求外，上述要求一般均需同时满足。因此，在车孔过程中，能够一次装夹完成全部加工，就不要多次装夹。如果确实需要两次或两次以上装夹才能完成加工的，必须做好工件的校正工作；否则难以保证加工质量。

粗车孔时，一般公差等级为 IT11 ~ IT8 级，内孔表面粗糙度 Ra 值为 6.3 ~ 1.6 μm；精车孔时，公差等级可达 IT8 ~ IT7 级，表面粗糙度 Ra 值可达 3.2 ~ 1.6 μm。

2. 内孔车刀的选用与装夹

（1）内孔车刀的选用

常用的内孔车刀按加工性质不同分为通孔车刀和盲孔车刀。

1）通孔车刀。通孔车刀切削部分的几何形状基本上与外圆车刀相似，如图 2–80 所示。为了减小背向力，防止车孔时产生振动，主偏角 κ_r 应取得大些，一般为 60° ~ 75°，副偏角 κ'_r 一般为 15° ~ 30°。为了减小内孔车刀副后面与孔壁的摩擦又不使副后角磨得太大，一般磨成两个副后角，其中 α'_{o1} 取 6° ~ 12°，α'_{o2} 取 30° 左右。

2）盲孔车刀。盲孔车刀用来车削盲孔或台阶孔，它的主偏角 κ_r 大于 90°，一般为 92° ~ 95°，后角的要求与通孔车刀一样，如图 2–81 所示。不同之处是盲孔车刀的刀尖到刀柄外端的距离 a 要小于孔半径 R；否则无法车平孔的底面。

（2）内孔车刀的装夹

1）内孔车刀的刀尖应与工件轴线等高或稍高于工件轴线。由于车内孔时内孔车刀的吃刀方向与车外圆时相反，因此，粗车时车刀可以略装低些，使工作前角增大而便于切削；精车时车刀可以略装高些，使其工作后角增大而避免产生“扎刀”现象。

2）由于内孔车刀的刚度相对较低，容易产生变形和振动，因此，刀柄伸出刀架不宜过长，一般比被加工孔深大 5 ~ 10 mm，如图 2-82 所示，$L_2=L_1+(5\sim10)$ mm。

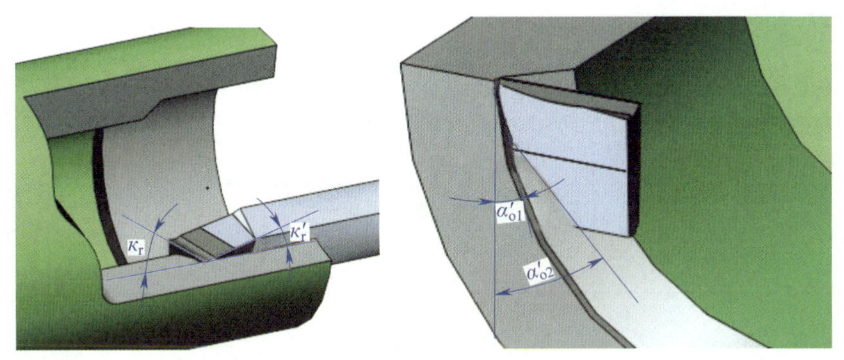

图 2-80 通孔车刀

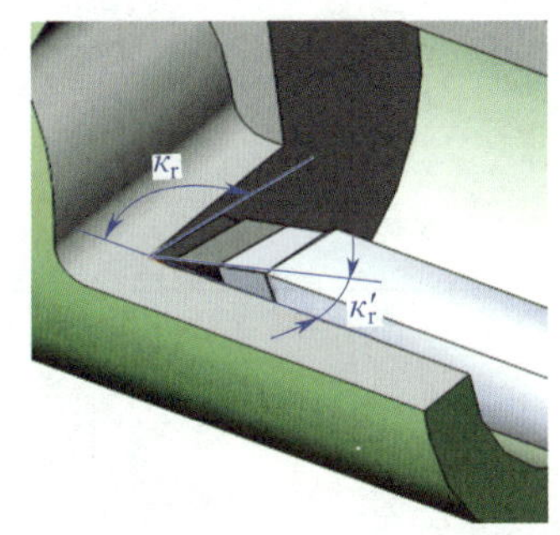

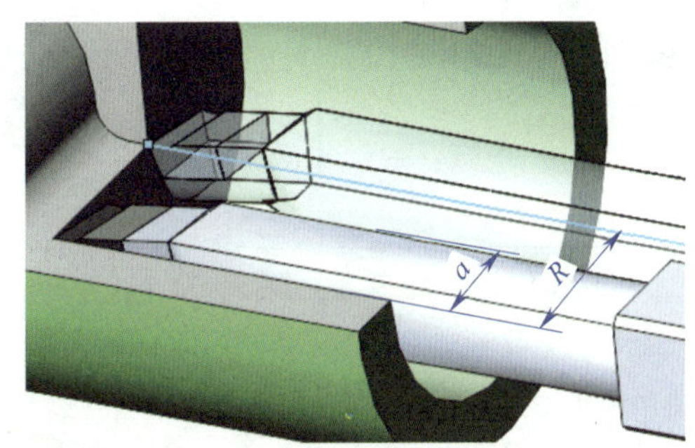

图 2-81 盲孔车刀

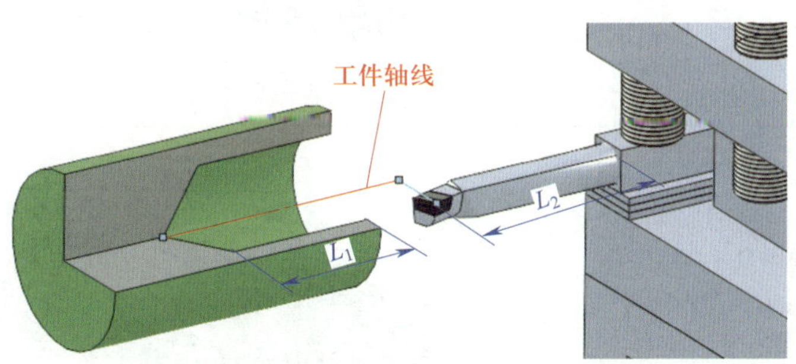

图 2-82 车通孔时内孔车刀的安装

3）车削内孔前，应注意车刀车削到一定深度时刀柄后部是否会碰到工件的孔口，因此，在车孔前应先用内孔车刀在孔内试走一遍（手动，不吃刀），检查有无碰撞现象，确保安全后才能启动车床。

3. 车孔的方法

（1）车通孔

粗车通孔的操作步骤见表 2-15。

表 2–15　　粗车通孔的操作步骤

步骤	加工内容描述	图示
1	启动机床，摇动车床床鞍手轮和中滑板手柄，使车刀刀尖轻轻接触工件孔壁	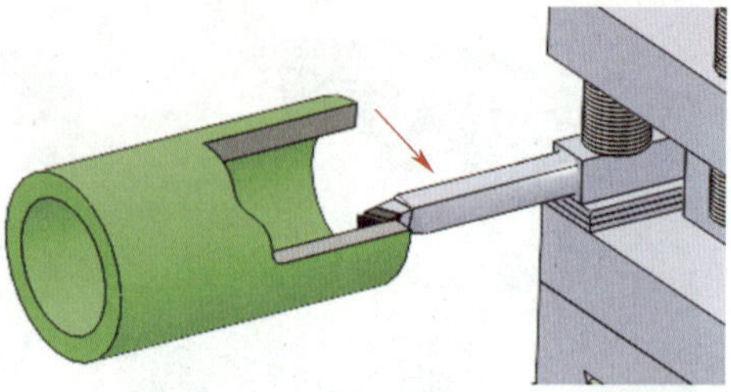
2	使床鞍向右移离开工件（中滑板静止不动）	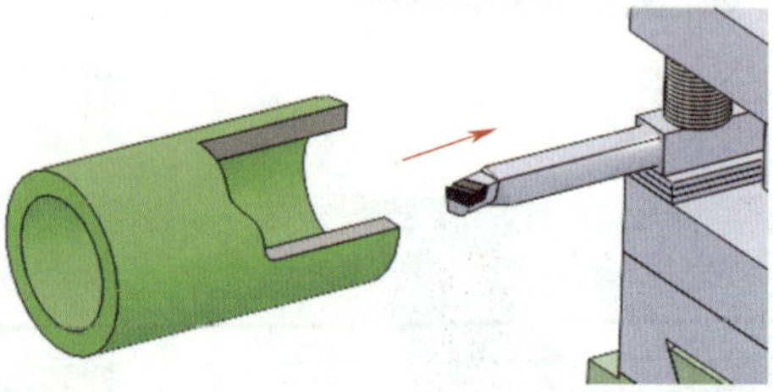
3	将中滑板按要求横向进给 a_{p1}，开动机动进给手柄或双手均匀摇动床鞍手轮对工件内孔进行车削	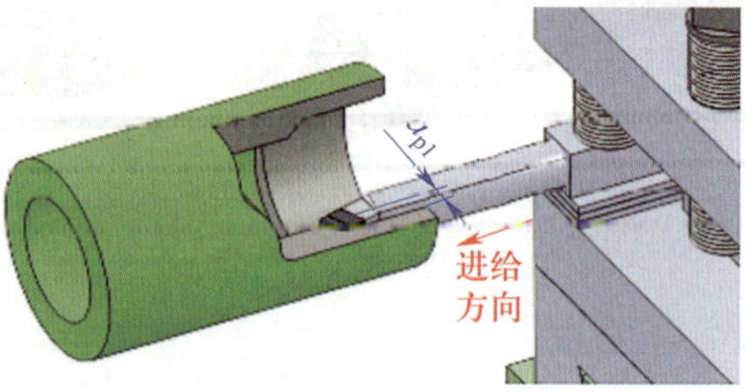 a_{p1} 进给方向
4	重复操作，直至孔径保留 0.5 mm 的精车余量 提示：车削内孔与车削外圆的进刀、退刀方向相反，切削用量的选择比车削外圆要小	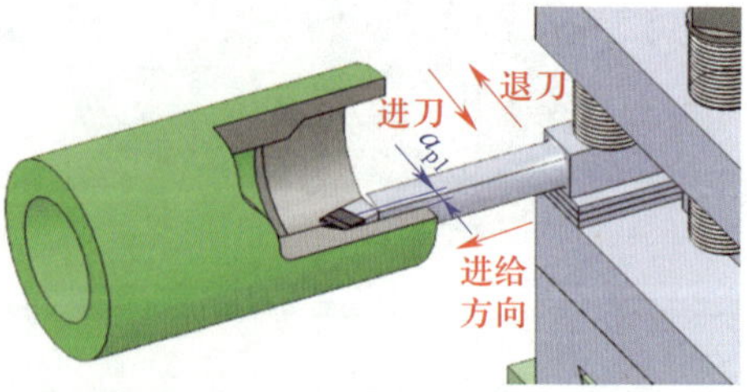 进刀 退刀 a_{p1} 进给方向

（2）车台阶孔

1）车直径较小的台阶孔时，先粗车、精车小孔，再粗车、精车大孔。

2）车大的台阶孔时，先粗车大孔和小孔，再精车大孔和小孔。

为保证台阶尺寸，开始车削时与车削台阶外圆相似，启动车床，先在工件端面用床鞍和小滑板对刀，再在孔壁用中滑板对刀，将滑板刻度调至“0”位，纵向粗车时每一次都到床鞍刻度盘的同一刻度，如图 2–83 的①所示，精车时则车孔壁至台阶处后横向退刀（见图 2–83 的②），接着用小滑板进刀（见图 2–83 的③），精车控制台阶长度（见图 2–83 的④），并使车刀进给至刚才车孔壁的尺寸，如图 2–83 的⑤所示。

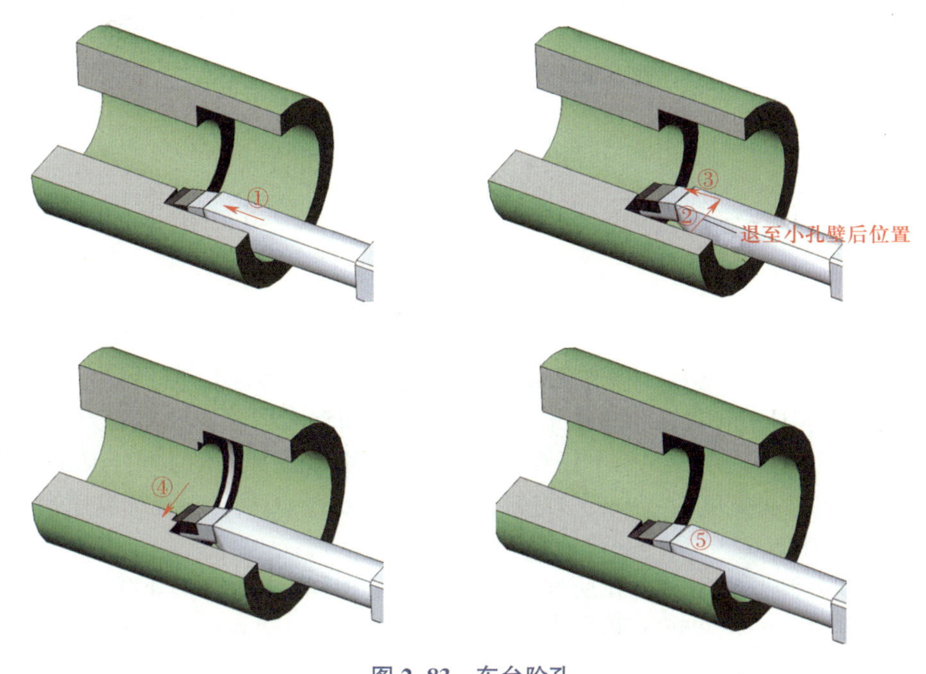

图 2–83 车台阶孔

3）车孔深度的控制。粗车时常采用在刀柄上刻线痕的方法控制孔深，如图 2–84 所示；或装夹内孔车刀时安放限位铜片控制孔深，如图 2–85 所示；也可以利用床鞍刻度盘的刻线控制孔深。

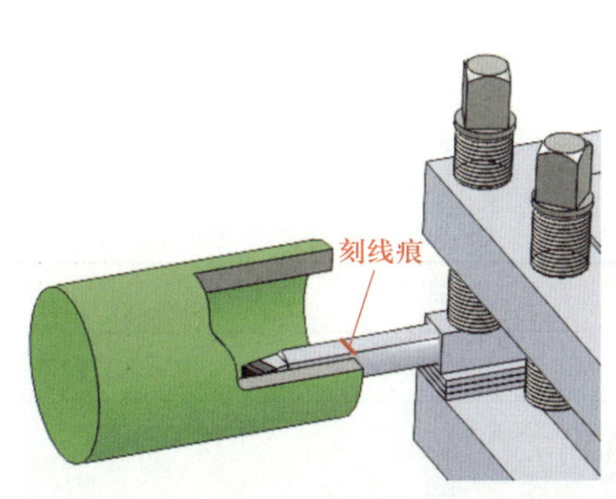

图 2–84 在刀柄上刻线痕控制孔深

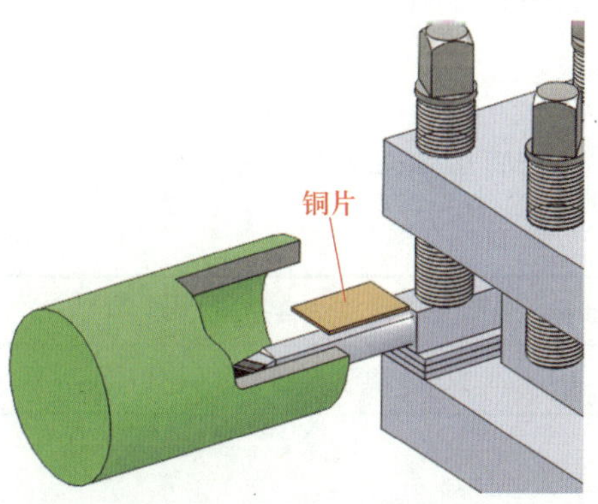

图 2–85 用限位铜片控制孔深

精车时常利用小滑板刻度盘的刻线控制孔深，或者是用游标深度卡尺控制孔深，如图 2–86 所示。

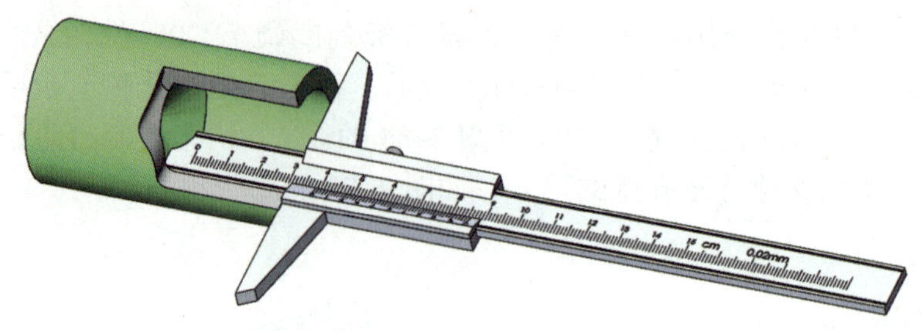

图 2–86　用游标深度卡尺控制孔深

任务实施

一、准备工作

1. 选择刀具

本任务工件的特点是套筒，包含端面、外圆和内孔，又因为工件材料为 45 钢，所以选用 90° 偏刀、45° 车刀、麻花钻和内孔车刀，90° 偏刀、45° 车刀和内孔车刀刀具材料选择硬质合金，麻花钻选用高速钢。又因本任务的毛坯是从任务四完成后的工件上切断下料，所以还要选择切断刀，刀头宽度为 3 mm，刀头长度大于 12 mm，刀具材料选择高速钢。

2. 选择切削用量

本任务车削外圆、端面和内孔所选用的切削用量相同，即取 n = 400 ~ 560 r/min；a_p 取 0.5 ~ 2 mm；粗加工 f = 0.1 mm/r，精加工 f = 0.05 mm/r。

钻孔时取 n = 800 r/min，采用手动进给方式。

3. 调整机床

先调整主轴转速，然后调整进给箱手柄，使机床设置达到加工要求。

4. 装夹工件和刀具

本任务采用三爪自定心卡盘装夹工件，安装切断刀和内孔车刀时要注意保证刀尖与车床主轴中心等高。

二、车削套筒

套筒车削步骤见表 2–16。

表 2–16　套筒车削步骤

步骤	加工内容描述	图示
1	钻孔、扩孔及切断	
（1）	垫铜皮夹住台阶轴 $\phi 30^{\ 0}_{-0.12}$ mm 外圆处，校正并夹紧	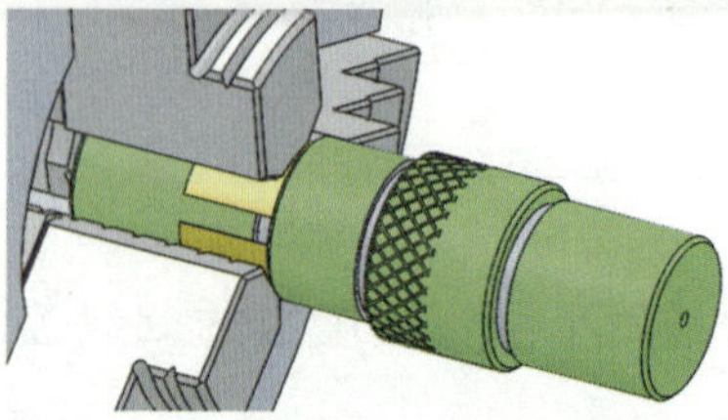

续表

步骤	加工内容描述	图示
（2）	用变径套插入尾座套筒的锥孔中，装夹 ϕ16 mm 麻花钻	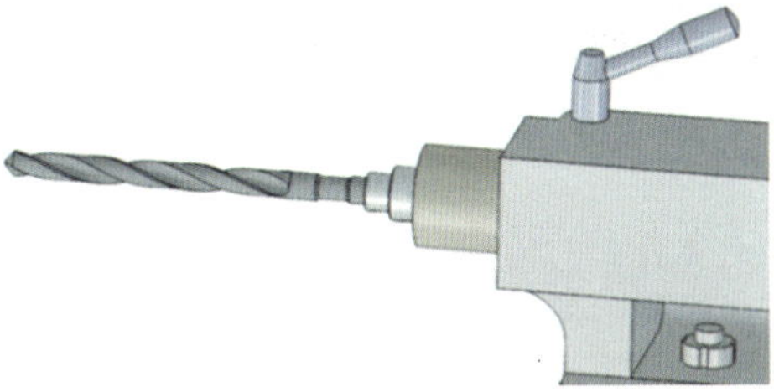
（3）	启动车床，双手摇动尾座手轮，钻 ϕ16 mm 孔，深度超过 45 mm，同时浇注足量的切削液	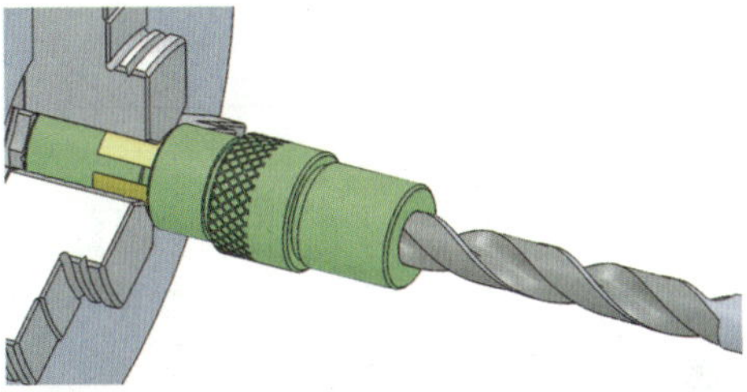
（4）	用 ϕ20 mm 麻花钻扩孔	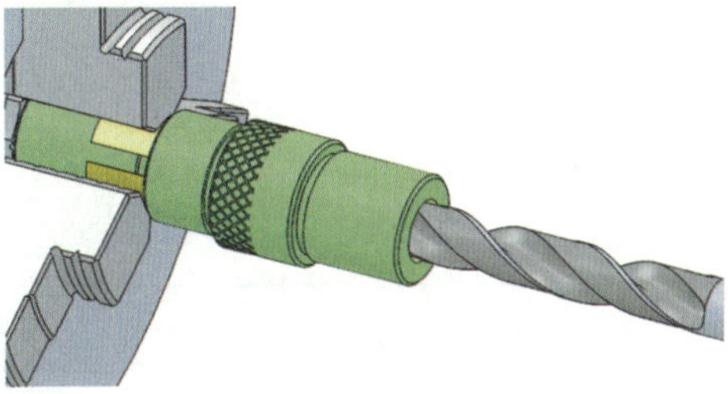
（5）	用切断刀在工件端面对刀后移至长度 48 mm 处（采用车槽时的对刀方法对刀）	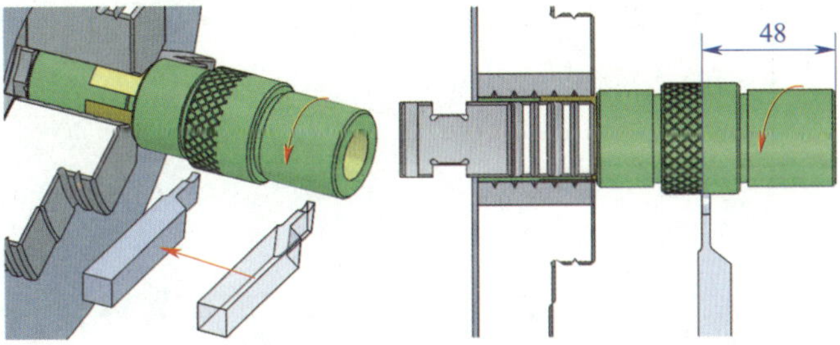 48
（6）	因为切断刀刀头宽度小，所以采用左右借刀法切断，径向方向分层切削，逐步切至中心处，保证切断部分长度大于 43 mm	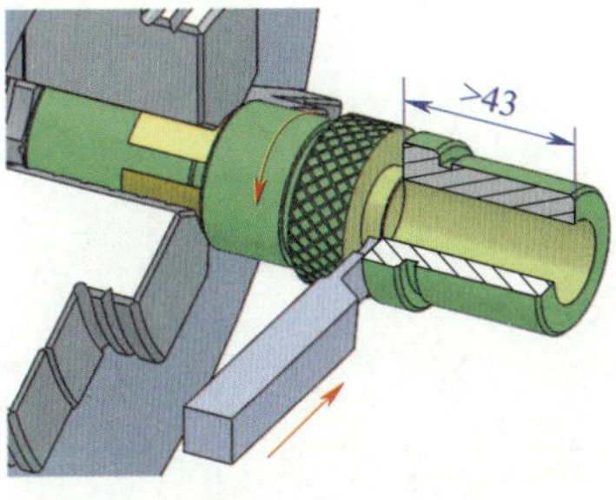 >43

续表

步骤	加工内容描述	图示
2	车削外圆和台阶孔	
（1）	夹住工件 $\phi35_{-0.12}^{0}$ mm 外圆并找正，保证卡盘与台阶距离约为 5 mm	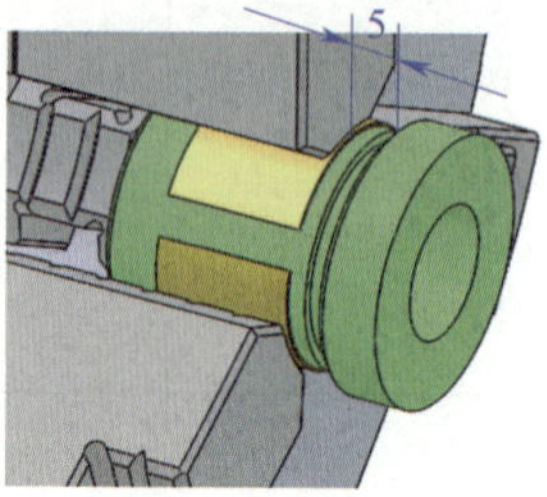 5
（2）	车削端面，控制总长 42 mm 和台阶长度 8 mm	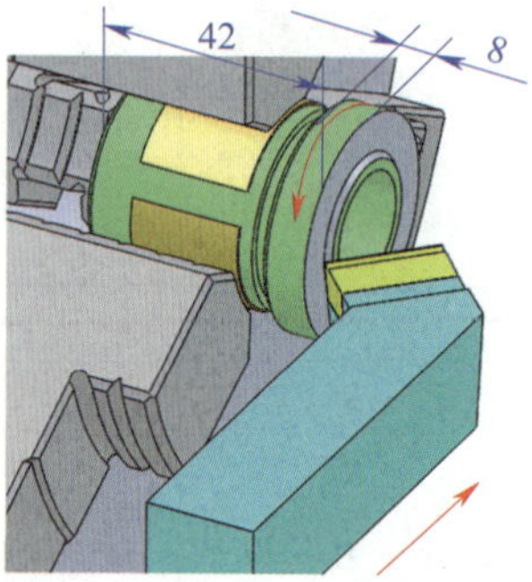 42 8
（3）	精车右端外圆至 ϕ（39 ± 0.05）mm	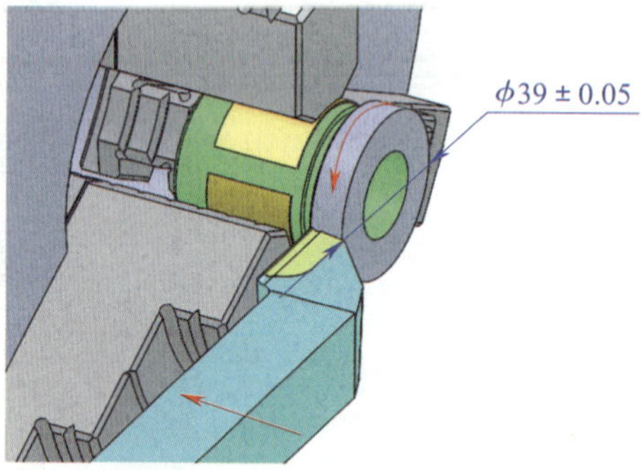 ϕ39 ± 0.05
（4）	粗车 ϕ21.5 mm 的通孔	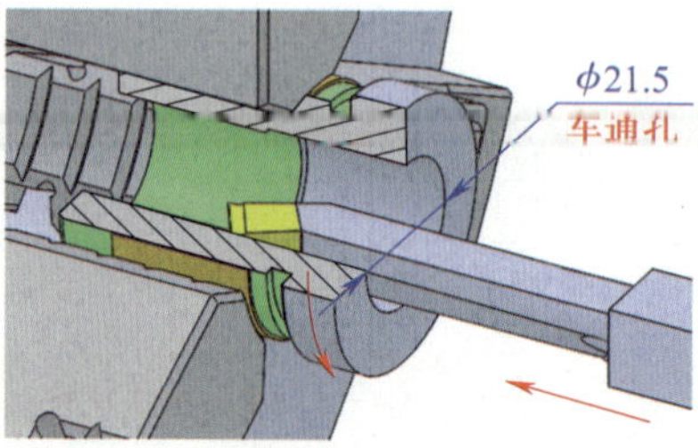 ϕ21.5 车通孔

续表

步骤	加工内容描述	图示
（5）	粗车 $\phi 22^{+0.12}_{0}$ mm 的通孔	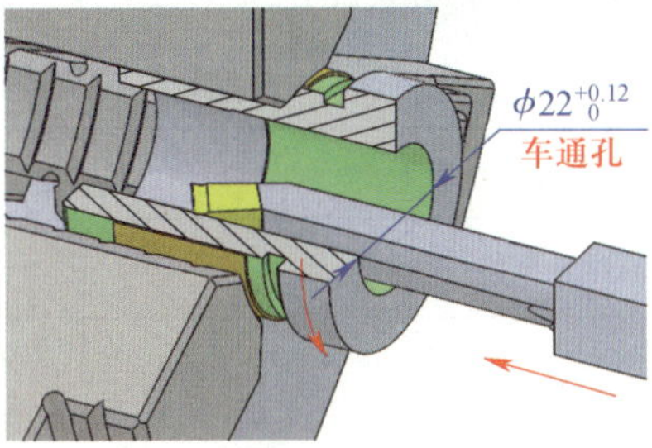
（6）	用盲孔车刀粗车台阶孔至 $\phi 29.5$ mm × 4.5 mm，粗加工余量较多，可分多次车削	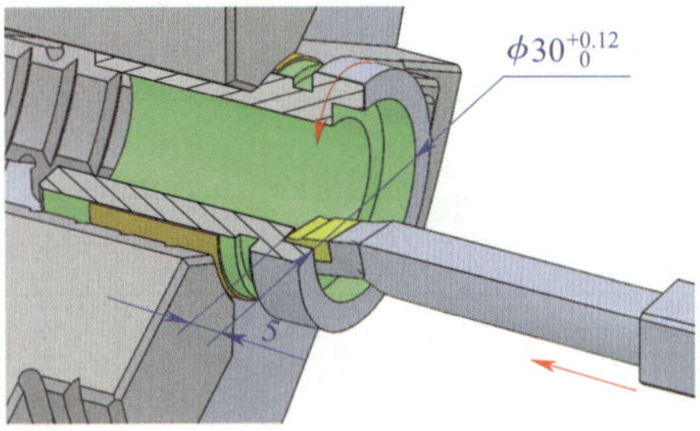
（7）	用盲孔车刀精车台阶孔至 $\phi 30^{+0.12}_{0}$ mm × 5 mm	
（8）	倒角 $C1$ mm	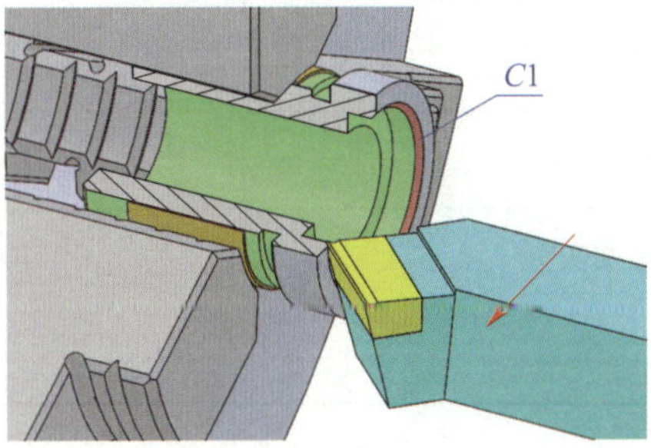
3	检查各尺寸合格后，掉头，垫铜皮夹持 ϕ（39 ± 0.05）mm 外圆，找正并夹紧	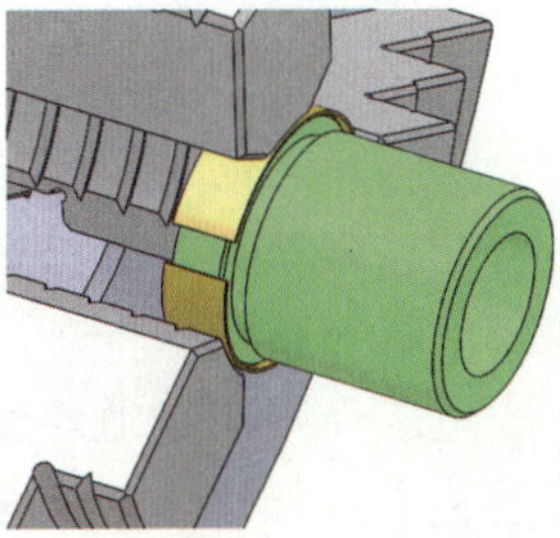 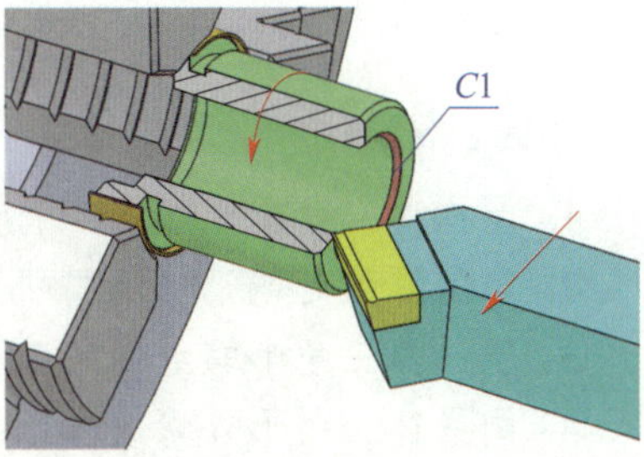
	倒角 $C1$ mm	

任务评价

套筒工件车削训练成绩评定见表 2–17。

表 2–17　套筒工件车削训练成绩评定

序号	项目与技术要求	配分	评分标准	检测结果	得分
1	工件装夹及调整	10	装夹不正确扣 5 分		
2	刀具安装正确	10	准备工作不充分扣 2 分；刀具安装位置不合理扣 2 分；装刀不牢靠不得分		
3	切削用量选择及机床调整正确	6	主轴转速调整不正确扣 3 分；进给量调整不当扣 3 分		
4	对刀方法正确	10	对刀方法不当酌情扣分		
5	切断方法正确	10	切断方法不当酌情扣分		
6	钻孔和扩孔方法正确	12	钻孔和扩孔方法不当酌情扣分		
7	车孔方法正确	10	车孔方法不当酌情扣分		
8	ϕ（39 ± 0.05）mm	8	超差不得分		
9	$\phi 22^{+0.12}_{0}$ mm	10	超差不得分		
10	$\phi 30^{+0.12}_{0}$ mm	10	超差不得分		
11	$Ra \leqslant 3.2$ μm	4	不合格每处扣 1 分		
12	安全文明生产		不符合要求酌情扣分		
合计		100			

任务六　三角形外螺纹的低速车削

学习目标

1. 能描述三角形螺纹车刀材料、几何形状，具备三角形外螺纹车刀的刃磨及安装能力。
2. 车削螺纹时能正确调整机床的手柄和参数。
3. 能计算三角形螺纹的尺寸，合理选择车削普通螺纹时的切削用量。
4. 能描述三角形外螺纹车削工艺，具备低速车削三角形外螺纹的操作能力。

任务描述

车削图 2-87 所示的三角形外螺纹轴。毛坯为模块二任务五车削套筒工件时切断后的另一端，本任务练习的重点是三角形外螺纹车刀的刃磨及安装、螺纹的车削及其操作过程中机床的调整。

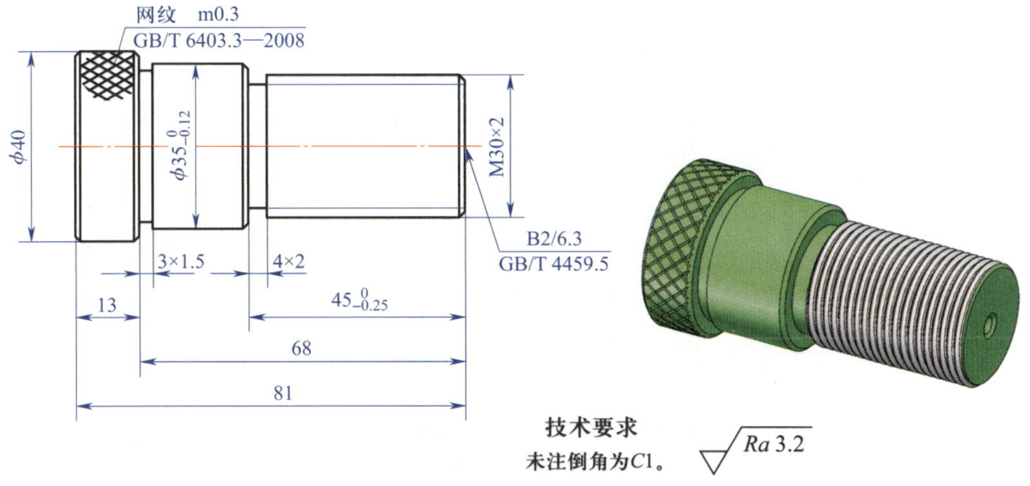

图 2-87 三角形外螺纹轴

任务分析

本任务的主要内容是车削图 2-87 所示的含退刀槽的普通细牙外螺纹，该普通细牙外螺纹螺距 P=2 mm，退刀槽宽 4 mm、深 2 mm；螺纹两牙侧的表面粗糙度 Ra 值为 3.2 μm；车螺纹前外圆直径应略小于螺纹公称直径 30 mm；螺纹右侧倒角为 C1 mm；加工数量为 1 件。

相关知识

一、螺纹车刀的刃磨与装夹

一般情况下，螺纹车刀切削部分的材料有高速钢和硬质合金两种，低速车削螺纹和蜗杆时，用高速钢车刀；高速车削时，用硬质合金车刀。

1. 高速钢三角形外螺纹车刀的结构

高速钢三角形外螺纹车刀（见图 2-88）刃磨方便，切削刃锋利，韧性好，车削时刀尖不易崩裂，所车出螺纹的表面粗糙度值小。但其热稳定性差，不适用于高速车削，常用于低速车削塑性材料的螺纹或作为螺纹的精车刀。

2. 螺纹车刀的刃磨要求

（1）刃磨螺纹车刀时，要根据加工性质选用合适的前角和后角。其原则如下：粗车刀前角大，后角小；精车刀则相反，常取前角 $\gamma_o=0°$。

（2）刀尖角 ε_r 应等于牙型角 α，即 $\varepsilon_r=\alpha$。车普通螺纹时，$\varepsilon_r=60°$；车英制螺纹时，$\varepsilon_r=55°$。

（3）螺纹车刀的两个切削刃必须刃磨平直，不允许出现崩刃现象。

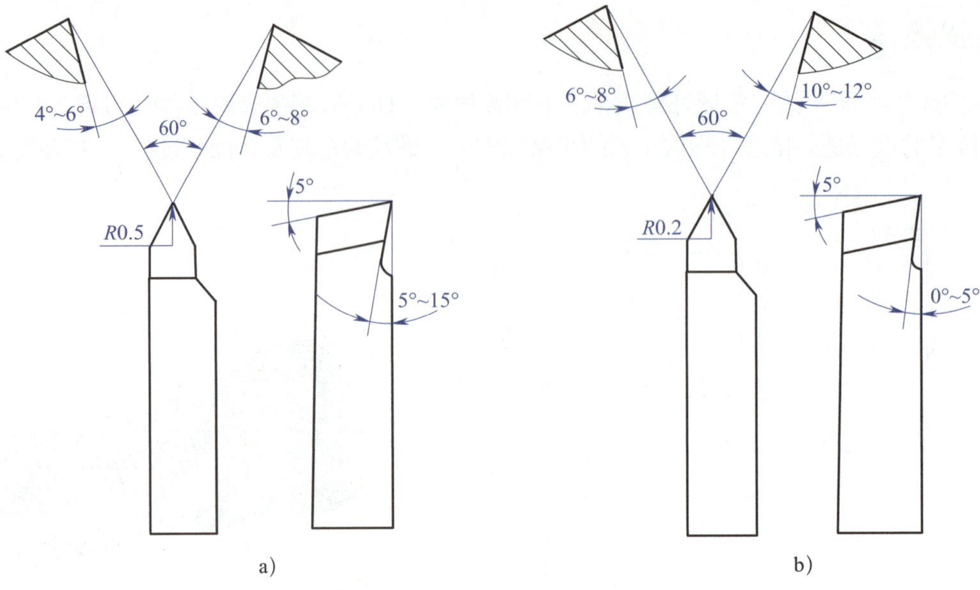

图 2–88 高速钢三角形外螺纹车刀
a）粗车刀 b）精车刀

3. 螺纹车刀的装夹

装夹螺纹车刀的操作方法和要求见表 2–18。

表 2–18 **装夹螺纹车刀的操作方法和要求**

操作方法和要求	图示
（1）螺纹车刀刀尖与车床主轴轴线等高，一般可根据尾座顶尖高度调整及检查。为防止高速车削时产生振动和“扎刀”现象，外螺纹车刀刀尖也可以比工件中心高 0.1 ~ 0.2 mm	
（2）螺纹车刀两刀尖半角的对称中心线应与工件轴线垂直，装刀时可用螺纹对刀样板进行调整。如果把车刀装歪，会使车出的螺纹两牙型半角不相等，产生歪斜牙型（俗称倒牙）	
（3）螺纹车刀不宜伸出刀架过长，一般伸出长度为刀柄厚度的 1.5 倍，即 25 ~ 30 mm。为使刀面受力均匀，可在刀面与刀柄压紧螺钉之间垫一块垫片	

二、车螺纹时机床的调整

车螺纹时要用车床的丝杠传动，其传动示意图如图 2–89 所示。即当工件转动一周时，车刀沿工件轴线方向往左（或往右）移动一个导程的距离。实现这种传动要求的方法称为机床的调整。车床的进给箱上有铭牌，按照铭牌上所指示的手柄位置和交换齿轮组合，即可实现车螺纹时机床的调整。

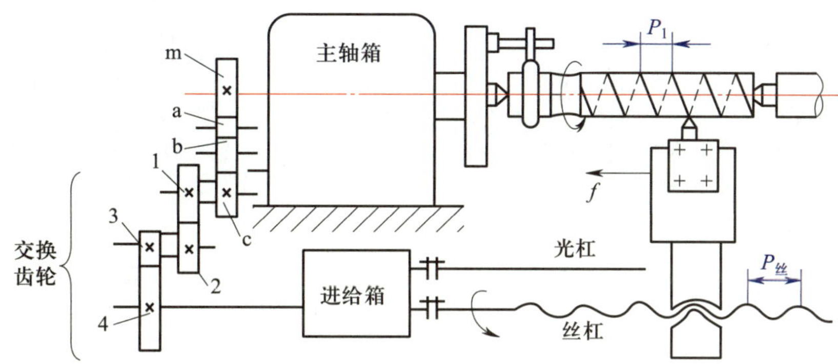

图 2–89　车螺纹时车床传动示意图

按图 2–87 所示工件待加工螺纹的螺距，在车床进给箱的铭牌上查找到相应手柄的位置参数，把手柄拨到所需的位置上。CA6140 型卧式车床进给箱上的进给量调配表（部分）如图 2–90 所示。

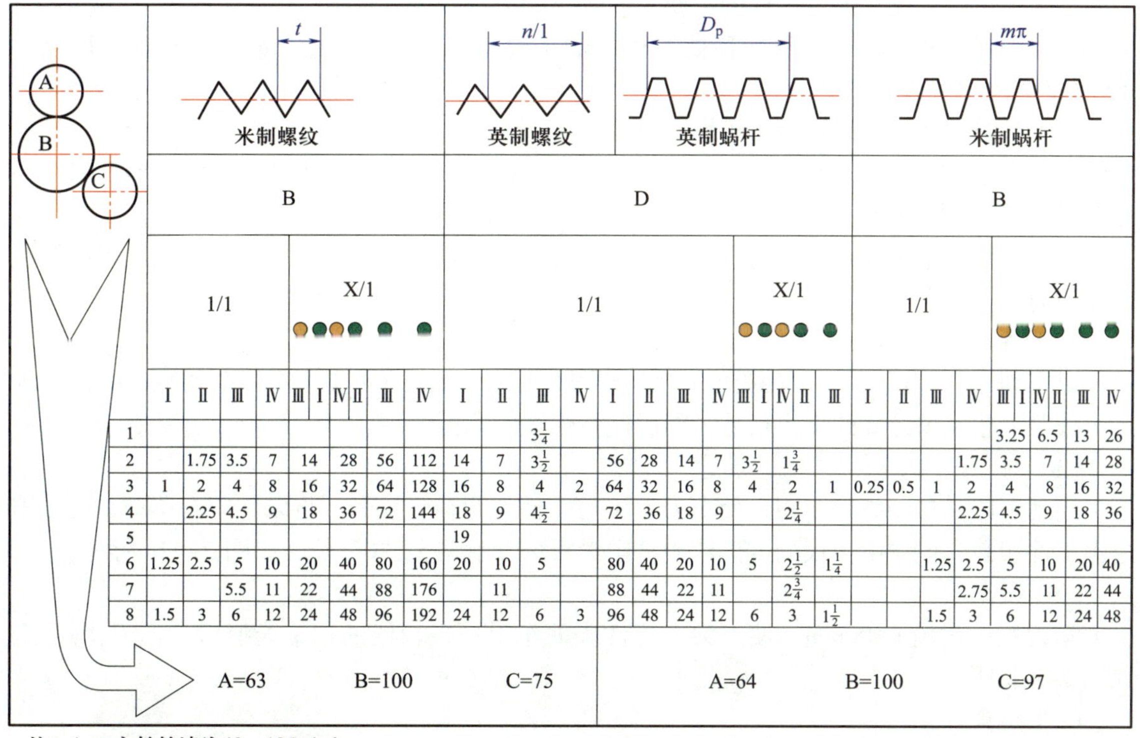

	米制螺纹 (t)								英制螺纹 ($n/1$)				英制蜗杆 (D_p)							米制蜗杆 ($m\pi$)							
	B								D											B							
	1/1				X/1				1/1								X/1			1/1				X/1			
	Ⅰ	Ⅱ	Ⅲ	Ⅳ	Ⅲ Ⅰ	Ⅳ Ⅱ	Ⅲ	Ⅳ	Ⅰ	Ⅱ	Ⅲ	Ⅳ	Ⅰ	Ⅱ	Ⅲ	Ⅳ	Ⅲ Ⅰ	Ⅳ Ⅱ	Ⅲ	Ⅰ	Ⅱ	Ⅲ	Ⅳ	Ⅲ Ⅰ	Ⅳ Ⅱ	Ⅲ	Ⅳ
1											$3\frac{1}{4}$													3.25	6.5	13	26
2		1.75	3.5	7	14	28	56	112	14	7	$3\frac{1}{2}$		56	28	14	7	$3\frac{1}{2}$	$1\frac{3}{4}$					1.75	3.5	7	14	28
3	1	2	4	8	16	32	64	128	16	8	4	2	64	32	16	8	4	2	1	0.25	0.5	1	2	4	8	16	32
4		2.25	4.5	9	18	36	72	144	18	9	$4\frac{1}{2}$		72	36	18	9		$2\frac{1}{4}$					2.25	4.5	9	18	36
5									19																		
6	1.25	2.5	5	10	20	40	80	160	20	10	5		80	40	20	10	5	$2\frac{1}{2}$	$1\frac{1}{4}$			1.25	2.5	5	10	20	40
7			5.5	11	22	44	88	176		11			88	44	22	11		$2\frac{3}{4}$					2.75	5.5	11	22	44
8	1.5	3	6	12	24	48	96	192	24	12	6	3	96	48	24	12	6	3	$1\frac{1}{2}$			1.5	3	6	12	24	48
A B C	A=63			B=100				C=75					A=64					B=100					C=97				

注：1. ●主轴转速为40～125 r/min。
●主轴转速为10～32 r/min。
2. 此表应与主轴箱上加大螺距手柄和进给箱上手柄对应的标牌挡位配合使用。

图 2–90　CA6140 型卧式车床进给量调配表（部分）

在进给箱外，先将内手柄 1 置于位置 B 或 D，如图 2–91b 所示，位置 B 可用来车削米制螺纹和米制蜗杆，位置 D 可用来车削英制螺纹和英制蜗杆；再将外手柄 2 置于 Ⅰ、Ⅱ、Ⅲ、Ⅳ或Ⅴ的位置上；然后将进给箱外左侧的圆盘式手轮（见图 2–91a）拉出，并转到与“缺口”相对的 1 ~ 8 的某一位置后，再把圆盘式手轮推进去。

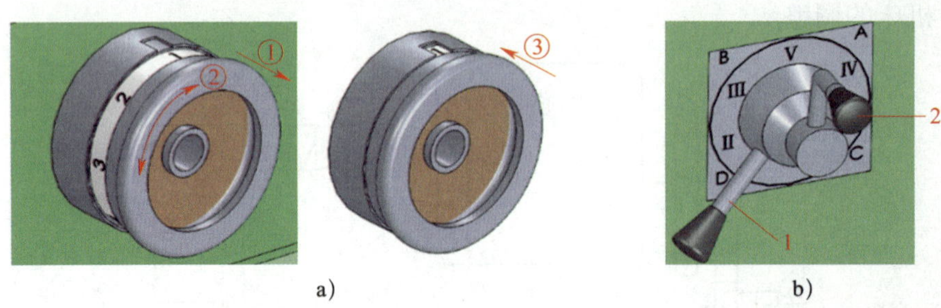

图 2–91　CA6140 型卧式车床进给箱外手轮和手柄的位置

a）圆盘式手轮　b）手柄

1—内手柄　2—外手柄

三、三角形外螺纹的车削

1. 对工件的工艺要求

车削三角形外螺纹前对工件的主要工艺要求如下：

（1）为保证车削后的螺纹牙顶处有 0.125*P* 的宽度，车削螺纹前的外圆直径应车削至比螺纹公称直径小约 0.13*P*。

（2）外圆端面处倒角至略小于螺纹小径。

（3）对于有退刀槽的螺纹，车削螺纹前应先加工退刀槽，退刀槽的直径应小于螺纹小径，退刀槽宽度为（2 ~ 3）*P*。

（4）对脆性材料（如铸铁等），车削螺纹前的外圆表面粗糙度值要小，以免在车削螺纹时牙顶崩裂。

2. 车削步骤

以车削右旋有退刀槽的外螺纹为例，如图 2–92 所示，预先应将需要车削螺纹的部位加工至按照工艺要求计算的直径尺寸，随后进行螺纹的车削。

（1）对刀

启动车床并移动螺纹车刀，使车刀刀尖与工件外圆轻轻接触，将床鞍向右移动，使车刀退出工件端面，记住中滑板刻度读数或将中滑板刻度盘调至“0”位，如图 2–92a 所示。

（2）试车

车刀横向进给 0.05 mm，使刀尖在工件表面车出一条较浅的螺旋线痕后，退刀，停车，如图 2–92b 所示。

（3）检查螺距

开反车使车刀退回工件右端，停车，用钢直尺或游标卡尺检查螺距，如图 2–92c 所示。

（4）车削螺纹

利用刻度盘调整背吃刀量，启动车床车削螺纹。车刀即将车削至终端时，应做好退刀、停车的准备，先快速退刀（摇动中滑板手柄），然后停车，并开反车，退刀至螺纹起始点，停车，为下次车削做准备，如图 2–92d、e 所示。

（5）径向进给

按步骤（4）再次径向进给。

（6）再次车削

经多次车削后使背吃刀量等于牙型深度后，停车检查螺纹是否合格。切削过程的路线如图 2–92f 所示。

若需车削左旋螺纹，只需改变进刀位置（方向）即可。进刀位置由原来从尾座方向进刀向主轴箱方向车削，改为由主轴箱方向进刀向尾座方向车削即可，其操作方法与前面车削右旋螺纹相同。

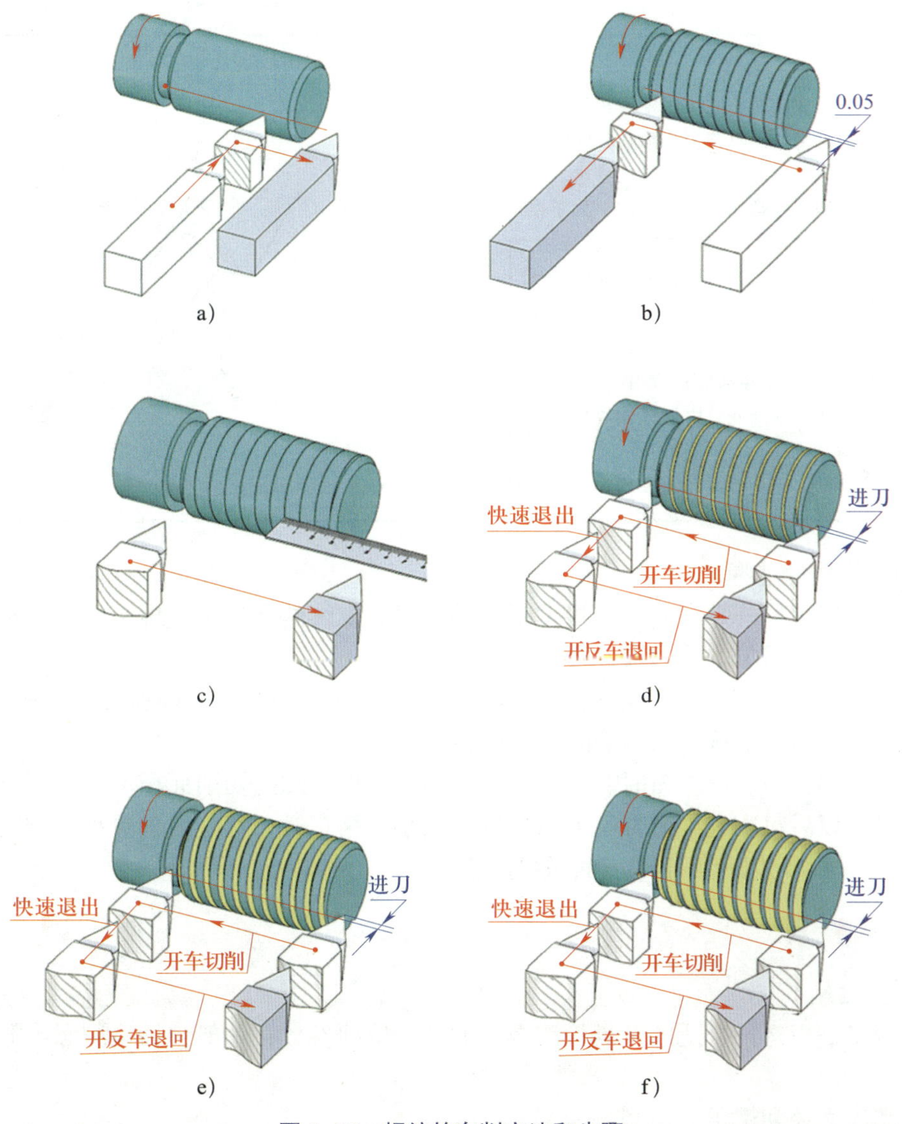

a） b） c） d） e） f）

图 2–92 螺纹的车削方法和步骤

a）对刀 b）试车 c）检查螺距 d）车削螺纹 e）径向进给 f）再次车削

3. 进刀方式

车螺纹的进刀方式有直进法和左右切削法，其具体要求见表 2–19。

表 2–19 车螺纹进刀方式的要求

操作方法	要求	图示
直进法	车螺纹时，每次车削只用中滑板进刀，螺纹车刀的左、右切削刃同时参与切削。直进法操作简单，可以获得比较正确的螺纹牙型，常用于车削螺距 $P<2$ mm 和脆性材料的螺纹	精车余量
左右切削法	车螺纹时，除了用中滑板控制径向进给，同时使用小滑板将螺纹车刀向左、向右做微量轴向移动。左右切削法常用于精车螺纹，为了使螺纹两侧面的表面粗糙度值减小，先向一侧借刀，待这一侧表面达到要求后，再向另一侧借刀，并控制螺纹中径尺寸和表面粗糙度，最后将车刀移到螺旋槽中间，用直进法车削牙底，以保证螺纹牙型清晰	精车余量

4. 切削用量的选择

低速车削三角形外螺纹时，应根据工件的材料、螺纹的牙型角、螺距的大小和所处的加工阶段（粗车还是精车）等因素，合理选择切削用量。

（1）由于螺纹车刀两切削刃夹角较小，散热条件差，因此，切削速度比车削外圆时低，一般粗车时 $v_c=10\sim15$ m/min，精车时 $v_c=6$ m/min。

（2）粗车第一刀、第二刀时，螺纹车刀刚切入工件，总的切削面积不大，可以选择较大的背吃刀量，以后每次进给时背吃刀量应逐步减小，精车时，背吃刀量更小，排出的切屑很薄（像锡箔一样），以获得小的表面粗糙度值。

四、螺纹的测量

1. 单项测量

单项测量是指选择合适的量具检测螺纹的某一单项参数，一般包括检测螺纹的大径、螺距和中径。

（1）螺纹大径和螺距的检测

通常可以用游标卡尺检测螺纹大径，如图 2–93 所示；用钢直尺或螺纹对刀样板检测螺距，如图 2–94 所示。

（2）螺纹中径的检测

三角形外螺纹的中径一般用螺纹千分尺检测，其结构和使用方法与一般外径千分尺相似，读数原理相同，只是它有两个可以调整的测量头（上测量头和下测量头）。检测时，两个与螺纹牙型角相同的测量头正好卡在螺纹的牙型面上，测得的千分尺读数值即为螺纹中径的实际尺寸，如图 2–95 所示。

螺纹千分尺附有两套（牙型角分别为 60° 和 55°）不同螺距的测量头，以适应各种不同的三角形外螺纹中径的检测。

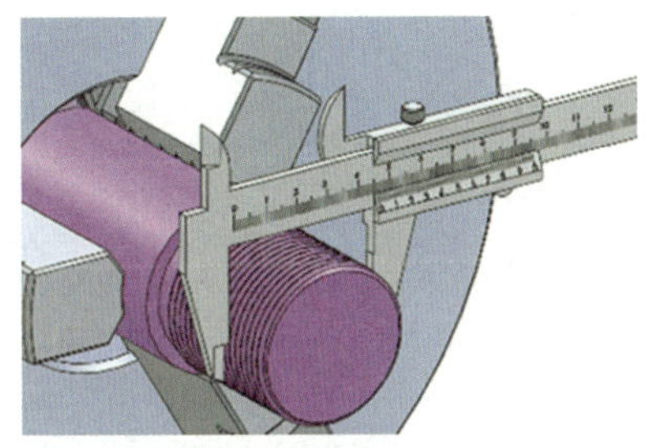

图 2–93　用游标卡尺检测大径

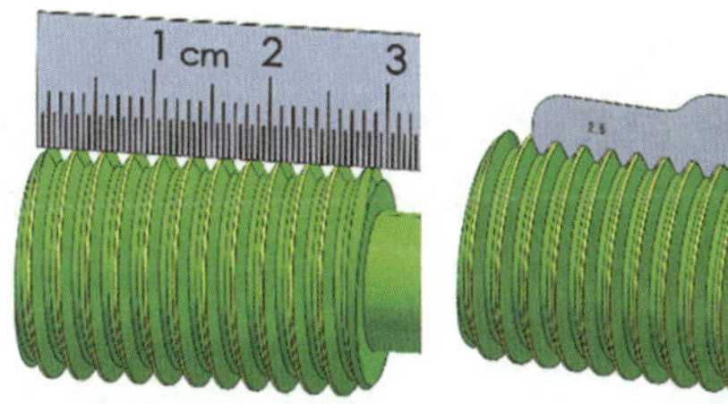

图 2–94　用钢直尺或螺纹对刀样板检测螺距

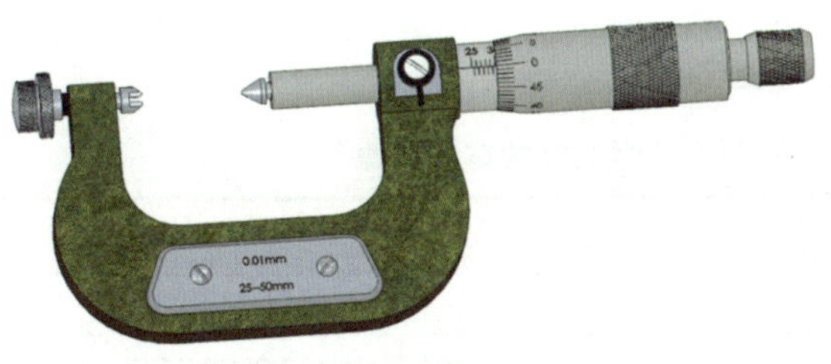

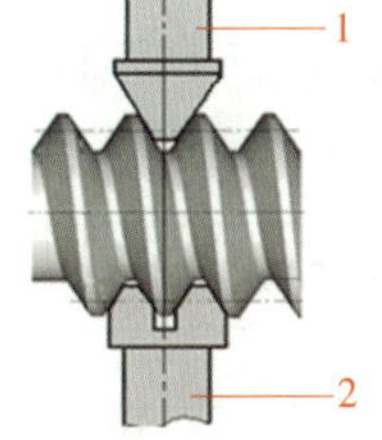

图 2–95　用螺纹千分尺检测中径

1—上测量头　2—下测量头

2. 综合测量

综合测量是指采用螺纹量规对螺纹各部分主要尺寸（螺纹大径、中径、螺距）同时进行综合检测的一种方法。综合测量检测效率高，使用方便，能较好地保证工件的互换性，广泛应用于对标准螺纹或大批量生产螺纹的检测。

三角形外螺纹使用螺纹环规综合测量，如图 2–96 所示。检测前，应先检查螺纹的大径、牙型、螺距和表面粗糙度，然后用螺纹环规进行检测。如果螺纹环规的通端（端面有字母 T，较厚）能顺利拧入工件螺纹有效长度范围，而止规（端面有字母 Z，较薄）不能拧入，则说明螺纹精度符合要求。

图 2–96　用螺纹环规综合测量

对于精度要求不高的螺纹，可以用标准螺母来检测，以拧入时是否顺利和松紧的程度来确定其是否合格。

任务实施

一、准备工作

1. 选择刀具

根据该任务工件的结构特点和加工部位，选用 45° 车刀车端面，刀具材料为硬质合金；选用三角形外螺纹车刀车外螺纹，刀具材料为高速钢。

2. 选择切削用量

车端面时选择主轴转速 n = 500 r/min，f = 0.1 mm/r；车螺纹时为保证安全和质量，应将主轴转速调低至 100 r/min 左右。

3. 调整机床

首先调整主轴转速，然后调整进给箱手柄，使其到达指定位置。

车螺纹时还需根据螺距值调整进给箱手柄（使丝杠转动），并使开合螺母闭合，在低速下开车观察机床运动情况。

4. 装夹工件和刀具

考虑到工件的结构和安全因素，本任务车削螺纹时采用一夹一顶方式装夹工件。安装螺纹车刀时应使用螺纹对刀样板，以确保螺纹牙型角正确。

二、车削三角形外螺纹

三角形外螺纹轴的车削步骤见表 2–20。

表 2–20　　三角形外螺纹轴的车削步骤

步骤	加工内容描述	图示
1	车螺纹轴左端	
（1）	垫铜皮夹持 ϕ30 mm 外圆，伸出长度为 38 mm 左右，找正后夹紧	
（2）	车端面，保证总长为 81 mm，倒角 C1 mm	81 C1

续表

步骤	加工内容描述	图示
2	车右端三角形外螺纹	
(1)	垫铜皮夹持ϕ40 mm滚花外圆处，并采用一夹一顶方式装夹工件	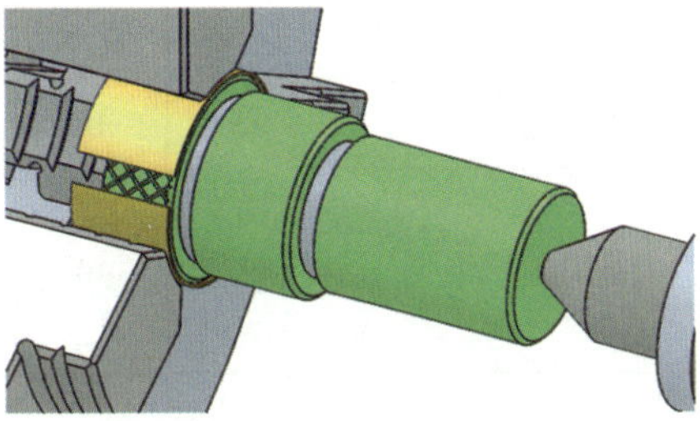
(2)	用螺纹对刀样板装夹螺纹车刀	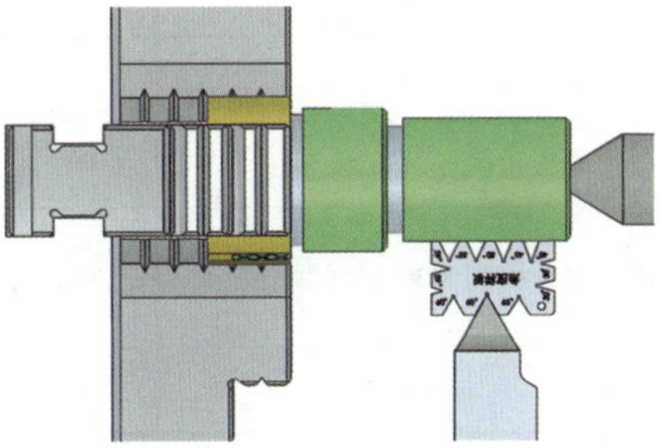
(3)	车削三角形外螺纹，并用钢直尺测量螺距为2 mm	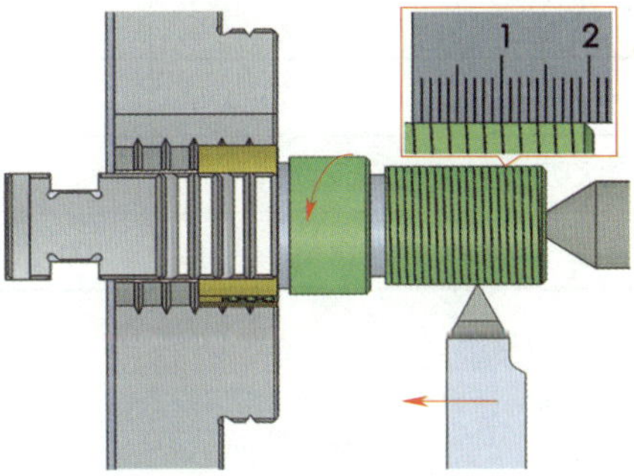
(4)	用提开合螺母的方法粗、精车M30×2的三角形外螺纹至尺寸要求	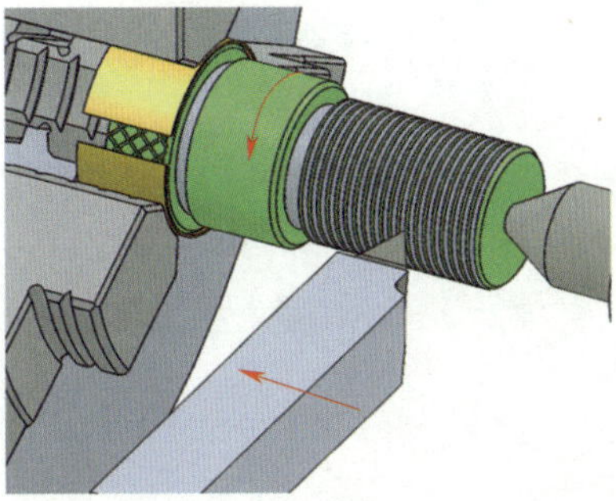

任务评价

三角形外螺纹轴车削训练成绩评定见表 2–21。

表 2–21　　三角形外螺纹轴车削训练成绩评定

序号	项目与技术要求	配分	评分标准	检测结果	得分
1	工件装夹及调整	10	装夹不正确不得分		
2	刀具安装正确	10	准备工作不充分扣 2 分；刀具安装位置不合理扣 2 分；装刀不牢靠不得分		
3	切削用量选择及机床调整正确	12	主轴转速调整不正确扣 6 分；车螺纹手柄调整错误不得分		
4	对刀方法正确	10	对刀方法不正确酌情扣分		
5	车螺纹方法正确	15	车螺纹方法不当酌情扣分		
6	用环规综合检测 M30×2 的螺纹	15	环规旋入不畅酌情扣分；旋不进不得分		
7	无乱牙	10	出现乱牙不得分		
8	无毛刺、损伤、缺陷和严重畸形	10	出现毛刺酌情扣分；有损伤、严重畸形和缺陷每处扣 5 分		
9	$Ra \leqslant 3.2\ \mu m$	8	不合格每处扣 1 分		
10	安全文明生产		不符合要求酌情扣分		
合计		100			

模块三

普通铣床加工

任务一　普通铣床加工基本知识和技能

学习目标

1. 记住铣削加工安全操作规程。
2. 能描述铣削加工并列举其加工内容。
3. 能描述典型普通铣床的结构及其功用；能安全开动铣床，正确使用常用工具。
4. 能描述铣床各手柄和手轮的位置及其用途，并能操作及调整铣床，如主轴转速的调整和机动进给速度的调整等。
5. 能对常用铣刀的结构和用途进行描述，并根据铣削加工内容选择合适的铣刀。

任务描述

了解 X5032 型立式升降台铣床（见图 3–1）的结构及其各部分作用，并能对其进行空运行操作和铣刀的装拆。

任务分析

X5032 型立式升降台铣床的基本操作是指能够让铣床进行空运行，并能调整主轴转速和进给速度等，主要包括以下内容：

图 3-1 X5032 型立式升降台铣床

1. 基本操作方面包括铣床的启停操作，工作台纵向、横向和垂向进给的手动操作。

2. 速度调整操作方面包括主轴转速变速操作，机动进给速度调整操作，工作台纵向、横向和垂向机动进给操作。

要求学生在操作铣床前必须细心观察普通铣床，了解普通铣床的组成、分类；同时，通过对普通铣床所加工产品的了解，总结出普通铣床的应用和工作原理，并了解普通铣床的主要加工参数。

相关知识

一、铣削加工的工作特点和工作内容

1. 铣削加工的工作特点

机械零件一般都是由毛坯通过各种不同方法的加工而达到所需形状和尺寸的。铣削加工是最常用的切削加工方法之一。

用旋转的铣刀在工件上切削各种表面或沟槽的方法称为铣削，就是以铣刀旋转做主运动，工件或铣刀的移动做进给运动的切削加工方法，铣削过程中的进给运动可以是直线运动，也可以是曲线运动，如图 3-2 所示。

2. 铣削加工的工作内容

铣削加工生产效率高，加工范围广。在普通铣床上使用不同类型的铣刀，可以完成平面（如平行面、垂直面、斜面等）、台阶、沟槽（如直角沟槽、V 形槽、T 形槽、燕尾槽等）、特形面等铣削加工任务；配合采用分度头等铣床附件，还可以完成花键轴、螺旋槽、齿式离合器等工件的铣削加工任务。普通铣床的主要工作内容如图 3-3 所示。

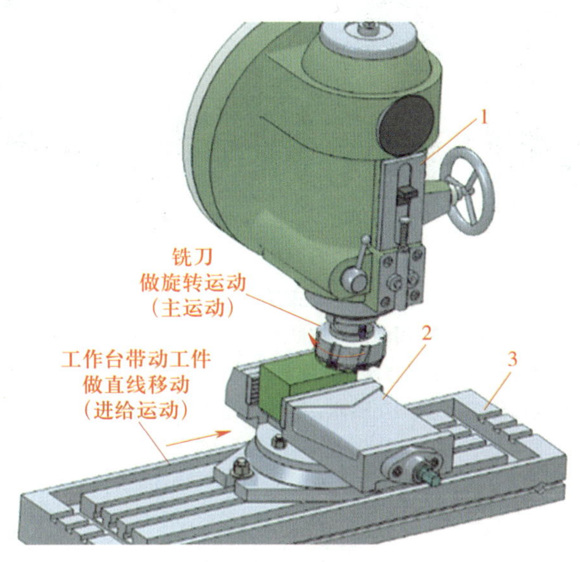

图 3-2 铣削加工

1—立铣头 2—机用虎钳 3—工作台

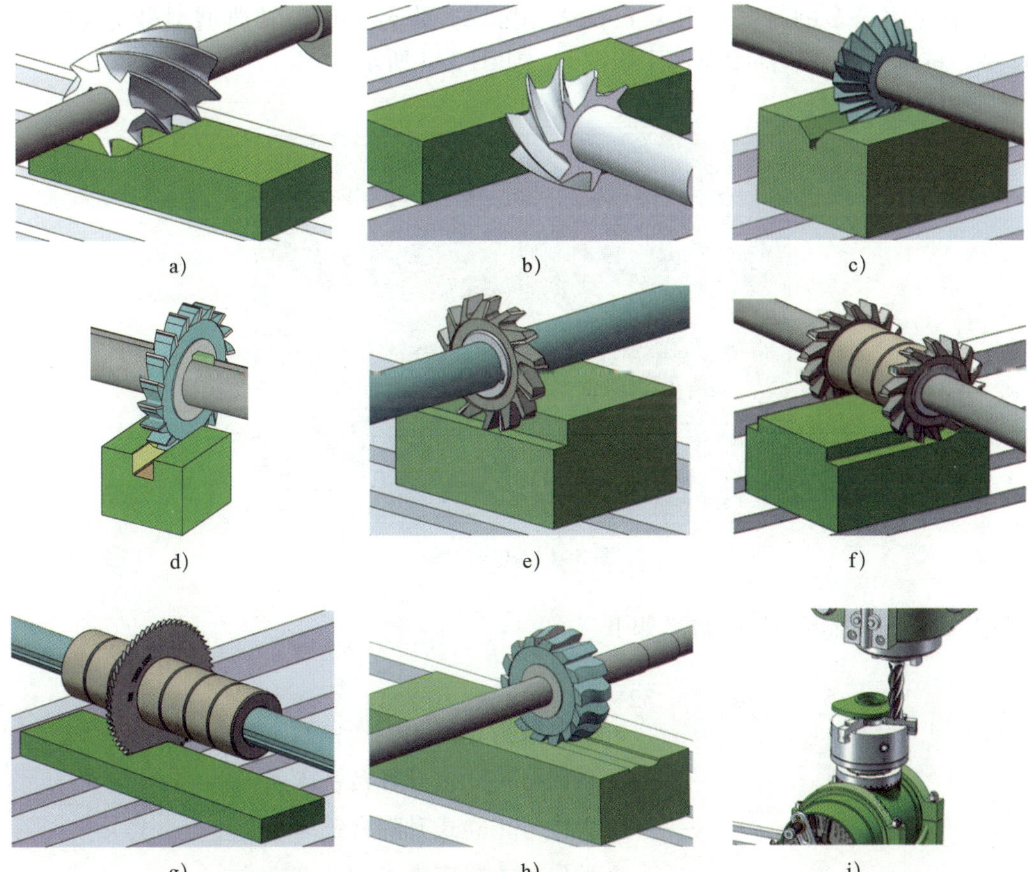

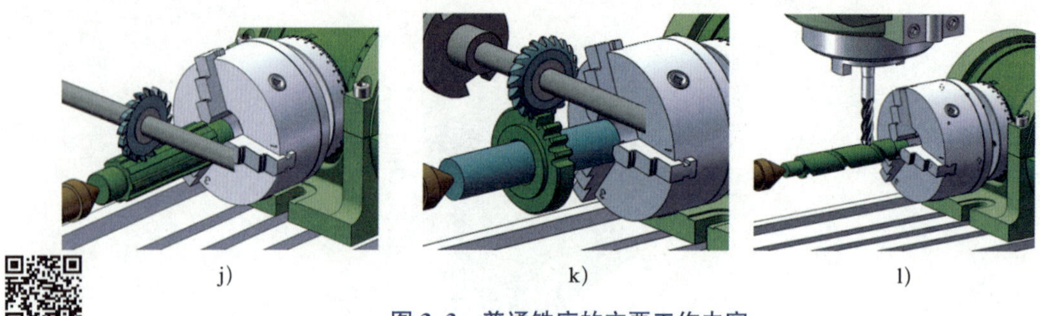

j) k) l)

图 3–3 普通铣床的主要工作内容

a）用圆柱铣刀铣削平面 b）用面铣刀铣削平面 c）铣削 V 形槽 d）铣削直角沟槽
e）铣削台阶 f）用组合铣刀铣削两侧面 g）切断 h）铣削特形面
i）铣削凸轮 j）铣削花键轴 k）铣削齿轮 l）铣削刀具螺旋槽

二、铣床的型号和结构

1. 铣床的型号

根据国家标准《金属切削机床 型号编制方法》（GB/T 15375—2008）对机床的分类，铣床分为仪表铣床、悬臂及滑枕铣床、龙门铣床、平面铣床、仿形铣床、立式升降台铣床、卧式升降台铣床、床身铣床、工具铣床、其他铣床共 10 组，其组代号分别为 0 ~ 9。

生产中应用最多的是立式升降台铣床和卧式升降台铣床，其典型型号是 X5032 型和 X6132 型。铣床型号一般都印在铣床铭牌上，如图 3–4 所示。

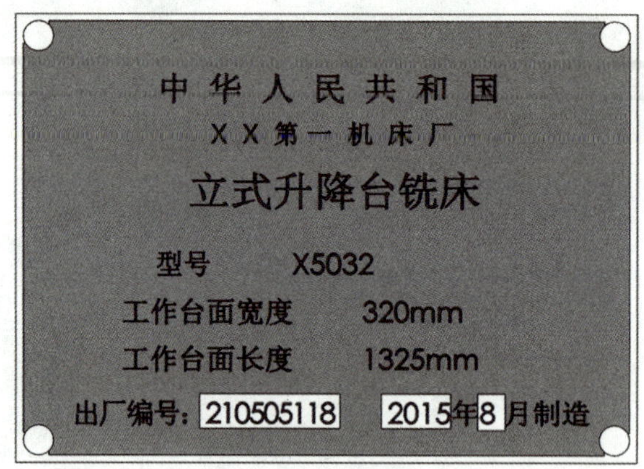

图 3–4 铣床铭牌

其中 X5032 型铣床型号的含义如下：

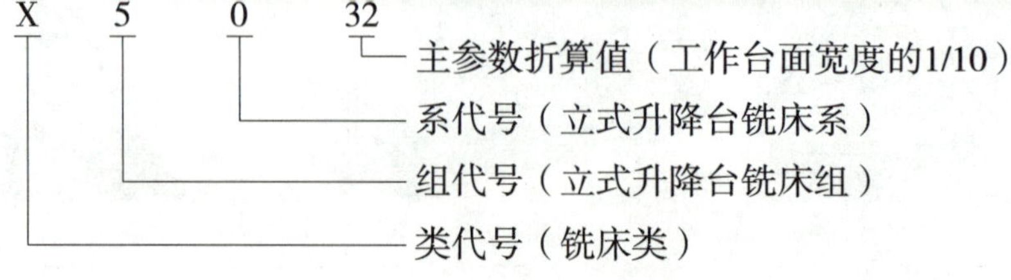

2. 典型铣床的结构

（1）X5032 型立式升降台铣床

X5032 型立式升降台铣床是一种应用广泛的立式铣床，适用于加工各种工件的平面、斜面、沟槽、孔等，是机械制造、模具、仪器、仪表、汽车、摩托车等行业的常用加工设备，其结构如图 3–5 所示，各组成部分的用途见表 3–1。

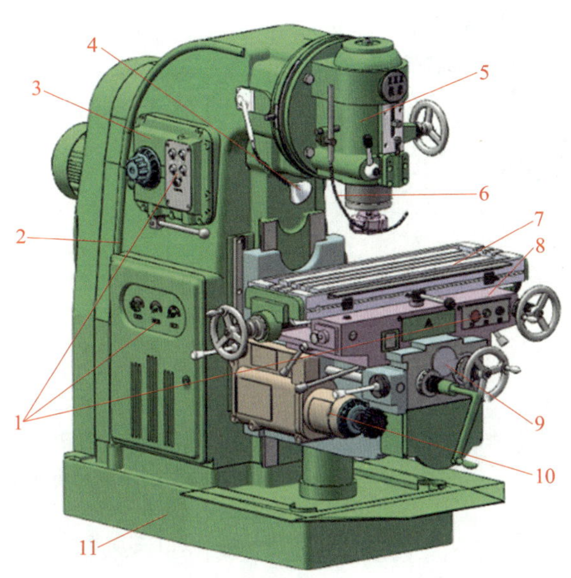

图 3–5　X5032 型立式升降台铣床的结构

1—机床电气部分　2—床身部分　3—变速操作部分　4—照明部分　5—主轴及传动部分　6—冷却部分　7—工作台部分　8—滑鞍部分　9—升降台部分　10—进给变速机构部分　11—底座部分

表 3–1　X5032 型立式升降台铣床各组成部分的用途

名称	图示	用途
机床电气部分		在图示的机床电气柜门上设有总电源开关、液压泵开关和主轴正反转开关。在铣床床身左侧上方和工作台右侧各有一组控制按钮，绿色按钮是主轴启动按钮，红色按钮是主轴停止按钮，黑色按钮是快速进给按钮

续表

名称	图示	用途
床身部分	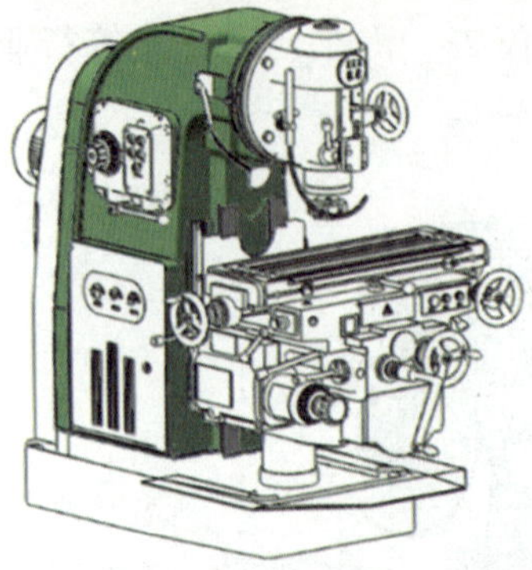	床身是机床的主体，用来安装及连接机床其他部件。床身前面有垂直导轨，可引导升降台上下移动。床身内部装有主轴和主轴变速机构
变速操作部分	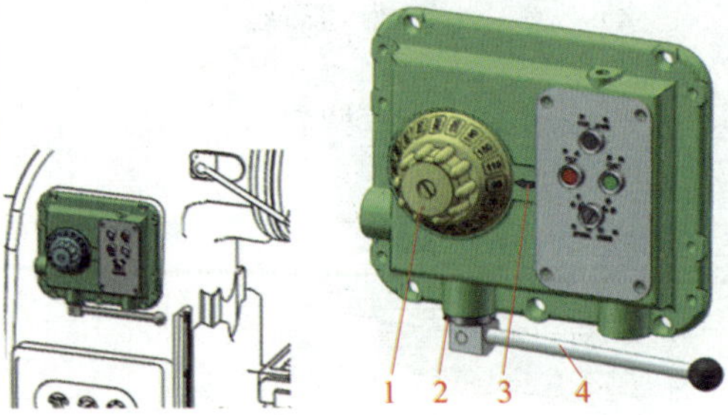 1—转速盘　2—固定环　3—指示箭头 4—变速手柄	变速操作机构安装于床身内部，其操作部分位于床身左侧。其功能是将主电动机的额定转速（1 450 r/min）通过齿轮变速，转换成从 30 ~ 1 500 r/min 的 18 种不同转速，以适应不同铣削加工速度要求
底座部分	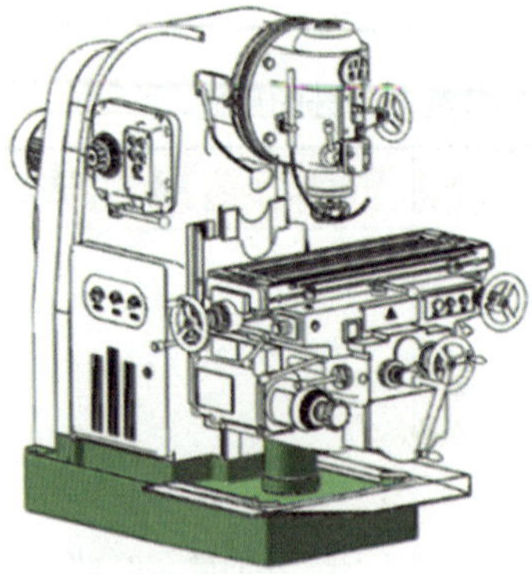	底座部分用于支承床身，盛储切削液
主轴及传动部分	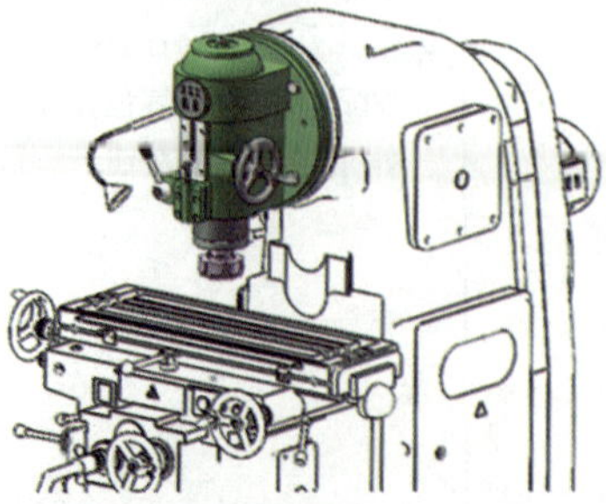	主轴用于装夹立式铣刀、盘式铣刀、钻头、扩孔钻等，主轴进给手柄可控制主轴沿轴线在 0 ~ 70 mm 范围内手动进给；立铣头可在竖直平面内做 ±45° 范围内偏转

续表

名称	图示	用途
进给变速机构部分	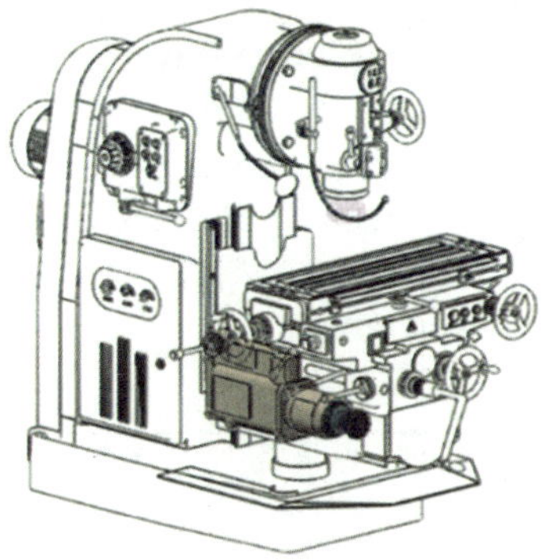	进给变速机构部分装在工作台的左侧，有 18 种进给速度，速度范围为 23.5 ~ 1 180 mm/min，用于调整及变换工作台的进给速度，以适应铣削的需要
工作台部分	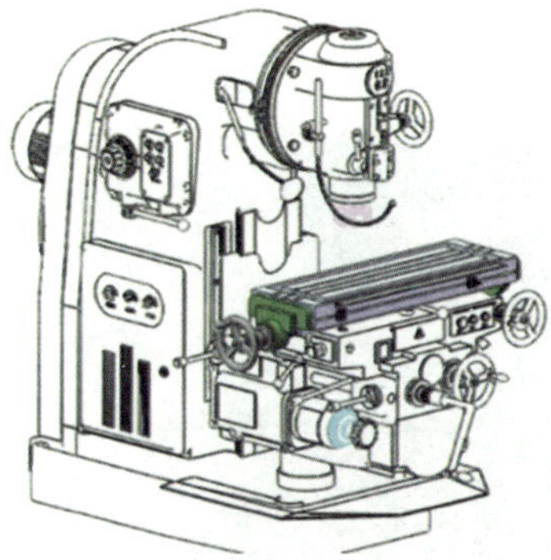	工作台用于安装机床夹具或装夹工件，其台面上有三条 T 形槽，用于安装 T 形螺栓，以紧固机用虎钳、专用夹具或工件等
滑鞍部分	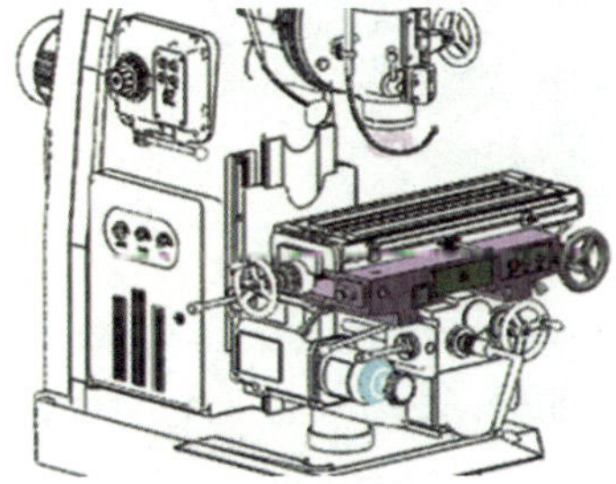	滑鞍部分在铣削时用于带动工作台实现横向进给运动，通过摇动横向控制手轮实现横向移动
升降台部分	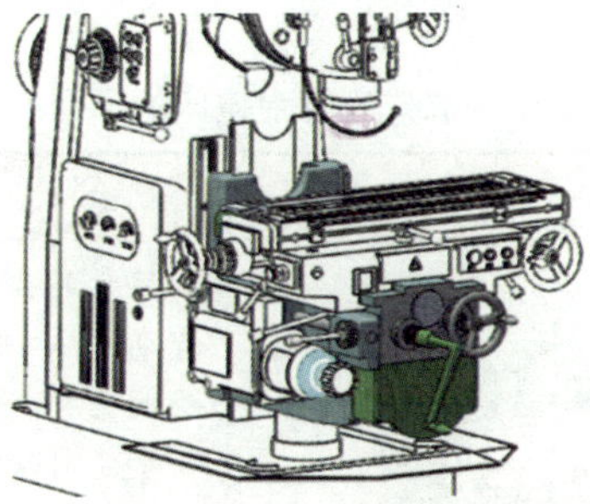	升降台用于支承滑鞍部分和工作台，带动工作台上下移动。升降台内部装有进给电动机和进给变速机构

续表

名称	图示	用途
照明、冷却部分		照明灯使用安全电压，为操作者提供充足的照明，保证操作环境明亮，便于观察及测量。冷却装置主要通过冷却泵将切削液箱中的切削液加压后喷射到切削区域，降低切削温度，冲走切屑，润滑加工表面，以延长刀具寿命，提高工件的表面质量

（2）X6132 型卧式万能升降台铣床

X6132 型卧式万能升降台铣床是卧式铣床的代表，其规格、操作机构、传动变速机构等与 X5032 型立式升降台铣床基本相同，如图 3–6 所示。

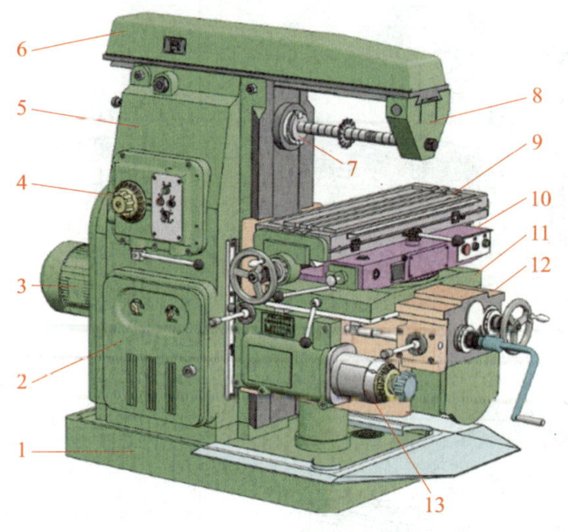

图 3–6 X6132 型卧式万能升降台铣床

1—底座 2—电气柜 3—主电动机 4—主轴变速机构 5—床身 6—悬梁 7—主轴 8—刀杆支架 9—工作台 10—回转盘 11—滑鞍 12—升降台 13—进给变速机构

X6132 型卧式万能升降台铣床与 X5032 型立式升降台铣床相比，其结构和作用的主要不同点见表 3–2。

表 3–2 X6132 型卧式万能升降台铣床与 X5032 型立式升降台铣床的不同点

名称	结构	作用
悬梁与刀杆支架		悬梁可沿床身顶部燕尾形导轨移动，并可按需要调节其伸出床身的长度。悬梁上可以安装刀杆支架，用以支承刀杆的外端，提高刀杆的刚度

续表

名称	结构	作用
主轴		主轴为前端带锥孔的空心轴，锥孔的锥度为 7 ∶ 24，用来安装铣刀刀杆或铣刀。主电动机输出的回转运动经主轴变速机构驱动主轴连同铣刀一起回转，实现主运动
滑鞍	1—工作台 2—回转盘 3—滑鞍	铣削时用滑鞍带动工作台实现横向进给运动。在滑鞍与工作台之间设有回转盘，可以在水平范围内做 ±45° 偏转

三、普通铣床的常用附件

1. 机用虎钳

（1）机用虎钳的结构和规格

机用虎钳由底座、钳体、钳口、丝杆等组成，如图 3–7a 所示，钳体能在底座上任意扳转角度。用机用虎钳扳手转动丝杆，通过丝杆螺母带动活动钳身移动从而夹紧或松开工件，如图 3–7b 所示。不同型号的机用虎钳所夹持工件的尺寸也不一样，其规格见表 3–3。

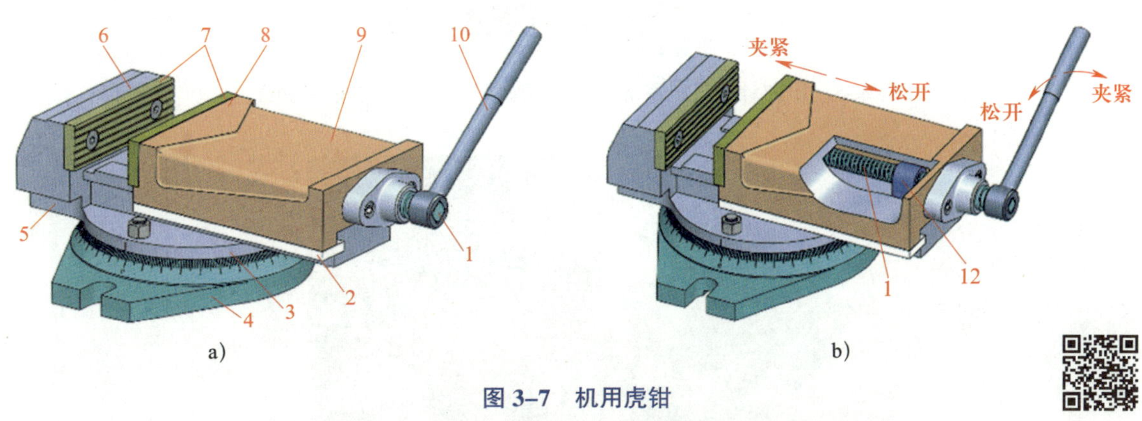

图 3–7 机用虎钳

a）结构 b）工作原理

1—丝杆 2—压板 3—转盘 4—底座 5—钳体 6—固定钳口 7—钳口铁 8—活动钳口 9—活动钳身 10—丝杆手柄（机用虎钳扳手） 12—固定螺母

表 3-3 机用虎钳的规格

尺寸	规格 /mm							
	60	80	100	125	136	160	200	250
钳口宽度 *B*/mm	60	80	100	125	136	160	200	250
最大张开度 *A*/mm	50	60	80	100	110	125	160	200
钳口高度 *h*/mm	30	34	38	44	36	50（44）	60（56）	56（60）
定位键宽度 *b*/mm	10	10	14	14	12	18（14）	18	18
回转角度	360°							

注：规格为 60 mm、80 mm 的机用虎钳为精密机用虎钳，适用于工具磨床、平面磨床和坐标镗床。

（2）机用虎钳的校正方法

1）用划针校正机用虎钳的固定钳口与铣床主轴轴线垂直，如图 3-8 所示。此方法精度较低，常用于粗校正。

2）用直角尺校正机用虎钳的固定钳口与铣床主轴轴线平行，如图 3-9 所示。

3）用百分表校正机用虎钳的固定钳口与铣床主轴轴线垂直或平行，如图 3-10 所示。此方法常用于加工较精密的工件时进行精校正。

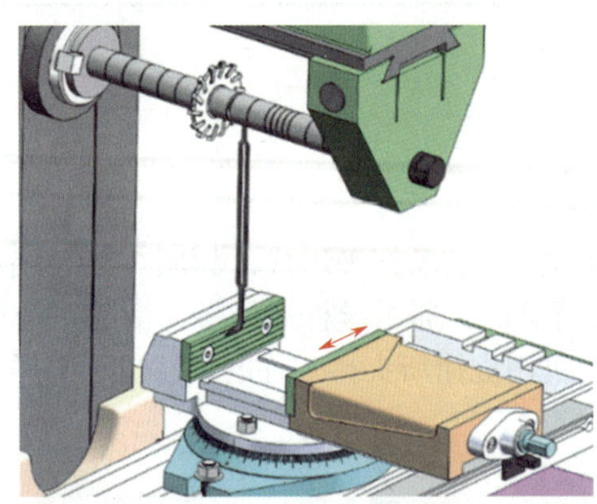

图 3-8 用划针校正机用虎钳的固定钳口与铣床主轴轴线垂直

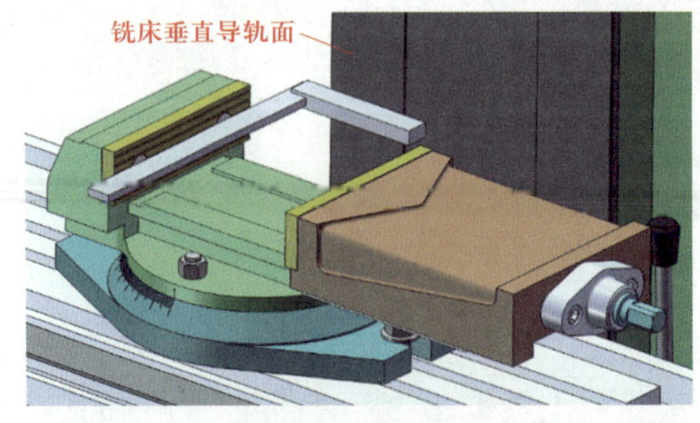

图 3-9 用直角尺校正机用虎钳的固定钳口与铣床主轴轴线平行

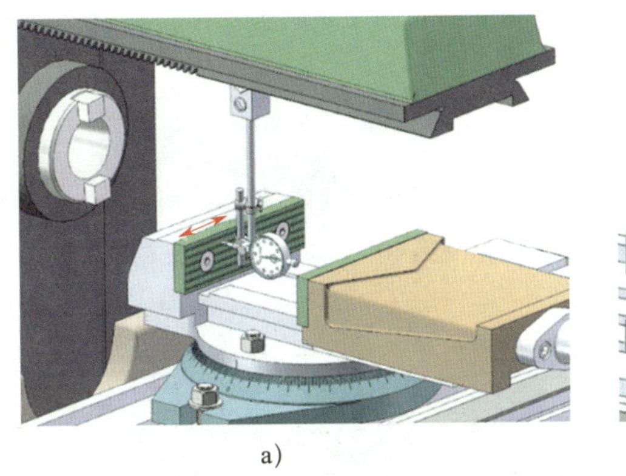
a）

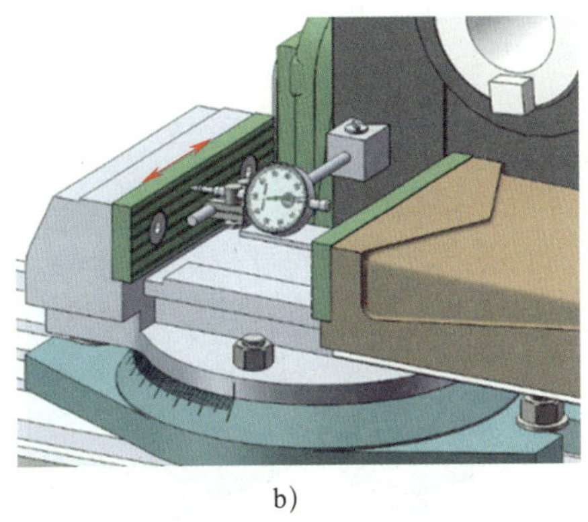
b）

图 3-10　用百分表校正机用虎钳的固定钳口

a）固定钳口与铣床主轴轴线垂直　b）固定钳口与铣床主轴轴线平行

2. 万能分度头

在铣床上铣削正六棱柱、正八棱柱等工件，以及均等分布或互成一定夹角的沟槽和齿槽时，一般利用分度头进行分度，其中万能分度头使用最普遍，图 3-11 所示为 F11125 型万能分度头。万能分度头除了能将工件进行任意的圆周分度，还可进行直线移距分度；可把工件轴线装成水平、垂直或倾斜的位置；通过交换齿轮，可使分度头主轴随工作台的进给运动做连续旋转，以加工螺旋面。

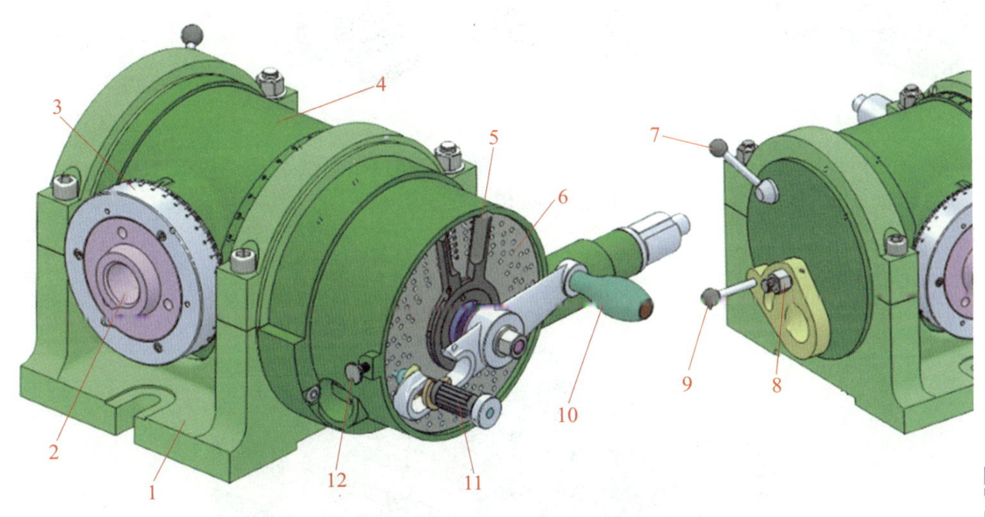

图 3-11　F11125 型万能分度头

1—底座　2—主轴　3—刻度盘　4—转动体　5—分度叉　6—分度盘　7—主轴锁紧手柄　8—蜗轮副间隙调整螺母　9—蜗杆脱落手柄　10—分度手柄　11—插销　12—分度盘固定销

3. 万能铣头

万能铣头是卧式万能升降台铣床的主要附件之一，如图 3-12 所示，其主轴可以在相互垂直的两个平面内旋转，不但能完成立式铣床、卧式铣床的工作，还可在工件一次装夹中完成各种角度的加工。

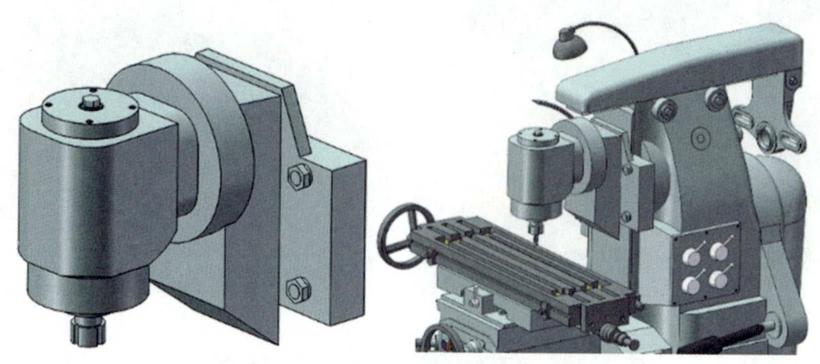

图 3–12　万能铣头

4. 其他常用附件

（1）压板、T 形螺栓和台阶垫铁

在铣床上多采用压板、T 形螺栓和台阶垫铁装夹工件，如图 3–13、图 3–14 所示。

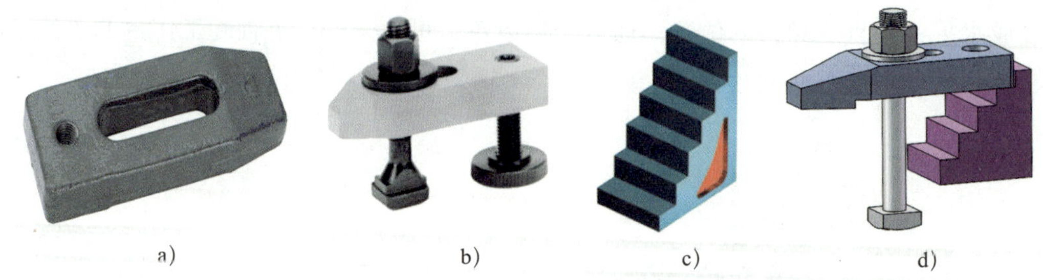

a)　b)　c)　d)

图 3–13　压板、T 形螺栓和台阶垫铁

a）压板　b）压板和 T 形螺栓的使用　c）台阶垫铁　d）台阶垫铁的使用

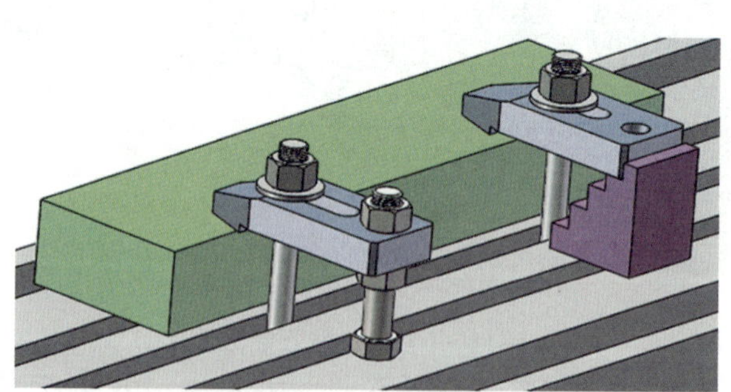

图 3–14　用压板、T 形螺栓和台阶垫铁装夹工件

（2）平垫铁和平行垫铁

平垫铁一般没有具体规格，在用机用虎钳装夹工件时用于配合调整工件的高度，如图 3–15a 所示；平行垫铁在夹持工件时所起的作用与平垫铁相同，但常成对使用，配合夹持工件，也可以当成平垫铁用，如图 3–15b 所示。

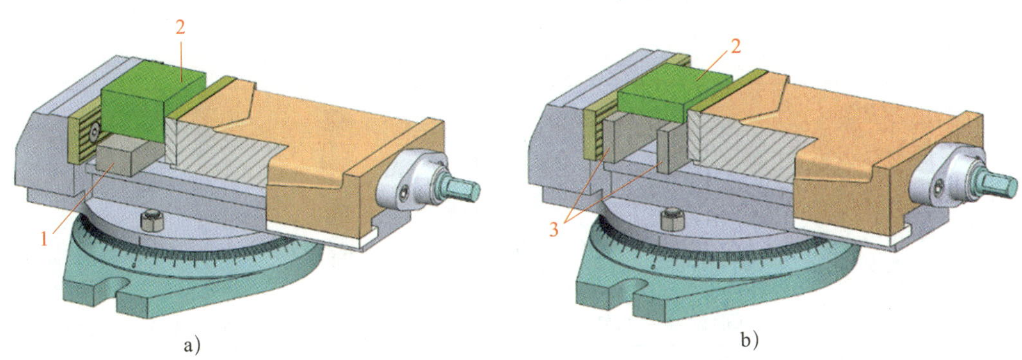

图 3–15 平垫铁和平行垫铁的使用

a）用平垫铁配合夹持工件 b）用平行垫铁配合夹持工件

1—平垫铁 2—工件 3—平行垫铁

四、常用铣刀的材料和种类

1. 常用铣刀的材料

按铣刀切削部分的材料不同，可将其分为高速钢铣刀、硬质合金铣刀、高速钢和硬质合金涂层铣刀以及用金刚石、陶瓷、立方氮化硼等超硬材料制造的铣刀，其中最常用的是高速钢铣刀和硬质合金铣刀两种，其详细说明见表 3–4。

表 3–4 不同切削部分材料的铣刀说明

刀具名称	图示	说明
高速钢铣刀		高速钢铣刀通常做成整体式刀具。高速钢是以钨、铬、钒、钼、钴为主要合金元素的高合金工具钢，是制造铣刀的良好材料，一般形状复杂的铣刀都是高速钢铣刀
硬质合金铣刀		硬质合金以钴为黏结剂，将高硬度难熔的金属碳化物（如 WC、TiC、NbC 等）粉末用粉末冶金方法黏结而成，具有耐高温、耐磨、切削速度高等特点。这类铣刀大都不是整体的，将硬质合金刀片以焊接或机械夹固的方式镶装在铣刀刀体上

2. 常用铣刀的种类

在实际生产中为了适应各种不同的铣削内容，设计及制造了各种不同形状的铣刀，用于加工不同形状和结构的工件，具体见表 3–5。

表 3–5 不同形状和用途的铣刀

刀具用途	图示、名称和说明
加工平面	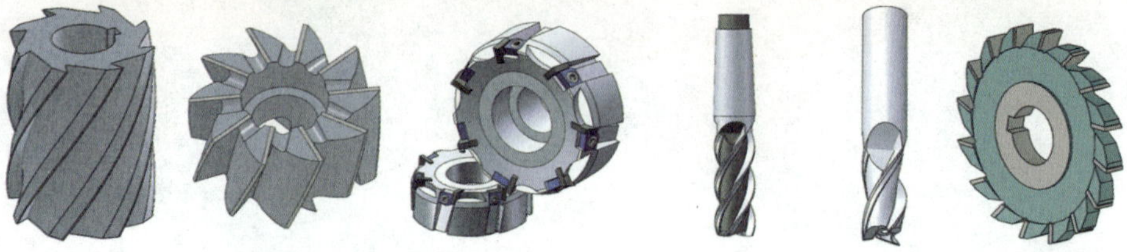 圆柱铣刀 套式面铣刀 可转位刀片面铣刀 锥柄立铣刀 直柄立铣刀 三面刃铣刀 铣削平面用的铣刀主要有圆柱铣刀和面铣刀。圆柱铣刀主要分为粗齿和细齿两种，用于粗铣和半精铣平面。面铣刀有整体式、镶嵌式和机械夹固式三种
加工直角沟槽	 锥柄、直柄立铣刀 直齿三面刃铣刀 错齿三面刃铣刀 镶齿三面刃铣刀 键槽铣刀 锯片铣刀 立铣刀的用途较广泛，可以用来铣削各种形状的沟槽和孔、台阶平面和侧面、各种盘形凸轮与圆柱凸轮、内外曲面等。三面刃铣刀分为直齿、错齿和镶齿等几种，用于铣削直槽、台阶平面、工件的侧面和凸台平面。键槽铣刀主要用于铣削键槽。锯片铣刀用于铣削各种窄槽以及对板料或型材进行切断
加工各种特形沟槽	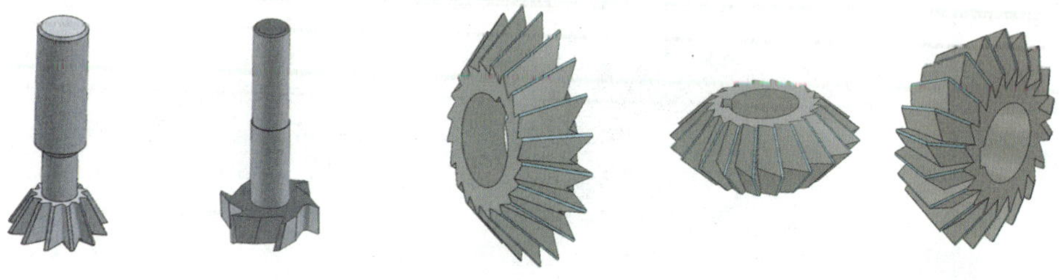 燕尾槽铣刀 T形槽铣刀 单角铣刀 对称双角铣刀 不对称双角铣刀 铣削加工的特形沟槽很多，如燕尾槽、T 形槽、V 形槽等，所用的铣刀有燕尾槽铣刀、T 形槽铣刀、角度铣刀等，其中角度铣刀分为单角铣刀、对称双角铣刀和不对称双角铣刀三种
加工各种成形面	 凸圆弧铣刀 凹圆弧铣刀 圆角铣刀 齿轮盘铣刀 球头铣刀 加工成形面的铣刀一般是专门设计及制造而成的，常用标准化成形铣刀有凸圆弧铣刀、凹圆弧铣刀、圆角铣刀、齿轮盘铣刀和球头铣刀等

五、铣削加工安全操作规程

1. 进行铣削加工前，应检查机床各手柄是否放在规定的位置上，检查各进给方向自动停止挡块是否紧固在最大行程内。

2. 加工前检查夹具和工件是否装夹牢固。

3. 变速前应先按下主轴停止按钮，不得在机床运转时变换主轴转速。

4. 工作时要集中精力，专心操作，不得擅自离开机床，离开机床时一定要关闭电源。

5. 非专业人员严禁擅自打开电气柜门进行维修，若发现电气故障，应立即上报请专业电工进行维修。

任务实施

一、常用铣床的基本操作

要掌握铣床的操作方法，先要了解各手柄的名称、工作位置和作用，并熟悉它们的使用方法和操作步骤。以 X5032 型立式升降台铣床为例，在进行工作台纵向、横向和升降的手动操作前，应先关闭机床电源，检查各方向的紧固手柄和螺钉是否松开，再进行各方向的手动练习。图 3–16 所示为 X5032 型立式升降台铣床各手柄和手轮的位置，其各自的名称见表 3–6。

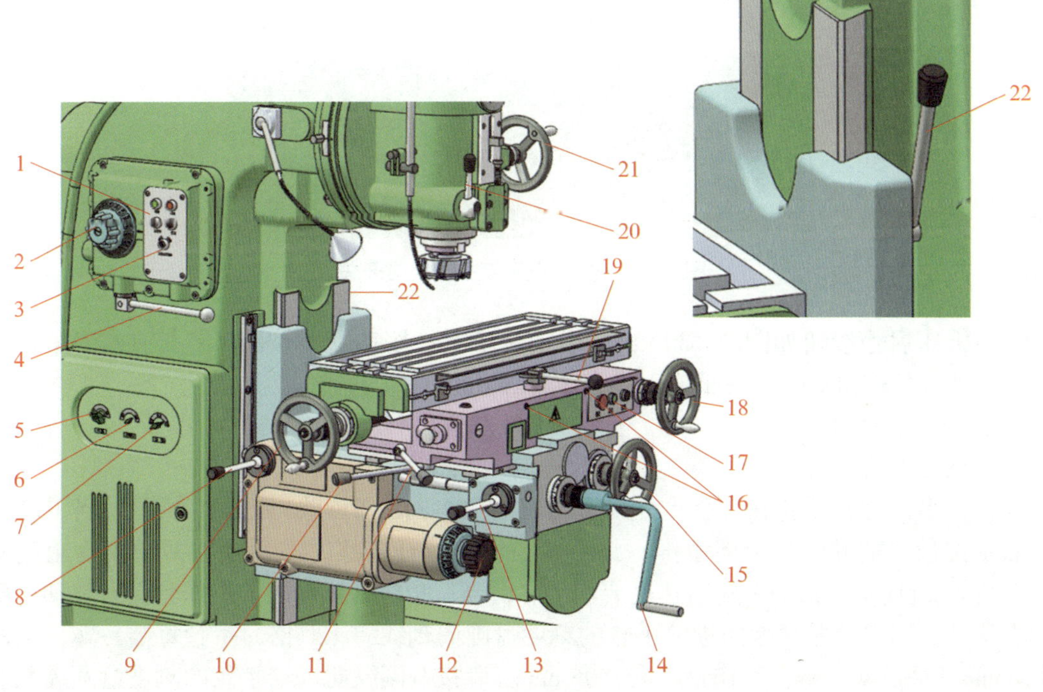

图 3–16 X5032 型立式升降台铣床各手柄和手轮的位置

表 3–6　　X5032 型立式升降台铣床各手柄和手轮的名称

编号	名称	编号	名称
1、17	铣床启停按钮（绿色为启动按钮、红色为停止按钮、黑色为快速进给按钮）	10、19	纵向机动进给手柄
2	主轴变速手轮	11	横向紧固手柄
3	主轴制动开关	12	进给变速手轮
4	主轴变速控制手柄	14	升降进给手柄
5	电源开关	15	横向进给手轮
6	切削液开关	16	纵向紧固螺栓
7	主轴换向开关	20	主轴锁紧手柄
8、13	升降及横向机动进给手柄	21	主轴升降控制手轮
9、18	纵向进给手轮	22	升降紧固手柄（在机床右侧升降台后端与垂直导轨连接处）

1. X5032 型立式升降台铣床的启动和停止

（1）电源开关和主轴换向开关如图 3–17 所示。操作铣床时，先将电源开关顺时针转换至接通位置，操作结束后，将其逆时针方向转换至断开位置。启动主轴前应观察主轴换向开关，此开关处于中间位置时主轴停止，将主轴换向开关顺时针转换至右转位置时，主轴向右旋转；反之主轴向左旋转。

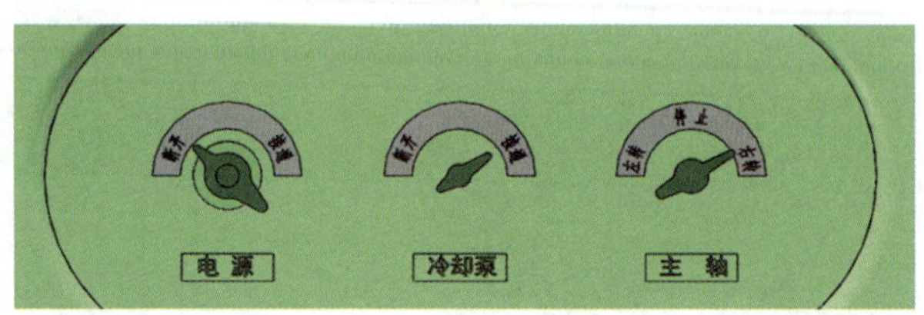

图 3–17　电源开关和主轴换向开关

（2）铣床启停按钮如图 3–18 所示，启动铣床时，按动绿色按钮 1，主轴或工作台丝杆启动；按动红色按钮 2 时，主轴或工作台丝杆停止转动。

2. 工作台手动进给

（1）纵向手动进给

工作台纵向进给手轮在工作台左端和滑鞍右侧各有一个，如图 3–19 所示。当手动进给时，右手握住手柄并略加力向里推，将手轮与纵向丝杆连接，左手扶住并摇动手轮使其旋转，如图 3–20 所示。摇动手轮时速度要均匀、适当，顺时针摇动时，工作台向右移动；反之则向左移动。工作台左端纵向进给手轮的刻度盘圆周刻线有 120 格，手轮每摇一转，工作台移动 6 mm；每摇动一格，工作台移动 0.05 mm。滑鞍右侧纵向进给手轮的刻度盘圆周刻线有 80 格，手轮每摇一转，工作台移动 4 mm；每摇一格，工作台移动 0.05 mm。

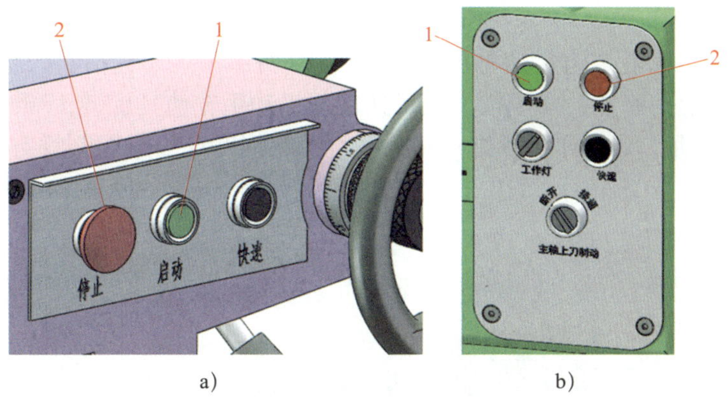

a) b)

图 3–18 铣床启停按钮

a）滑鞍右侧面板 b）床身左侧中部面板

1—绿色按钮 2—红色按钮

图 3–19 工作台手动进给手轮和手柄

1—纵向进给手轮 2—横向进给手轮 3—升降（垂向）进给手柄

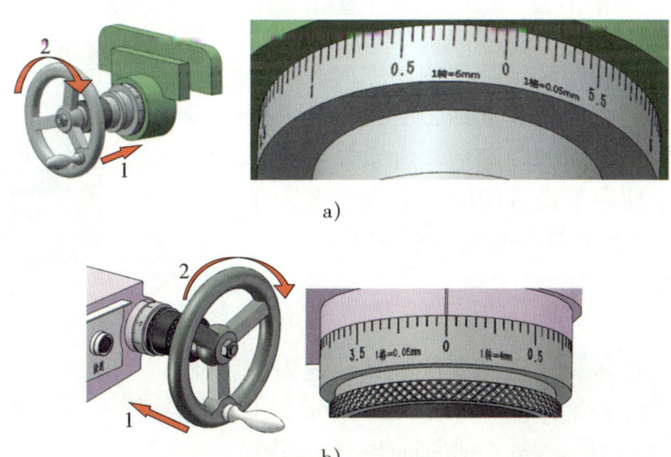

a)

b)

图 3–20 纵向进给手轮及其刻度盘

a）工作台左端手轮及其刻度盘 b）滑鞍右侧手轮及其刻度盘

（2）横向手动进给

工作台横向进给手轮在升降台前面，如图 3–19 所示。手动进给时，将手轮与横向丝杆接通，右手握住手柄并略加力向里推，左手扶住并摇动手轮使其旋转，顺时针方向摇动手轮时，工作台向前移动；反之向后移动。横向进给手轮刻度盘的圆周刻线有 80 格，手轮每摇动一格，工作台移动 0.05 mm，每摇一转，工作台移动 4 mm，如图 3–21 所示。

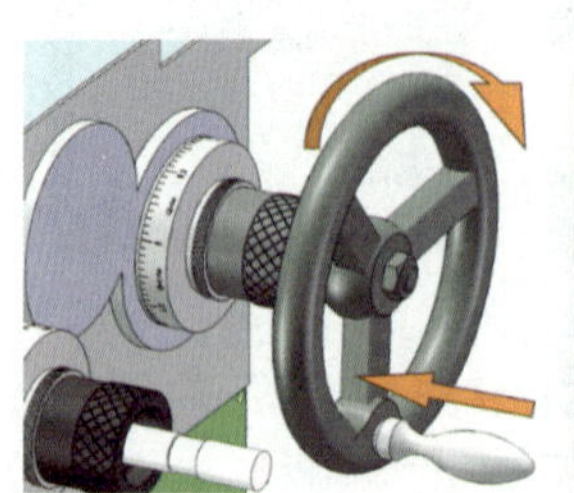
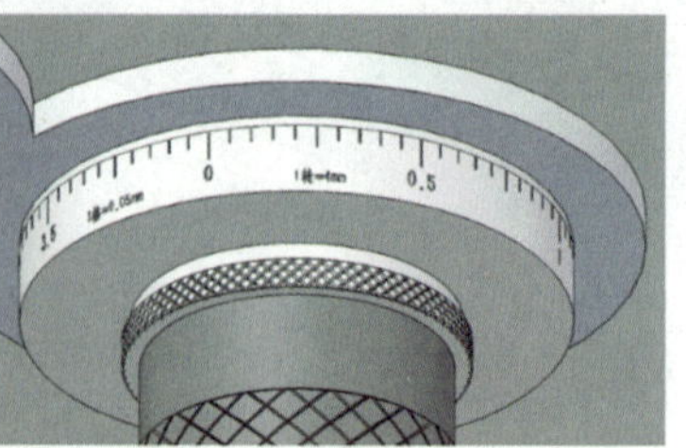

图 3–21 横向进给手轮及其刻度盘

（3）垂向手动进给

工作台升降（垂向）进给手柄在升降台前面左侧，如图 3–19 所示。手动进给时，先插入手柄并使离合器接通，双手握住手柄，顺时针方向摇动时，工作台向上移动；反之向下移动，如图 3–22 所示。升降（垂向）进给手柄的刻度盘圆周刻线有 40 格，手柄每摇一转，工作台移动 2 mm，每摇动一格，工作台移动 0.05 mm。

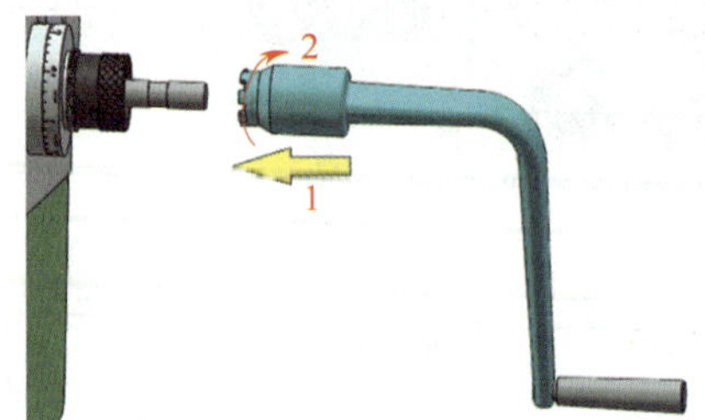

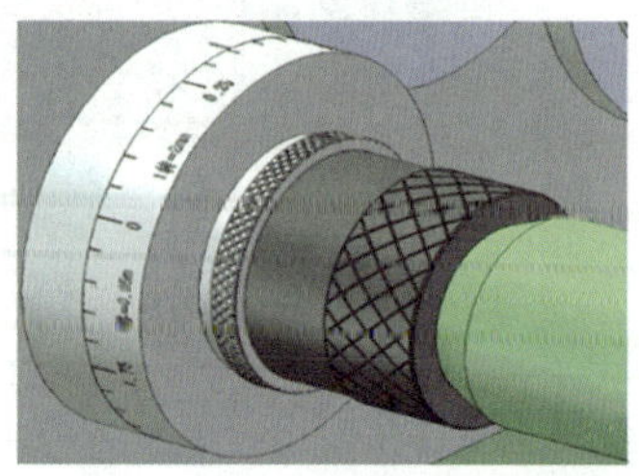

图 3–22 工作台升降（垂向）进给手柄及其刻度盘

特别提示：在进行移动规定距离的操作时，若手轮或手柄摇过了刻度，不能直接将其摇回，必须将其退回半圈以上，消除丝杆与螺母之间的间隙后，再重新摇到要求的刻度位置。另外，不使用手动进给时，必须将各向手轮或手柄与离合器脱开，以免机动进给时旋转伤人。

3. 主轴变速和进给变速

（1）主轴变速

主轴变速机构装在床身左侧，变换主轴转速由主轴变速控制手柄 4 和转速盘 1 来实现，如图 3–23 所示。主轴转速有 30 ~ 1 500 r/min 共 18 种。主轴变速的具体操作步骤如下：

1）手握主轴变速控制手柄 4，把手柄向下压，使手柄的榫块从固定环 2 的槽 1 中脱出，再将手柄向外拉，使手

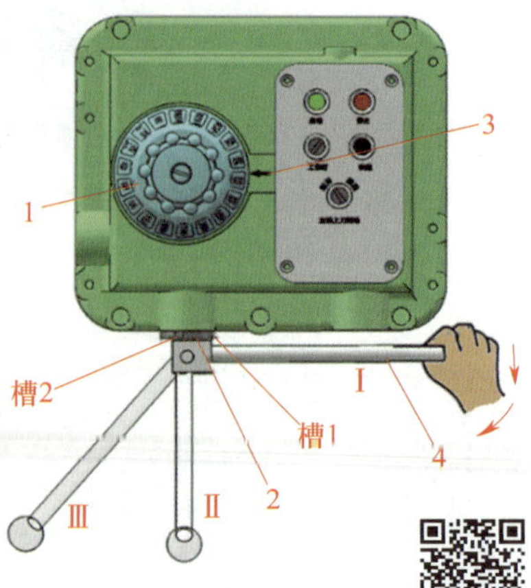

图 3–23 主轴变速手柄

1—转速盘 2—固定环 3—指示箭头 4—主轴变速控制手柄

柄的榫块落入固定环 2 的槽 2 内。

2）转动转速盘 1，把所需的转速数字对准指示箭头 3。

3）把主轴变速控制手柄 4 向下压后推回原来的位置，使榫块落进固定环 2 的槽 1 中。

主轴变速时，要求扳动手柄的推动速度快一些，在接近最终位置时，推动速度减慢，以利于齿轮啮合。变速时，若出现齿轮相碰声，应待主轴停稳后再变速，以免损坏齿轮。主轴转动时严禁变速。

（2）进给变速

进给变速箱是一个独立的部件，装在升降台的左侧，有 23.5 ~ 1 180 mm/min 共 18 种进给速度。进给速度的变换由进给箱来控制，其操作部分装在进给箱的前面，如图 3–24 所示。

图 3–24 进给变速操作部分

1—蘑菇形手柄 2—转速盘 3—指示箭头

变换进给速度的操作步骤如图 3–25 所示。

图 3–25 变换进给速度的操作步骤

4. 工作台机动进给

（1）纵向机动进给

纵向机动进给手柄在工作台中间位置，手柄有三个位置，分别是向左进给、停止和向右进给，如图 3–26 所示。向右扳动手柄时，工作台向右进给；手柄扳至中间时，工作台停止；向左扳动手柄时，工作台向左进给。

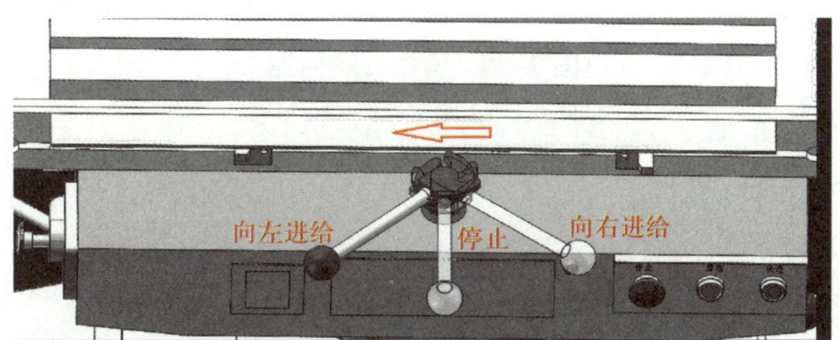

图 3–26 工作台纵向机动进给操作

（2）升降（垂向）及横向机动进给

升降（垂向）及横向机动进给手柄在滑鞍左侧进给变速箱上方，手柄有五个位置，分别是向上、向下、向前、向后及停止。当手柄向上扳时，工作台向上进给，反之向下；当手柄向前扳时，工作台向里进给，反之向外；当手柄处于中间位置时，机动进给停止，如图 3–27 所示。

图 3–27 工作台升降（垂向）及横向机动进给操作

（3）工作台快速移动

快速进给按钮是启动按钮和停止按钮附近的一个按钮，要使工作台快速移动，先接通相应方向的机动进给手柄，再按住该按钮，工作台即按原运动方向快速移动，放开快速进给按钮，快速进给立即停止，仍以原进给速度继续进给。

5. 铣床操作注意事项

（1）严格遵守安全操作规程，不准做与训练内容无关的其他操作。

（2）必须按照规定的步骤和要求进行操作，不得频繁启动主轴。

（3）练习完毕应认真擦拭机床，使工作台处于各进给方向中间位置，各手柄恢复原来位置，关闭机床电源开关。

（4）工作台移动时，不能超过各方位的行程极限，如果超过行程极限，需要立即关闭机床电源，松开挡块后进行手动复位。

二、安装带孔铣刀

在 X5032 型立式升降台铣床上常用带孔刀具主要是套式面铣刀。

1. 面铣刀的结构

面铣刀又称端铣刀，用于立式铣床、卧式铣床或龙门铣床上加工平面，面铣刀的端面和圆周上均有刀齿，也有粗齿和细齿之分，其结构有整体式、镶齿式和可转位式三种，如图 3–28 所示。

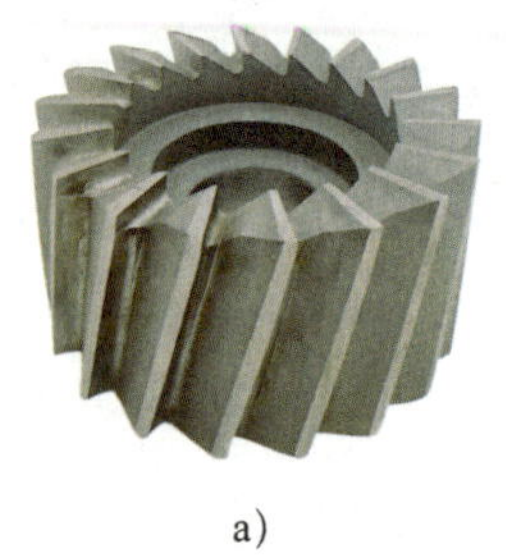

a）

b）

c）

图 3–28 面铣刀的种类

a）整体式 b）镶齿式 c）可转位式

2. 套式面铣刀铣刀杆的结构

套式面铣刀铣刀杆的结构有轴向带键槽式、端面带凸键式两种形式，端面带凸键式又分为整体式和分体式两种，如图 3–29 所示。

3. 套式面铣刀的安装

套式面铣刀有内孔带键槽和端面带键槽两种结构形式，安装时分别采用轴向带键槽的铣刀杆和端面带键槽的铣刀杆。安装铣刀时，要先擦净铣刀内孔、端面和铣刀杆圆柱面，具体安装方法如下：

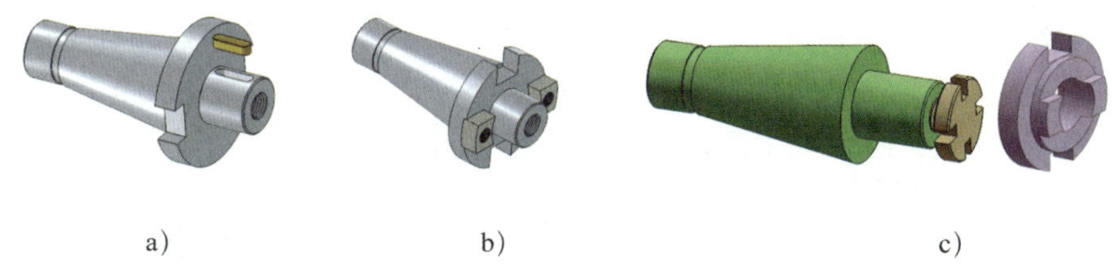

图 3-29 铣刀杆的结构

a）轴向带键槽式 b）分体式端面带凸键式 c）整体式端面带凸键式

（1）安装内孔带键槽的铣刀时，将铣刀内孔的键槽对准铣刀杆上的键装入铣刀，然后旋入紧刀螺钉，用叉形扳手将铣刀紧固。图 3-30 所示为内孔带键槽铣刀的安装分解图。

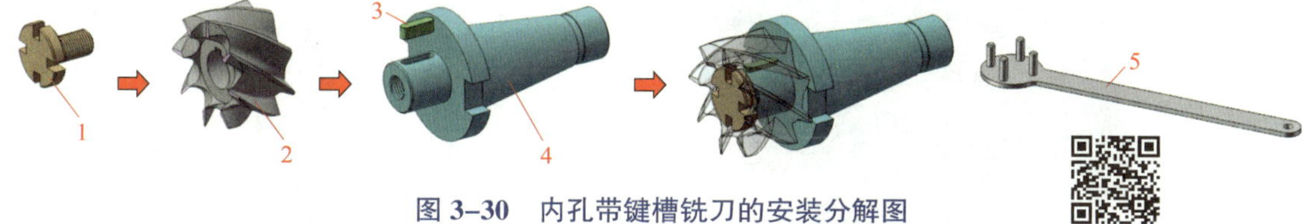

图 3-30 内孔带键槽铣刀的安装分解图

1—紧刀螺钉 2—铣刀 3—键 4—铣刀杆 5—叉形扳手

（2）安装端面带键槽的铣刀时，将铣刀端面上的槽对准铣刀杆端面上的凸键，装入铣刀，然后旋入紧刀螺钉，用叉形扳手将铣刀紧固。图 3-31 所示为端面带键槽铣刀的安装分解图。

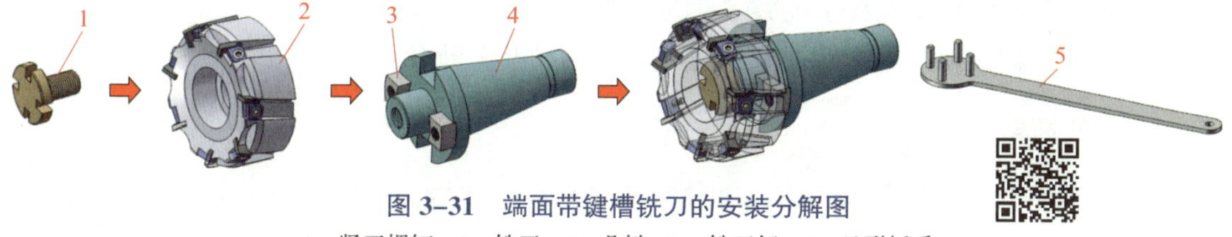

图 3-31 端面带键槽铣刀的安装分解图

1—紧刀螺钉 2—铣刀 3—凸键 4—铣刀杆 5—叉形扳手

4. 立式铣床上铣刀杆的安装

（1）将主轴转速调整到最低或者将主轴锁紧。

（2）擦净铣床主轴孔和铣刀杆的锥柄，以免污物影响铣刀杆的安装精度。

（3）检查安装刀具所需的全部配件和工具，在 X5032 型立式升降台铣床上安装面铣刀用的各种配件和工具如图 3-32 所示。

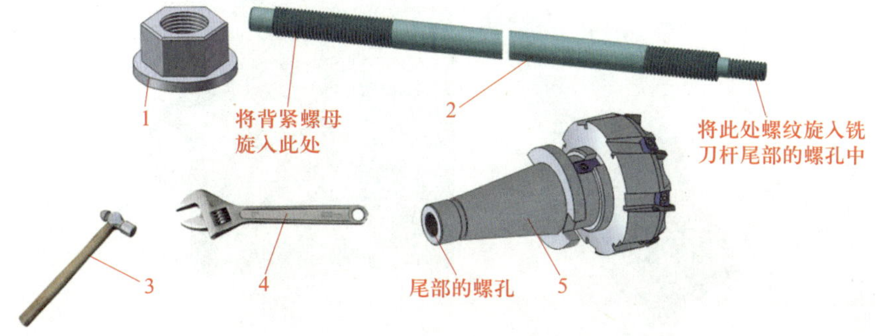

图 3-32 安装面铣刀用的各种配件和工具

1—背紧螺母 2—拉紧螺杆 3—锤子 4—活扳手 5—铣刀杆

（4）安装铣刀杆。右手将铣刀杆的锥柄装入主轴孔内，此时铣刀杆凸缘上的缺口（槽）应对准主轴端部的凸键；左手转动主轴孔内的拉紧螺杆，使其前端的螺纹部分旋入铣刀杆的螺孔中，X5032 型立式升降台铣床铣刀杆安装结构如图 3–33 所示。

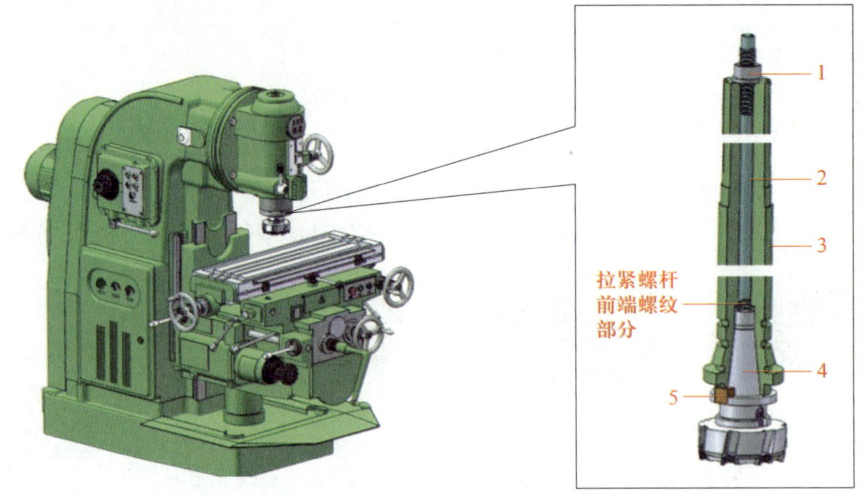

图 3–33　X5032 型立式升降台铣床铣刀杆安装结构

1—背紧螺母　2—拉紧螺杆　3—主轴　4—锥柄　5—主轴端部凸键

（5）用扳手旋紧拉紧螺杆上的背紧螺母，将铣刀杆拉紧在主轴孔内。

（6）调整主轴转速至常用转速或将主轴上的制动开关断开。

三、安装带柄铣刀

锥柄铣刀的柄部采用莫氏锥度，如莫氏 1 号、莫氏 2 号、莫氏 3 号、莫氏 4 号和莫氏 5 号共五种；直柄铣刀的柄部为圆柱形，见表 3–5。

1. 锥柄铣刀的安装

在铣刀柄部的锥度与主轴锥孔的锥度相同的前提下（柄部锥度为 7 ∶ 24），先把主轴锥孔和铣刀锥柄擦干净，将铣刀锥柄插入主轴锥孔内，然后用活扳手旋紧拉紧螺杆，用背紧螺母紧固铣刀，如图 3–34 所示。

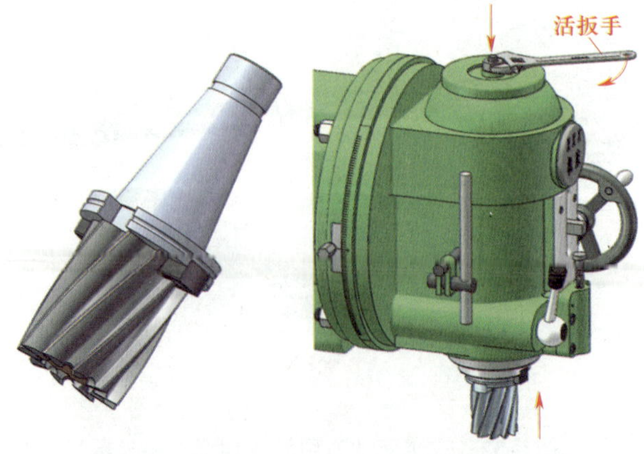

图 3–34　锥度为 7 ∶ 24 的锥柄铣刀的安装

如果铣刀柄部的锥度与主轴锥孔的锥度不同时，需借助过渡锥套安装铣刀，如图 3–35 所示。过渡锥套的外圆锥度与主轴锥孔的锥度相同，而内孔锥度与铣刀锥柄的锥度相同。最后将铣刀连同过渡锥套一起插入主轴锥孔内，并用拉杆扳手旋紧拉紧螺杆，紧固铣刀。

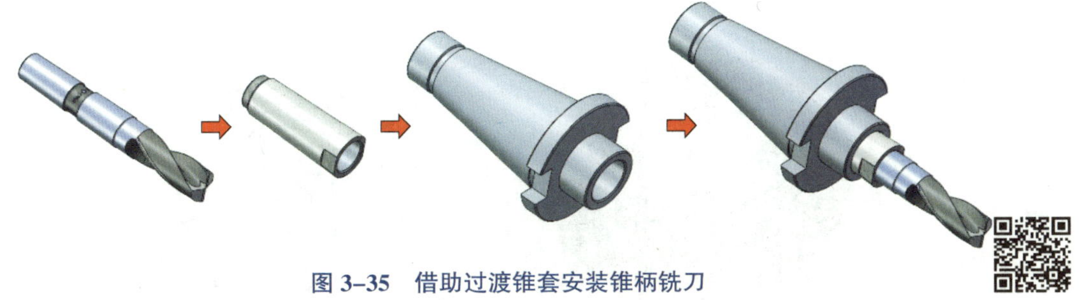

图 3–35 借助过渡锥套安装锥柄铣刀

2. 直柄铣刀的安装

直柄铣刀一般通过钻夹头或弹簧夹头安装在主轴锥孔内。

（1）如图 3–36 所示，用弹簧夹头安装直柄铣刀时，按铣刀直径选择相同尺寸的弹簧夹套，然后将铣刀柄插入弹簧夹套内，再将其一起装入弹簧夹头的圆锥孔内，用扳手将螺母旋紧，即可将铣刀紧固在弹簧夹头内。

图 3–36 用弹簧夹头安装直柄铣刀

弹簧夹头尾部的锥柄与主轴锥孔一致，此时只要再将弹簧夹头插入主轴锥孔中，然后用拉杆扳手旋紧拉紧螺杆，紧固铣刀。

（2）如图 3–37 所示，用钻夹头安装直柄铣刀时，根据铣刀直径选择合适的装夹范围的钻夹头，旋松钻夹头，将铣刀插入钻夹头内，留合适的长度，然后用专用扳手紧固铣刀。

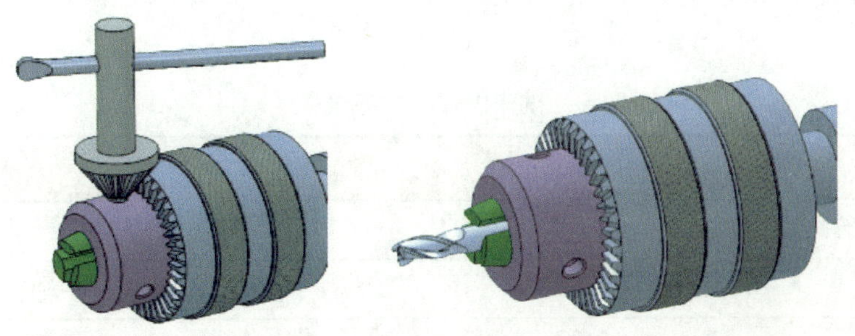

图 3–37 用钻夹头安装直柄铣刀

四、机夹式不重磨铣刀刀片的拆装

机夹式硬质合金不重磨铣刀不需要操作者刃磨，若铣削过程中刀片的切削刃用钝，只需用内六角扳手旋松双头螺柱，即可松开刀片夹紧块，取出刀片，把用钝的刀片转换一个位置（待多边形刀片的每一个切削刃都用钝后，更换新刀片），然后将刀片紧固即可，如图 3–38 所示。

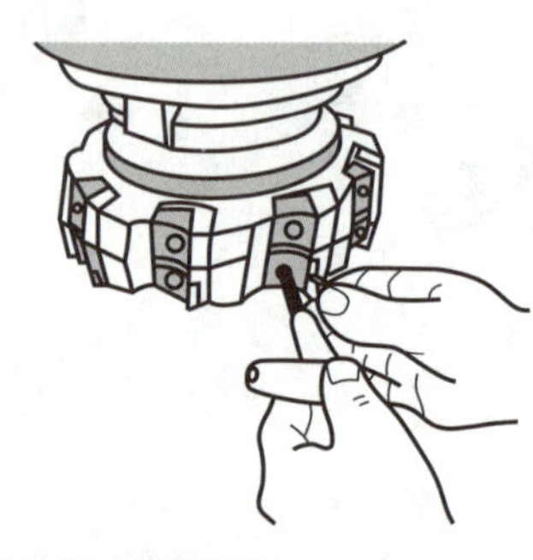

图 3–38 机夹式不重磨铣刀刀片的拆装

1—刀片 2—双头螺柱 3—刀片座 4—刀片座夹紧块 5—刀片夹紧块

使用硬质合金不重磨铣刀，要求机床、夹具刚度高，机床功率大，工件装夹牢固，刀片牌号与被加工工件的材料相适应，刀片用钝后要及时更换。

五、铣刀安装后的检查

铣刀安装后，应进行以下几个方面的检查：

1. 检查铣刀装夹是否牢固，检查铣刀回转方向是否正确。铣刀应向着刀齿前面的方向旋转。

2. 检查刀杆支架轴承孔与铣刀杆支承轴颈的配合间隙是否合适。若间隙过大，铣削时会产生振动；若间隙过小，则铣削时刀杆支架轴承会发热。

3. 用扳手反向转动铣刀，用百分表分别检查铣刀的径向圆跳动和轴向圆跳动，其误差应不超过 0.06 mm。

任务评价

根据任务实施中的操作步骤，由小组其他成员判断其操作的正确性，并将结果记录在表 3–7 中。

表 3–7 铣床操作练习记录

操作内容	记录
1. 铣床的启动和停止操作	
铣床的启动	正确□ 错误□
铣床的停止	正确□ 错误□

续表

操作内容	记录
2. 工作台手动进给操作	
纵向进给	正确□　错误□
横向进给	正确□　错误□
垂向进给	正确□　错误□
3. 主轴变速和进给变速操作	
主轴变速操作	正确□　错误□
进给变速操作	正确□　错误□
4. 工作台机动进给操作	
纵向机动进给	正确□　错误□
横向和垂向机动进给	正确□　错误□
工作台快速移动	正确□　错误□
5. 安装铣刀操作	
套式面铣刀的安装	正确□　错误□
立式铣床上铣刀杆的安装	正确□　错误□
带柄铣刀的安装	正确□　错误□
机夹式不重磨铣刀刀片的拆装	正确□　错误□

任务二　长方体的铣削

学习目标

1. 能描述平面与连接面的工艺要求和铣削工艺方法。
2. 能描述并选择合理的切削用量。
3. 能正确选择刀具和工件的装夹方法。
4. 在教师指导下能制定长方体的铣削加工工艺并进行长方体工件的铣削加工。
5. 遵守安全操作规程，养成安全文明生产的习惯。

任务描述

在 X5032 型立式升降台铣床上加工图 3–39 所示的长方体，毛坯为 80 mm × 40 mm × 50 mm 的 45 钢，加工件数为 1 件。

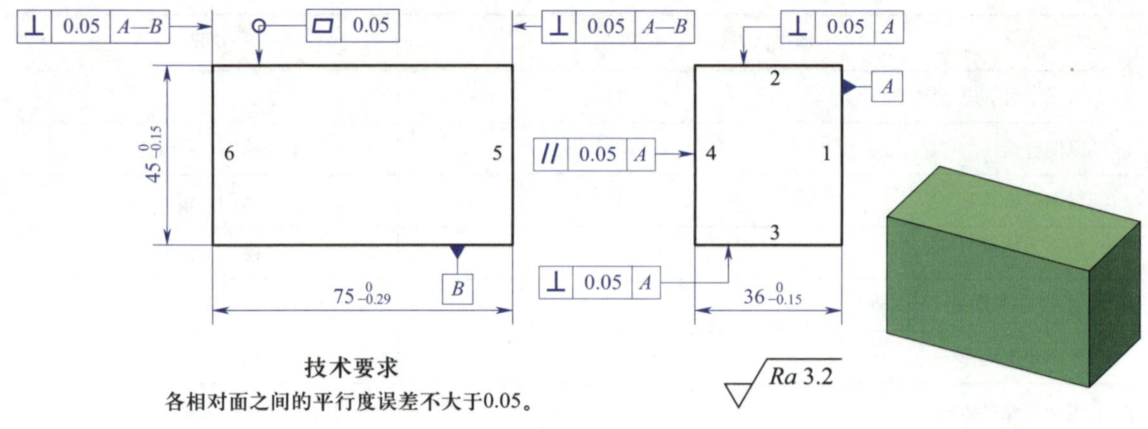

图 3–39 长方体铣削训练图

任务分析

工件可以由许多平面组成，它们互相直接或间接地交接，被称为连接面。相对于各自的基准面，连接面之间有平行、垂直或倾斜的位置关系。当工件表面与其基准面相互平行时，称为平行面；当工件表面与其基准面相互垂直时，称为垂直面；当工件表面与其基准面相互倾斜时，称为斜面。因此，所谓平行面、垂直面或斜面都是相对于基准面而言的，所以应先确定并铣削出一个平面作为基准面。根据对基准面的要求，应选择一个尺寸较大、精度较高的平面作为基准面。由于本任务所加工的工件是图 3–39 所示的长方体，综合分析应选择两个 80 mm × 50 mm 平面中的一个作为第一个被加工的表面——第一基准面。

要完成长方体工件的铣削加工，其操作步骤如下：确定长方体的铣削工艺→选择铣削刀具→安装刀具和工件→铣削基准面→铣削相邻面（垂直面）→铣削垂直面的平行面→铣削基准面的平行面→铣削两端平面。

相关知识

一、铣削用量及其选用

在铣削过程中，所选用的切削用量称为铣削用量。铣削用量包括铣削速度 v_c、进给量 f、铣削深度 a_p 和铣削宽度 a_e，如图 3–40 所示。

铣削时合理选择铣削用量，与保证工件的加工精度和表面质量、提高生产效率、延长铣刀的使用寿命、降低生产成本都有着密切的关系。

1. 铣削深度 a_p

铣削深度 a_p 是指在平行于铣刀轴线方向上测得的切削层尺寸，单位为 mm。

2. 铣削宽度 a_e

铣削宽度 a_e 是指在垂直于铣刀轴线方向和工件进给方向上测得的切削层尺寸，单位为 mm。

铣削时，由于采用的铣削方法和选用的铣刀不同，铣削深度 a_p 和铣削宽度 a_e 的表示也不同。图 3–40 所示为用圆柱铣刀进行周铣与用面铣刀进行端铣时铣削深度和铣削宽度的表示方法。不难看出，无论是采用周铣还是端铣，铣削宽度 a_e 都表示铣削弧深。因为无论使用哪一种铣刀铣削，其铣削弧深的方向均垂直于铣刀轴线。

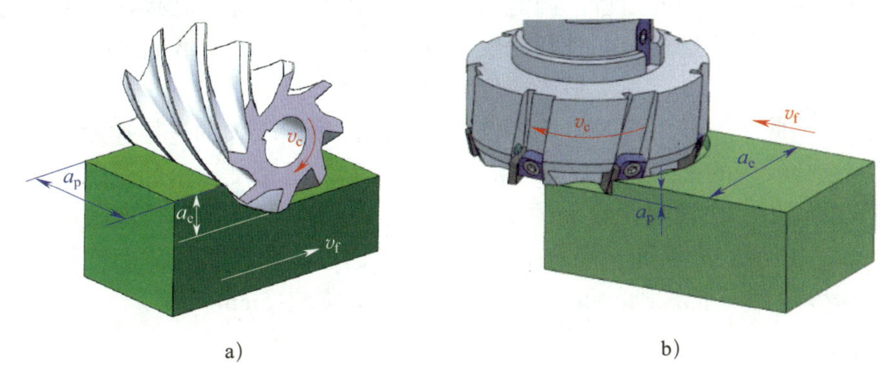

图 3–40 周铣与端铣时的铣削用量

a）周铣 b）端铣

3. 铣削速度 v_c

铣削速度是指铣刀切削刃上某选定点相对于工件被加工表面的主运动的瞬时速度。铣削速度用 v_c 表示，单位为 m/min。在实际工作中，应先选好合适的铣削速度，然后根据铣刀直径计算出转速，它们的相互关系如下：

$$v_c = \frac{\pi d_0 n}{1\ 000}$$

或

$$n = \frac{1\ 000 v_c}{\pi d_0}$$

式中 v_c——铣削速度，m/min；

d_0——铣刀直径，mm；

n——铣刀转速，r/min。

4. 进给量 f

进给量是指刀具在进给运动方向上相对于工件的移位量，可用刀具或工件每转或每行程的移位量来表述和度量，进给量的表示方法有以下三种：

（1）每齿进给量

每齿进给量是指多齿刀具每转或每行程中每齿相对于工件在进给运动方向上的移位量，用符号 f_z 表示，单位为 mm/ 齿，每齿进给量是选择铣削进给速度的依据。

（2）每转进给量

铣刀每转一周，工件相对于铣刀所移动的距离称为每转进给量，用符号 f 表示，单位为 mm/r。

（3）每分钟进给量

每分钟进给量又称进给速度，是指 1 min 内工件相对于铣刀所移动的距离，用符号 v_f 表示，单位为 mm/min。每分钟进给量是调整机床进给速度的依据。

以上三种进给量的关系如下：

$$v_f = fn = f_z zn$$

式中 z——铣刀齿数；

n——铣刀转速，r/min。

在铣削过程中，如果能在一定的时间内切除较多的金属，就有较高的生产效率。显然，增大铣削深度、铣削速度和进给量，都能增加金属切除量。但是，影响刀具寿命最显著的因素是铣削速度，其次是进给量，而铣削深度影响最小。所以，为了保证必要的刀具寿命，应当优先采用较大的铣削深度，其次是选择较大的进给量，最后才是根据刀具寿命要求选择适宜的铣削速度。因此，一般粗铣时应选择较大的铣削深度、较大的进给速度和适宜的铣削速度；精铣时应选择较高的铣削速度、较小的进给速度和满足精度要求的铣削深度。

采用周铣时，可一次铣削比较深的切削层余量（a_e），但受铣刀长度限制，不能铣削太宽的平面（a_p），切削效率较低；端铣平面时，可以通过选取大直径的面铣刀来满足较宽的切削层宽度（a_e）要求，但铣削深度（a_p）较小，一般取 3 ~ 5mm。

二、工件的装夹

1. 装夹工件的基本要求

（1）夹紧力不应破坏工件定位时所处的正确位置。

（2）尽量减少装夹次数，尽可能做到在一次定位后就能加工出全部的待加工表面。

（3）因夹紧力所产生的工件变形和表面损伤不应超过所允许的范围。

（4）夹紧机构应能调节夹紧力的大小。

（5）夹具应具有动作快、体积小、操作方便、安全等优点，而且要有足够的强度和刚度，防止夹具在装夹时变形。

（6）夹紧力的大小应能保证加工过程中工件位置不发生变化。

2. 用机用虎钳装夹工件

铣削一般长方体工件的平面、斜面、台阶或轴类工件的键槽时，都可以用机用虎钳装夹工件。

（1）装夹矩形毛坯

选择毛坯上一个大而平整的毛坯面作为粗基准，将其靠在机用虎钳的固定钳口上。在钳口与毛坯之间应垫铜皮，以防止损伤钳口，如图 3–41 所示。

为了保证毛坯加工表面切削余量均匀，在装夹时先用适当的力夹住毛坯，然后用划线盘校正毛坯上表面的位置，符合要求后再夹紧毛坯，如图 3–42 所示。校正时，毛坯不宜夹得太紧；否则无法校正毛坯的位置。

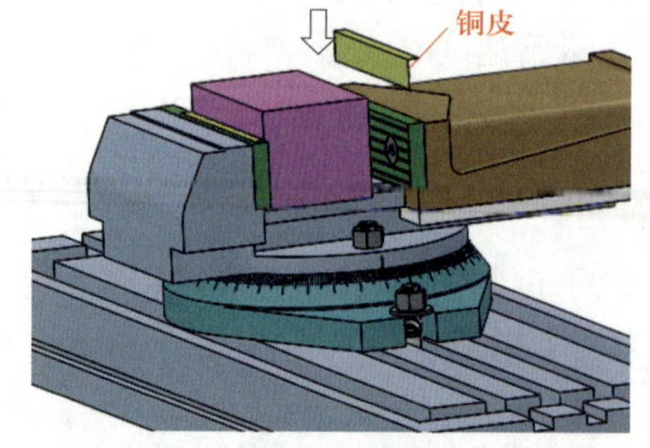

图 3–41 用机用虎钳装夹矩形毛坯

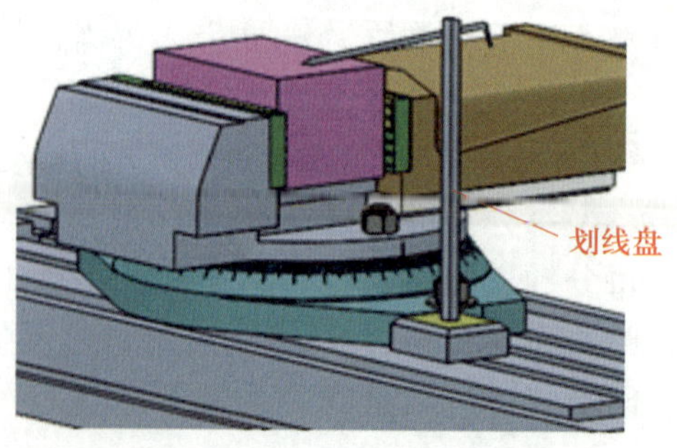

图 3–42 校正毛坯

（2）装夹有基准面的矩形工件

若工件有已加工好的基准面，此时以机用虎钳固定钳口作为定位基准，将工件的基准面靠向固定钳口面，并在其活动钳口与工件间放置一圆棒。圆棒要与钳口的上平面平行，其位置应在工件被夹持部分高度的中间偏上。通过圆棒夹紧工件，能保证工件的基准面与固定钳口面密合，如图 3–43 所示。

（3）装夹与基准面有垂直关系的矩形工件

装夹与基准面有垂直关系的矩形工件时，用钳体导轨平面作为定位基准，将工件的基准面靠向钳体导轨面。在工件与钳体导轨面之间要加垫平行垫铁，如图 3–44 所示。为了使工件基准面与钳体导轨面平行，工件夹紧后，可用铝棒或铜棒轻击工件上表面，并用手试着移动平行垫铁。当平行垫铁不再松动时，表明平行垫铁与工件、钳体导轨面三者密合较好。要使工件贴紧在平行垫铁上，应一边夹紧，一边用锤子轻击工件的上表面，光洁的表面要用铜棒进行敲击，以防止敲伤光洁表面。若用力过大，会产生反作用力而影响工件与平行垫铁的密合。

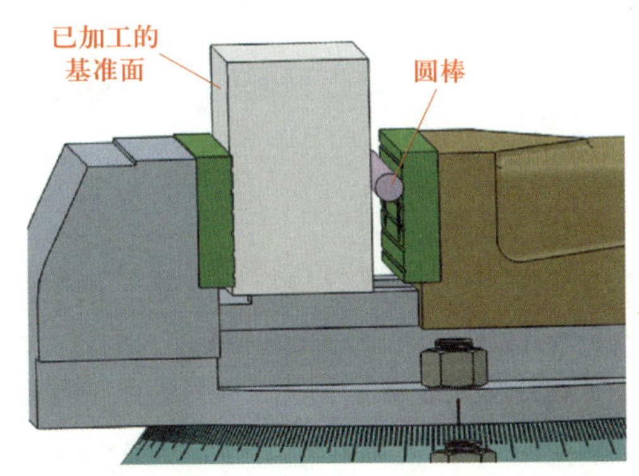

图 3–43 用机用虎钳装夹有基准面的矩形工件

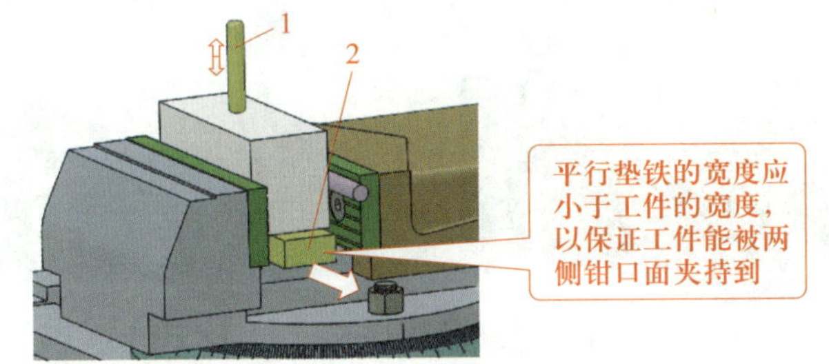

图 3–44 用机用虎钳装夹与基准面有垂直关系的矩形工件

1—铜棒 2—平行垫铁

三、平面的铣削

在铣床上铣削工件时，由于铣刀的结构不同，工件上所加工的部位不同，因此具体切削方式、方法也不一样，根据铣刀在切削时切削刃与工件的接触位置不同，铣削方法可分为周边铣削法、端面铣削法以及周铣与端铣同时进行的混合铣削。

平面的铣削方法主要有周边铣削法和端面铣削法两种。

1. 周边铣削法

周边铣削法（简称周铣，见图 3–45）是指使用铣刀周边齿刃进行的铣削。周铣后工件的平面度主要取决于铣刀的圆柱素线是否直，因此，在精铣平面时铣刀的圆柱度精度一定要高。

根据铣刀切削部位产生的切削力与进给方向间的关系，按铣削方式不同，周铣可分为顺铣和逆铣。

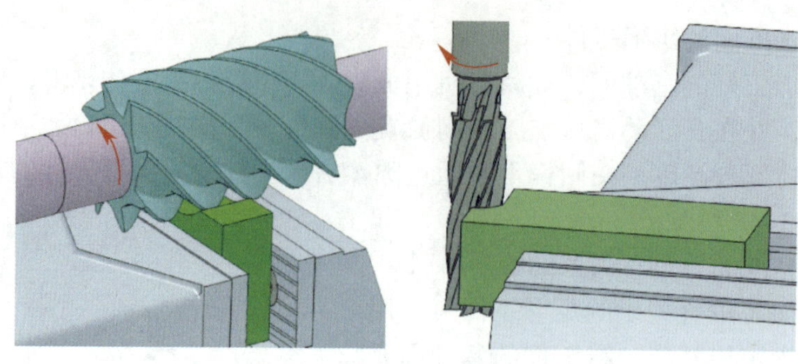

图 3–45 周边铣削法

（1）顺铣

顺铣是指在铣刀与工件已加工面的切点处，铣刀圆周切削刃的运动方向与工件进给方向相同的铣削方式，如图 3–46a 所示。

（2）逆铣

逆铣是指在铣刀与工件已加工面的切点处，铣刀圆周切削刃的运动方向与工件进给方向相反的铣削方式，如图 3–46b 所示。

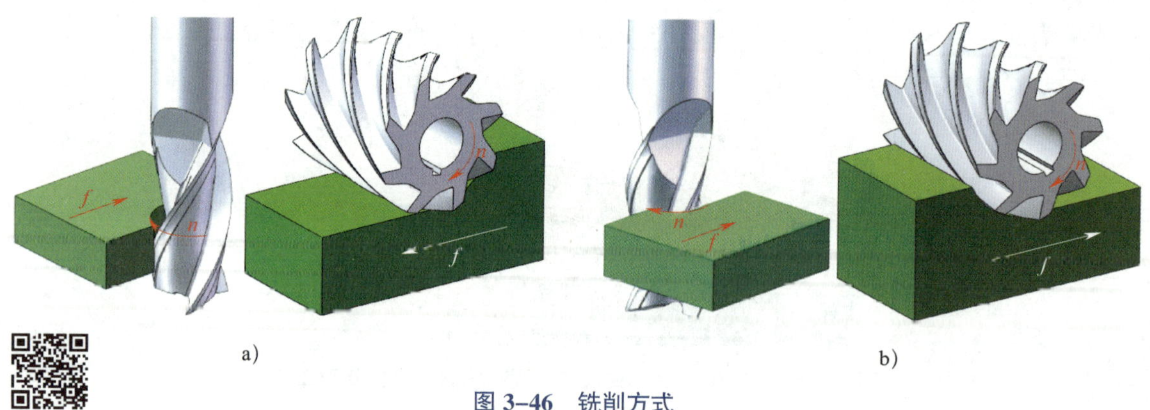

图 3–46 铣削方式

a）顺铣 b）逆铣

特别提示：在区别顺铣、逆铣过程中要牢牢记住观察铣刀与工件已加工面切点处的铣刀圆周切削刃的运动方向与工件进给方向是否相同。

（3）顺铣和逆铣的比较

周铣中顺铣和逆铣的比较见表 3–8。

表 3–8 周铣中顺铣和逆铣的比较

内容	顺铣	逆铣
刀具寿命	切削厚度由最厚逐步减到最薄，开始切削时刀齿不会滑动，易切削金属，刀具寿命较长	切削厚度由零逐渐增至最厚，刀齿必须在加工表面滑动一小段距离才能切入工件，这时产生强烈的摩擦，加工表面硬化，切削温度升高，加快铣刀的磨损

续表

夹紧力	加工时工件受到的垂直分力指向工作台，有稳定工件的作用，夹紧力可用得较小	加工时工件受到的垂直分力指向上方，将工件掀起，因此，所用的夹紧力必须加大
动力消耗	消耗较小	消耗较大
加工表面粗糙度	刀齿和工件没有滑动摩擦，也没有向上的切削分力引起的振动，表面粗糙度值较小	刀齿和工件有滑动摩擦，加工面形成硬化层，工件受向上分力引起周期性振动，表面粗糙度值较大
对机床的要求	切削时受水平方向切削分力的影响，升降台丝杆会产生窜动，造成加工表面深啃、打刀，甚至使机床损坏，对机床的要求特别是对机床丝杆、螺母的配合间隙要求较高	铣削中不会改变丝杆间隙方向，铣削平稳

2. 端面铣削法

端面铣削法（简称端铣，见图 3–47）是指使用铣刀端面齿刃进行的铣削。端铣后工件的平面度主要取决于铣床主轴轴线与进给方向的垂直度。若主轴轴线与进给方向垂直，则铣刀刀尖会在工件表面铣出网状刀纹；若主轴轴线与进给方向不垂直，则铣刀刀尖会在工件表面铣出单向的弧形刀纹，并将工件表面铣出一个凹面。如果铣削时进给方向是从刀尖高的一边移向刀尖低的一边，还会产生“拖刀”现象；若进给方向是从刀尖低的一边移向刀尖高的一边，则无“拖刀”现象。

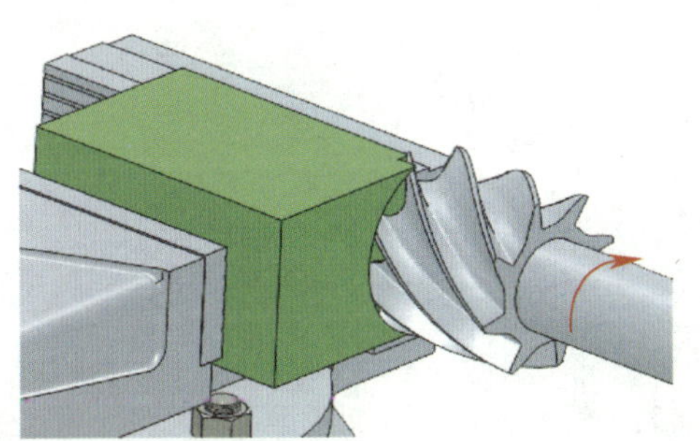
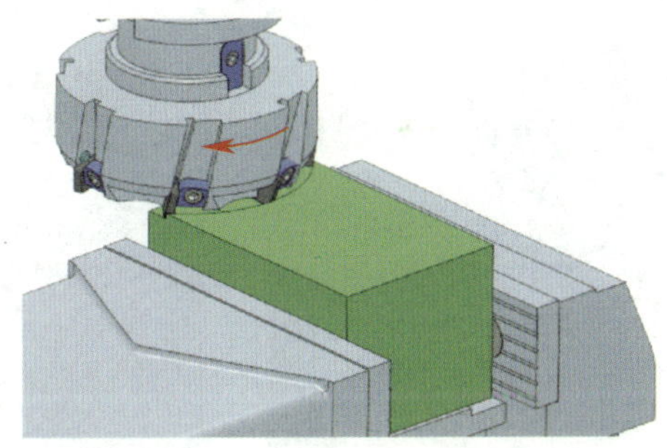

图 3–47 端面铣削

端铣使用的是面铣刀。面铣刀的刀杆短，刚度高，刀片装夹方便，铣削平稳且效率高，适用于进行高速铣削和强力铣削。因此，目前加工平面尤其是加工大平面时，一般都采用端面铣削法。在生产实践中，根据铣削方式不同可将端铣法分为对称铣削和不对称铣削。

（1）对称铣削

铣削宽度 a_e 对称于铣刀轴线的端铣方式称为对称铣削。铣削时，以轴线为对称中心，切入边与切出边所占的铣削宽度相等，切入边为逆铣，切出边为顺铣，如图 3–48a 所示。

（2）不对称铣削

铣削宽度 a_e 不对称于铣刀轴线的端铣方式称为不对称铣削。按切入边和切出边所占铣削宽度的比例不同，非对称铣削又分为不对称逆铣和不对称顺铣两种，如图 3–48b、c 所示。

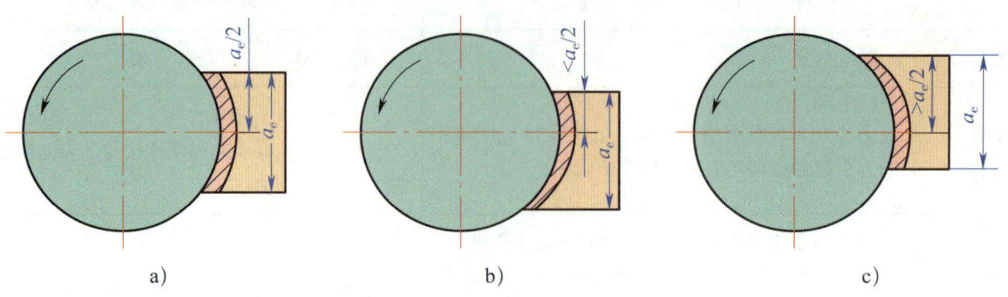

图 3–48　端铣的分类

a）对称铣削　b）不对称逆铣　c）不对称顺铣

3. 平面铣削操作步骤

用机用虎钳装夹工件，调整工作台，使铣刀处于工件上方，并尽量使工件和铣刀处于对称铣削的位置。铣刀轻轻擦到工件上表面对刀后即将工作台纵向退出，将工作台垂向上升进给，铣削深度的大小通过垂向刻度盘进行控制及调整，刻度盘每格进给量为 0.05 mm，对刀及端铣平面的步骤如图 3–49 所示。

若加工相对面，还要控制平行面之间的尺寸，此时在对刀后要进行试切削，测量并调整切削余量，试切步骤如图 3–50 所示。

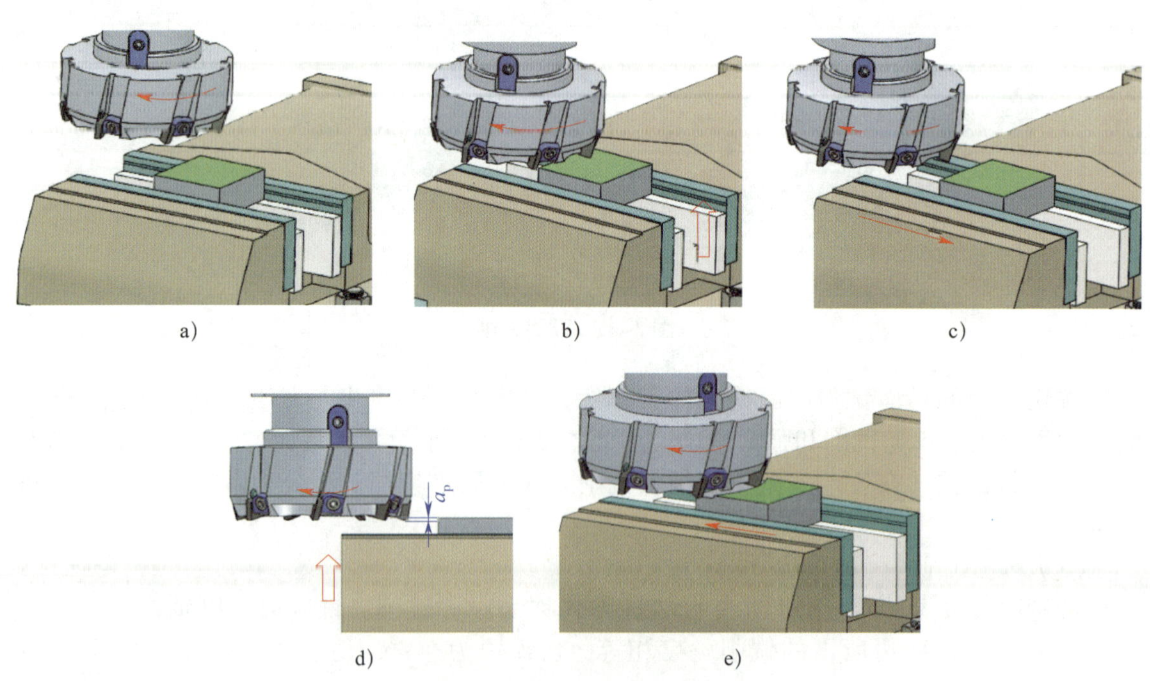

图 3–49　对刀及端铣平面的步骤

a）刀具旋转，置于工件上方　b）工件上移，使铣刀擦到工件上表面　c）工作台纵向退出

d）工作台上移 a_p　e）纵向进给，直至切削完整个表面

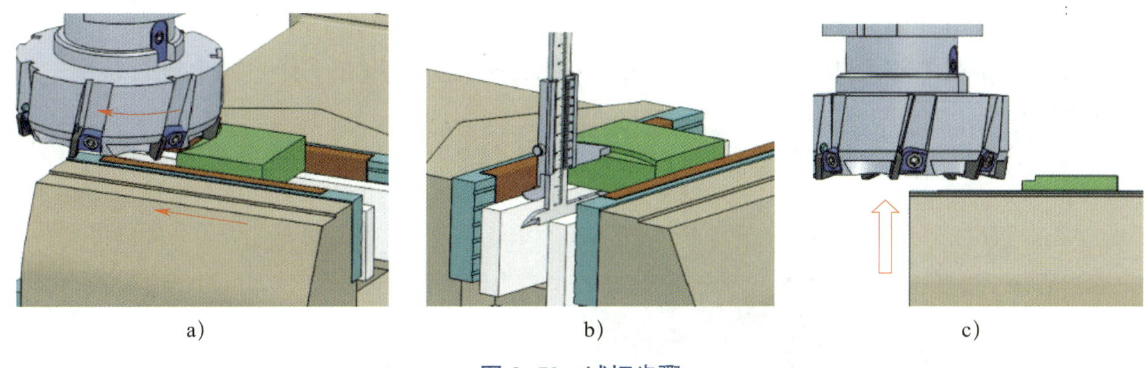

图 3–50 试切步骤

a）工作台纵向进给，试切一个缺口后退出工件 b）观察试切切口情况，测量并确认实际切削余量
c）根据测量的实际切削余量上移工作台，进刀至铣掉全部切削余量，留出精铣余量即可

四、垂直面的铣削

铣削与基准面相互垂直的平面称为铣削垂直面。垂直面铣削除了像平面铣削那样需要保证其平面度和表面粗糙度的要求，还需要保证相对于基准面的位置精度，即垂直度要求。

铣削垂直面时关键的问题是保证工件定位准确、可靠，当工件装夹在机用虎钳上时，要保证基准面与固定钳口紧贴并在铣削时不产生移动。因此，在装夹时可采取以下措施：

1. 利用圆棒消除过定位

将固定钳口和工件的定位基准面擦拭干净，将工件的基准面紧贴固定钳口，并在工件与活动钳口之间、位于活动钳口一侧中心偏上的位置加一根圆棒，以保证工件的基准面在夹紧后仍然与固定钳口贴合。

2. 按工件情况确定机用虎钳的钳口方向

在卧式铣床上铣削垂直面，装夹工件时钳口的方向可与工作台进给方向垂直，如图 3–51a 所示，其目的是使铣削时切削力朝向固定钳口，以保证铣削过程中工件的位置不发生移动。但对于较薄或较长的工件，则一般采用钳口的方向与工作台纵向进给方向平行的方法，如图 3–51b 所示。

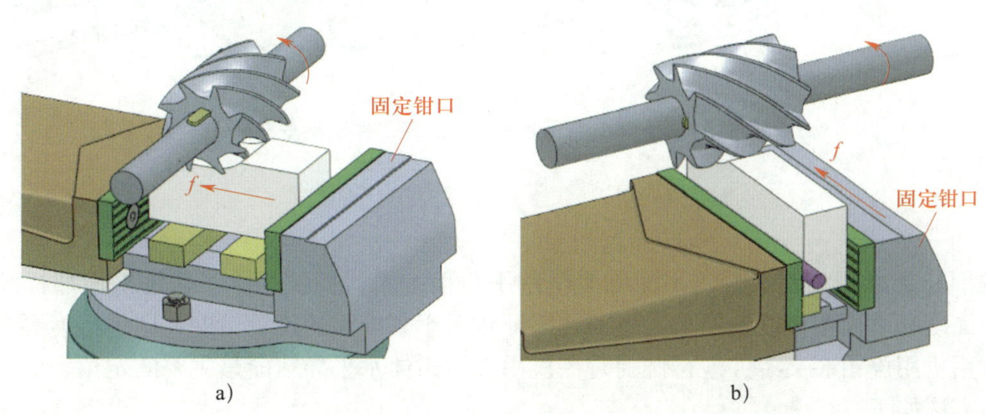

图 3–51 在卧式铣床上铣削垂直面时工件的装夹方法

3. 正确装夹薄而宽大的工件

对于薄而宽大的工件可选择用直角铁装夹或直接将其装夹在工作台面上进行铣削，如图 3–52 所示。

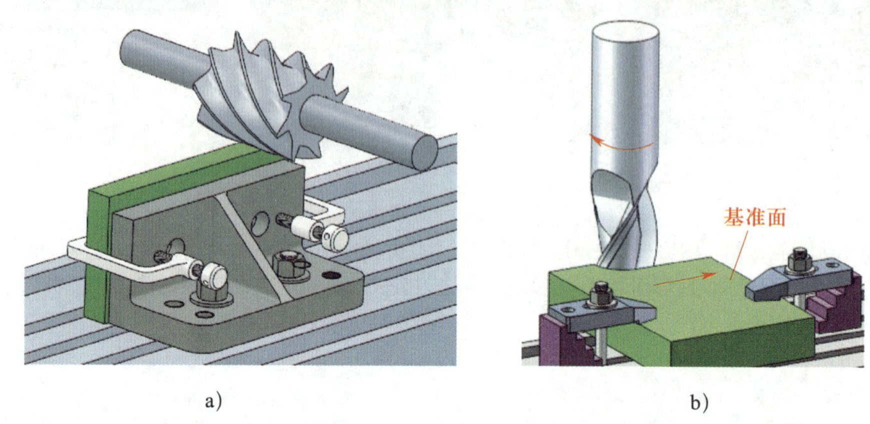

图 3–52 薄而宽大的工件在工作台面上的装夹方法

a）用直角铁装夹 b）直接装夹在工作台面上

4. 利用靠铁装夹基准面窄长的工件

若工件的基准面窄长，可用靠铁进行定位，在卧式铣床的工作台面上装夹工件，然后采用端铣的方法铣削垂直面。用压板轻轻压住靠铁，再用百分表校正其定位基准面，使该基准面与工作台横向进给方向平行，然后将工件的基准面靠向靠铁的定位基准面，如图 3–53 所示。用此方法铣出的表面，可同时保证与靠铁和工作台面相接触的两个基准面相互垂直。

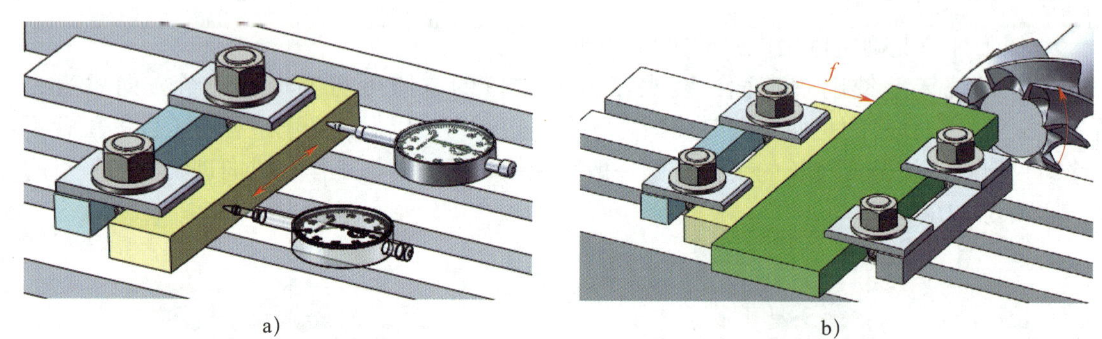

图 3–53 在工作台面上用靠铁装夹工件铣削垂直面

五、平行面的铣削

铣削与基准面相互平行的平面称为铣削平行面。平行面铣削除了像铣平面那样需要保证其平面度和表面粗糙度的要求，还需要保证相对于基准面的位置精度，即平行度要求。因此，在用机用虎钳装夹工件进行铣削时，机用虎钳钳体水平导轨面是主要的定位表面，铣削时装夹方法如下：

1. 用机用虎钳装夹工件

由于铣削时以钳体水平导轨面为定位基准，因此，要先检测钳体水平导轨面与相应工作台移动方向的平行度是否符合要求。若不平行，可采取在钳体水平导轨面或底座上加垫纸片的方法加以校正；若平行，可直接将工件基准面放置在钳体水平导轨面或平行垫铁表面，夹紧后加工平行面。

2. 有台阶工件的装夹方法

若工件上有台阶，可直接用压板将工件装夹在立式铣床的工作台面上，使工件基准面与工作台面贴合后铣削平行面。为了防止工件在铣削力作用下产生位移，可在没有布置压板且迎着铣削力方向的侧面设置挡块，以避免工件在铣削过程中产生位移，如图 3–54 所示。

3. 扁平状工件的装夹方法

若工件为面积较大的扁平状，且铣削以侧面为基准面的平行面时，可用定位键定位（定位键一般放两个），若底面与基准面不垂直，则须通过底面垫铜皮或垫片的方法进行校准；若底面与基准面垂直，则可同时保证铣出的平面与基准面平行且与底面垂直，工件的装夹方法如图 3–55 所示。

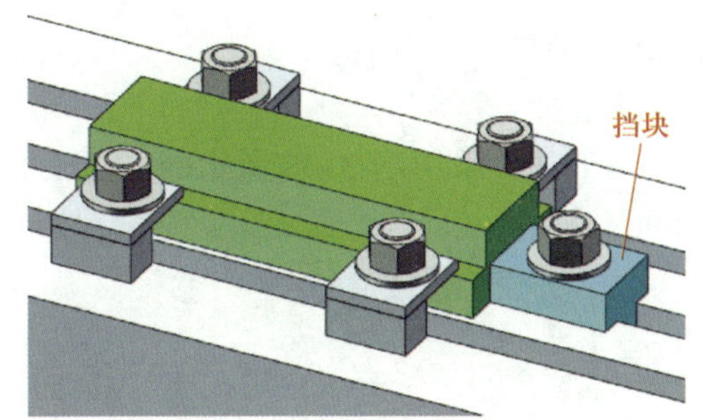

图 3–54 端铣带台阶的平行面

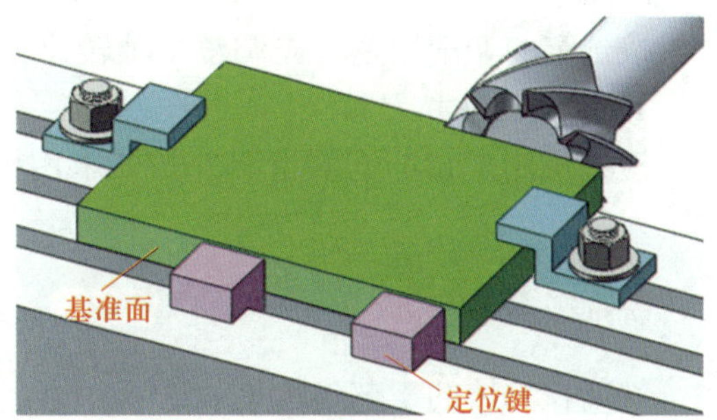

图 3–55 面积较大的扁平状工件在工作台面上的装夹方法

任务实施

一、准备工作

1. 选择刀具

根据图样给定的工件尺寸选择可转位面铣刀的规格，现选用外径为 125 mm 和 63 mm 的可转位面铣刀分别铣削大平面和侧面，也可只选外径为 125 mm 的铣刀，可减少换刀次数。根据工件材料，选用 K20 硬质合金，SPAN 型（方形）刀片，刀齿数为 7。

2. 选择切削用量

按工件材料（45 钢）和铣刀的规格选择、计算及调整切削用量。

（1）粗铣时选取铣削速度 v=80 m/min，每齿进给量 f_z=0.15 mm/ 齿，则铣床主轴转速为：

$$n_1=\frac{1\ 000v}{\pi D}\approx\frac{1\ 000\times 80\ \text{m/min}}{(3.14\times 125)\ \text{mm/r}}\approx 203.82\ \text{r/min}$$

根据计算所得的主轴转速，结合铣床主轴变速手柄，实际选择主轴转速为 235 r/min。

每分钟进给量为：

$$v_{f1}=f_z zn=(0.15\times7)\ \text{mm/r}\times235\ \text{r/min}=246.75\ \text{mm/min}$$

根据计算进给量，结合铣床进给变速手柄，实际选择进给速度为 235 mm/min，考虑安全等因素，初学者也可以选择手动进给。

（2）精铣时选取铣削速度 v=90 m/min，每齿进给量 f_z=0.05 mm/ 齿，则铣床主轴转速为：

$$n_1=\frac{1\ 000v}{\pi D}\approx\frac{1\ 000\times90\ \text{m/min}}{(3.14\times125)\ \text{mm/r}}\approx229.30\ \text{r/min}$$

根据计算所得的主轴转速，结合铣床主轴变速手柄，实际选择主轴转速为 235 r/min。

每分钟进给量为：

$$v_{f1}=f_z zn=(0.05\times7)\ \text{mm/r}\times235\ \text{r/min}=82.25\ \text{mm/min}$$

根据计算进给量，结合铣床进给变速手柄，实际选择进给速度为 90 mm/min。

（3）粗铣时铣削层深度 a_p=2 mm，精铣时铣削层深度 a_p=0.5 mm。铣削层宽度分别为当前加工面的宽度。

3. 调整机床

按选定的切削用量，先调整主轴转速，然后调整进给速度。

4. 装夹工件和刀具

检查机用虎钳的安装情况并按要求用机用虎钳装夹工件，采用图 3-38 所示的方法安装面铣刀。

二、铣削长方体

铣削长方体的工艺过程见表 3-9。

表 3-9　铣削长方体的工艺过程

步骤	加工内容描述	图示
1	铣削基准面	
（1）	装夹工件并校正： 将基准面的相邻面 3 作为粗基准，靠在固定钳口面上。最好在钳口与工件之间垫上铜皮，以便于做微量调整且不至于损伤钳口面。用划线盘校正毛坯上表面位置，使上表面与划针尖的间隙各处基本保持一致后夹紧工件。校正时工件不宜夹得太紧	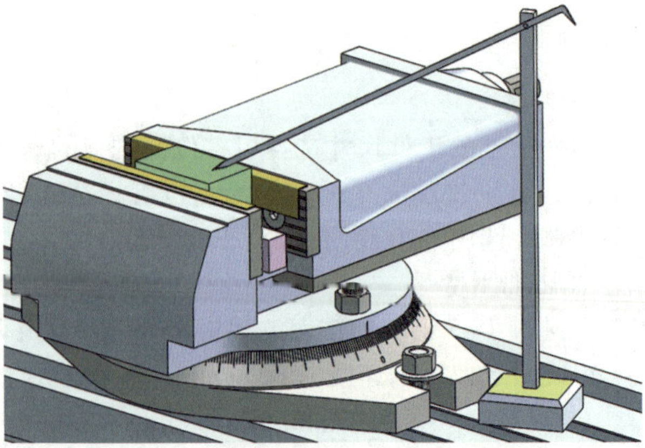

续表

步骤	加工内容描述	图示
（2）	铣削基准面（见图 3–39 中面 1）： 铣刀轻轻擦到工件上表面后即将工作台纵向退出，将工作台垂向上升 0.5 ~ 1 mm，保证铣削后平面内无黑皮即可，尽可能将余量留给相对面。采用逆铣的方式机动进给进行铣削，铣出该平面。加工完毕先停车，再退出工件	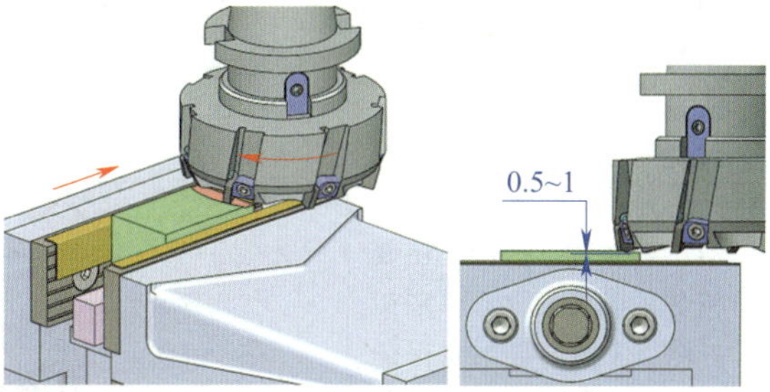 0.5~1
（3）	检测平面度： 用刀口形直角尺检测所加工平面的平面度，合格后卸下工件，锉修毛刺	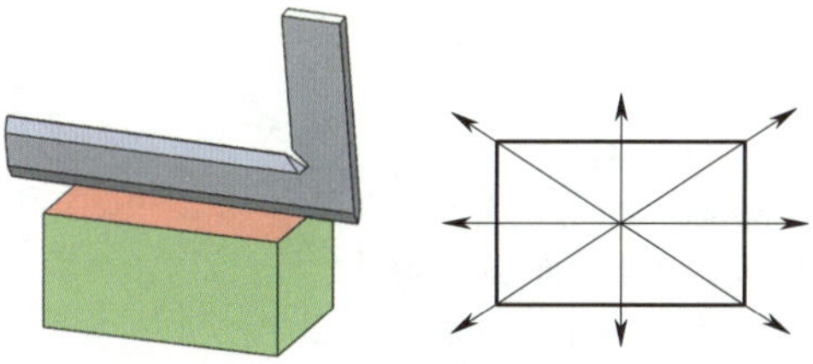
2	铣削相邻面（见图 3–39 中的面 2）	
（1）	铣削相邻面： 以铣好的第一基准面 1 为基准铣削相邻的垂直面 2，将铣出的垂直面作为第二基准面用	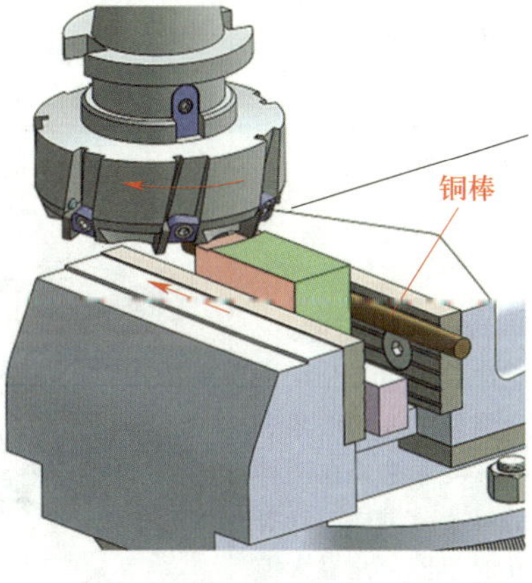 铜棒
（2）	检测垂直度： 用刀口形直角尺检测所加工表面的平面度及其与基准面的垂直度，合格后卸下工件，锉修毛刺	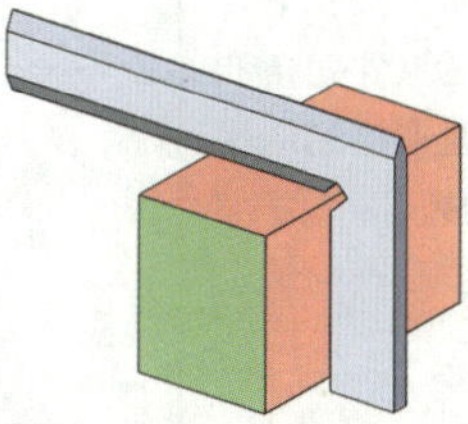

续表

步骤	加工内容描述	图示
3	铣削相对面（见图 3–39 中的面 3 和面 4）	
（1）	铣削相对面 3： 在铣削第二基准面 2 的平行面 3 时，应注意所铣的平面不但要与面 2 平行，还要与相邻的基准面 1（固定钳口一侧）垂直，同时要保证两平行平面之间的尺寸精度，即 $45_{-0.15}^{\ 0}$ mm	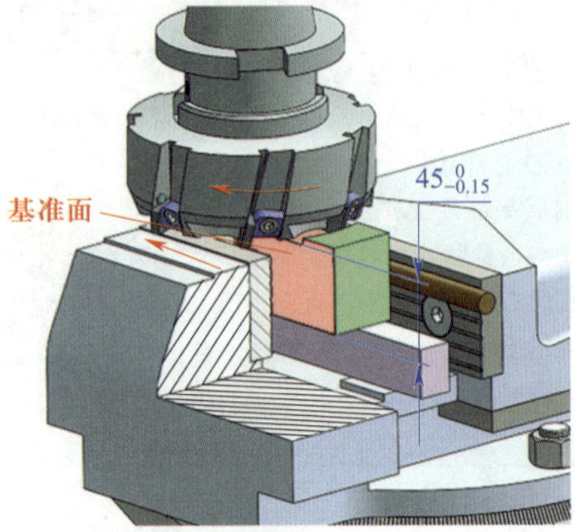 基准面 $45_{-0.15}^{\ 0}$
（2）	铣削相对面 4： 在铣削基准面 1 的平行面 4 时，应注意所铣的平面不但要与基准面 1 平行（基准面朝向钳体水平导轨面），还要与相邻（与两钳口面相贴合的面）的平面垂直，同时要保证两平行平面之间的尺寸精度，即 $36_{-0.15}^{\ 0}$ mm	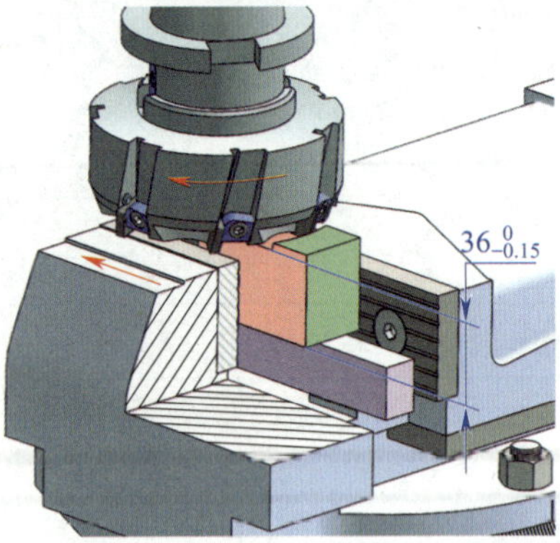 $36_{-0.15}^{\ 0}$
（3）	检测尺寸精度和平行度： 铣削完成后，用千分尺或游标卡尺测量工件的四角和中部，检查尺寸是否在图样所规定的尺寸范围内，计算各处尺寸的差值，其最大差值就是两平面间的平行度误差。另外，也可在检验平台上利用百分表在工件四角和中部的读数差值来检测两平面间的平行度误差	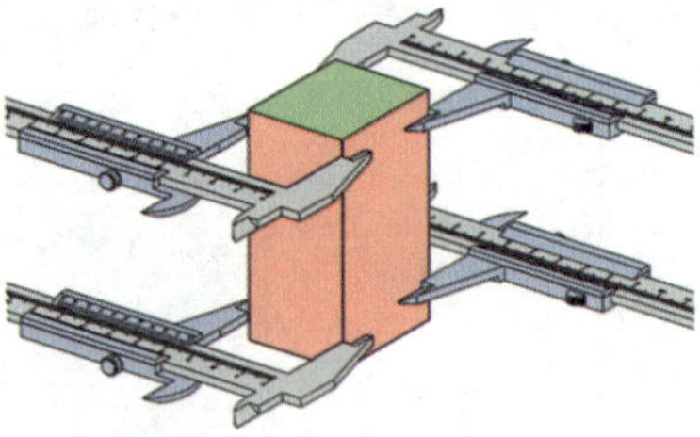 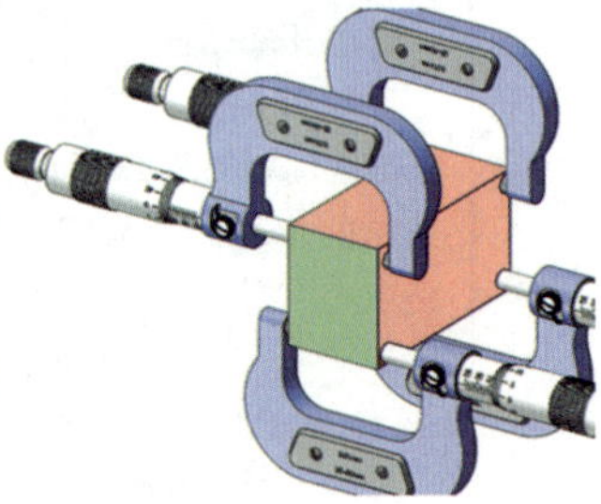 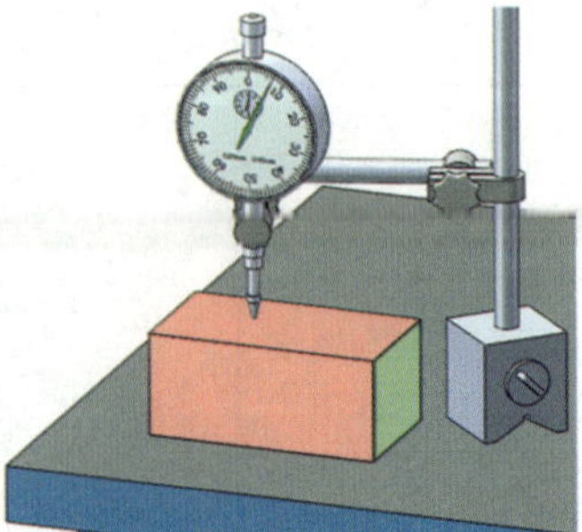

续表

步骤	加工内容描述	图示
4	铣削两端面（见图 3–39 中的面 5 和面 6）	
（1）	装夹工件： 铣削时应先调整机用虎钳的固定钳口与纵向进给方向垂直，以基准面 1（$75_{-0.29}^{0}$ mm × $45_{-0.15}^{0}$ mm）为基准靠向固定钳口，并用直角尺校正工件的侧面（第二基准面 2）与钳体水平导轨面垂直，再进行铣削	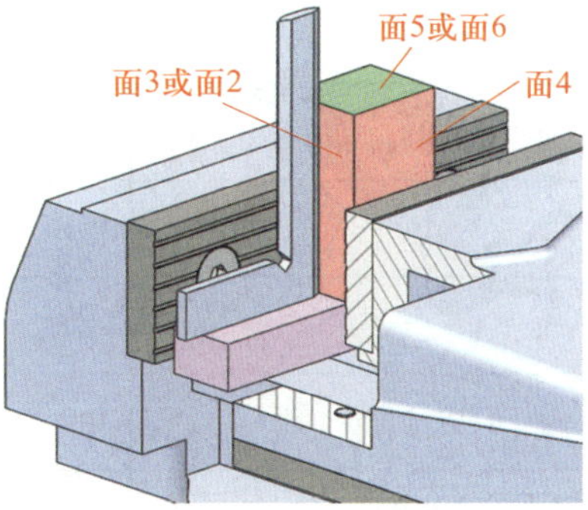
（2）	铣削两端面： 铣削两端面时必须保证其与四个已铣好的平面相互垂直，两端面之间相互平行，且保证尺寸 $75_{-0.29}^{0}$ mm	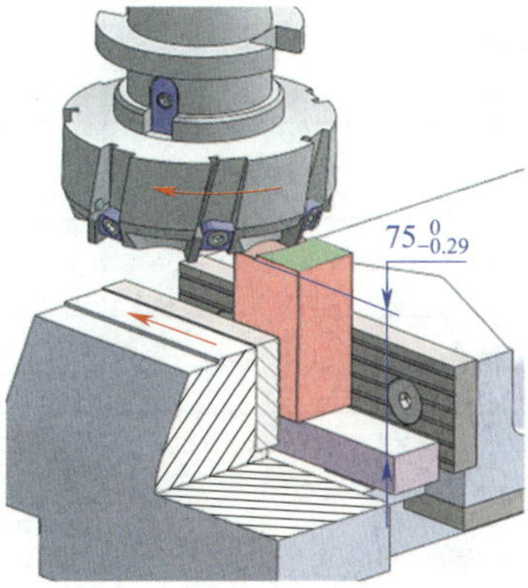

任务评价

长方体铣削训练成绩评定见表 3–10。

表 3–10　　长方体铣削训练成绩评定

序号	项目与技术要求	配分	评分标准	检测结果	得分
1	机用虎钳安装正确	10	机用虎钳安装不正确不得分；钳口方向不正确扣 5 分		
2	工件装夹正确	10	工件装夹不平不得分；装夹不牢靠扣 5 分		
3	铣刀安装正确	10	准备工作不充分扣 2 分；刀具安装位置不合理扣 2 分；装刀不牢靠不得分		

续表

序号	项目与技术要求	配分	评分标准	检测结果	得分
4	铣削用量选择正确且机床调整正确	8	主轴转速调整不正确扣4分；进给速度调整不当扣4分		
5	对刀方法恰当	6	对刀方法不当酌情扣分		
6	$45_{-0.15}^{0}$ mm	8	超差不得分		
7	$36_{-0.15}^{0}$ mm	8	超差不得分		
8	$75_{-0.29}^{0}$ mm	8	超差不得分		
9	⊥ 0.05 *A*—*B*（2处）	3×2	超差不得分		
10	⊥ 0.05 *A*（2处）	5×2	超差不得分		
11	// 0.05 *A*	4	超差不得分		
12	▱ 0.05（6处）	6	超差一处扣1分		
13	$Ra \leqslant 3.2$ μm	6	不合格每处扣1分		
14	安全文明生产		不符合要求酌情扣分		
合计		100			

任务三　斜面的铣削

学习目标

1. 能描述斜面的表示方法并选择合适的铣削方法。
2. 能描述斜面的铣削方法及其适用场合。
3. 能制定含倾斜面的工件的铣削加工工艺并铣削斜面，会进行倾斜角度的检验与质量分析。
4. 遵守安全操作规程，养成安全文明生产的习惯。

任务描述

在立式铣床上铣削图3–56所示卡车模型上的斜面。毛坯为模块三任务二中铣削完成的长方体。

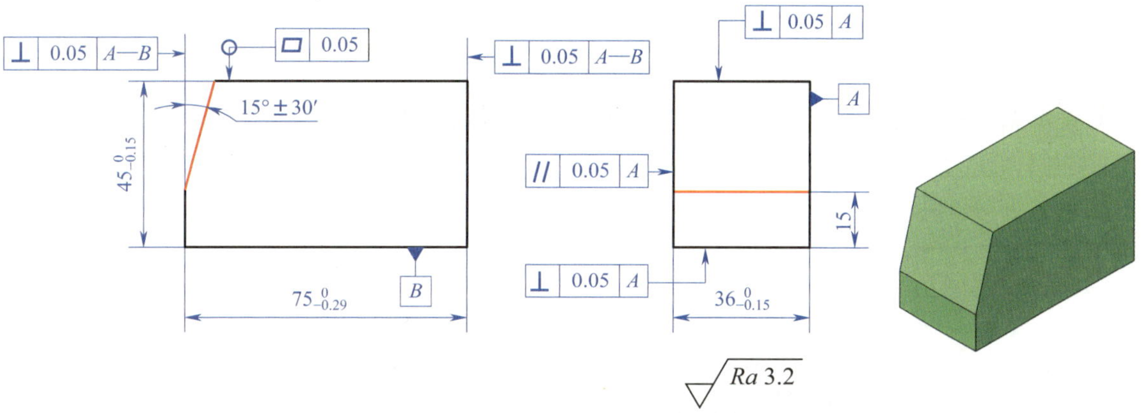

图 3–56 斜面工件铣削训练图

任务分析

根据图样的精度要求，本任务在立式铣床上用可转位面铣刀加工斜面，其操作步骤如下：检验从模块三任务二转入的工件→安装及检查机用虎钳→装夹并校正工件→安装可转位面铣刀→粗铣斜面→预检斜面的倾斜角度并调整→半精铣斜面→精铣斜面→检验斜面。

相关知识

一、斜面在图样上的表示方法

斜面是指工件上与基准面成任意倾斜角度的平面。斜面相对于基准面倾斜的程度用斜度来衡量，在图样上有以下两种表示方法：

1. 用倾斜角度 β 的度数（°）表示

这种方法主要用于表示倾斜程度大的斜面。如图 3–57a 所示，斜面与基准面之间的夹角 $\beta=30°$。

2. 用斜度 S 的比值表示

这种方法主要用于表示倾斜程度小的斜面。如图 3–57b 所示，在 50 mm 长度上，斜面两端至基准面的距离相差 1 mm，用“∠1 ∶ 50”表示。斜度的符号∠或⦣的下横线与基准面平行，上斜线的倾斜方向应与斜面的倾斜方向一致，不能画反。

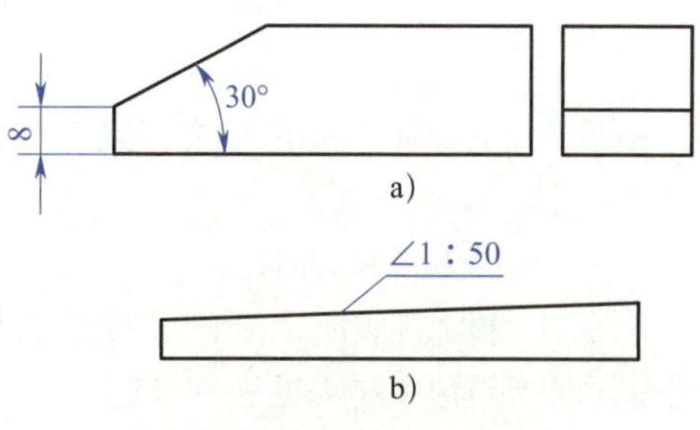

图 3–57 斜度的表示方法

上述两种斜面表示方法的相互关系如下：

$$S=\tan\beta$$

式中 S——斜度，用符号“∠”或“⦣”和比值表示；

β——斜面与基准面之间的夹角，（°）。

一般用途棱体的角度与斜度可查阅国家标准

《产品几何技术规范（GPS） 楔体 第 1 部分：角度与斜度系列》（GB/T 4096.1—2022）。

二、斜面的铣削方法

铣削斜面时，必须使工件的待加工表面与其基准面以及铣刀之间满足两个条件：一是工件的斜面平行于铣削时工作台的进给方向；二是工件的斜面与铣刀切削位置相吻合，即采用周铣时斜面与铣刀旋转表面相切，采用端铣时斜面与铣床主轴轴线垂直，如图 3–58 所示。

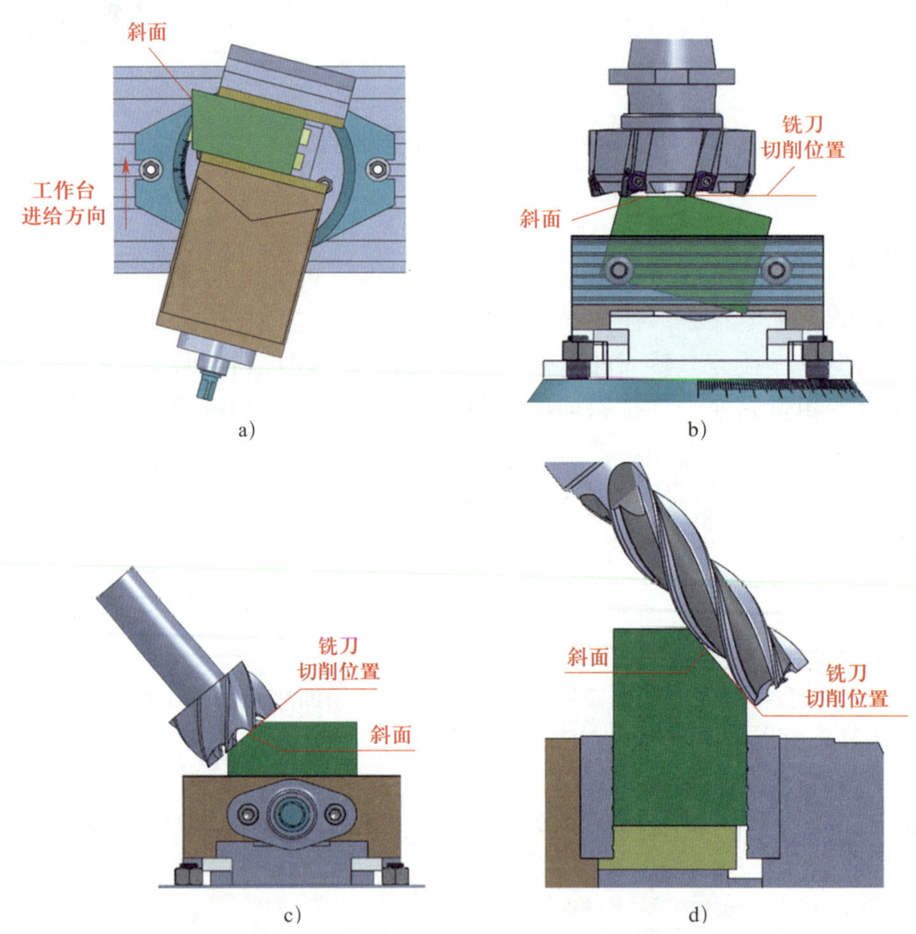

图 3–58 铣削斜面时工件与铣刀之间的位置关系

a）斜面与工作台进给方向平行 b）、c）、d）斜面与铣刀切削位置相吻合

常用的铣削斜面的方法有倾斜工件铣削斜面、倾斜铣刀铣削斜面和用角度铣刀铣削斜面等。

1. 倾斜工件铣削斜面

将工件倾斜成所需要的角度进行装夹并铣削斜面，适合在主轴不能扳转角度的铣床上铣削斜面，常用的方法见表 3–11。

表 3–11　　倾斜工件铣削斜面的方法

方法	步骤	图示
按划线装夹工件铣削斜面	先在工件上划出斜面的加工线，然后在机用虎钳上装夹工件，用划线盘校正工件上的加工线与工作台面平行，再将工件夹紧后即可对工件的斜面进行铣削 此法操作简单，仅适用于加工精度要求不高的单件小型工件的铣削	 划线
采用斜垫铁铣削斜面	所用斜垫铁的宽度应小于工件的宽度，斜垫铁斜面的斜度应与工件的斜度相同。将斜垫铁垫在机用虎钳的钳体导轨面上，再将工件放于其上进行铣削 采用此方法可以一次完成工件的校正和夹紧。在铣削一批工件时，铣刀的高度不需要因工件的更换而重新调整，故可以大大提高工件的生产效率	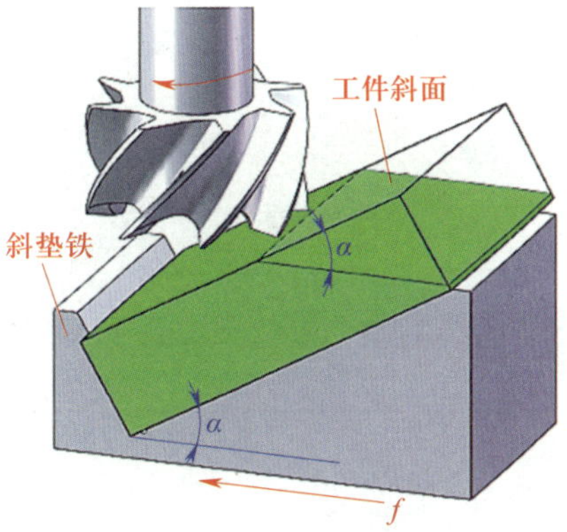 工件斜面 斜垫铁 α α f
偏转机用虎钳钳体铣削斜面	先将机用虎钳钳体大致扳转一个角度，再用百分表校正固定钳口面的斜度，使其斜度符合要求，然后将钳体固定，装夹工件进行斜面的铣削。钳口准确固定后，此方法适用于大批量生产	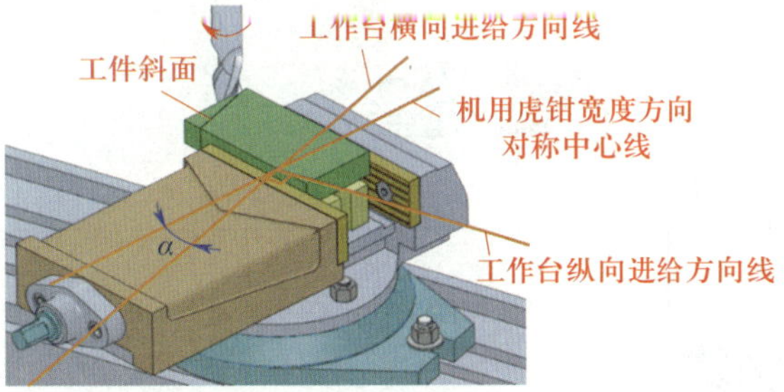 工作台横向进给方向线 工件斜面 机用虎钳宽度方向对称中心线 α 工作台纵向进给方向线

2. 倾斜铣刀铣削斜面

在主轴可扳转角度的立式铣床上，将所安装的铣刀倾斜一个角度，就可以按要求铣削斜面，常用的方法有用立铣刀铣削斜面和用面铣刀铣削斜面，见表 3–12。立铣头倾斜角度调整方法见表 3–13。

表 3–12 倾斜铣刀铣削斜面的方法

方法	图示	工件装夹示意图	适用场合
用立铣刀周铣斜面	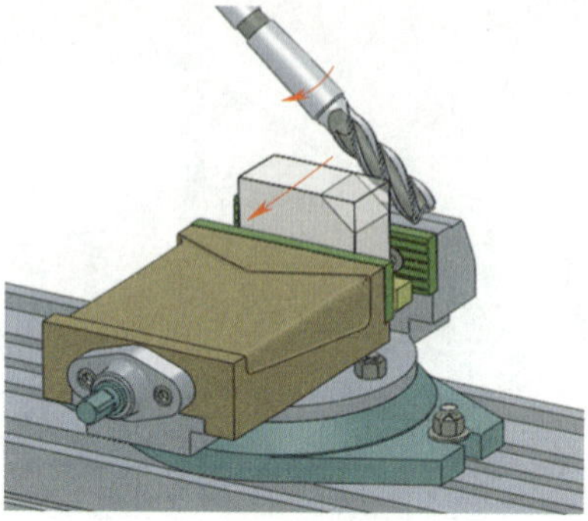	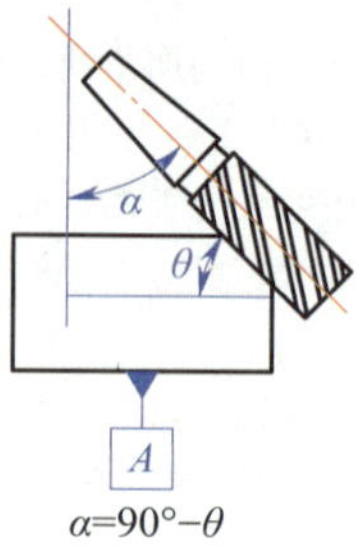 A $\alpha=90°-\theta$	工件基准面与工作台面平行时用立铣刀铣削斜面
	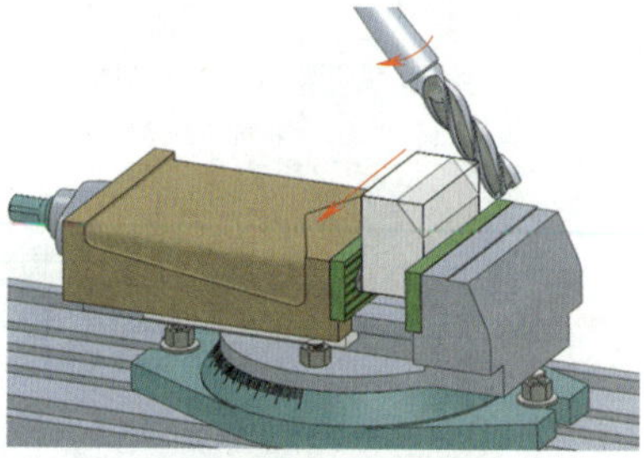	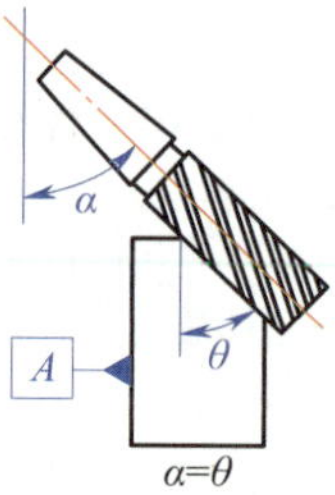 A $\alpha=\theta$	工件基准面与工作台面垂直时用立铣刀铣削斜面
用面铣刀端铣斜面	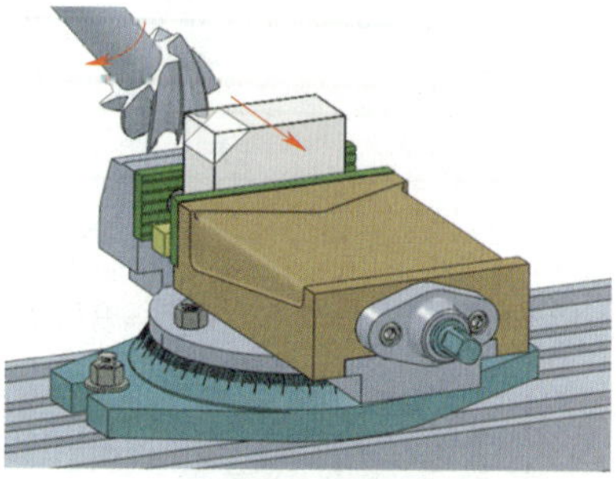	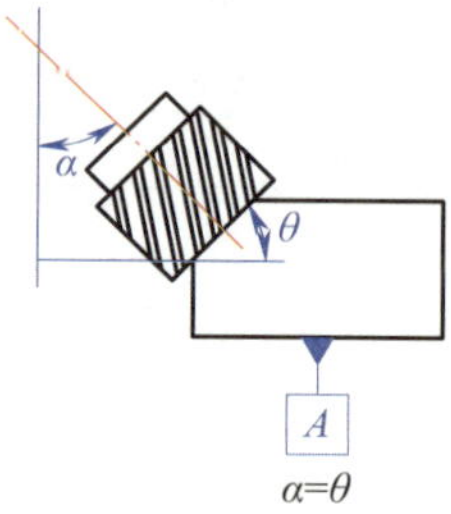 A $\alpha=\theta$	工件基准面与工作台面平行时用面铣刀铣削斜面
	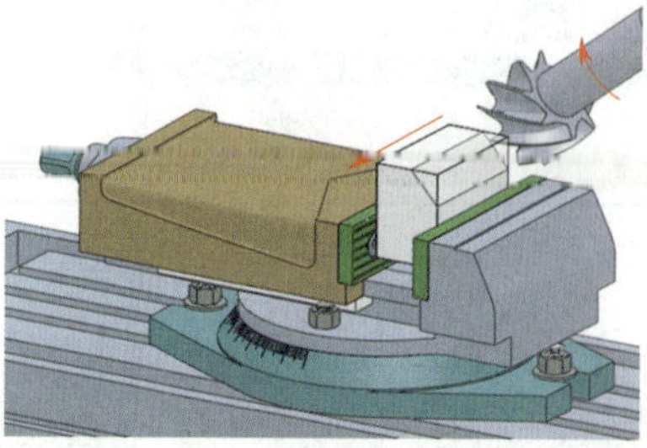	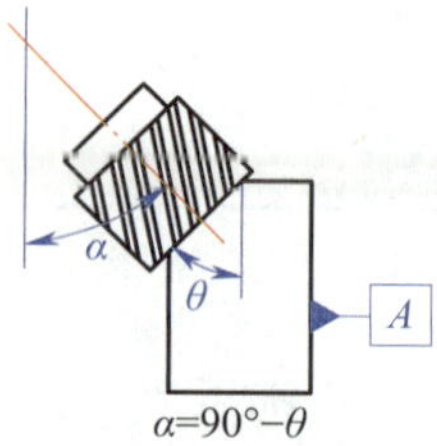 A $\alpha=90°-\theta$	工件基准面与工作台面垂直时用面铣刀铣削斜面

表 3–13 立铣头倾斜角度调整方法

操作步骤	图示	说明
拔出定位销	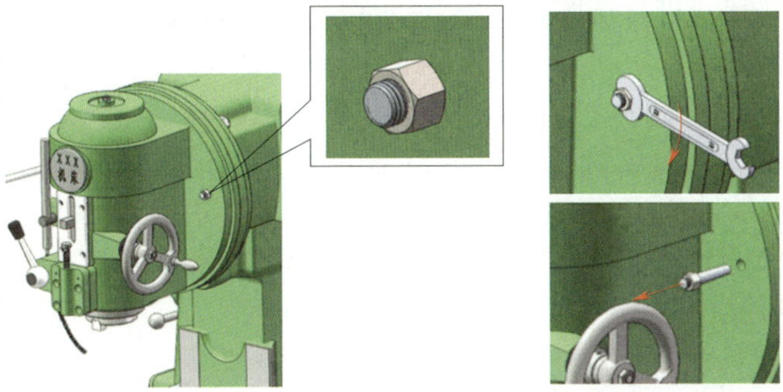	用扳手顺时针旋拧立铣头右侧定位销顶端的螺母，拔出定位销
旋松紧固螺母，转动立铣头	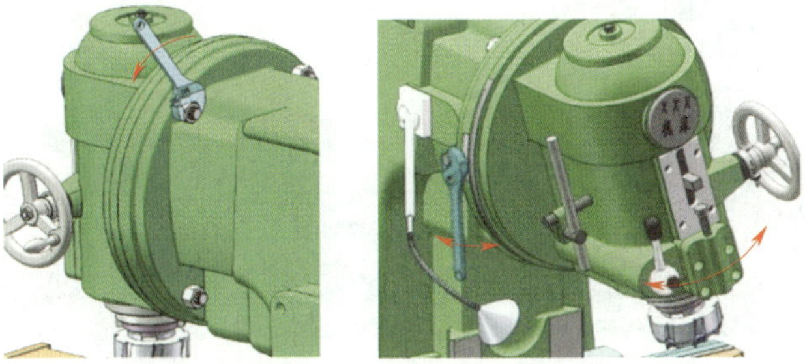	松开立铣头回转盘背面的四个紧固螺母，根据转角要求，转动立铣头回转盘左侧的齿轮轴，按回转盘刻度逆时针转过所需角度
拧紧紧固螺母	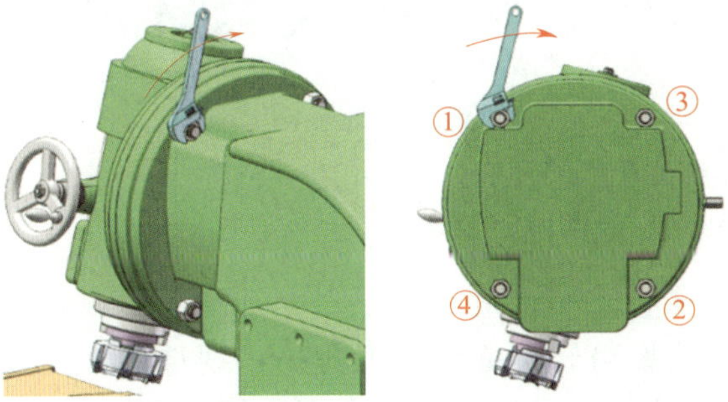	拧紧四个回转盘紧固螺母，具体操作时按对角顺序逐步紧固
复核倾斜角度	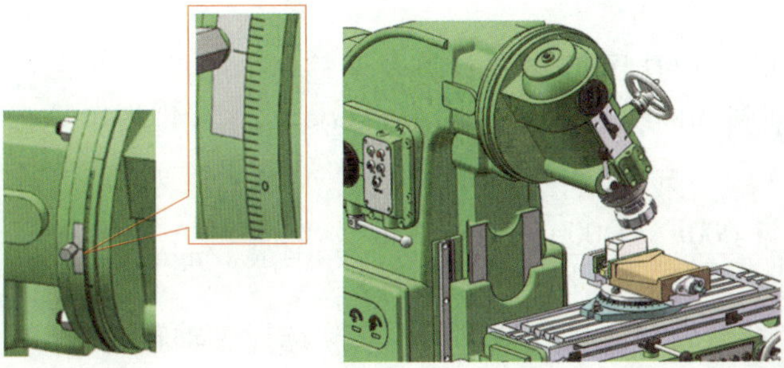	回转盘紧固后，应观察其零线与刻度的位置并复核立铣头的倾斜角度

3. 用角度铣刀铣削斜面

角度铣刀是指切削刃与其轴线倾斜成一定角度的铣刀。角度铣刀的刀尖有 0.2 ~ 0.5 mm 的圆弧（使铣刀具有后角），它可以提高刀尖强度。角度铣刀的图示和说明见表 3–5。

工件的斜面可以用角度铣刀进行铣削，如图 3–59a 所示。根据工件斜面的角度选择相应角度的角度铣刀，并注意角度铣刀切削刃的长度应大于工件斜面的宽度。

对于批量生产的窄长的斜面工件，比较适合用角度铣刀进行铣削。铣削双斜面时，选用一对规格相同、刀齿刃口相反的角度铣刀，如图 3–59b 所示。将两把铣刀的刀齿错开半齿，可以有效地减小铣削力和振动。由于角度铣刀的刀齿强度较低，刀齿排列较密，铣削时排屑较困难，因此，使用角度铣刀铣削工件时铣削用量应比周铣时低 20% 左右。铣削非合金钢工件时，应加注充足的切削液。

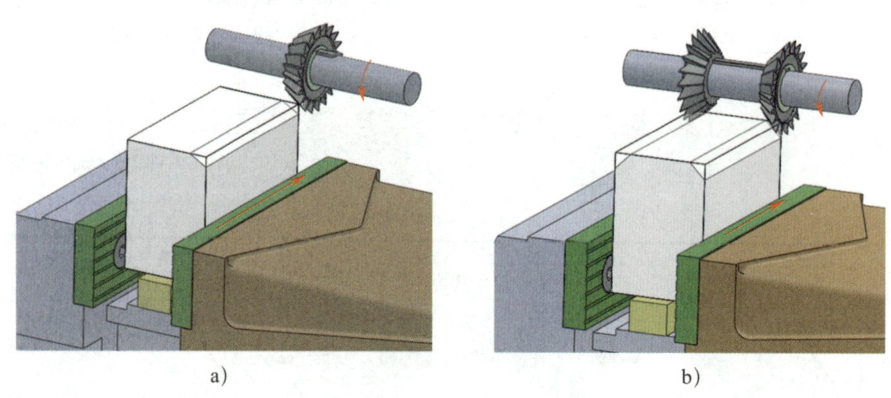

图 3–59 用角度铣刀铣削斜面

任务实施

一、准备工作

1. 选择刀具

根据图样给定的工件尺寸选择可转位面铣刀的规格，现选用外径为 63 mm 的可转位面铣刀铣削斜面。根据工件材料，选用 K20 硬质合金、SPAN 型（方形）刀片，刀齿数为 3。

2. 选择切削用量

按工件材料（45 钢）和铣刀的规格选择、计算及调整切削用量。

用硬质合金面铣刀铣削斜面时，选取铣削速度 v=80 m/min，每齿进给量 f_z=0.2 mm/ 齿，则铣床主轴转速为：

$$n=\frac{1\ 000v}{\pi D}\approx\frac{1\ 000\times 80\ \text{m/min}}{(3.14\times 63)\ \text{mm/r}}\approx 404.4\ \text{r/min}$$

根据计算所得的转速，结合铣床主轴变速手柄，实际选择主轴转速为 475 r/min。

每分钟进给量为：

$$v_f=f_z z n=(0.2\times 3)\ \text{mm/r}\times 475\ \text{r/min}=285\ \text{mm/min}$$

根据计算所得的进给量，结合铣床进给变速手柄，实际选择进给速度为 235 mm/min。

3. 装夹工件和刀具

检查机用虎钳的安装情况并按要求用机用虎钳装夹工件。采用图 3–31、图 3–33 和图 3–38 所示的方法安装面铣刀并检查及更换铣刀片。

4. 调整机床

按选定的切削用量，首先调整主轴转速，然后调整进给速度，使其达到指定位置。同时，为了防止铣削时工件发生翻转，应使切削力垂直于机用虎钳钳口方向，采用横向进给铣削工件，也可以将机用虎钳转过 90° 角，采用纵向进给铣削工件。

二、铣削斜面

铣削卡车模型前端斜面的工艺过程见表 3–14。

表 3–14　铣削卡车模型前端斜面的工艺过程

步骤	加工内容描述	图示
1	装夹工件并校正： 采用倾斜工件的方式铣削斜面，按划线找正好工件位置并使工件上划线位置高出钳口 3 ~ 5 mm，以工件两侧面作为定位基准	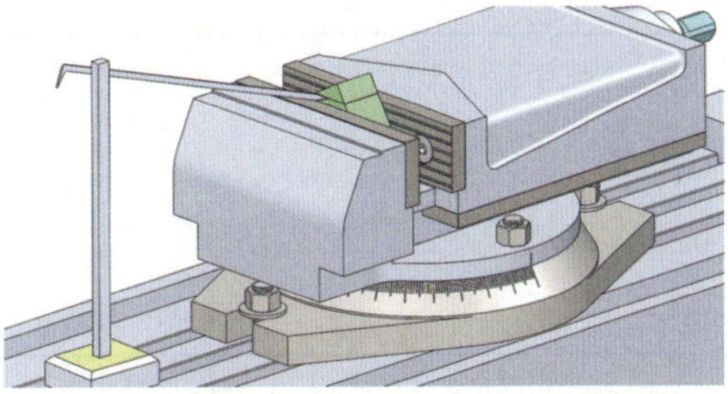
2	对刀： 对刀时调整工作台，目测使铣刀轴线处于工件斜面的中间位置，锁紧工作台纵向进给机构，垂向对刀，使铣刀端面切削刃恰好擦到工件尖角最高位置	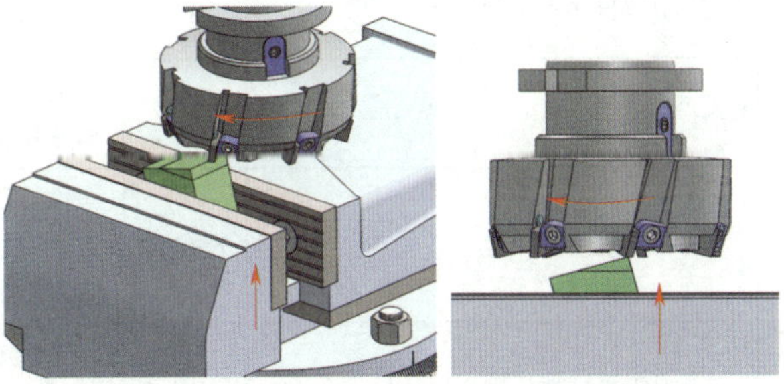
3	粗铣斜面： 按斜面的铣削余量（45 mm–15 mm）× tan15 ° ≈ 8.04 mm）分两次调整铣削层深度，第一次为 4 mm，第二次为 3.5 mm，纵向机动进给粗铣斜面	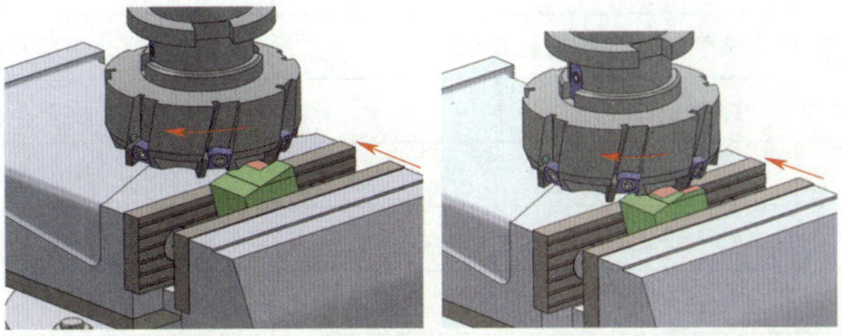

续表

步骤	加工内容描述	图示
4	预检角度并进行调整： 在第一次粗铣后用游标万能角度尺预检角度，根据预检结果调整工件倾斜角度。若角度偏大，则顺时针调整工件；若角度偏小，则反向调整	
5	精铣斜面： 预检角度合格后，根据测量的实际余量，垂向上升0.54 mm左右，精铣斜面，使斜面与侧面的划线位置重合	

任务评价

斜面铣削训练成绩评定见表3–15。

表3–15 斜面铣削训练成绩评定

序号	项目与技术要求	配分	评分标准	检测结果	得分
1	机用虎钳安装正确	10	机用虎钳安装不正确不得分；钳口方向不正确扣5分		
2	工件装夹正确	10	装夹不平不得分，装夹不牢靠扣5分		
3	铣刀安装正确	10	准备工作不充分扣2分；刀具安装位置不合理扣2分；装刀不牢靠不得分		
4	铣削用量选择正确及机床调整正确	10	主轴转速调整不正确扣5分；进给速度调整不当扣5分		
5	对刀方法恰当	6	对刀方法不当酌情扣分		
6	铣削斜面调整方法正确	15	调整方法不当酌情扣分		
7	15° ±30′	25	超差不得分		
8	15 mm	6	超差酌情扣分		
9	$Ra \leqslant 3.2$ μm	8	不合格每处扣1分		
10	安全文明生产		不符合要求酌情扣分		
合计		100			

任务四　台阶的铣削

学习目标

1. 能描述台阶的铣削工艺方法和加工步骤。
2. 能正确选择并安装立铣刀。
3. 能描述铣削台阶时对刀调整的方法并正确对刀。
4. 遵守安全操作规程，养成安全文明生产的习惯。

任务描述

在立式铣床上铣削卡车模型顶部的台阶，如图 3–60 所示。毛坯为模块三任务三铣削斜面后的工件，材料为 45 钢。

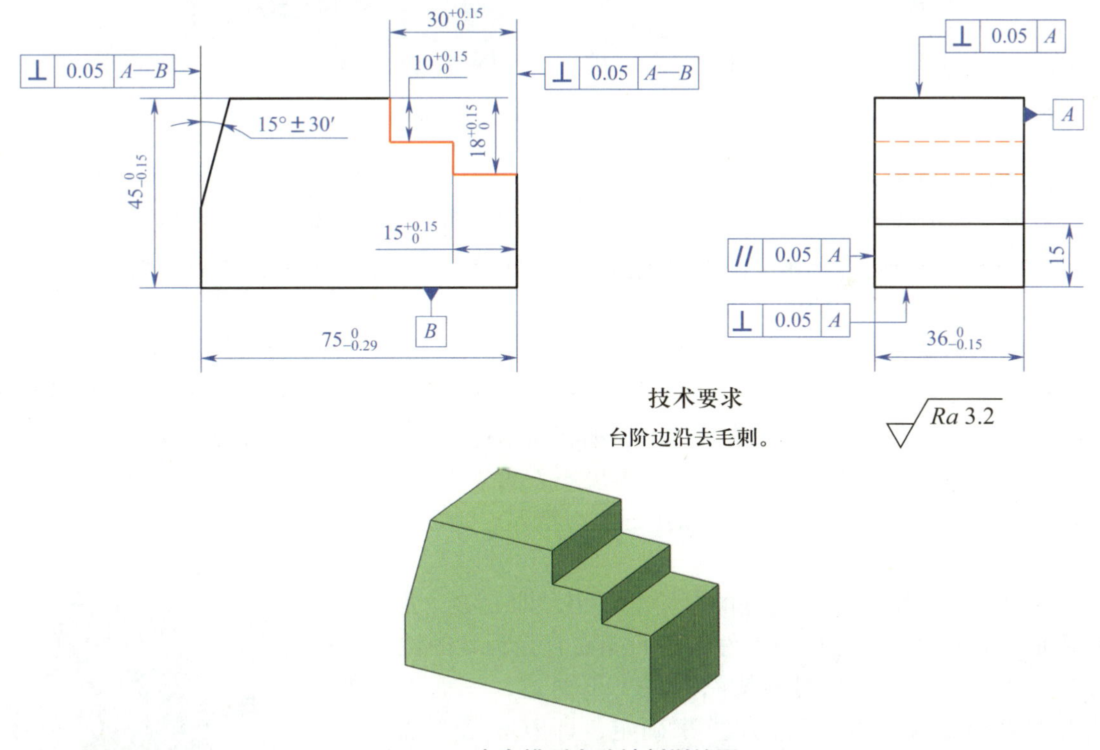

图 3–60　卡车模型台阶铣削训练图

任务分析

本任务主要是铣削工件上的台阶，通过分析图形，考虑到两个台阶的深度和宽度尺寸都是以长方体的顶面和侧面作为基准的，因此可以先加工右侧的台阶，完成后再铣削另一个台阶。铣削台阶的操作步骤如下：检验从模块三任务三转入的工件→安装及检查机用虎钳→装夹并校正工件→安装立铣刀→粗铣、精铣第一个台阶并检验→粗铣、精铣第二个台阶并检验。

相关知识

一、用三面刃铣刀铣削台阶

在卧式铣床上，通常用三面刃铣刀铣削台阶，如图 3–61 所示。

图 3–61　用三面刃铣刀铣削台阶

1. 三面刃铣刀概述

直齿三面刃铣刀的刀齿在圆柱面上与铣刀轴线平行，铣削时振动较大；错齿三面刃铣刀的刀齿在圆柱面上向两个相反的方向倾斜，具有螺旋齿铣刀铣削平稳的优点。大直径的错齿三面刃铣刀多为镶齿式结构，当某一刀齿损坏或用钝时，可随时更换刀片。

2. 铣削台阶的方法

在卧式铣床上铣削台阶时，三面刃铣刀的圆柱面切削刃起主要的铣削作用，两侧面切削刃起修光作用。三面刃铣刀的直径、刀齿和容屑槽都比较大，所以刀齿的强度高，冷却和排屑效果好，生产效率高。因此，在铣削宽度不太大（受三面刃铣刀规格的限制，一般刀齿宽度 $L \leqslant 25$ mm）的台阶时基本上都采用三面刃铣刀。

（1）三面刃铣刀的选择

铣刀刀齿宽度应大于工件的台阶宽度 B，即 $L>B$。为了保证在铣削台阶的过程中工件上表面能在直径为 d 的铣刀杆（此处的 d 实际是刀轴垫圈外径）下通过，三面刃铣刀的直径 D 应根据台阶高度 t 来确定，即 $D>d+2t$，如图 3–62 所示。

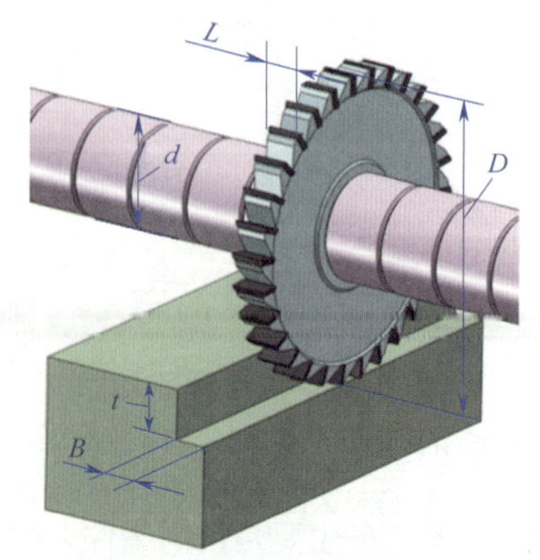

图 3–62　三面刃铣刀的直径

使用三面刃铣刀铣削台阶时，应尽量选用错齿三面刃铣刀，在满足上式条件下，应选用直径较小的三面刃铣刀。

（2）工件的装夹与校正

在装夹工件前，必须先校正机床和夹具。采用机用虎钳装夹工件时，应检查并校正其固定钳口面（夹具上的定位面）与主轴轴线垂直，同时也要与工作台纵向进给方向平行；否则，就会影响铣出台阶的质量。

装夹工件时，应使工件的侧面（基准面）靠向固定钳口面，工件的底面靠向钳体水平导轨面，并确保铣削的台阶底面略高出钳口上表面，以免将钳口铣伤。图 3–63 所示为用钢直尺检查工件的装夹高度。

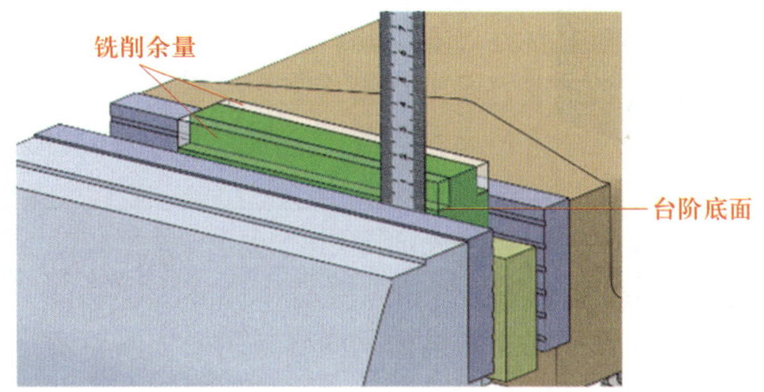

图 3–63 用钢直尺检查工件的装夹高度

（3）铣削操作方法

用三面刃铣刀铣削台阶时，可以只用一把三面刃铣刀铣削，也可以用两把三面刃铣刀组合加工，具体操作说明见表 3–16。

表 3–16 用三面刃铣刀铣削台阶操作说明

内容		操作示意图及说明
用一把三面刃铣刀铣削台阶	对刀方法	对刀——将铣刀准确调整到铣削位置的过程称为对刀 移动工作台，让旋转的铣刀靠近工件侧面（见图 a），继续移动工作台，让旋转的铣刀侧刃擦到工件侧面（见图 b），垂直降下工件（见图 c），按台阶宽度 B 横向移动工作台（见图 d）并正面对刀，让铣刀圆周刃擦到工件顶面（见图 e），纵向退出工件（见图 f）并使工作台垂向上升距离 t（见图 g） a) b) c) d) e) f) g)

续表

内容		操作示意图及说明
用一把三面刃铣刀铣削台阶	铣一个台阶	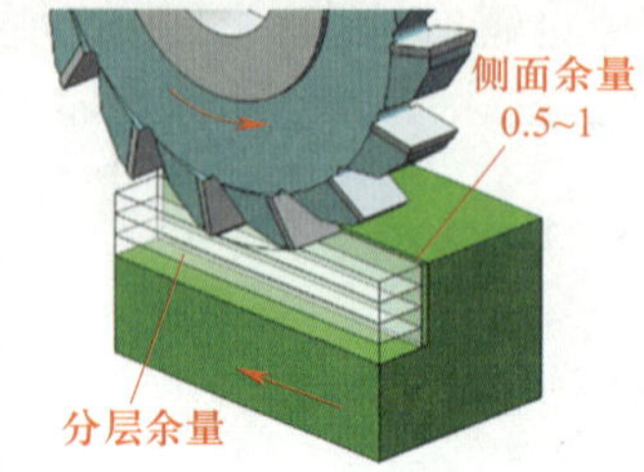 用三面刃铣刀铣削台阶时只有圆柱面切削刃和一个侧面切削刃参加铣削，铣刀的一个侧面受力，就会使铣刀向不受力一侧偏让而产生“让刀”现象。尤其是铣削较深的窄台阶时，发生的“让刀”现象更为严重。因此，可采用分层法铣削，即每次将台阶的侧面留 0.5 ~ 1 mm 的余量，分次进给铣削台阶。最后一次进给时，同时铣削台阶的底面和侧面
	铣双面台阶	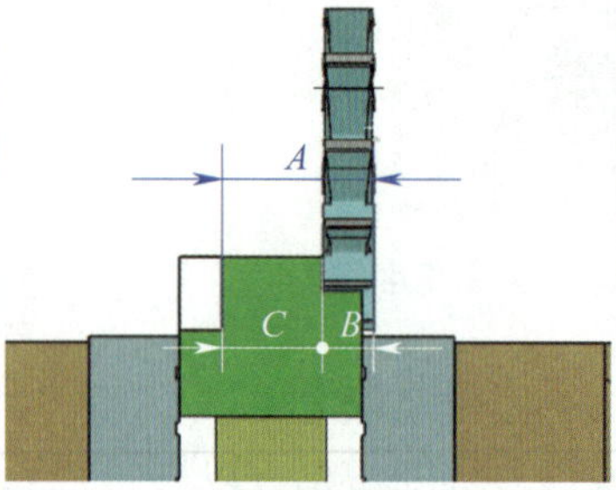 若铣削双面台阶，则先铣成一侧台阶，保证规定的尺寸要求。纵向退刀，将工作台横向移动一个距离 A，紧固横向进给机构，再铣出另一侧台阶。工作台横向移动距离 A 由刀具宽度 B 和两台阶的距离 C 确定，即 $A=B+C$ 若铣削相互对称的双面台阶，也可在一侧台阶铣好后，将工件调转 180° 重新装夹，再铣削其另一侧面，这样可使台阶的对称性较好
用两把三面刃铣刀组合铣削台阶	用组合铣刀铣削台阶	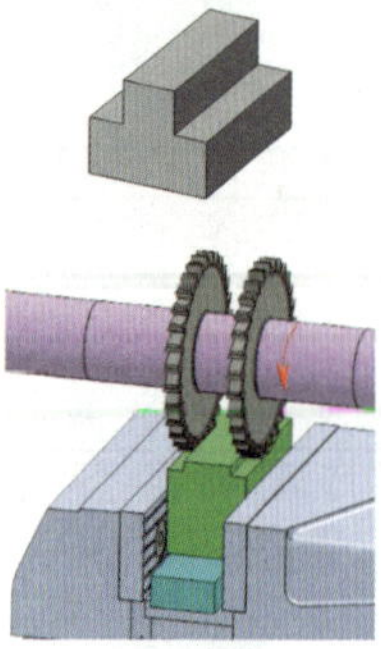 成批生产时，常采用两把三面刃铣刀组合起来铣削双面台阶，这样不仅可以提高生产效率，而且操作简单，并能保证加工质量 用组合铣刀铣削台阶时，应注意仔细调整两把铣刀之间的距离，使其符合台阶凸台宽度的要求。同时，也要调整好铣刀与工件的铣削位置
	铣刀的选择及调整	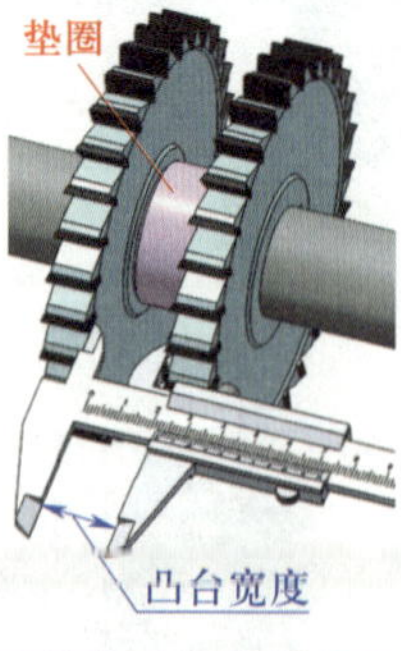 选择铣刀时，两把铣刀必须规格一致，直径相同（必要时将两把铣刀一起装夹，同时在磨床上刃磨其外圆柱面上的切削刃） 两把铣刀内侧切削刃间的距离通过多个铣刀杆垫圈进行调整。通过换装不同厚度的垫圈，使其符合台阶凸台宽度的要求。在正式铣削前，应使用废料进行试铣削，以确定组合铣刀符合工件的加工要求。装刀时，两把铣刀应错开半个刀齿，以减轻铣削中产生的振动

二、用套式立铣刀或立铣刀铣削台阶

在立式铣床上可用套式立铣刀或立铣刀铣削台阶，如图 3-64 所示。目前，在铣削台阶时已广泛采用带有三角形或四边形硬质合金可转位刀片的直角面铣刀，如图 3-65 所示。

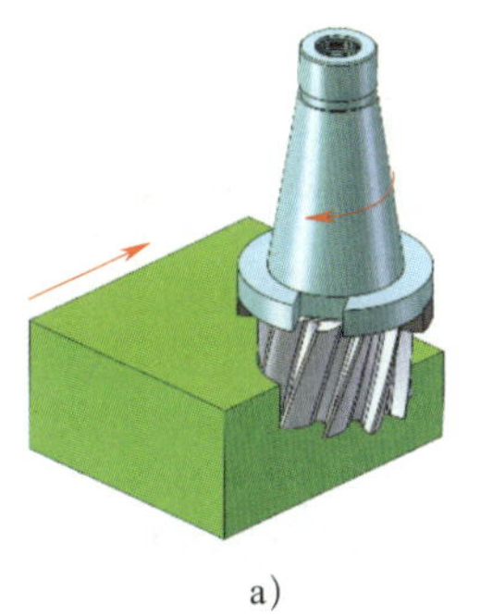

a）

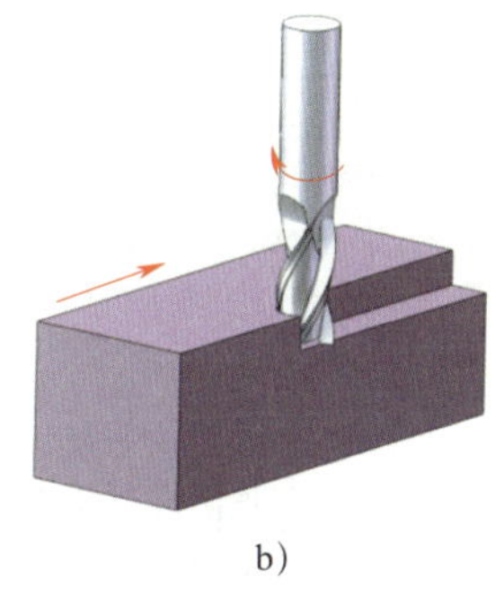

b）

图 3–64 用立铣刀铣削台阶

a）用套式立铣刀铣削台阶 b）用立铣刀铣削台阶

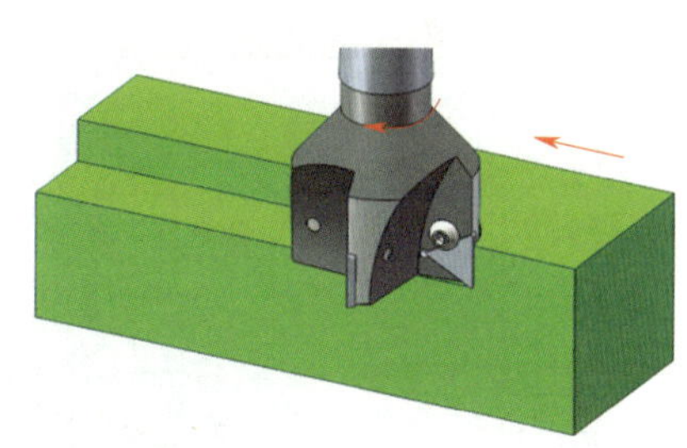

图 3–65 用直角面铣刀铣削台阶

1. 立铣刀概述

立铣刀由柄部和刃部等组成，其结构如图 3–66 所示。柄部是立铣刀的夹持部分，主要用来与铣床主轴连接并传递动力，有直柄、锥柄两种，锥柄又有莫氏锥柄和锥度为 7 ： 24 的锥柄两种。一般生产情况下常用直柄和莫氏锥柄立铣刀。

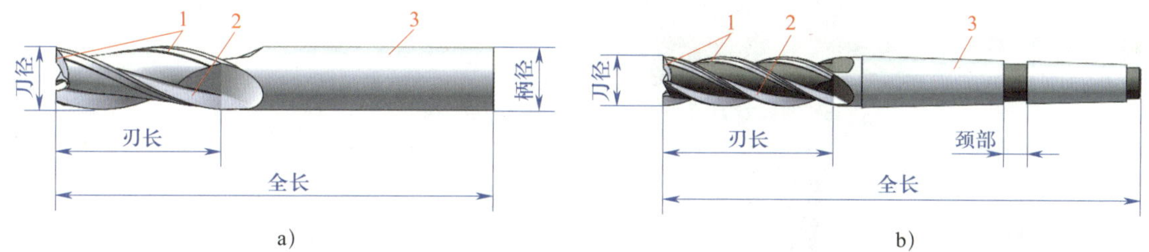

图 3–66 立铣刀的结构

a）直柄立铣刀 b）锥柄立铣刀

1—刃部 2—容屑槽 3—柄部

2. 铣削方法

用套式立铣刀或立铣刀铣削台阶操作说明见表 3–17。

表 3–17 用套式立铣刀或立铣刀铣削台阶操作说明

内容	操作示意图及说明	
工件的装夹与校正		用套式立铣刀、立铣刀或键槽铣刀铣削台阶，在装夹工件时，应先校正工件的基准面与工作台进给方向平行或垂直。使用机用虎钳装夹工件时，先要校正固定钳口面与工作台进给方向平行或垂直；铣削倾斜的台阶时，则按其纵向倾斜角度校正固定钳口面与工作台进给方向倾斜
用套式立铣刀铣削台阶		对于工件上宽而浅的台阶，常用套式立铣刀在立式铣床上铣削。套式立铣刀刀杆刚度高，切削平稳，加工质量好，生产效率高。套式立铣刀的直径 D 应按台阶宽度 B 选取，即 $D \approx 1.5B$

续表

内容		操作示意图及说明	
用立铣刀铣削台阶	对刀	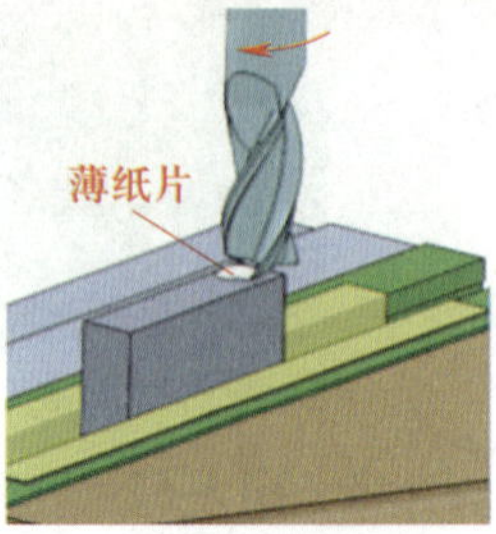 a）垂向对刀 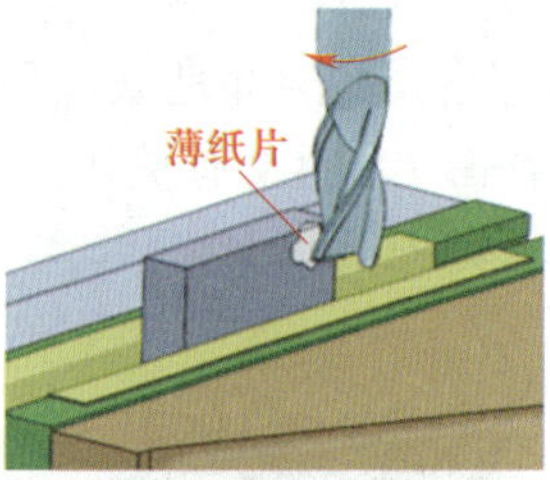 b）横向对刀	将铣刀置于图 a 所示的位置进行垂向对刀。一般铣削台阶前工件表面为已加工表面，因此对刀时常采用贴纸对刀法，具体方法如下：先在工件对刀处贴上一张薄纸片，启动铣床，垂向移动工作台，使工件慢慢接近旋转的铣刀，当铣刀逐渐碰到薄纸片直至将其铣飞时，记下升降台刻度盘数值，移开工件，然后调整铣削深度 将铣刀置于图 b 所示的位置进行横向对刀，对刀方法同垂向对刀 操作注意事项：调整铣削深度时要加上薄纸片的厚度
	铣削方法	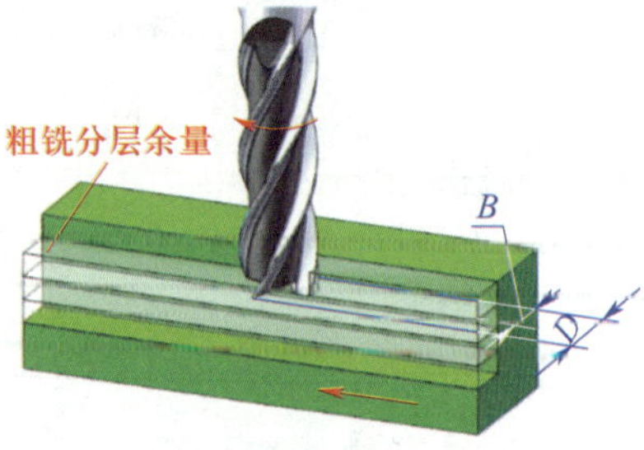 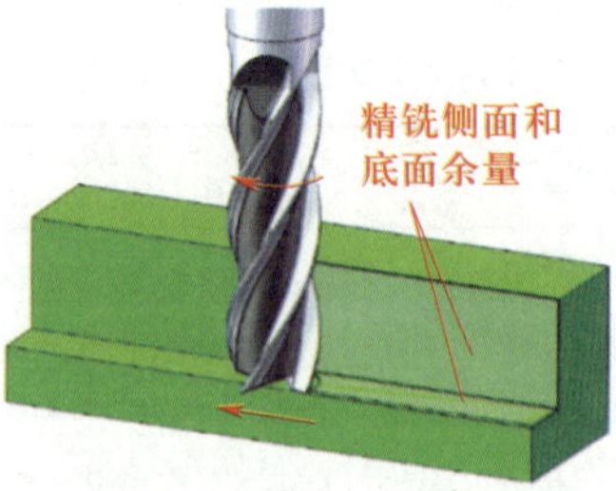	对于工件上窄而深的台阶或内台阶，常用立铣刀在立式铣床上铣削 由于立铣刀的刚度较低，铣削时铣刀容易产生“让刀”现象，甚至造成铣刀折断。因此，一般分层次粗铣，最后将台阶的宽度和深度精铣至要求。在条件允许的情况下，应选用直径较大的立铣刀铣削台阶，以提高铣削效率

任务实施

一、准备工作

1. 选择刀具

根据图样给定的工件尺寸选择立铣刀规格，现选用外径为 16 mm 的高速钢直柄立铣刀（3 齿），其规格型号为 16×16×32×92，国家标准中代号为“中齿 直柄立铣刀 16 GB/T 6117.1—2010”。

2. 选择切削用量

根据工件材料（45 钢）和立铣刀的直径、齿数选择及调整铣削用量，由于装夹工件时夹持面积较小，因此，选择切削用量时应考虑使用范围内的较低值。

选取铣削速度 v=20 m/min，每齿进给量 f_z=0.08 mm/ 齿，则铣床主轴转速为：

$$n=\frac{1\ 000v}{\pi D}=\frac{1\ 000\times 20\ \mathrm{m/min}}{(3.14\times 16)\ \mathrm{mm/r}}\approx 398.1\ \mathrm{r/min}$$

根据计算所得的主轴转速，结合铣床主轴变速手柄，实际选择主轴转速为 375 r/min。

每分钟进给量为：

$$v_f=f_z zn=(0.08\times 3)\ \mathrm{mm/r}\times 375\ \mathrm{r/min}=90\ \mathrm{mm/min}$$

根据计算进给量，结合铣床进给变速手柄，实际选择进给速度为 60 mm/min，实际进行铣削加工时，考虑初次铣削，粗加工时可选择手动进给，精铣时采用机动进给。

3. 装夹工件和刀具

（1）选用机用虎钳装夹工件，考虑到工件的铣削位置，必须在工件下方垫平行垫铁，使工件台阶底面略高出钳口面。

（2）采用图 3-36 所示的方法安装立铣刀。

4. 调整机床

选用 X5032 型立式升降台铣床，先按选定的切削用量调整主轴转速，然后调整进给速度，使其达到指定位置。

二、铣削台阶

铣削卡车模型台阶的工艺过程见表 3-18。

表 3-18　　铣削卡车模型台阶的工艺过程

步骤	加工内容描述	图示
1	安装机用虎钳并装夹工件： 在工件下面垫长度大于 80 mm、宽度小于 36 mm 的平行垫铁，并使工件顶面高出钳口面 20 mm（台阶最大深度为 $18^{+0.15}_{0}$ mm）。将工件适当夹紧，用百分表适当复核工件定位侧面与工作台纵向的平行度及工件顶面与工作台面的平行度，确认无误后夹紧工件	平行垫铁 20
2	铣削第一个台阶	

续表

步骤	加工内容描述	图示
（1）	侧面对刀： 在工件左端侧面贴上薄纸片，移动工作台，使立铣刀侧刃轻轻触碰薄纸片，直至将其铣飞，此时在铣床纵向刻度盘上做记号，调整工作台纵向位置，使侧向铣削量为 14.5 mm	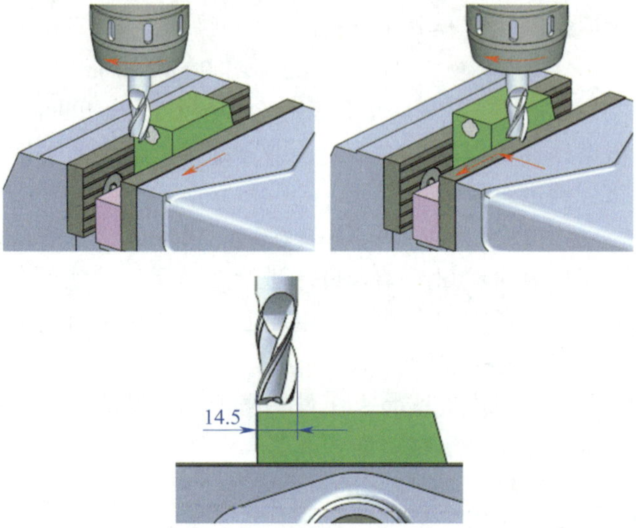 14.5
（2）	顶面对刀： 因垂向铣削余量为 18 mm，采用分层铣削方式，因此直接用铣刀在工件顶面对刀。移动工作台，使立铣刀端刃轻轻触碰工件顶面，此时在铣床垂向刻度盘上做记号，调整工作台垂向位置	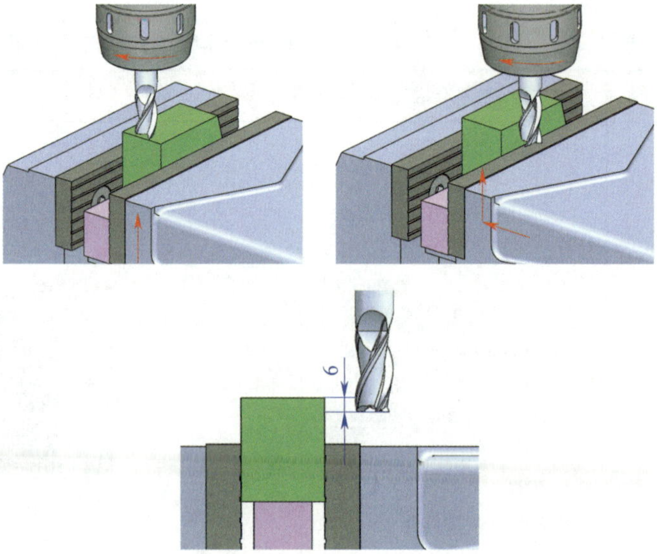 6

续表

步骤	加工内容描述	图示
（3）	粗铣台阶： 纵向一次进给 14.5 mm，留 0.5 mm 精铣余量；垂向分三次进给，进给量分别为 6 mm、6 mm、5.5 mm，留 0.5 mm 精铣余量	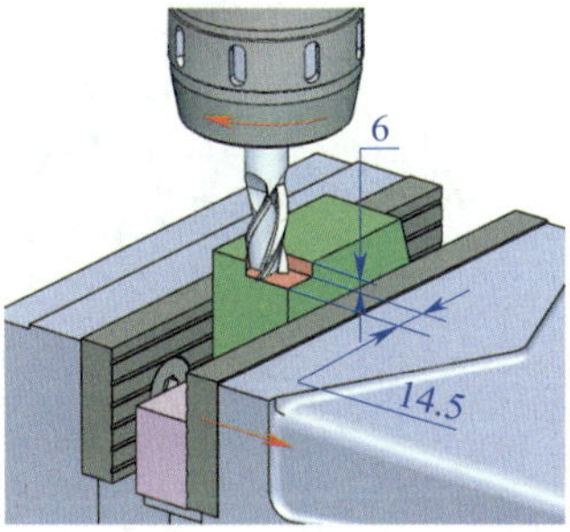 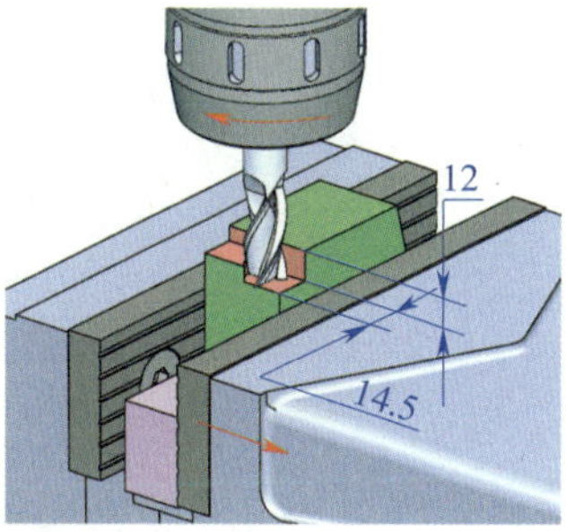 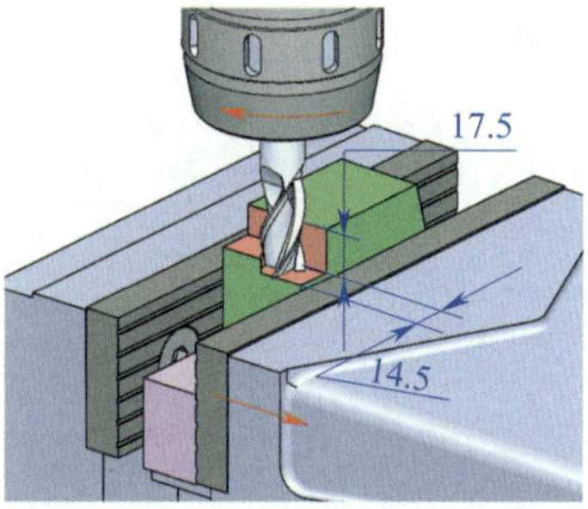 6 14.5 12 14.5 17.5 14.5
（4）	精铣台阶： 预检粗铣后台阶宽度和深度，按实际余量移动并调整工作台位置，精铣台阶尺寸 $H \times B$ 为 $18^{+0.15}_{0}$ mm × $15^{+0.15}_{0}$ mm（为保证铣削质量，精铣时全程使用机动进给，进给速度可比所选的进给速度适当降低一挡）	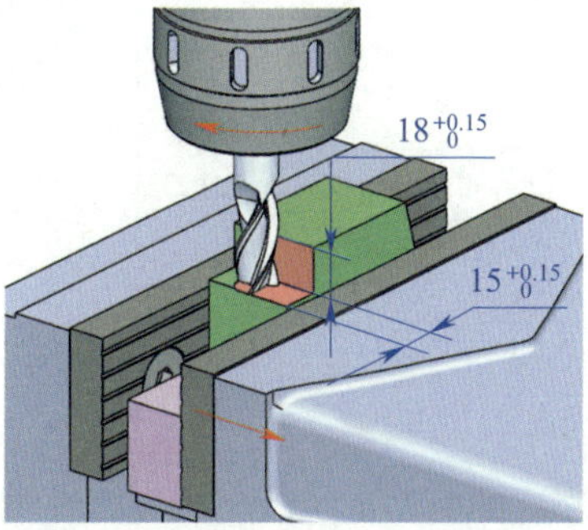 $18^{+0.15}_{0}$ $15^{+0.15}_{0}$

续表

步骤	加工内容描述	图示	
3	铣削第二个台阶		
（1）	对刀： 对刀方法与铣削第一个台阶相同，分别对侧面和顶面进行对刀	侧面对刀	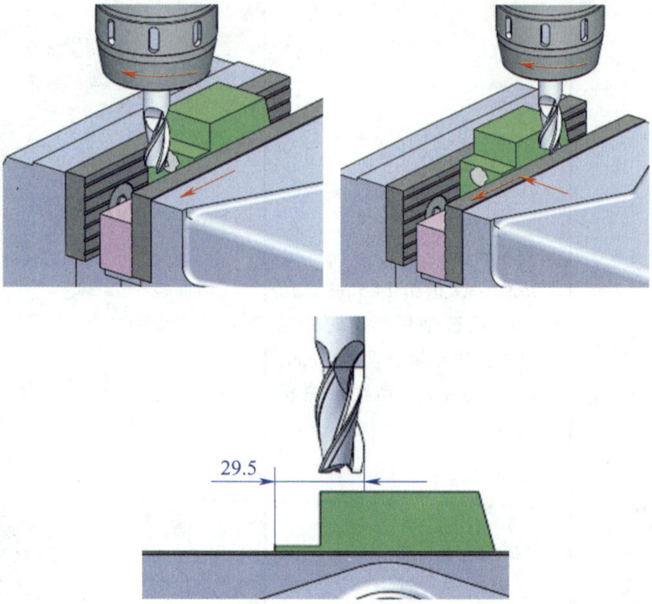
		顶面对刀	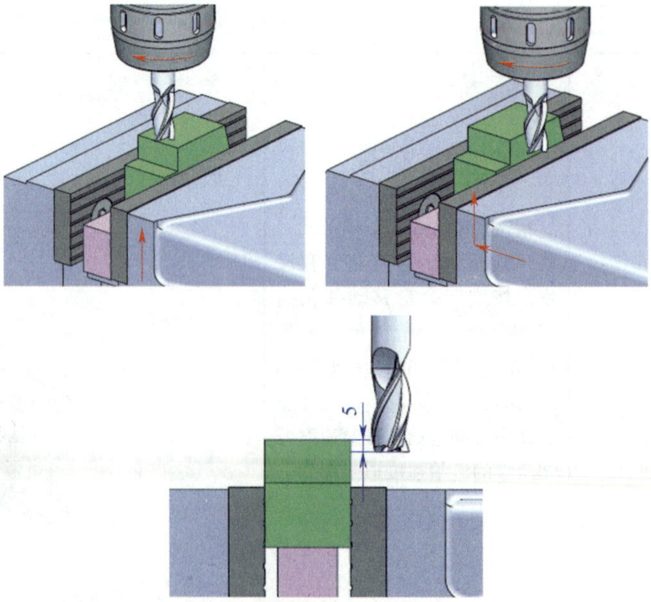

续表

步骤	加工内容描述	图示
（2）	粗铣台阶： 纵向一次进给 29.5 mm，留 0.5 mm 精铣余量；垂向分两次进给，进给量分别为 5 mm、4.5 mm，留 0.5 mm 精铣余量	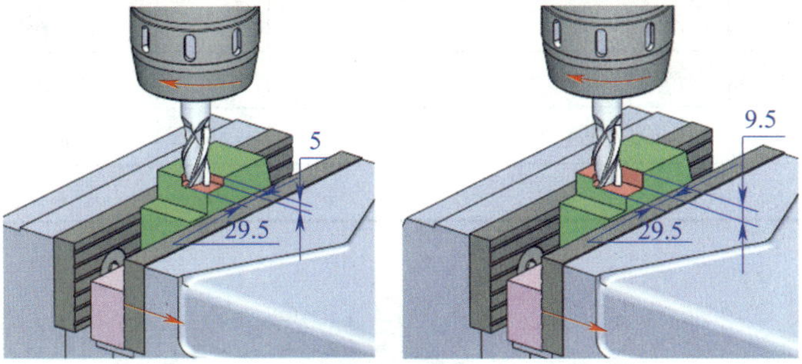
（3）	精铣台阶： 预检粗铣后台阶的宽度和深度，按实际余量移动并调整工作台位置，精铣台阶尺寸 $H \times B$ 为 $10^{+0.15}_{0}$ mm × $30^{+0.15}_{0}$ mm（为保证铣削质量，精铣时全程使用机动进给，进给速度可比所选的进给速度降低一挡）	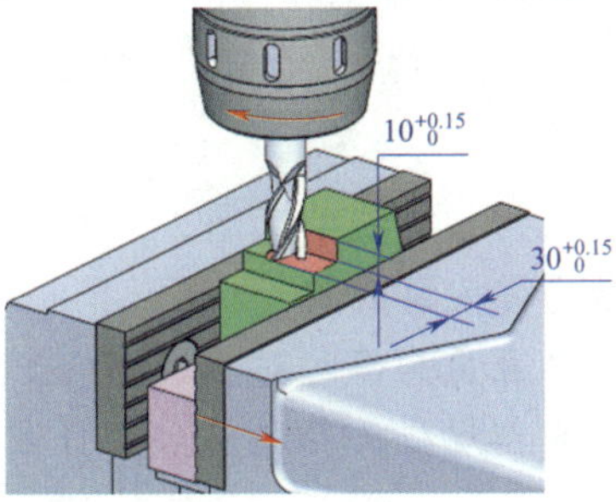
4	去毛刺，检验尺寸	

任务评价

台阶铣削训练成绩评定见表 3–19。

表 3–19　　台阶铣削训练成绩评定

序号	项目与技术要求	配分	评分标准	检测结果	得分
1	机用虎钳安装正确	10	机用虎钳安装不正确不得分；钳口方向不正确扣 5 分		
2	工件装夹正确	10	装夹不平不得分，装夹不牢靠扣 5 分		
3	铣刀安装正确	10	准备工作不充分扣 2 分；刀具安装位置不合理扣 2 分；装刀不牢靠不得分		
4	铣削用量选择正确及机床调整正确	8	主轴转速调整不正确扣 4 分；进给速度调整不当扣 4 分		
5	对刀方法恰当	6	对刀方法不当酌情扣分		
6	$18^{+0.15}_{0}$ mm	12	超差不得分		
7	$15^{+0.15}_{0}$ mm	12	超差不得分		
8	$10^{+0.15}_{0}$ mm	12	超差不得分		

续表

序号	项目与技术要求	配分	评分标准	检测结果	得分
9	$30^{+0.15}_{0}$ mm	12	超差不得分		
10	$Ra \leqslant 3.2$ μm	8	不合格每处扣 1 分		
11	安全文明生产		不符合要求酌情扣分		
合计		100			

任务五　直角沟槽的铣削

学习目标

1. 能描述直角沟槽的铣削工艺方法和加工步骤。
2. 能正确选择并安装立铣刀。
3. 能描述铣削直角沟槽时对刀调整的方法并正确对刀。
4. 遵守安全操作规程，养成安全文明生产的习惯。

任务描述

在立式铣床上铣削卡车模型底部的直角沟槽，如图 3-67 所示。毛坯为模块三任务四铣削台阶后的工件，材料为 45 钢。

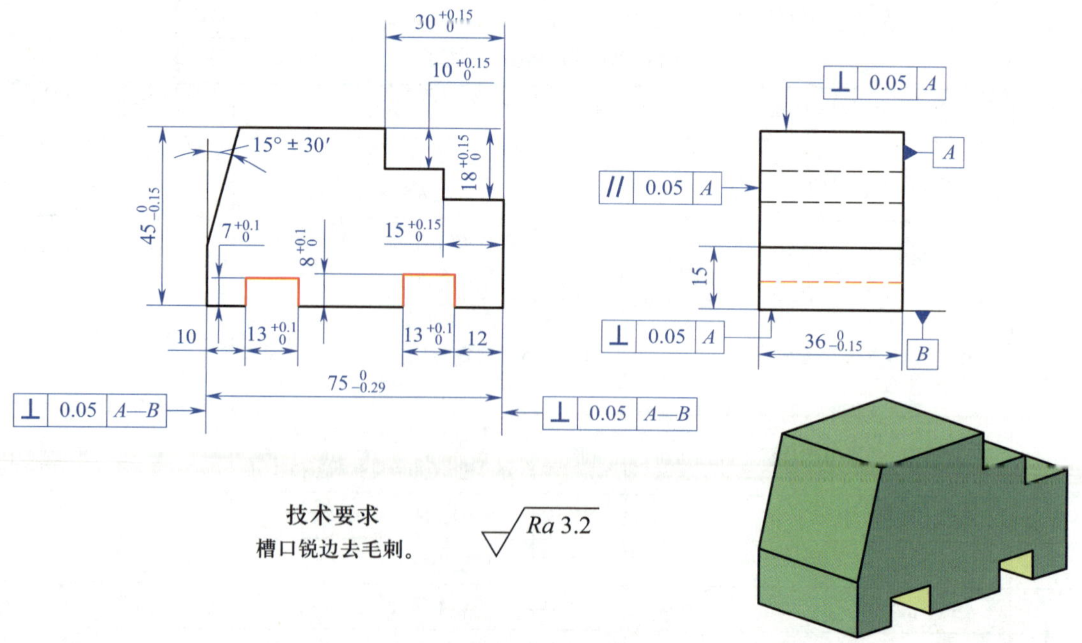

图 3-67　卡车模型直角沟槽铣削训练图

任务分析

本任务主要是铣削工件上的两个直角沟槽，通过分析图形，两个直角沟槽的定形尺寸和定位尺寸都是独立的，因此，铣削顺序的安排不是固定的。考虑到铣削封闭槽时需要在立式铣床上完成，因此，本任务选择在立式铣床上用立铣刀铣削加工。铣削直角沟槽的操作步骤如下：检验从模块三任务四转入的工件→安装及检查机用虎钳→装夹并校正工件→安装立铣刀→粗铣、精铣第一个直角沟槽并检验→粗铣、精铣第二个直角沟槽并检验。

相关知识

一、通槽的铣削方法

通槽可以用三面刃铣刀、立铣刀铣削，也可以采用合成铣刀铣削。

1. 用三面刃铣刀铣削通槽

三面刃铣刀在加工过程中，同时参与加工的切削刃有三个，其中圆柱面切削刃起主要切削作用，两个侧面切削刃起修光作用，如图 3–68a 所示。为了减小三面切削刃同时切削带来的较大的切削力，通常也会用错齿三面刃铣刀铣削通槽，如图 3–68b 所示。

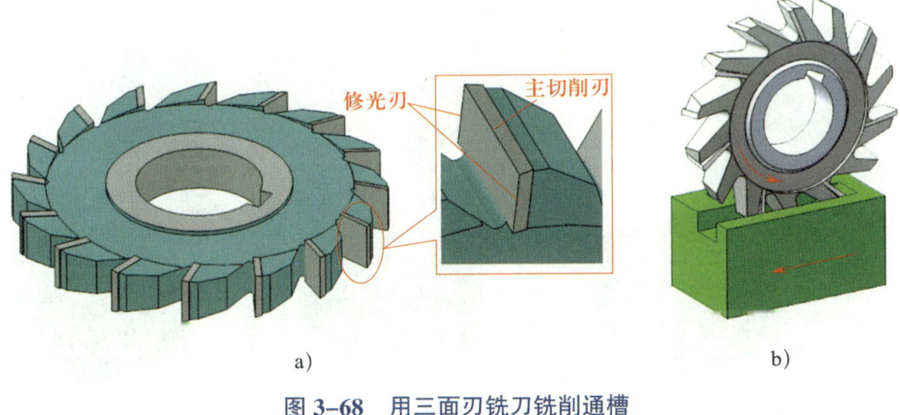

图 3–68 用三面刃铣刀铣削通槽

三面刃铣刀一般用于铣削槽宽不大的工件，由于其圆周切削刃为主切削刃，刀具有足够的刚度来保证直角沟槽的加工质量。

（1）铣刀的选择

用三面刃铣刀铣削通槽时，铣刀尺寸规格的选择与铣削台阶相似。所不同的是一般选取铣刀的宽度 $L \leqslant B$（槽宽）；槽宽精度要求不高时，可取刀宽与槽宽相等；若精度要求高，槽两侧都需要精铣时，则刀宽要小于槽宽，以保证有精铣余量。

（2）工件的装夹

铣削直角沟槽时，如果沟槽较浅，一般尽可能采用沟槽方向与固定钳口垂直的方法装夹工件，可避免工件因受切削力作用而在钳口内窜动，如图 3–69a 所示；当沟槽有一定深度或因工件尺寸原因使沟槽底面低于机用虎钳钳口面时，在夹紧可靠的前提下，可以采用沟槽方向与固定钳口平行的方法装夹工件，如图 3-69b 所示。

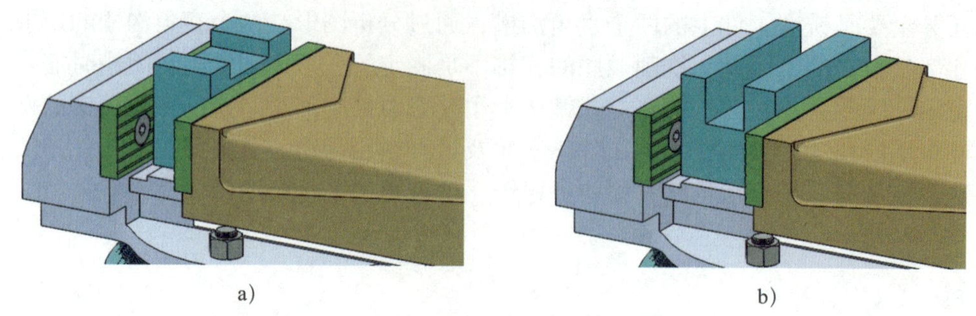

图 3–69　铣削工件直角沟槽时的装夹方法

（3）对刀方法

用三面刃铣刀铣削通槽时可采用与铣削台阶时类似的对刀方法，对刀时，移动工作台，靠近工件，如图 3–70a 所示，继续移动工作台，让旋转的铣刀侧刃擦到工件侧面（见图 3–70b），将工件垂直下降，使三面刃铣刀最底端圆周刃高出工件顶面（见图 3–70c），按直角沟槽距工件边缘尺寸 + 沟槽宽度 B 的一半 + 刀具宽度一半之和的尺寸横向移动工作台（见图 3–70d）并正面对刀，让铣刀圆周刃擦到工件顶面（见图 3–70e），将工件纵向退出（见图 3–70f），将工作台垂向上升距离 H（见图 3–70g）。

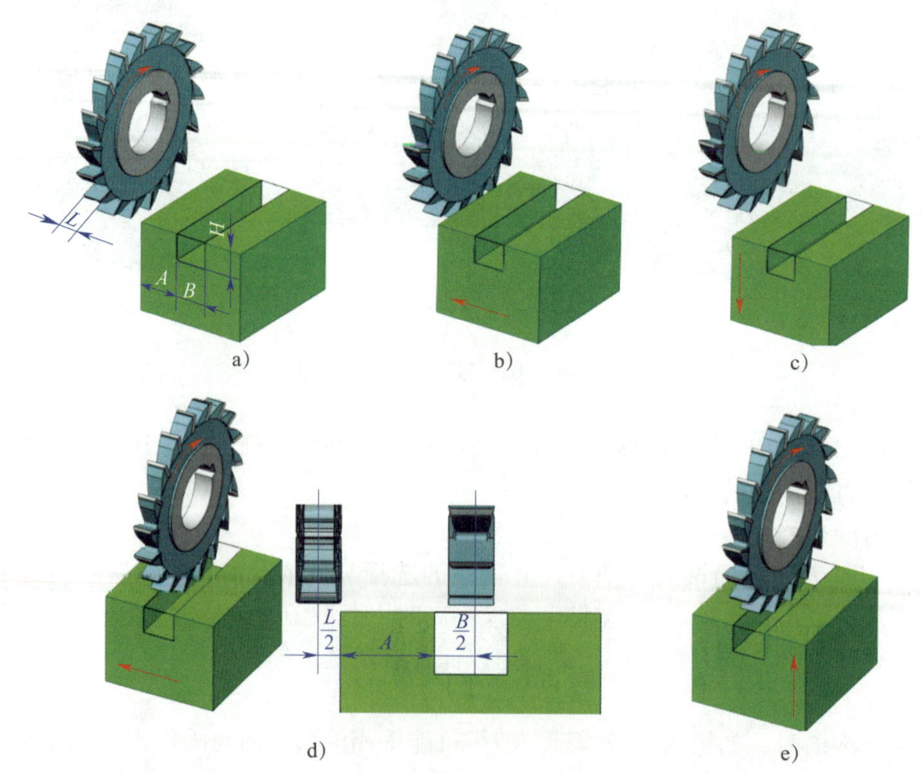

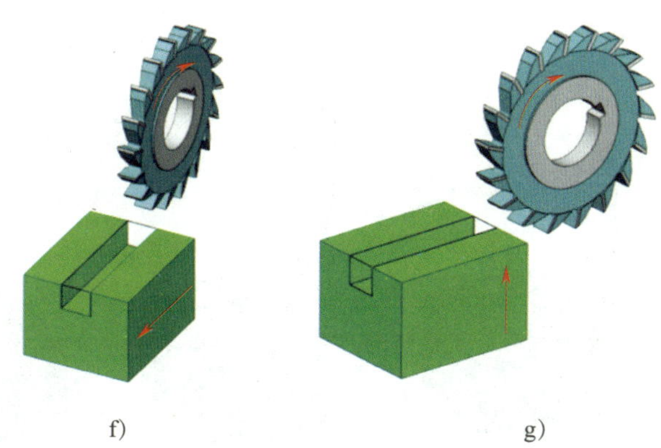

图 3-70 用三面刃铣刀铣削通槽时的对刀方法

a）靠近工件 b）侧面对刀 c）工件垂向退刀 d）工件横向进给

e）顶面对刀 f）将工件纵向退出 g）工件垂向进给

也可以采用划线参照法对刀，如图 3-71 所示，在工件表面划出直角沟槽的边线，比沟槽的实际宽度应略小一些，这样在铣削完成后可以将所划线条铣掉。对刀时，将铣刀移到工件上方，目测刀具宽度在两条参照线之间，使工作台垂向上升，让铣刀在工件表面试切出一个浅圆弧槽，然后使工作台下降，测量铣出的圆弧槽位置是否在参照线之间，若有偏差，可经过计算继续调整，使所铣沟槽处于两条参照线之间。

图 3-71 采用划线参照法对刀

2. 用立铣刀铣削通槽

用立铣刀铣削通槽时，通常槽的宽度不能太小；否则立铣刀直径过小，刚度低，刀具容易受损且槽的质量难以保证。尤其当槽宽大于或等于 25 mm 时，更适合用立铣刀铣削通槽。

（1）刀具的选择

一般选取立铣刀的直径 $d \leqslant B$（槽宽），若槽宽精度要求不高，可取立铣刀直径与槽宽相等；若槽宽精度要求高，槽两侧都需要精铣时，则铣刀直径要小于槽宽，以保证有精铣余量。铣刀的长度根据槽深来确定，一般切削刃长度要大于槽深，但不宜过长；否则铣刀刚度会降低。

（2）对刀方法

用立铣刀铣削通槽的对刀方法与用三面刃铣刀铣削通槽的对刀方法相同，具体操作步骤如图 3-72 所示。

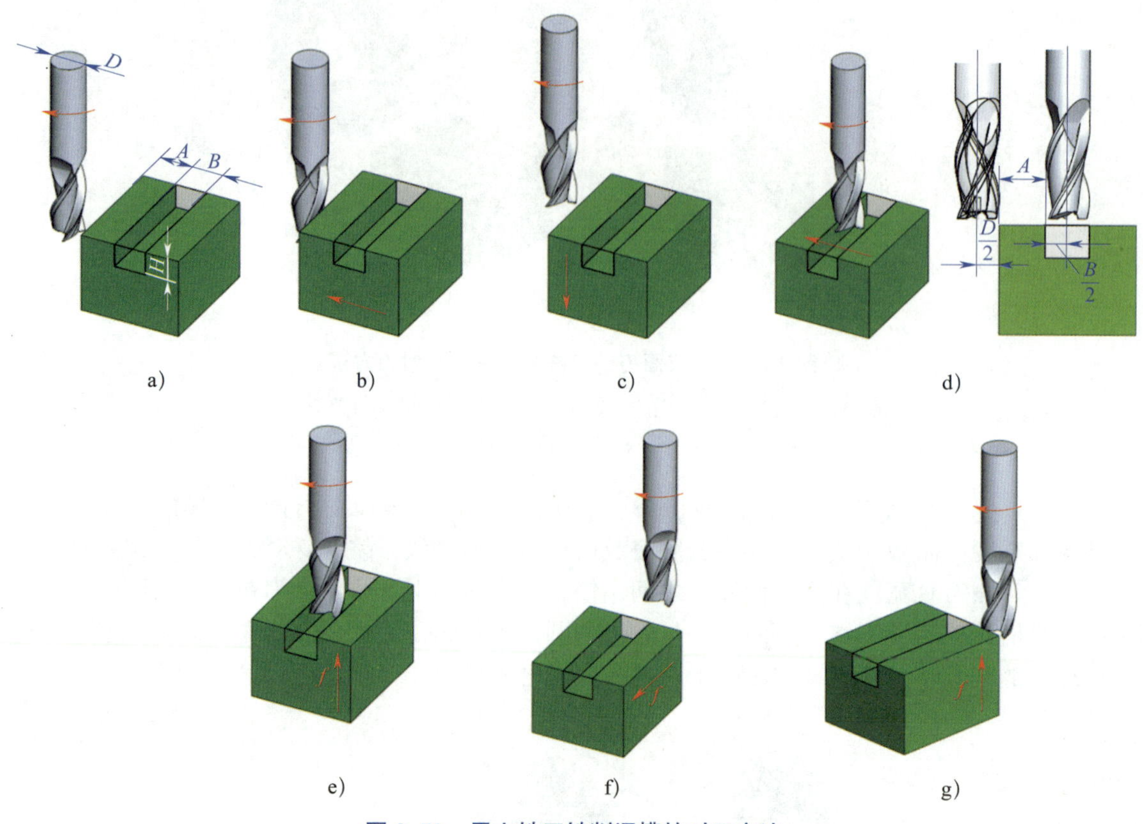

图 3–72　用立铣刀铣削通槽的对刀方法

a）靠近工件　b）侧面对刀　c）工件垂向退刀　d）工件横向进给
e）顶面对刀　f）将工件纵向退出　g）工件垂向进给

（3）铣削方法

由于立铣刀的刚度较低，铣削时易产生“偏让”现象，甚至使铣刀折断。在铣削较深的沟槽时，可用分层铣削的方法，先粗铣至沟槽的深度尺寸，再扩铣至沟槽的宽度尺寸。扩铣时，应尽量采用逆铣，操作方法与铣削台阶的方法相似，参见表 3–17。

二、半通槽和封闭槽的铣削方法

半通槽和封闭槽采用立铣刀或键槽铣刀进行铣削。

1. 半通槽的铣削方法

由于半通槽的一端开口而另一端呈封闭状态，如图 3–73a 所示，因此，在槽的长度方向上有尺寸要求。铣削半通槽时无法采用三面刃铣刀等，一般采用立铣刀或键槽铣刀进行铣削，其铣削方法与用立铣刀加工通槽相似，如图 3–73b 所示。

2. 封闭槽的铣削方法

（1）用立铣刀铣削封闭槽

由于封闭槽两端不通，因此，无法用立铣刀从槽的侧面开始铣削，而立铣刀端部的切削刃没有通过刀具中心，因此也不能沿轴向从工件顶面垂直切削，如图 3–74 所示。

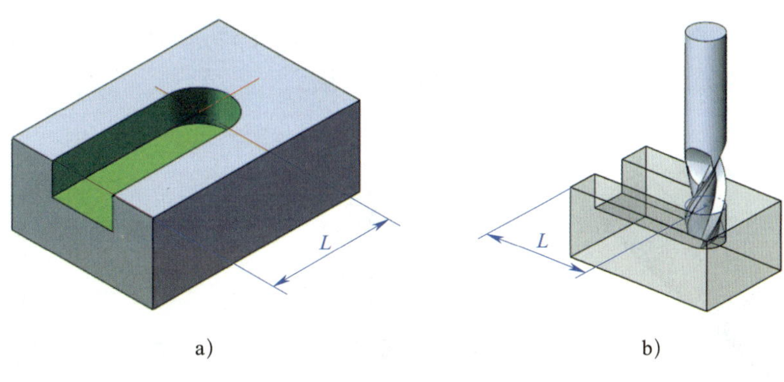

图 3–73 用立铣刀铣削半通槽的方法

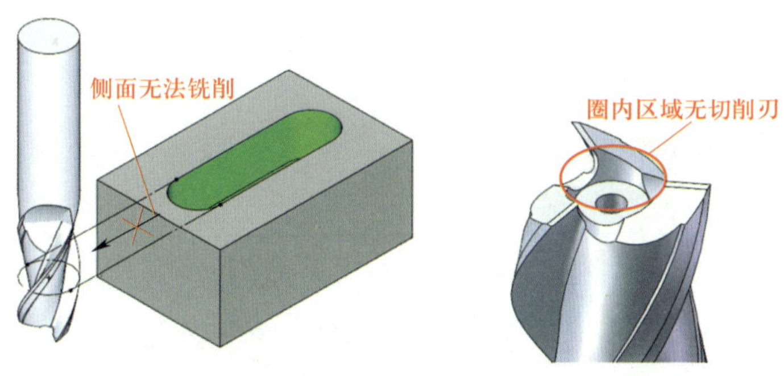

图 3–74 用立铣刀铣削封闭槽的问题

用立铣刀加工封闭槽时，可用麻花钻先在封闭槽一端圆弧中心位置预钻一个落刀孔（落刀孔的直径应小于封闭槽端部圆弧直径），为了使落刀孔的位置符合封闭槽铣削位置要求，一般应先在落刀孔的位置划线，然后钻孔，如图 3–75a 所示；随后用立铣刀从落刀孔的位置下刀进行铣削，如图 3–75b 所示；在铣削深度达到要求后，沿着封闭槽长度方向进给，进给长度等于封闭槽两端圆弧中心的距离，完成封闭槽的铣削，如图 3–75c 所示。

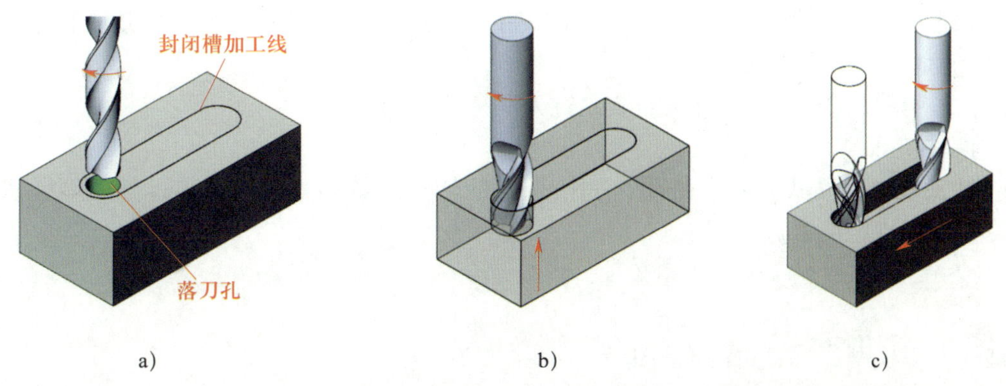

图 3–75 用立铣刀铣削封闭槽的方法

（2）用键槽铣刀铣削封闭槽

采用键槽铣刀铣削封闭槽时，因为键槽铣刀端部的两条切削刃相连，可以对工件进行垂直方向的进给，不需要预钻落刀孔，铣刀可直接落刀对工件进行铣削，如图 3–76 所示。常用于加工高精度的、较浅的半通槽和不穿通的封闭槽。

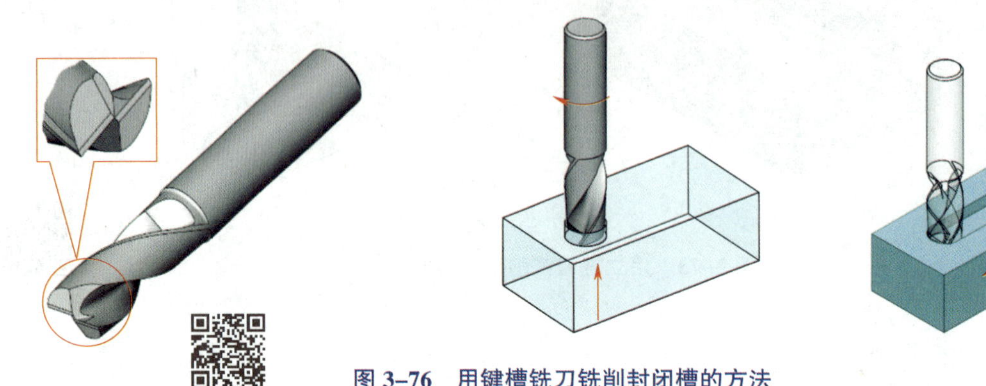

图 3–76 用键槽铣刀铣削封闭槽的方法

任务实施

一、准备工作

1. 选择刀具

根据图样给定的工件尺寸选择立铣刀的规格，铣削通槽时，选用外径为 10 mm 的高速钢直柄立铣刀（3 齿），其规格型号为 10 × 10 × 22 × 79。

2. 选择切削用量

根据工件材料（45 钢）和立铣刀的直径、齿数选择及调整铣削用量，由于装夹工件时夹持面积较小，因此，选择切削用量时建议选择取值范围内的较低值。实际选择主轴转速为 375 r/min，进给速度为 30 mm/ min，实际铣削加工时，考虑初次铣削，粗铣时可选择手动进给，精铣时采用机动进给。

3. 装夹工件和刀具

（1）选用机用虎钳装夹工件，考虑到工件的铣削位置，必须在工件下方垫平行垫铁，使工件沟槽底面略高出钳口面。

（2）采用图 3–36 所示的方法安装立铣刀和键槽铣刀。

4. 调整机床

选用 X5032 型立式升降台铣床，先按选定的切削用量调整主轴转速，然后调整进给速度，使其达到指定位置。

二、铣削直角沟槽

铣削卡车模型底部直角沟槽的工艺过程见表 3–20。

表 3-20 铣削卡车模型底部直角沟槽的工艺过程

步骤	加工内容描述	图示
1	装夹并校正工件： 在工件下面垫长度大于 80 mm、宽度小于 36 mm 的平行垫铁，并使工件顶面高出钳口面 ≥ 10 mm（通槽最大深度为 $8^{+0.1}_{0}$ mm）。将工件适当夹紧，用百分表适当复核工件定位侧面与工作台纵向的垂直度及工件顶面与工作台面的平行度，确认无误后夹紧	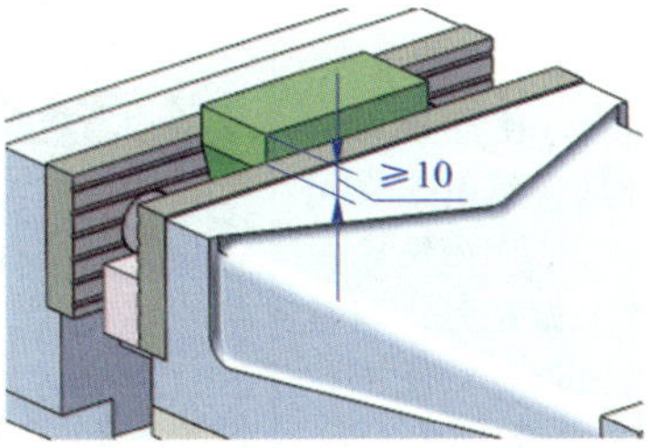 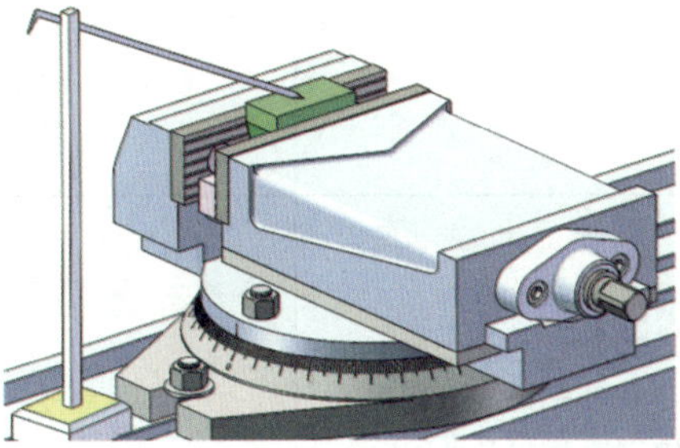 ≥10
2	铣削左侧通槽	
（1）	顶面对刀： 在工件顶面贴上薄纸片，移动工作台，使立铣刀端刃轻轻触碰薄纸片，直至将其铣飞，此时在铣床垂向刻度盘上做记号，调整工作台垂向位置，使垂向铣削量为 6.5 mm	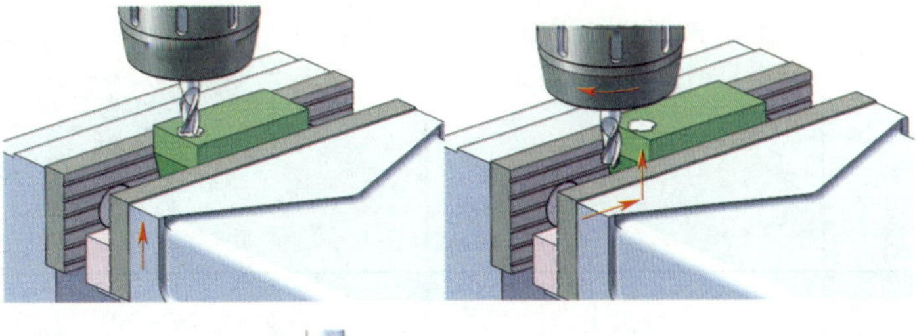 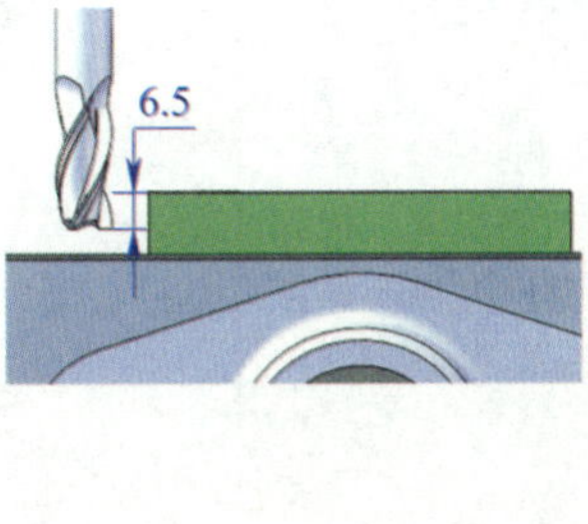 6.5

续表

步骤	加工内容描述	图示
（2）	槽侧面对刀： 在工件侧面贴上薄纸片，移动工作台，使立铣刀侧刃轻轻触碰薄纸片，直至将其铣飞，此时在铣床纵向刻度盘上做记号，调整工作台纵向位置，使工作台纵向向左移动 21.5 mm $\left(\frac{10}{2}\ \text{mm}+10\ \text{mm}+\frac{13}{2}\ \text{mm}\right)$	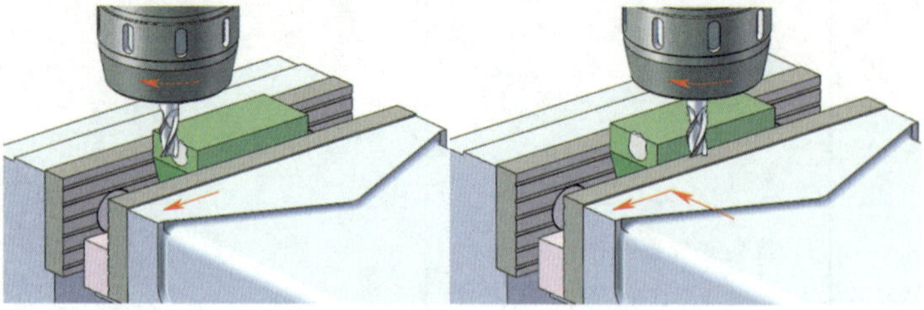 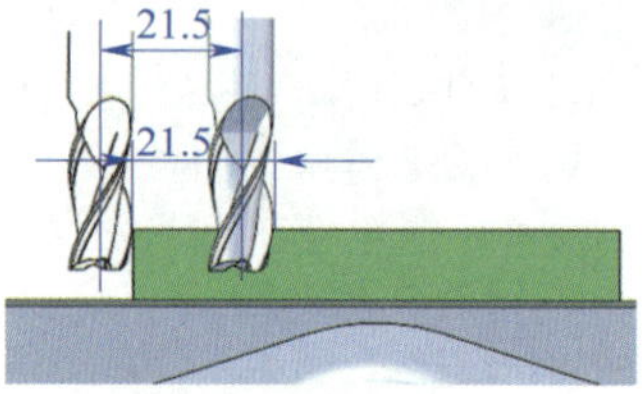
（3）	粗铣通槽： 用 ϕ10 mm 立铣刀粗铣左侧通槽，槽两侧各留 1.5 mm 精铣余量，槽底留 0.5 mm 精铣余量	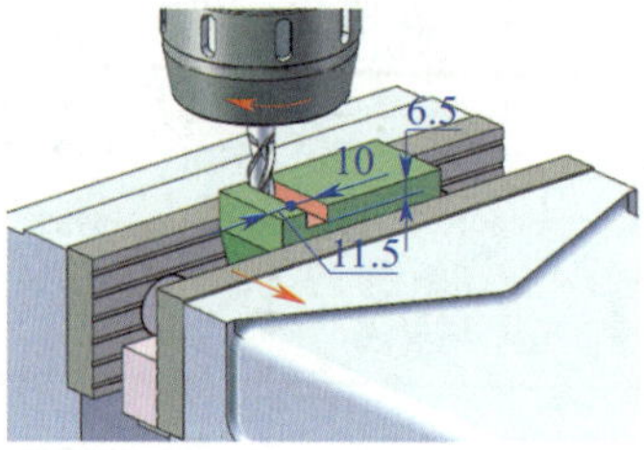
（4）	精铣槽底： 预检槽深尺寸并根据实际余量精铣槽底，保证尺寸 $7^{+0.1}_{0}$mm	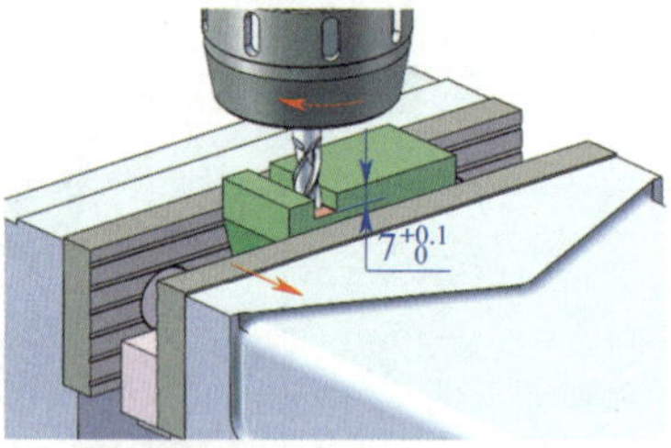
（5）	精铣通槽 侧. 预检通槽左侧尺寸，根据实际余量精铣槽左侧，保证定位尺寸 10 mm	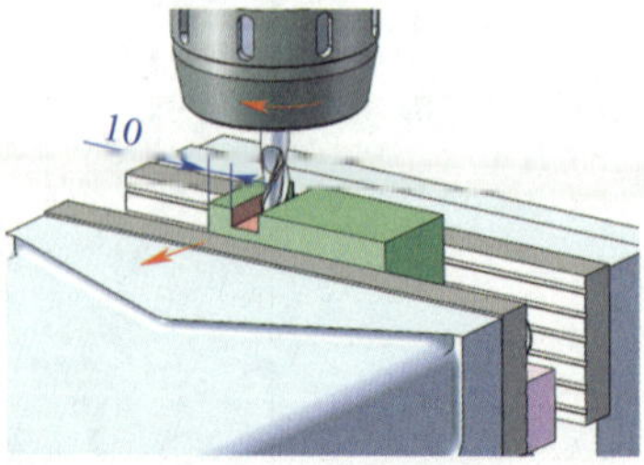

续表

步骤	加工内容描述	图示
（6）	精铣左侧通槽另一侧： 预检槽宽尺寸，根据实际余量，反向移动工作台，精铣左侧通槽另一侧，保证槽宽尺寸 $13^{+0.1}_{0}$mm	
3	用铣削左侧直角通槽的方法铣削右侧通槽，保证定位尺寸 12 mm、槽深 $8^{+0.1}_{0}$mm、槽宽 $13^{+0.1}_{0}$mm	
4	去毛刺，检验尺寸	

任务评价

直角沟槽铣削训练成绩评定见表 3–21。

表 3–21　　直角沟槽铣削训练成绩评定

序号	项目与技术要求	配分	评分标准	检测结果	得分
1	机用虎钳安装正确	8	机用虎钳安装不正确不得分；钳口方向不正确扣 4 分		
2	工件装夹正确	8	装夹不平不得分，装夹不牢靠扣 4 分		
3	铣刀安装正确	6	准备工作不充分扣 2 分；刀具安装位置不合理扣 2 分；装刀不牢靠不得分		
4	铣削用量选择正确及机床调整正确	8	主轴转速调整不正确扣 4 分；进给速度调整不当扣 4 分		
5	对刀方法恰当	6	对刀方法不当酌情扣分		
6	$13^{+0.1}_{0}$mm（2 处）	13 × 2	超差不得分		

续表

序号	项目与技术要求	配分	评分标准	检测结果	得分
7	$7^{+0.1}_{0}$mm	12	超差不得分		
8	$8^{+0.1}_{0}$mm	12	超差不得分		
9	10 mm	3	超差酌情扣分		
10	12 mm	3	超差酌情扣分		
11	$Ra \leqslant 3.2$ μm	8	不合格每处扣 1 分		
12	安全文明生产		不符合要求酌情扣分		
合计		100			

模 块 四

普通磨床加工

任务一 普通磨床加工基本知识和技能

学习目标

1. 了解磨削加工安全生产知识。
2. 能描述磨削的工作范围，认识磨削加工常用的工具和设备。
3. 能描述砂轮的检查、安装、平衡和修整的方法并进行砂轮静平衡操作。

任务描述

图 4-1 所示的砂轮是磨削加工不可缺少的切削工具。平常所见到的各种砂轮上面都印有一组由字母和数字等组成的标记，如 1-600 × 75 × 305-A20L5V-35m/s，这些符号代表什么含义？

砂轮是在高速旋转下进行工作的，砂轮的平衡程度是磨削的主要性能指标之一。一般新安装砂轮必须进行两次静平衡。第一次平衡后，将砂轮安装在机床上进行修整，由于砂轮的

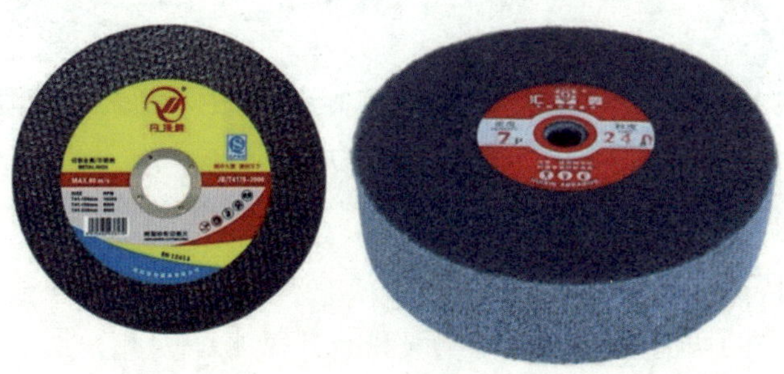

图 4-1 砂轮

形状误差和安装误差，经修整后，原来的平衡被破坏，必须进行第二次平衡，这样砂轮才能稳定地旋转，不会产生跳动。那么，静平衡是如何进行的？

任务分析

砂轮是用磨料和结合剂等制成的中央有通孔的圆形固结磨具，是具有一定形状和尺寸的多孔物体。磨料、结合剂和气孔构成了砂轮结构的三要素，并决定了砂轮的特性。由于砂轮的特性存在很大差异，故对磨削质量和生产效率有很大影响。要想圆满完成各项磨削加工任务，必须正确识读砂轮标记，并能根据加工条件或加工要求正确、合理地选择砂轮。

砂轮是安装在磨床的磨头主轴上进行工作的，由于其自身形状误差以及表面出现的一些微小缺陷，使得砂轮在高速旋转过程中出现径向圆跳动和振动等不正常现象，轻则会影响工件磨削质量；重则会使砂轮出现破损甚至破裂，严重危及操作者和设备的安全。因此，在安装前需要对砂轮进行静平衡操作。

相关知识

一、磨削加工的工作特点和工作内容

1. 磨削加工的工作特点

磨削加工是指用磨料切除材料的加工方法，如图 4–2 所示。磨削使用的工具主要是高速旋转的砂轮，它以极高的圆周速度磨削工件，并能加工各种高硬度材料的工件，切除多余的金属，使工件的形状、尺寸和表面质量都符合图样要求，成为机械零件。

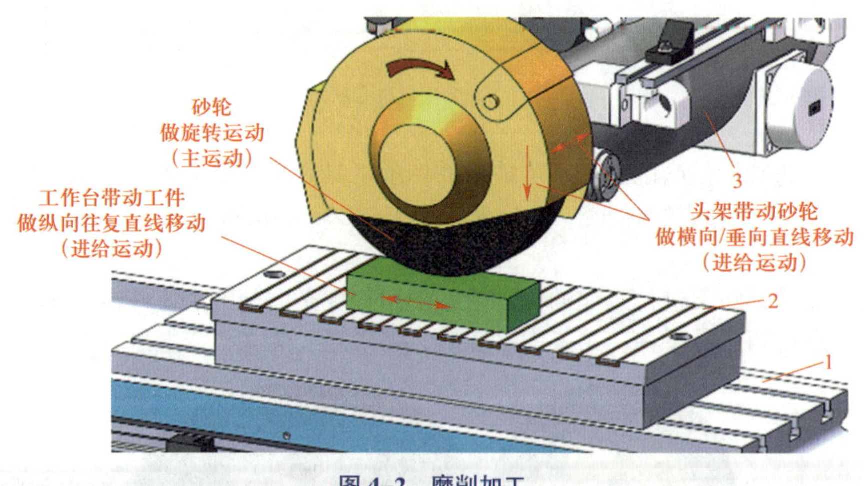

图 4–2 磨削加工

1—工作台 2—电磁吸盘 3—头架

磨削加工的工作特点如下：

（1）每颗磨粒切去的切屑厚度很薄，一般只有几微米，因此，加工表面可获得较高的精度和较低的表面粗糙度。一般精度可达 IT7 ~ IT6 级，表面粗糙度 *Ra* 值可达 0.08 ~ 0.05 μm，

精密磨削可达到更高的精度，故磨削常用于精加工工序。

（2）磨削效率高。一般磨削速度为 35 m/s 左右，是普通刀具的 20 倍以上，可获得较高的金属切除率。

（3）砂轮磨粒硬度高，热稳定性好，不但可磨钢材、铸铁等材料，还可磨各种硬度高的材料，如淬硬钢、硬质合金、玻璃、陶瓷、石材等。

（4）磨粒具有一定的脆性，在磨削力的作用下会破裂，从而形成新的切削刃，称为砂轮的自锐性。

（5）磨削温度高。由于磨削速度很高，其速度是一般切削加工速度的 10 ~ 20 倍，因此加工中会产生大量的切削热。在砂轮与工件的接触处，瞬时温度可高达 1 000 ℃，同时，大量的切削热会使磨屑在空气中发生氧化作用，产生火花。高的磨削温度会烧伤工件表面，使工件硬度降低，严重时还会产生微裂纹，使工件的表面质量降低，使用寿命缩短。因此，为了减少摩擦及改善散热条件，降低切削温度，保证工件表面质量，在磨削时必须使用大量的切削液。

切削液的主要作用包括冷却作用（降低磨削区的温度）、润滑作用（减少砂轮与工件之间的摩擦）、冲洗作用（冲走脱落的磨粒和磨屑，防止砂轮堵塞）等。常用的切削液有水溶液、乳化液和油类切削液三大类。

1）水溶液。水溶液的主要成分是水，其冷却性能较好，但易使机床和工件生锈，使用时须加入防锈剂。

2）乳化液。乳化液是乳化油和水的混合物。乳化油由矿物油和乳化剂配制而成。乳化液具有良好的冷却作用，若再加入一定比例的油性添加剂和防锈剂，则可成为既能润滑又可防锈的切削液。

使用时，取质量分数为 2% ~ 5% 的乳化油和水配制即可。天冷时，可用少量温水将乳化油溶化，然后加入冷水调匀。乳化液调配的含量应视工件的材料而定。例如，磨削铝制工件时乳化油含量不宜过高，否则会引起表面腐蚀；磨削不锈钢工件时，采用乳化油含量较高的乳化液效果较好。精磨时乳化油含量应比粗磨时高一些。

3）油类切削液。油类切削液主要成分是矿物油。矿物油的油性差，不能形成牢固的吸附膜；润滑能力差，在磨削时须加入极压添加剂，即成为极压切削油，常用于磨削螺纹和齿轮。

另外，加工铸铁等脆性材料时，为防止产生裂纹一般不加切削液，而采用吸尘器除尘。

2. 磨削加工的工作内容

磨削主要用于工件的内外圆柱面、内外圆锥面、平面和特形面（如花键、螺纹、齿轮等）的精加工，以获得较高的尺寸精度和较小的表面粗糙度值，常见的磨削加工类型如图 4–3 所示。

二、砂轮的特性

1. 磨料

磨料是在磨削、研磨和抛光中起切削作用的材料，是砂轮的主要组成部分，是影响磨削加工结果的重要因素。磨料应具备极高的硬度、耐磨性、耐热性、相当的韧性和化学稳定性。不同的磨削加工任务要求使用不同的磨料，常用磨料的代号和应用范围见表 4–1。

图 4–3 常见的磨削加工类型

a）磨外圆 b）磨孔 c）磨平面 d）无心磨削 e）磨成形面
f）磨螺纹 g）磨齿轮 h）磨花键 i）磨导轨

表 4–1 常用磨料的代号和应用范围

类别	名称	代号	应用范围
氧化铝类	棕刚玉	A	磨削各种未淬硬钢、韧性材料
	白刚玉	WA	磨削各种淬硬钢
	微晶刚玉	MA	磨削各种不锈钢、轴承钢、特种球墨铸铁
	单晶刚玉	SA	磨削不锈钢、高钒高速钢、其他难加工材料
	铬刚玉	ZA	磨削淬硬高速钢、高强度钢，进行成形磨削和刀具的刃磨
碳化硅类	黑色碳化硅	C	磨削脆性材料和铝
	绿色碳化硅	GC	磨削硬质合金
超硬类	人造金刚石	D	磨削硬质合金
	立方氮化硼	CBN	磨削高硬度、高韧性不锈钢和高钒高速钢

2. 粒度

为了适应各种不同要求工件的磨削加工，必须把磨料制成不同大小的颗粒——磨粒，磨料颗粒的大小称为磨料的粒度，根据粒度大小，磨料有粗磨粒和微粉之分。颗粒尺寸大于 64 μm 的磨料称为粗磨粒，国家标准《固结磨具用磨料　粒度组成的检测和标记　第 1 部分：粗磨粒 F4 ~ F220》（GB/T 2481.1—1998）对刚玉和碳化硅磨料做了规定，粗磨粒粒度号标记为 F4 ~ F220，共 26 个代号，用试验筛网筛分的方法测定；粒度号越大，颗粒越细。颗粒尺寸小于或等于 64 μm 的磨料称为微粉，国家标准《固结磨具用磨料　粒度组成的检测和标记　第 2 部分：微粉》（GB/T 2481.2—2020）对刚玉和碳化硅磨料做了规定，微粉标记为 F230 ~ F1200，共 11 个代号，用沉降法进行测定；粒度号越大，颗粒越细。

磨粒粒度的大小直接影响磨削性能和磨削效率。粒度选择的主要依据是磨削的加工性质和工件材料的力学性能等。粗磨时一般选粗粒度砂轮，精磨时选细粒度砂轮。磨软材料时选粗磨粒；磨硬材料时选细磨粒。粒度标记及其适用范围见表 4–2。

表 4–2　粒度标记及其适用范围

粒度标记	适用范围
F4 ~ F14	荒磨、重负荷磨钢锭、喷砂除锈等
F16 ~ F30	粗磨钢锭、打毛刺、切断钢坯、粗磨平面
F36 ~ F60	平面磨、外圆磨、无心磨、内圆磨、工具磨等粗磨工序
F70 ~ F100	平面磨、外圆磨、无心磨、内圆磨、工具磨等半精磨工序，工具刃磨、齿轮磨削
F120 ~ F220	刀具刃磨、精磨、粗研磨、粗珩磨、粗磨螺纹等
F230 ~ F360	精磨、珩磨、精磨螺纹、仪器仪表工件和齿轮的精磨等
F400 ~ F1200	超精密加工、镜面磨削、精细研磨、抛光等

需要指出的是，每一粒度号的磨料不是单一尺寸的粒群，而是若干粒群的集合。国家标准中将各粒度号的磨料分成五个粒度群，分别是最粗粒、粗粒、基本粒、混合粒、细粒。某一粒度号的磨粒粒度就是各粒群所占的质量百分比。例如，F20 的磨粒，全部磨料应通过最粗筛（筛孔直径为 1.7 mm）；全部磨粒可通过粗粒筛（筛孔直径为 1.18 mm），但该筛筛上物不能多于 20%；筛孔直径为 1.00 mm 的筛子筛上物至少应为 45%，但允许磨粒 100% 通过筛孔直径为 1.18 mm 的筛子而留在筛孔直径为 1.00 mm 的筛子上；通过筛孔直径为 1.18 mm 的筛子而留在筛孔直径为 1.00 mm 和 850 μm 筛子上的磨粒总和至少应为 70%，因此，如果筛孔直径为 1.00 mm 的筛子筛上物为 45%，则筛孔直径为 850 μm 的筛子筛上物至少应为 25%；对最细号筛（筛孔直径为 710 μm）的筛上物未做规定，但通过筛孔直径为 710 μm 的筛子，磨粒不允许超过 3%。

3. 结合剂

结合剂是把磨粒固结成磨具的材料，它使砂轮具有必要的形状。结合剂的性能和多少决定了砂轮的强度、硬度、耐冲击性、耐腐蚀性、耐热性、自锐性等。此外，结合剂还对磨削温度和磨削工件的表面质量有一定的影响。

根据国家标准《磨料磨具术语》（GB/T 16458—2021），结合剂包括无机结合剂、有机结合剂、金属结合剂等。结合剂的种类用字母代码表示，可参见国家标准《固结磨具　形状类型、标记和标志》（GB/T 2484—2023）。常用结合剂的种类、代号、性能和应用范围见表 4–3，其中，陶瓷结合剂应用范围最广，被 80% 左右的砂轮采用。

表 4–3　常用结合剂的种类、代号、性能和应用范围

种类	代号	性能和应用范围
陶瓷	V	陶瓷结合剂黏结强度高，刚度高，耐热性、耐腐蚀性好，不怕潮湿，气孔率大，磨削生产效率高；脆，韧性和弹性差，不能承受侧面弯扭力。用于除薄片砂轮外的大部分砂轮，一般磨削速度 <35 m/s
树脂	B	树脂结合剂强度高，弹性好，耐热性差，气孔率小，易堵塞，磨损快，易失去廓形，耐腐蚀性差（切削液含碱量超过 1.5% 时砂轮强度和硬度明显下降；潮湿气候下长期存放也会影响砂轮的强度）。主要用于高速磨削砂轮（速度可达 50 m/s）、薄片砂轮、精磨及抛光用砂轮、清理用砂轮、荒磨砂轮
橡胶	R	橡胶结合剂有更好的弹性和更高的强度，耐油性差，耐热性更差，气孔小，组织紧密，生产效率低，磨削中结合剂易老化和烧伤。用于薄片砂轮、精磨用砂轮、无心磨用砂轮、抛光成形面用砂轮，速度可达 65 m/s
菱苦土	MG	自锐性好，结合能力差，主要用于制作粗磨砂轮

4. 硬度

硬度是指磨粒在外力作用下从磨具表面脱落的难易程度。磨粒粘接牢固而不易脱落的砂轮称为硬砂轮；反之，则称为软砂轮。所以，砂轮的硬度与磨粒木身的硬度是两回事。根据国家标准《固结磨具　形状类型、标记和标志》（GB/T 2484—2023），硬度等级用大写英文字母标记，见表 4–4，A 为最软，Y 为最硬。

表 4–4　硬度等级

硬度等级				软硬级别
A	B	C	D	极软
E	F	G	—	很软
H	—	J	K	软
L	M	N	—	中
P	Q	R	S	硬
T	—	—	—	很硬
—	Y	—	—	极硬

砂轮的硬度对磨削效率和磨削表面质量都有很大的影响。如果砂轮太硬，磨粒钝化后仍不脱落，就会导致磨削效率低，工件表面粗糙并可能被烧伤；如果砂轮太软，磨粒尚未磨

钝即脱落，就会导致砂轮损耗大，因不易保持砂轮廓形而影响工件质量。一般来说，磨削硬工件材料时选择软砂轮；磨削软工件材料时选择硬砂轮。磨削有色金属等较软工件材料时，为了防止砂轮堵塞，选择软砂轮。磨削接触面积大，或磨削薄壁工件和导热性差的工件时，选择软砂轮。精磨、成形磨削、断续表面磨削时选用较硬的砂轮。磨粒较细时，应选用较软的砂轮。磨平面、内孔选用较软的砂轮。具体来说，磨削淬硬的合金钢可选用硬度为 H ~ K 的砂轮；磨削未淬硬钢可选用硬度为 L ~ N 的砂轮；磨削表面粗糙度值低的表面可选用硬度为 K ~ L 的砂轮；刃磨硬质合金刀具可选用硬度为 H ~ L 的砂轮。需要注意的是，树脂结合剂砂轮不耐高温，磨粒容易脱落，其硬度可比陶瓷结合剂砂轮选高 1 ~ 2 个等级。

5. 组织

砂轮结构的紧密或疏松程度称为砂轮的组织。它表明砂轮中磨料、结合剂和气孔三者间的体积比例关系，以反映砂轮磨粒率（磨粒占磨具体积的百分率）的组织号表示。根据国家标准《固结磨具　形状类型、标记和标志》（GB/T 2484—2023），组织号可用数字标记，通常为 0 ~ 14，见表 4–5。组织号数字越大，表示组织越疏松，相应的磨粒率越低。显然，0 ~ 4 号组织较紧密，9 ~ 14 号组织较疏松，5 ~ 8 号组织为中等。

表 4–5　　砂轮的组织号

组织号	0	1	2	3	4	5	6	7	8	9	10	11	12	13	14
磨粒率 /%	62	60	58	56	54	52	50	48	46	44	42	40	38	36	34

砂轮的组织对于磨削质量和磨削效率有很大的影响。组织紧密时，气孔率小，砂轮变硬，容屑空间小，容易堵塞，磨削效率低，但可承受较大的磨削压力，廓形保持性好，适合重压力下磨削及精密、成形磨削；组织疏松时，气孔多，砂轮不易被堵塞，发热少，便于将切削液或空气带入磨削区，有利于散热条件的改善，但加工表面粗糙，适用于接触面积较大的工序（如粗磨、平面磨、内圆磨等），韧性好、硬度不高的工件，以及热敏感材料、软金属、薄壁件等。普通磨削常用 4 ~ 7 号组织的砂轮，例如，磨削淬火钢、刃磨刀具等。组织号为 6 号的砂轮最常用。

6. 砂轮的形状

砂轮是以磨料为主制造而成的磨削工具（磨具），为了在不同类型的磨床上磨削各种形状和尺寸的工件，砂轮需制成各种形状和尺寸，常用基本形状砂轮的名称、结构示意图、代号和基本用途见表 4–6。

表 4–6　　常用基本形状砂轮的名称、结构示意图、代号和基本用途

名称	结构示意图	代号	基本用途
平形砂轮		1	用于外圆磨削、内圆磨削、平面磨削、无心磨削、螺纹磨削、刀具刃磨

续表

名称	结构示意图	代号	基本用途
筒形砂轮		2	用于立式平面磨床
双斜边砂轮		4	用于磨削齿轮齿面和单线螺纹
杯形砂轮		6	用于刃磨铣刀、铰刀、拉刀等
碗形砂轮		11	用于刃磨铣刀、铰刀、拉刀等
蝶形一号砂轮		12a	用于刃磨铣刀、铰刀、拉刀和其他刀具，大尺寸的一般用于磨削齿轮齿面
薄片砂轮		41	用于切断、开槽等

三、砂轮的检查、安装、平衡和修整

1. 检查

砂轮在高速旋转下进行切削，为了防止高速旋转时砂轮破裂，因此，在安装砂轮前必须检查其是否有裂纹。在实际应用中，一般采用检查外观和利用敲击声判断的方法检查砂轮。

2. 安装

安装砂轮时，应将砂轮松紧合适地套在砂轮主轴上，并分别在法兰底盘、法兰盘和砂轮之间垫上 1 ~ 2 mm 厚的弹性垫圈（由皮革或耐油橡胶制成），如图 4–4 所示。

3. 平衡

为了使砂轮平稳地工作，一般对于直径大于 125 mm 的砂轮都要进行平衡。在实际应用中，一般采用静平衡，如图 4–5 所示。平衡时先将砂轮安装在心轴上，再将其放在平衡架导柱上。如果砂轮不平衡，较重的部分总是转在下面，这时可移动法兰盘端面环形槽内的平衡块

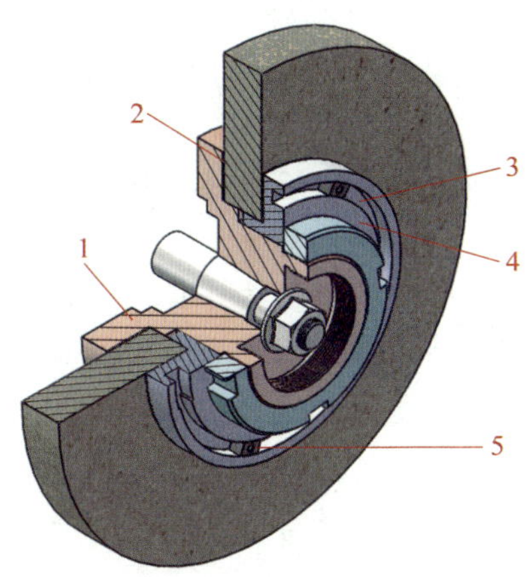

图 4–4 砂轮的安装

1—法兰底盘 2—弹性垫圈 3—环形槽 4—法兰盘 5—平衡块

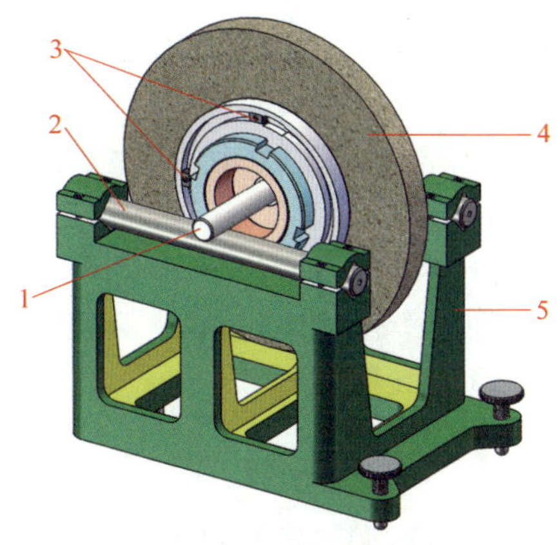

图 4–5 砂轮的静平衡

1—心轴 2—平衡架导柱 3—平衡块 4—砂轮 5—平衡架

进行平衡，直到砂轮可以在平衡架导柱上的任意位置都能静止为止。如果砂轮在平衡架导柱上的任意位置都能静止，则表明砂轮各部分质量均匀，平衡良好。

4. 修整

砂轮工作一定时间后，会出现磨粒逐渐变钝、表面孔隙堵塞、磨损严重等情况。这时需要对砂轮进行修整，使已磨钝的磨粒脱落，恢复砂轮的切削能力和外形精度。砂轮常用金刚石笔进行修整，如图 4–6 所示。修整时要用大量的切削液，以免金刚石笔因温度骤升而破裂。

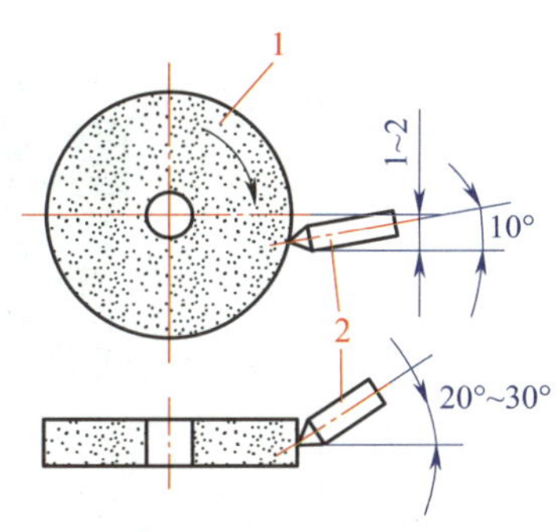

图 4–6 砂轮的修整

1—砂轮 2—金刚石笔

四、磨削加工安全操作规程

磨削实习与车工、铣工实习的安全技术有许多相同之处，可参照执行，在操作过程中更应注意以下几点：

1. 操作者必须戴工作帽，并将长发扎紧后塞入帽中，以防发生人身事故。

2. 严禁多人共用一台磨床，磨床只能一人操作，同时，在磨床使用过程中应随时注意他人安全。

3. 砂轮是高速旋转的，禁止面对砂轮站立。

4. 砂轮启动后，必须慢慢引向工件，严禁突然接触工件。背吃刀量不能过大，以防止因背向力过大将工件顶飞而发生事故。

任务实施

一、砂轮代号释义

根据国家标准《固结磨具 形状类型、标记和标志》（GB/T 2484—2023）统一规定，砂轮的特性用代号表示，并按以下顺序排列：形状名称—产品标准编号—形状代号—圆周型面代号（若有）—尺寸（包括型面尺寸）—磨料品牌（可选性的）—磨料种类—磨料粒度—硬度等级—组织号（可选性的）—结合剂种类—最高工作速度。

在代号“平形砂轮　GB/T 2485　1–600 × 75 × 305–A/F20 L5V–35 m/s”中，“1”表示平形砂轮；“600 × 75 × 305”表示砂轮尺寸为外径 600 mm、宽度 75 mm、孔径 305 mm；“A”表示砂轮磨料为棕刚玉；“F20”表示粒度为 20；“L”表示砂轮硬度为中；“5”表示砂轮组织号为 5（磨粒率为 52%），属中等组织；“V”表示砂轮结合剂为陶瓷型；“35 m/s”表示砂轮最高使用工作速度为 35 m/s。

二、砂轮的静平衡

砂轮静平衡的调整步骤和调整方法见表 4–7。

表 4–7　　砂轮静平衡的调整步骤和调整方法

调整步骤	图示	调整方法
调整平衡架导柱面水平位置	a) b)　c) 1—平衡架导柱　2—平衡架　3—螺钉 4—水平仪　5—平行垫铁	用水平仪调整平衡架导柱横向位置和纵向位置，使水平仪气泡的偏移在一格以内： 1. 在平衡架导柱上安放两块厚度相同的平行垫铁 2. 将水平仪垂直于平衡架导柱放在平行垫铁上，如图 b 所示，检查气泡所处的位置，气泡是向高处移动的，在气泡的相反处调整平衡架的螺钉，使水平仪气泡处于中间位置 3. 再将水平仪平行于平衡架导柱安放在平行垫铁上，如图 c 所示，用同样的方法使水平仪气泡处于中间位置 4. 用步骤 2 和 3 的方法反复检查及调整，直至平衡架导柱在纵向和横向基本处于水平位置，一般允许误差在 0.02 mm/1 000 mm 以内
安装平衡心轴	6—平衡心轴	安装平衡心轴，心轴的外圆锥面与砂轮法兰盘应有 80% 的接触面，并用螺母锁紧

续表

调整步骤	图示	调整方法
拆平衡块		拆下法兰盘上所有平衡块，并清除环形槽内的污垢
找出不平衡的位置	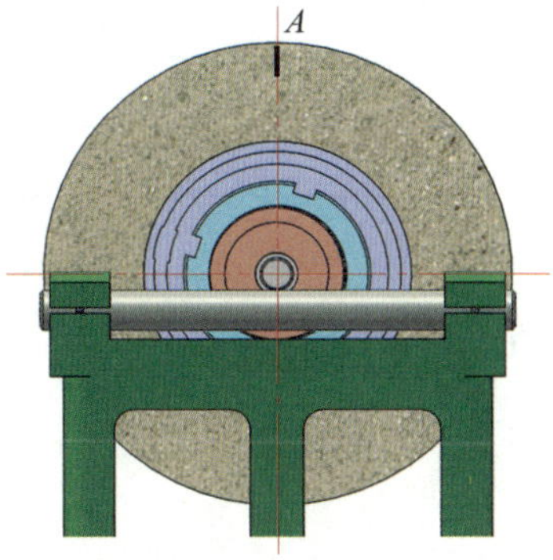 A	将平衡心轴连同砂轮一起放在平衡架上，使砂轮在平衡架导柱上缓慢滚动。若砂轮不平衡，会来回摆动。当摆动停止时，砂轮较重部分必然在砂轮下方。此时，在砂轮上方 A 处做一记号
装平衡块	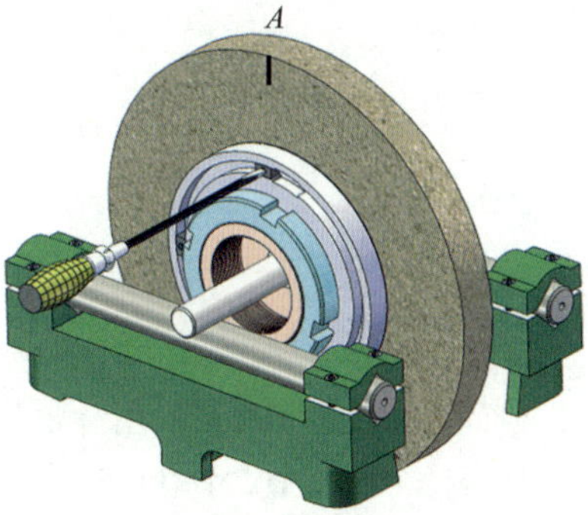 A	在 A 点下方装上第一块平衡块，并使记号 A 仍在原位不变，然后在对称于记号 A 点的左右两侧装上另外两块平衡块，同样应保持 A 点位置不变
求各点的平衡	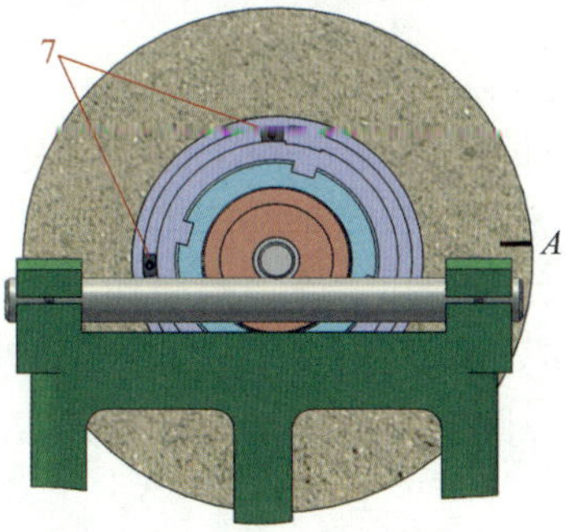 7 A 7—平衡块	将砂轮转 90°，使 A 点处于水平位置，若砂轮不平衡，可移动平衡块。若 A 点较轻，则将平衡块向 A 点靠拢；若 A 点较重，使平衡块离开 A 点，再将砂轮转 180°，使 A 点处于水平位置，检查砂轮平衡状况，若不平衡再重新调试

任务评价

根据任务实施中的操作步骤，由小组其他成员判断其操作的正确性，并将结果记录在表 4–8 中。

表 4-8 砂轮架静平衡操作练习记录

操作内容	记录
准备工作充分	正确□ 错误□
平衡架导柱面水平位置	正确□ 错误□
安装平衡心轴	正确□ 错误□
拆平衡块，找出不平衡位置	正确□ 错误□
装平衡块，求各点的平衡	正确□ 错误□
结束及整理工作	正确□ 错误□

任务二 外圆的磨削

学习目标

1. 能描述用外圆磨床磨削外圆面、内圆面和圆锥面的方法。
2. 能选择合适的方法在外圆磨床上装夹工件。
3. 能正确选择磨削用量并调整磨床进行外圆面磨削。

任务描述

在外圆磨床上加工图 4–7 所示的台阶轴，确定该工件的加工工艺。根据图样，按照模块二普通车床加工的基本方法加工出毛坯，材料为 45 钢，各外圆尺寸留 0.5 mm 左右的磨削余量。

任务分析

本任务对工件的几何公差无具体要求，尺寸精度要求一般，但表面质量要求较高，因此，可以采用工序集中的方式安排工序。要完成该台阶轴的磨削加工，其操作步骤如下：确定外圆磨削工艺→调整机床→选择砂轮→安装砂轮和工件→磨削加工。

本任务重点学习外圆磨床的基本知识和外圆磨削的工艺方法，学生需要掌握工件的装夹、磨削用量的选择、砂轮的选择与安装、外圆磨床的基本操作等方面的技能。

相关知识

M1432A 型万能外圆磨床可以用来加工内外圆柱面、内外圆锥面、台阶端面等，加工后公差等级可达到 IT6 ~ IT5 级，表面粗糙度 *Ra* 值为 0.4 ~ 0.2 μm。这种机床的中心距有 1 000 mm 和 1 500 mm 两种，可根据加工需要进行选用。

M1432A 型万能外圆磨床除了可以磨削外圆柱面和外圆锥面，还可以磨削内圆柱面和内圆锥面，其性能良好，应用广泛。

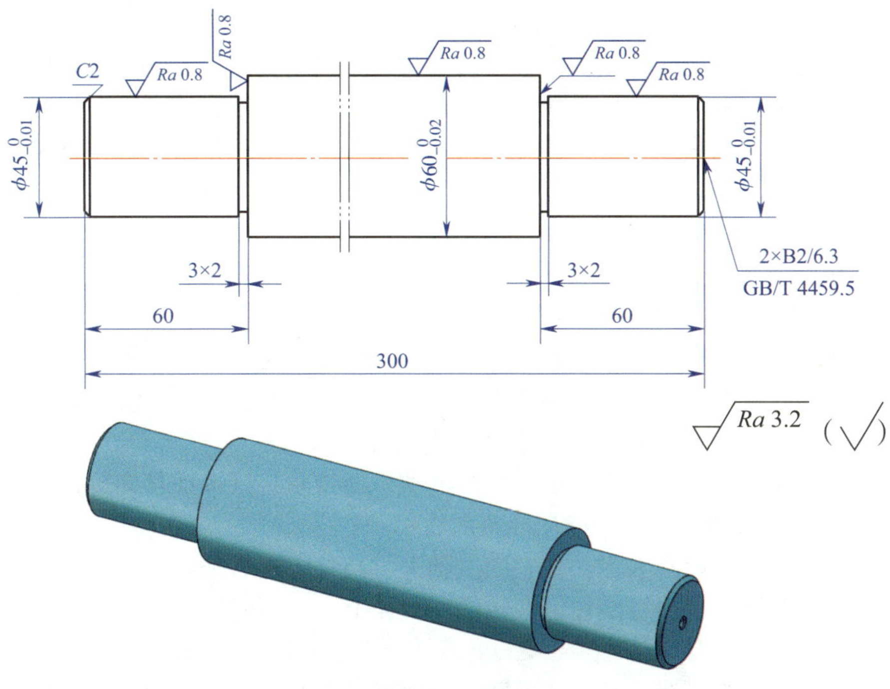

图 4-7 台阶轴

一、M1432A 型万能外圆磨床的结构

如图 4-8 所示，M1432A 型万能外圆磨床由床身 9、上工作台 7、下工作台 8、头架 1、尾座 6、砂轮架 5 等部件组成。床身 9 是一个条状箱形铸件，用来支承磨床的各部件，在床身上面有纵向和横向两组导轨，纵向导轨上装有上工作台 7、下工作台 8，横向导轨上装有

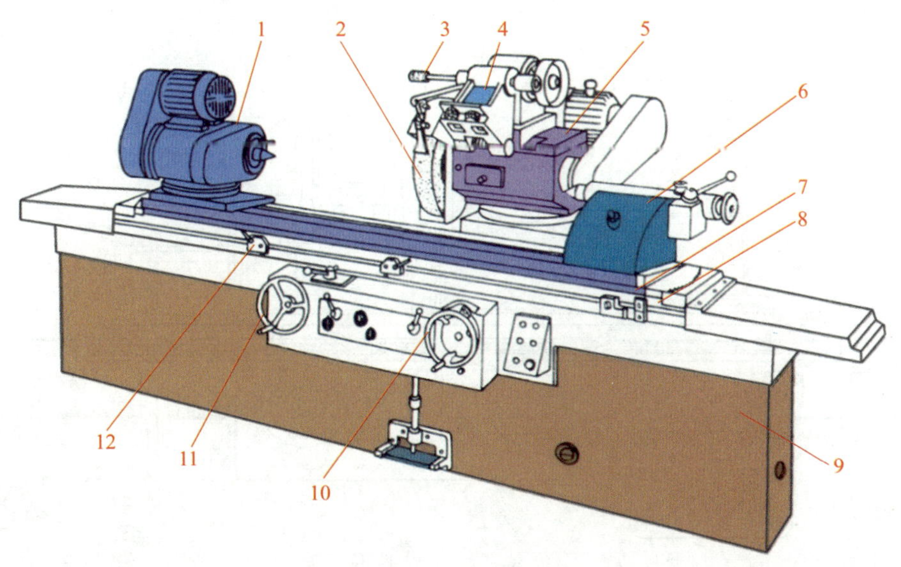

图 4-8 M1432A 型万能外圆磨床

1—头架 2—砂轮 3—内圆磨具 4—磨架 5—砂轮架 6—尾座 7—上工作台 8—下工作台
9—床身 10—横向进给手轮 11—纵向进给手轮 12—换向挡块

砂轮架 5。在床身内部装有液压传动装置和其他传动机构。

头架 1 和尾座 6 都安装在工作台 7 上。头架上有主轴，可用顶尖或卡盘夹持工件，并带动工件旋转，头架上的变速机构可以使工件获得不同的转速。尾座的套筒内装有顶尖，当在两顶尖间装夹工件时，用它支承工件的另一端。尾座可沿着上工作台上的导轨左右移动，以适应磨削不同长度的工件，在尾座套筒的后端装有弹簧，可调节对工件的压力。头架也同样可以移动，但不常移动。

工作台采用液压传动，沿着床身上的纵向导轨做往复直线运动，使工件实现纵向进给。在工作台前侧的 T 形槽内装有两个可调整位置的换向挡块 12，用以控制工作台自动换向。通过纵向进给手轮 11 可使工作台移动，以进行调节或手动进给。上工作台 7 可相对于下工作台 8 的中心回转一个角度，顺时针方向为 3°，逆时针方向为 6°，以便于磨削圆锥面。若磨削圆柱面时产生锥度，也可调整上工作台加以消除。

砂轮 2 装在砂轮架 5 的主轴上，由单独的电动机经带轮直接带动其旋转，摇动横进给手轮 10，可使砂轮架沿着床身后部的横向导轨前后移动。

内圆磨具 8 用于磨削内圆表面。在它的主轴上可装上内圆磨削砂轮，由一个电动机经传动带直接驱动。内圆磨具装在可绕铰链回转的磨架 4 上，不用时翻向砂轮架 5 的上方，使用时将其翻下。

砂轮架 5 和头架 1 都可绕垂直轴线回转一定角度，以磨削锥角较大的圆锥面，回转角度的大小可从刻度盘中读出。

二、M1432A 型万能外圆磨床的操作手柄

要掌握外圆磨床的操作方法，先要了解各手柄和手轮的名称、工作位置和作用，并熟悉它们的使用方法和操作步骤。图 4–9 所示为 M1432A 型万能外圆磨床的操作图，各操作件的名称和作用见表 4–9。

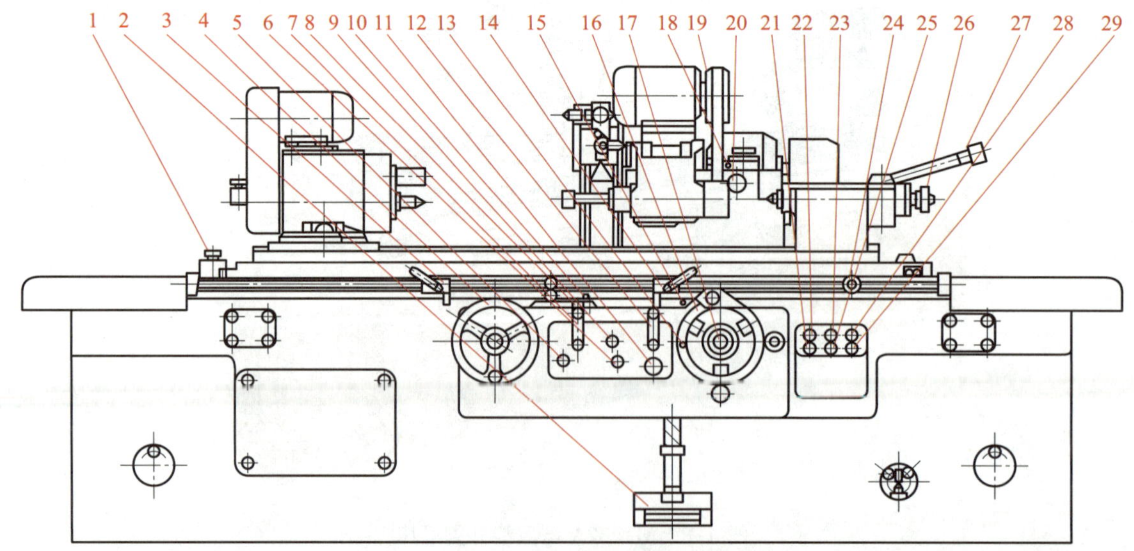

图 4–9 M1432A 型万能外圆磨床的操作图

表 4-9　　操作件的名称和作用

编号	操作件的名称和作用	编号	操作件的名称和作用
1	工作台液压缸放气阀旋钮	16	砂轮横向进给手轮
2	脚踏操作板（可控制尾座套筒缩进）	17	砂轮补偿用旋钮
3	工作台左侧换向挡块	18	内圆磨架翻上、安全保险插销拉杆
4	工作台纵向进给手轮	19	砂轮横向进给手轮定位撞块（在电动机的后方）
5	工作台换向左停留时间调整旋钮	20	周期进给量调整旋钮
6	工作台换向右停留时间调整旋钮	21	液压泵启动按钮
7	工作台启停阀手柄	22	总停按钮
8	工作台换向杆	23	砂轮电动机启动按钮
9	工作台调速阀旋钮	24	调整工作台回转角度旋钮
10	头架点转按钮	25	头架电动机开、停、快速、慢速选择旋钮
11	周期进给方式选择旋钮（左进、右进、双进、无进给）	26	尾座顶紧工件力调整手柄
12	砂轮架快速进退手柄	27	尾座顶尖套筒缩进手柄
13	砂轮横向进给（粗、细选择）拉杆	28	砂轮电动机停止按钮
14	工作台右侧换向挡块	29	冷却泵电动机启停联动选择旋钮
15	切削液启停手柄		

三、磨削运动和磨削用量

磨削外圆时的磨削运动和磨削用量如图 4-10 所示。

1. 主运动和磨削速度（v_c）

砂轮的旋转运动是主运动，砂轮外圆相对于工件的瞬时速度称为磨削速度，单位为 m/s，可用下式计算：

$$v_c=\frac{\pi dn}{1\ 000\times 60}$$

式中　v_c——磨削速度，m/s；

d——砂轮直径，mm；

n——砂轮转速，r/min。

外圆磨削和平面磨削的速度一般为 30 ~ 50 m/s，内圆磨削一般为 18 ~ 30 m/s。

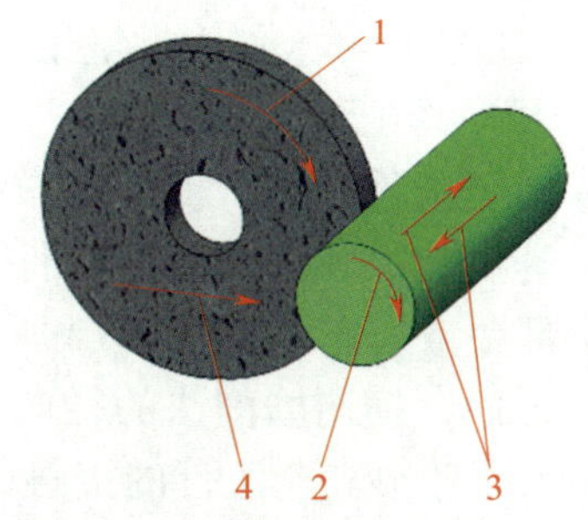

图 4-10　磨削外圆时的磨削运动和磨削用量

1—主运动　2、3、4—进给运动

2. 圆周进给运动和进给速度（v_w）

工件的旋转运动是圆周进给运动，工件外圆处相对于砂轮的瞬时速度称为圆周进给速度，单位为 m/min，可用下式计算：

$$v_w=\frac{\pi d_w n_w}{1\ 000}$$

式中 v_w——圆周进给速度，m/min；

d_w——工件磨削外圆直径，mm；

n_w——工件转速，r/min。

工件的圆度进给速度一般为 5 ~ 30 m/min，比砂轮的磨削速度低得多。

3. 纵向进给运动和纵向进给量（f_a）

工作台带动工件所做的直线往复运动是纵向进给运动，工件每转一转时砂轮在纵向进给方向上相对于工件的位移称为纵向进给量，单位为 mm/r，可用下式计算：

$$f_a=(0.2\sim0.8)B$$

式中 B——砂轮宽度，mm。

4. 横向进给运动和横向进给量（f_r）

砂轮沿工件径向上的移动是横向进给运动，工作台每次行程终了时，砂轮相对于工件径向上的移动距离称为横向进给量，单位是 mm/ 行程。横向进给量实际上是砂轮每次切入工件的深度，即背吃刀量，一般用 a_p 表示，单位为 mm。

在进行外圆磨削时，横向进给量很小，一般为 0.005 ~ 0.05 mm，粗磨时选取大值，精磨时选取小值。

四、外圆磨削的方法

1. 纵向磨削法

纵向磨削外圆时，工件转动并随工作台做纵向往复移动，在每次纵向行程（或双行程）终了时，砂轮做一次横向进给运动。当磨削加工接近最终尺寸时，可连续进行几次无横向进给的光磨，直到火花消失为止，如图 4–11 所示。

磨削时，砂轮高速旋转（v_c=30 ~ 50 m/s），工件由头架带动低速旋转做圆周进给运动。磨削速度 v_c 一般取 13 ~ 26 m/s，粗磨时取大值，精磨时取较小值。

工作台带动工件做纵向往复运动，纵向进给量一般为（0.2 ~ 0.8）B（B 为砂轮宽度），粗磨时取大值，精磨时取较小值。

在每次往复行程后，砂轮做一次横向进给运动，每次进给量很小，一般 f_r=0.005 ~ 0.05 mm。

纵向磨削法的磨削精度高，表面粗糙度值低，适应性好，因此，该方法被广泛应用于单件、小批量生产和大件大批量生产中。

2. 横向磨削法

横向磨削外圆时，工件不做纵向进给运动，砂轮以缓慢的速度连续或断续地向工件做横向进给运动，直至磨去全部余量为止，如图 4–12 所示。

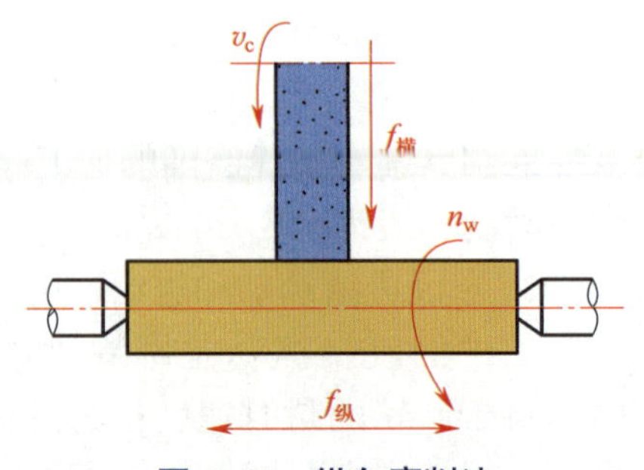

图 4–11 纵向磨削法

一方面，横向磨削法的径向力大，工件易产生弯曲变形，又由于砂轮与工件的接触面积大，产生的热量多，工件也容易产生烧伤现象；另一方面，由于横向磨削法生产效率高，因此，适用于大批量生产中磨削精度要求较低、刚度高的工件外圆。

对于台阶轴类工件，当外圆表面磨到尺寸后，还要磨削轴肩端面。这时只要用手摇动纵向进给手轮，使工件的轴肩端面靠向砂轮，磨平即可，如图 4–13 所示。

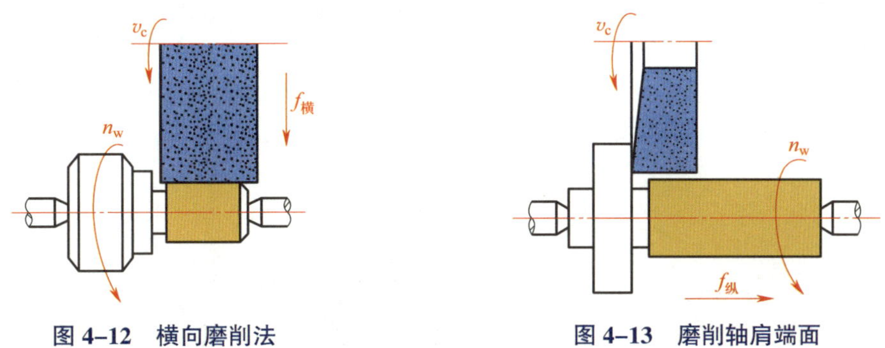

图 4–12　横向磨削法　　图 4–13　磨削轴肩端面

3. 分段磨削法

分段磨削法又称综合磨削法或混合磨削法，是横向磨削法和纵向磨削法的综合应用。进行分段磨削时，先将工件分成若干小段，用横向磨削法逐段进行粗磨，留精磨余量 0.03 ~ 0.04 mm，然后用纵向磨削法精磨工件至要求的尺寸。这种方法既有横向磨削法生产效率高的优点，又有纵向磨削法加工精度高的优点。进行分段磨削时，相邻两段间应有 5 ~ 15 mm 的重叠，以保证各段外圆能够衔接好。

五、内圆磨削的方法

磨削内圆时一般以工件的外圆和端面作为定位基准，采用四爪单动卡盘或三爪自定心卡盘装夹工件，如图 4–14a 所示。

工件的内孔通常在内圆磨床或万能外圆磨床上进行磨削，磨削时砂轮与工件的接触方式有后面接触和前面接触两种，如图 4–14b 所示。

砂轮与工件后面接触时，用于内圆磨床，便于操作者观察加工表面；砂轮与工件前面接触时，用于万能外圆磨床，便于进行机动进给。

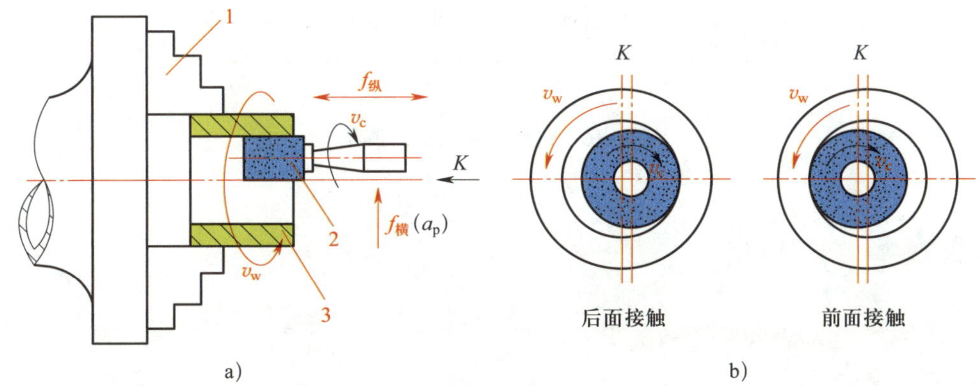

图 4–14　磨削内圆

a）用卡盘装夹工件　b）砂轮与工件的接触形式

1—卡盘　2—砂轮　3—工件

六、磨削圆锥面的方法

磨削圆锥面的方法很多，常用的有以下两种：

1. 转动工作台法

将上工作台相对于下工作台转动 $\alpha/2$（工件圆锥半角），下工作台在机床导轨上做往复直线运动磨削圆锥面。这种方法既可以磨削外圆锥，又可以磨削内圆锥，但只适用于磨削锥度较小、锥面较长的工件，如图 4–15 所示。

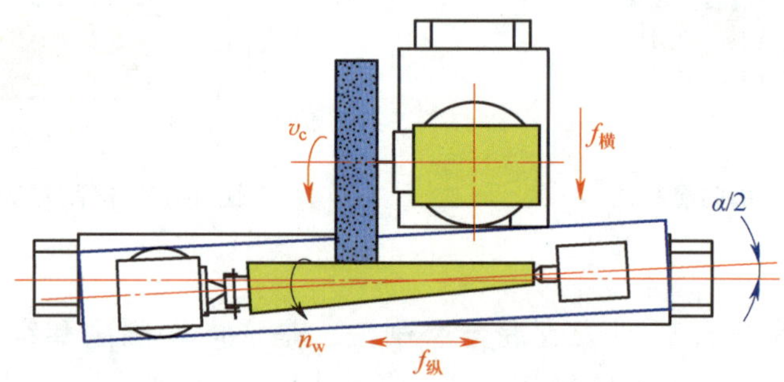

图 4–15　转动工作台磨削外圆锥

2. 转动头架法

将头架相对于工作台转动 $\alpha/2$（工件圆锥半角），工作台在机床导轨上做往复直线运动磨削圆锥面。这种方法可以磨削内、外圆锥面，但只适用于磨削锥度较大、锥面较短的工件，如图 4–16 所示。

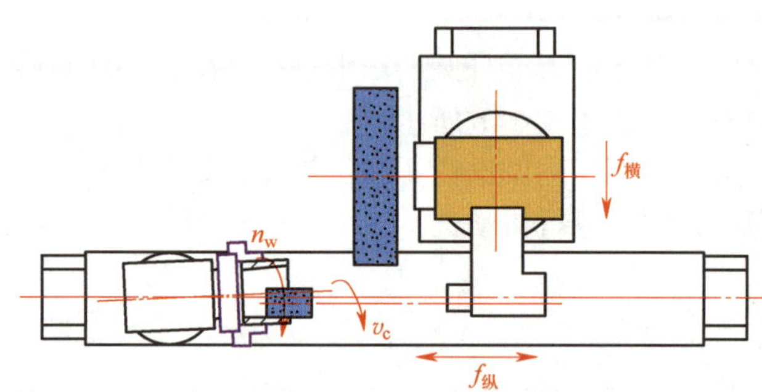

图 4–16　转动头架磨削内圆锥

任务实施

一、M1432A 型万能外圆磨床的操作

1. 电气按钮和旋钮的操作

如图 4–17 所示，按钮 23 为砂轮电动机启动按钮，按钮 28 为砂轮电动机停止按钮。操作时先用右手两指交替按动按钮，使砂轮点动，然后逐渐转入高速旋转。操作时，人不要站

在砂轮正前方。

旋钮 25 为头架电动机开、停、快速、慢速选择旋钮，它可与头架带轮调速机构组合，获得六级转速。

旋钮 29 为冷却泵电动机启停联动选择旋钮。当旋钮处于停止位置时，只有头架转动，冷却泵才能开动；当旋钮处于开动位置时，则冷却泵的开动与头架的转动无关。

按钮 21 为液压泵启动按钮。

按钮 22 为总停按钮，可在紧急情况下使用。

进行电气按钮的操作时应注意以下两点：

（1）要熟悉各旋钮的位置。

（2）砂轮点动时手指要自然用力，启动后需经 2 min 空运转才能开始磨削。

2. 工作台纵向往复运动的操作

（1）工作台的手动操作

工作台的手动操作如图 4–18 所示，用左手握住手柄转动手轮，操作时手臂用力要均匀，使工作台慢速移动。

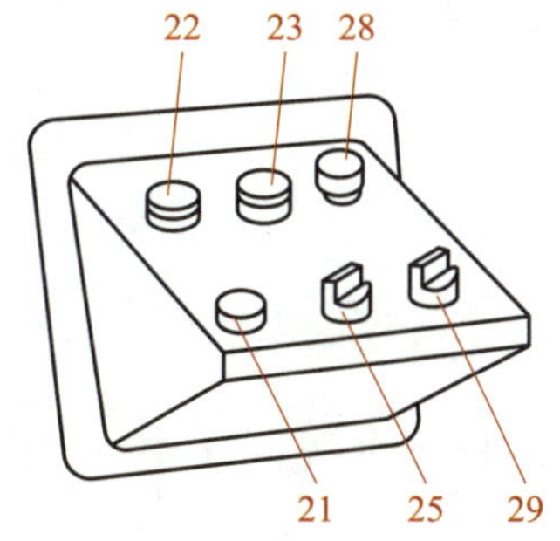

图 4–17 电气按钮和旋钮

21—液压泵启动按钮 22—总停按钮 23—砂轮电动机启动按钮 25—头架电动机开、停、快速、慢速选择旋钮 28—砂轮电动机停止按钮 29—冷却泵电动机启停联动选择旋钮

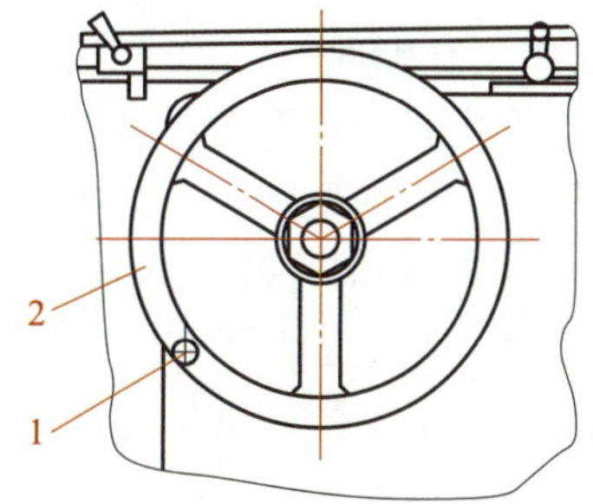

图 4–18 工作台的手动操作

1—手柄 2—手轮

（2）工作台的液压传动操作

图 4–19 所示为液压传动的操作箱和放气阀旋钮。工作台液压传动操作步骤如下：

1）调节并紧固换向挡块。

2）按液压泵启动按钮 21（见图 4–17），启动液压泵。

3）顺时针方向转动启停阀手柄 7（见图 4–19）至启动位置。

4）顺时针方向转动调速阀旋钮 9（见图 4–19），使工作台至最高速度。

5）开启工作台液压缸放气阀旋钮 1（见图 4–19b），排除工作缸内的空气。

6）待工作台纵向往复 2 ~ 3 次后，即关闭放气阀。

7）重新调节调速阀旋钮 9，使工作台至所需速度。

8）微调换向挡块。

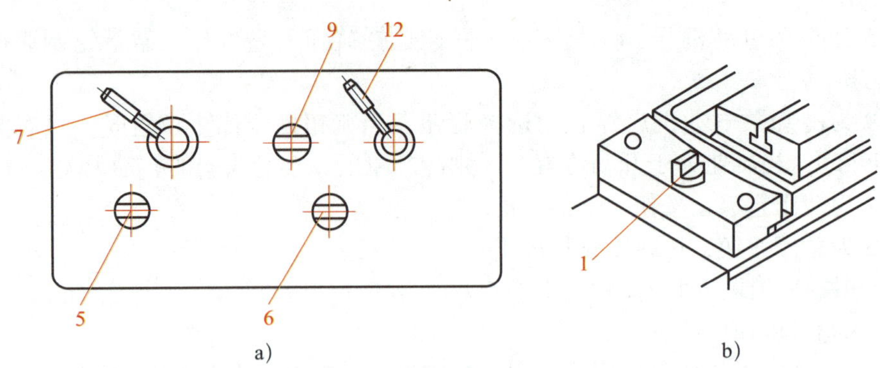

图 4–19 液压传动的操作箱和放气阀旋钮

a）液压传动的操作箱 b）放气阀旋钮

1—工作台液压缸放气阀旋钮 5、6—停留阀旋钮 7—启停阀手柄 9—调速阀旋钮 12—砂轮架快速进退手柄

9）调节停留阀旋钮 5、6（见图 4–19），使工作台在右端或左端停止，并调节工作台停留时间。

10）逆时针方向转动启停阀手柄 7 至停止位置（见图 4–19），使工作台停止运动。

（3）操作注意事项

1）手动操作时，手臂动作要自然。

2）操作时要仔细调整并紧固换向挡块，防止发生砂轮与头架、尾座等部件撞击的事故。

3）熟悉各手柄和旋钮的位置。

3. 砂轮架快速进退的操作

启动液压泵后，顺时针方向转动砂轮架快速进退手柄 12（见图 4–19），砂轮架快速后退；逆时针转动手柄 12，砂轮架快速前进。砂轮架快速进退行程为 50 mm。

砂轮架快速前进时要注意安全，防止砂轮与机床部件或工件相撞。

4. 砂轮架横向进给的操作

（1）横向进给

如图 4–20 所示，拉出捏手 2 即可进行横向细进给。用双手顺时针方向周期性转动手轮 1，砂轮向工件切入；单手逆时针方向转动手轮一周，则砂轮退刀。手轮的每格刻度相当于进给量为 0.002 5 mm。

（2）砂轮横向位置的调整

如图 4–20 所示，推进捏手 2，为砂轮的横向粗进给。可按工件直径大小调整砂轮的横向位置，手轮每转一周，砂轮架横向移动 2 mm。

（3）横向进给手轮刻度的调整

如图 4–21 所示，拉出旋钮 2 可调整手轮 1 的刻度值。调整时转动旋钮 2，使刻度盘 3 转至其撞块 4 与定位块 5 相碰为止；或将旋钮 2 逆时针转动一定的格数，以控制工件的直径。

（4）操作注意事项

1）注意操作顺序并熟悉手柄和手轮的位置。只有在砂轮架快速进退手柄 3（见图 4–19）处于快进位置时，才可进行砂轮横向进给操作。

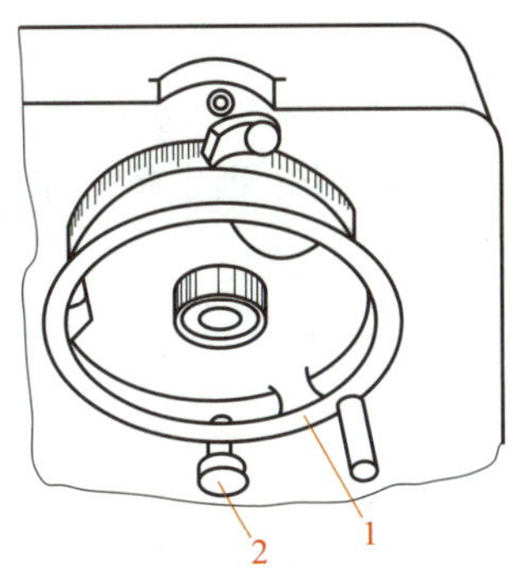

图 4–20 横向进给

1—手轮 2—捏手

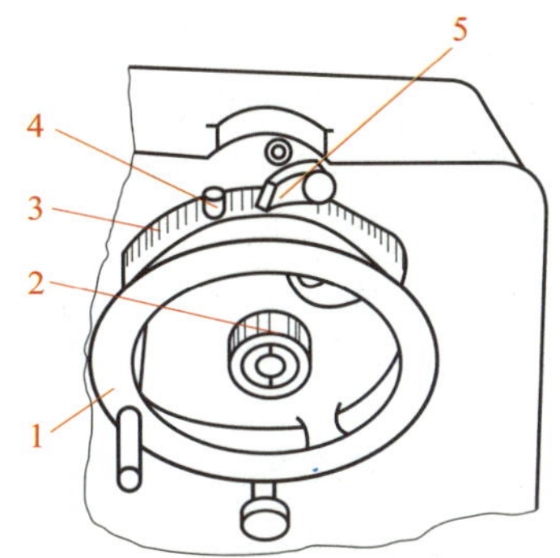

图 4–21 横向进给手轮刻度的调整

1—手轮 2—旋钮 3—刻度盘 4—撞块 5—定位块

2）横向进给量可按磨削要求确定。

5. 液压尾座的操作

启动液压泵后，可脚踩操作板 1（见图 4–22），使尾座套筒退回；脚离开操作板，尾座套筒伸出，顶尖顶住工件。

操作时要习惯在砂轮架快速退出后，头架主轴停止旋转时，操作液压尾座，装卸工件。

6. 头架的调整

（1）调整零位和纵向位置

如图 4–23 所示，一般情况下头架应调整至零位，使两个挡销 4 接触，并将螺母 3 紧固。按加工需要可放松螺母 3，使头架逆时针回转 0° ~ 90° 的任意角度。头架的底座 2 由螺钉 1 固定在工作台的左端，也可旋松螺钉 1 后移动头架，调整头架相对于尾座的纵向位置。

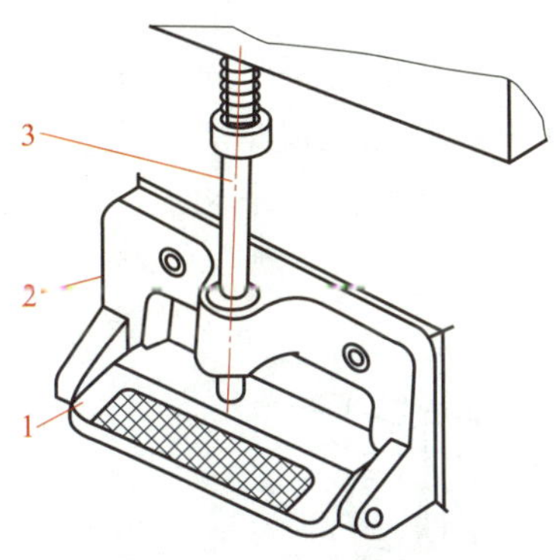

图 4–22 脚踏操作机构

1—操作板 2—支架 3—杠杆

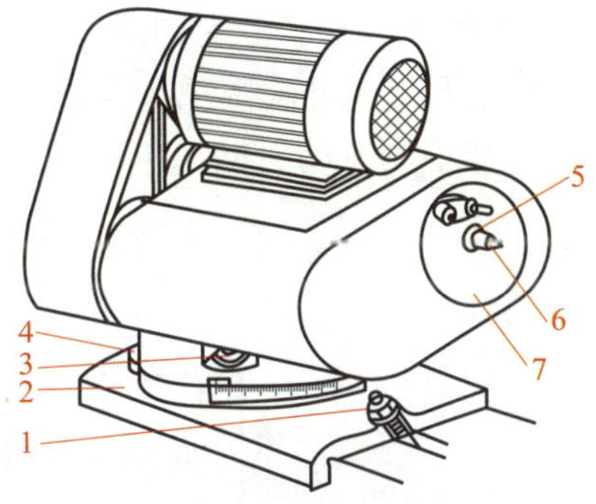

图 4–23 头架的调整

1—螺钉 2—底座 3—螺母 4—挡销 5—主轴 6—顶尖 7—拨盘

（2）调整转速

如图 4–24 所示，拆卸罩壳后，更换传动带 1 在三级塔形带轮 2、3 中的位置，即可获得三级转速。

（3）锁紧主轴

用两顶尖装夹工件时，主轴必须固定不动，为此可拧紧螺钉 4（见图 4–24）。

（4）顶尖的装拆

安装顶尖时，应擦净主轴锥孔和顶尖表面，然后用力将顶尖推入主轴锥孔中即可。拆卸顶尖时，一只手握住顶尖，另一只手将铁棒插入主轴后端的孔中，用力冲击顶尖尾部即可将其卸下。

（5）调整拨盘

如图 4–25 所示，旋松螺钉 1，即可调整拨杆 2 的圆周位置，调整完毕应锁紧螺钉 1。

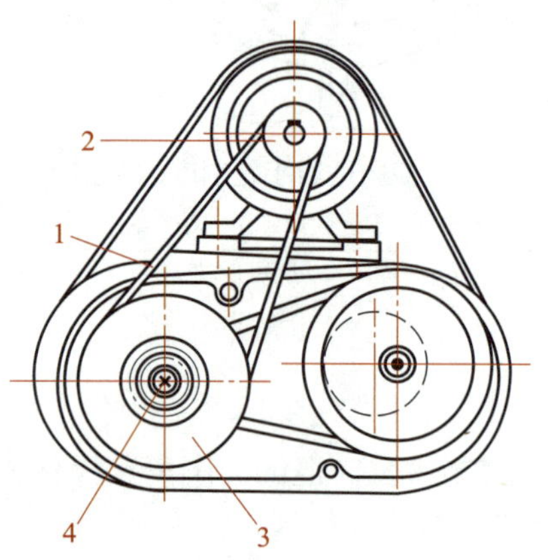

图 4–24 调整转速与锁紧主轴

1—传动带 2、3—塔形带轮 4—螺钉

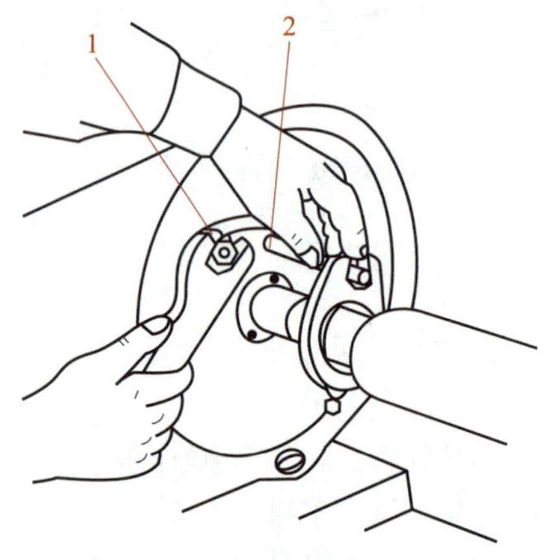

图 4–25 调整拨盘

1—螺钉 2—拨杆

调整头架时应注意以下两点：

第一，移动头架时应擦净工作台面并涂润滑油，且移动时用力要适当。

第二，拆卸顶尖时要防止顶尖从手中脱落，损伤工作台面或损坏顶尖。

7. 尾座的调整

如图 4–26 所示，旋松螺钉 3 可调整尾座的纵向位置。移动尾座时应擦净工作台面并涂润滑油。转动螺母 2，可微调顶尖 4 的顶紧力，顺时针旋转螺母，顶紧力增大；逆时针旋转螺母，顶紧力减小。扳动手柄 1 可将尾座套筒退回。调整时应注意以下两点：

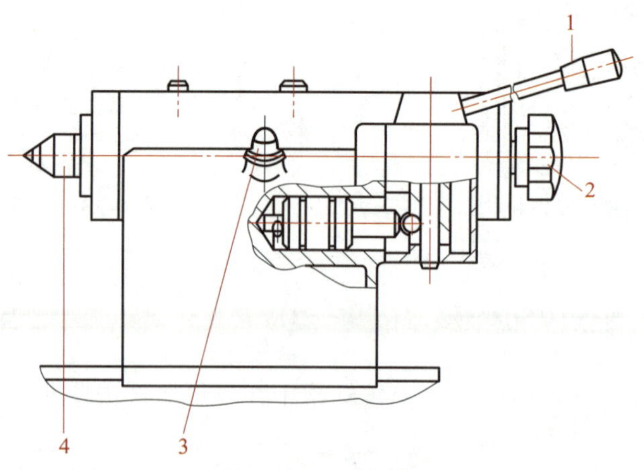

图 4–26 尾座的调整

1—手柄 2—螺母 3—螺钉 4—顶尖

（1）尾座的顶紧力要调整适当，可以用手转动装夹在两顶尖间的轴，手感松紧适宜即可（即感觉到顶尖是顶着工件的，但顶紧力不大）。

（2）当顶紧力相差较大时，则需重新移动尾座，然后进行微调。

8. 工作台和换向挡块的调整

（1）工作台的调整

上工作台可相对于下工作台回转。如图 4–27 所示，转动调节螺杆 1 可调整工作台的零位，调整后锁紧螺钉 2。

（2）换向挡块的调整

在下工作台前侧的 T 形槽内装有两块换向挡块，调整换向挡块的位置，即可控制工作台的行程，如图 4–28 所示。1 为紧固扳手，螺钉 2 可微调工作台行程，调整后用螺母 3 锁紧。当工作台向左运动时，运动到换向挡块调定位置，工作台上右边的换向挡块推动换向杠杆摆动，将先导阀拨动到右边位置，在压力油作用下，换向阀被推至右边，于是工作台液压缸进油路和回油路切换，工作台向右运动，这样工作台就可以自动往复运动了。

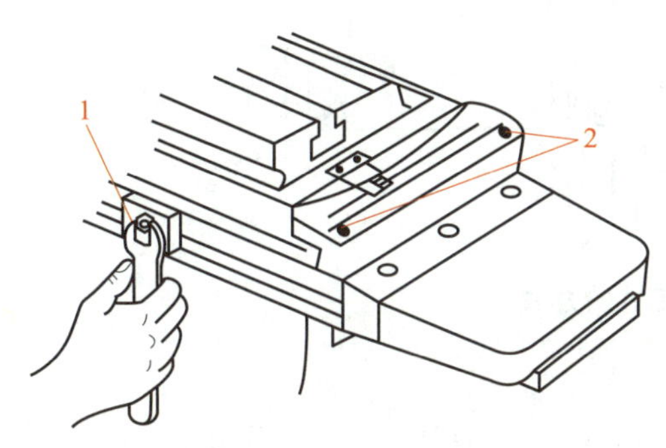

图 4–27　工作台的调整

1—调节螺杆　2—螺钉

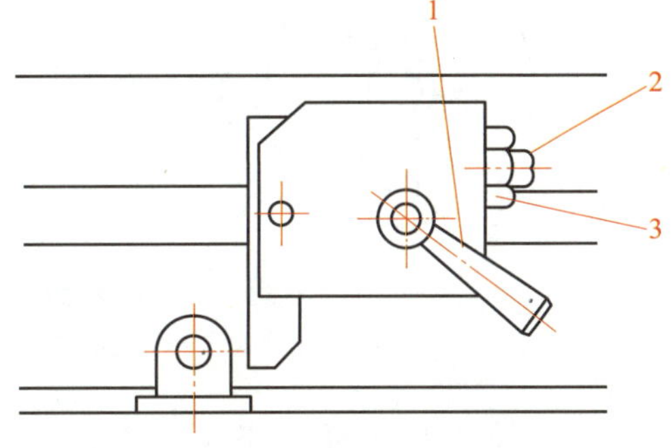

图 4–28　换向挡块的调整

1—紧固扳手　2—螺钉　3—螺母

调整工作台和换向挡块时应注意以下两点：

第一，调整工作台时，注意其调节螺杆的旋转方向。M1432A 型万能外圆磨床的调节螺杆按顺时针方向转动时，上工作台也顺时针转动。

第二，调整结束后要锁紧紧固扳手。

二、工作准备

1. 选用砂轮

根据工件的结构和材料特性，选用表 4–6 所列的平形砂轮，砂轮材料为白刚玉。

2. 选择磨削用量

本任务选择 v_c=35 m/s，a_p=0.01 mm，分 3 ~ 5 次进给完成磨削工作。

3. 调整机床

（1）调整工作台自动往复运动

在 M1432A 型万能外圆磨床上，根据工件的长度确定工作台下方两个换向挡块的位置，以控制工作台的自动往复运动。

（2）控制砂轮架的横向运动

砂轮架的横向运动包括手动粗、细工作进给和液压自动周期粗、细进给以及快速进退。砂轮架是磨床上用于控制工件直径的一个重要部件。在 M1432A 型万能外圆磨床上由砂轮架横向进给手轮、横向进给定位块、快速进退手柄、横向进给拉杆等部件实现上述控制要求，使操作时更加轻便，进给及定位更加安全、准确。

4. 安装工件

外圆磨床上工件的装夹方法与在车床上装夹的方法基本相同，在外圆磨床上磨削外圆表面常用的装夹方法有以下三种：

（1）用顶尖装夹

磨削较长工件的外圆时常用两顶尖装夹，由于磨头所用的顶尖都是不随工件转动的，因此，这样装夹可以提高定位精度，避免了由于顶尖转动而带来的误差。后顶尖是靠弹簧推力顶紧工件的，其作用是自动控制工件装夹的松紧程度。两顶尖装夹工件的方法如图 4–29 所示。

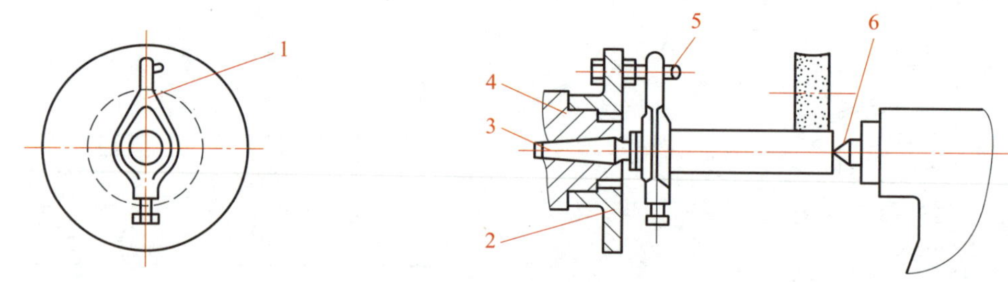

图 4–29　两顶尖装夹工件的方法

1—鸡心夹头　2—拨盘　3—前顶尖　4—头架主轴　5—拨杆　6—后顶尖

磨削前，要修研工件的中心孔，以提高定位精度。一般用四棱硬质合金顶尖（见图 4–30a）在车床上修研中心孔。当定位精度要求较高时，可选用油石顶尖或铸铁顶尖进行修研，如图 4–30b 所示。

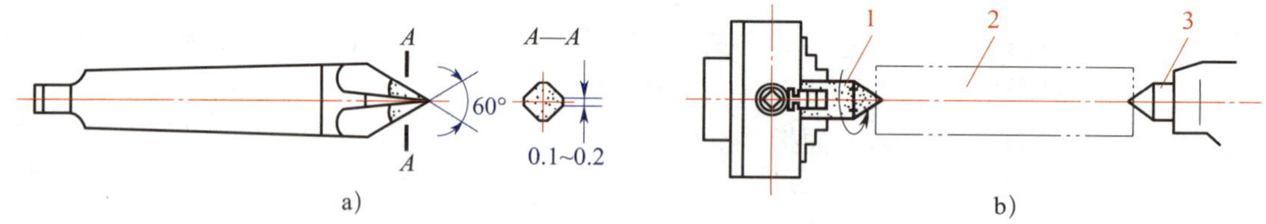

图 4–30　修研中心孔

a）四棱硬质合金顶尖　b）用油石顶尖修研中心孔

1—油石顶尖　2—工件　3—后顶尖

（2）用卡盘装夹

磨削短工件的外圆时用三爪自定心卡盘或四爪单动卡盘装夹。如果用四爪单动卡盘装夹工件，则必须用百分表找正。

（3）用心轴装夹

盘套类空心工件常以内圆柱孔定位进行磨削。在磨床中常采用小锥度心轴进行装夹，在装夹时夹紧力要适中，并检查心轴定位部分的圆度和径向圆跳动误差。

本任务选用两顶尖装夹工件。该轴需要分两次装夹，掉头磨削才能完成加工。需要事先加工并修研中心孔，用前、后顶尖支承工件，并由鸡心夹头、拨盘带动工件旋转。

三、轴的磨削

1. 备料。按照模块二普通车床加工的基本方法加工出毛坯（包括装夹用的中心孔），各外圆留 0.5 mm 左右的磨削余量。

2. 磨削 $\phi60_{-0.02}^{0}$ mm 的外圆，当磨削加工接近最终尺寸时，可继续进行几次无横向进给的磨削（即光磨），直到火花消失为止。

3. 磨削右端 $\phi45_{-0.01}^{0}$ mm 的外圆。

4. 磨削右端轴肩。

5. 掉头装夹，磨削左端 $\phi45_{-0.01}^{0}$ mm 的外圆。

6. 磨削左端轴肩。

任务评价

一、外圆磨床操作评价

根据任务实施中的操作步骤，由小组其他成员判断其操作的正确性，并将结果记录在表 4–10 中。

表 4–10 外圆磨床操作练习记录

操作内容	记录
电气按钮的操作	正确□ 错误□
工作台纵向往复运动的操作	正确□ 错误□
砂轮架快速进退的操作	正确□ 错误□
砂轮架横向进给的操作	正确□ 错误□
液压尾座的操作	正确□ 错误□
头架的调整	正确□ 错误□
尾座的调整	正确□ 错误□
工作台和换向挡块的调整	正确□ 错误□

二、外圆磨削训练评价

台阶轴外圆磨削训练成绩评定见表 4–11。

表 4–11　台阶轴外圆磨削训练成绩评定

序号	项目与技术要求	配分	评分标准	检测结果	得分
1	工件装夹正确	6	装夹不牢靠不得分		
2	砂轮的选择、安装正确	10	准备工作不充分扣 2 分；砂轮选择不合理扣 2 分；砂轮检查不正确扣 3 分；砂轮安装不合理扣 3 分		
3	磨削用量选择正确	10	磨削用量选择不当不得分		
4	机床调整正确	20	工作台调整不正确扣 10 分；砂轮架控制不正确扣 10 分		
5	对刀方法恰当	20	对刀方法不当酌情扣分		
6	$\phi60_{-0.02}^{0}$ mm	12	超差不得分		
7	$\phi45_{-0.01}^{0}$ mm（2 处）	6 × 2	每处不合格扣 6 分		
8	$Ra \leqslant 0.8$ μm（5 处）	10	不合格每处扣 2 分		
9	安全文明生产		不符合要求酌情扣分		
合计		100			

任务三　平面的磨削

学习目标

1. 能描述用平面磨床磨削平面的方法。
2. 能正确使用电磁吸盘在平面磨床上装夹工件。
3. 能正确选择磨削用量并调整平面磨床进行平面磨削。

任务描述

在平面磨床上加工图 4–31 所示的六面体工件，确定该工件的加工工艺。根据图样，按照模块三任务二长方体的铣削中图 3–39 所示加工所得的长方体，各表面尺寸留 0.25 mm 左右的磨削余量；也可使用模块三铣削完成的卡车模型作为练习件。

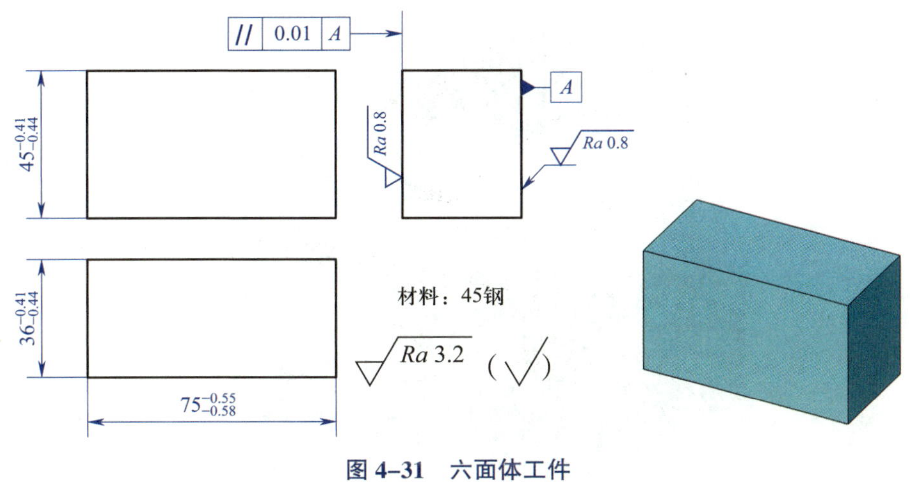

图 4–31 六面体工件

任务分析

要完成该工件的平面磨削加工，具体操作步骤如下：确定平面磨削工艺→调整机床→选择砂轮→安装砂轮和工件→磨削加工。

本任务重点学习平面磨床的基本知识和平面磨削的工艺方法。本任务要求学生能够掌握磨削平面的基本方法。在实际训练中，除了掌握操作技巧，还需要注意以下几点：

1. 正确选择定位基准

磨削此工件的首要任务就是选择一个合理的定位基准。一般情况下，应选择一个面积较大、较为平整的表面作为第一次的定位基准。

2. 注意磨削余量

磨削平面时，通常将一个平面完全磨好后，再翻转磨削另一个平面。如果磨削余量不太多而工件又发生变形时，若一次将第一个表面磨好，有可能没有余量来磨削其他表面。因此，在磨削前要注意检查毛坯余量和变形程度。

3. 注意冷却散热

平面磨削产生的磨削热较多，容易使工件产生热变形。因此，要保证砂轮锋利、切削液充足以及进给量合适。

相关知识

一、卧轴矩台平面磨床的结构

M7130H 型卧轴矩台平面磨床如图 4–32 所示，它由床身 1、工作台 2、电磁吸盘 3、磨头 4、滑板 5、立柱 6、电气柜 7、电气按钮板 8 和液压操作箱 9 等部件组成，各部分的名称和用途见表 4–12。

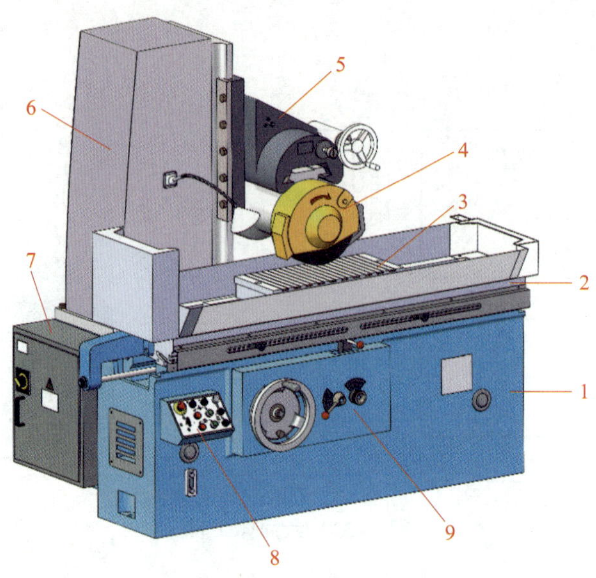

图 4–32 M7130H 型卧轴矩台平面磨床

1—床身 2—工作台 3—电磁吸盘 4—磨头 5—滑板
6—立柱 7—电气柜 8—电气按钮板 9—液压操作箱

表 4–12 M7130H 型卧轴矩台平面磨床各部分的名称和用途

名称	图示	用途
床身		床身 1 为箱形铸件，上面有 V 形导轨和平导轨。工作台安装在导轨上。床身前侧的液压操作箱装有工作台手动进给机构、垂向进给机构、液压操作板等，用于控制磨床的机械传动与液压传动
工作台		工作台 2 是一个盆形铸件，上部有长方形台面，下面有凸出的导轨。工作台上部台面经过磨削，有几条 T 形槽，用以固定电磁吸盘等。在台面四周装有防护罩，以防止切削液飞溅

续表

名称	图示	用途
电磁吸盘	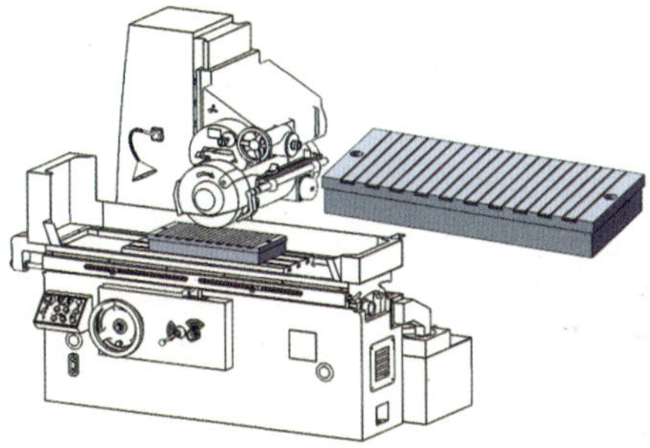	电磁吸盘3用于装夹钢、铸铁等有平面的工件
磨头	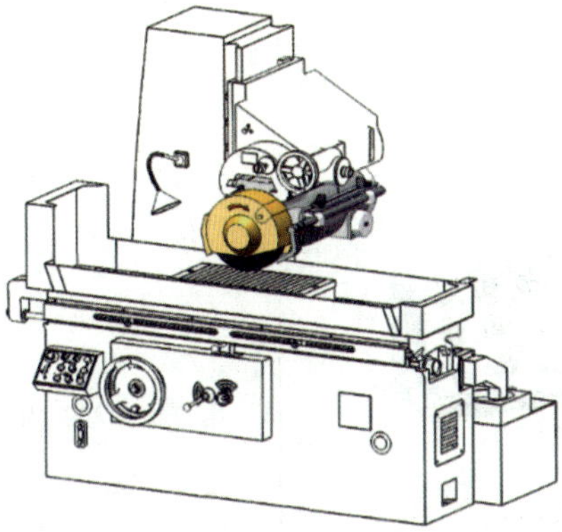	磨头4在滑板壳体前部，装有两个“短三瓦”油膜滑动轴承和用于控制轴向窜动的两套球面止推轴承，主轴燕尾导轨上有两种进给形式：一种是断续进给，即工作台换向一次，磨头带动砂轮沿横向做一次断续进给，进给量为1～12 mm；另一种是连续进给，磨头在水平燕尾导轨上往复连续移动，连续移动速度为0.3～3 m/min，由进给选择旋钮控制。磨头除了可采用液压传动，还可手动进给
滑板	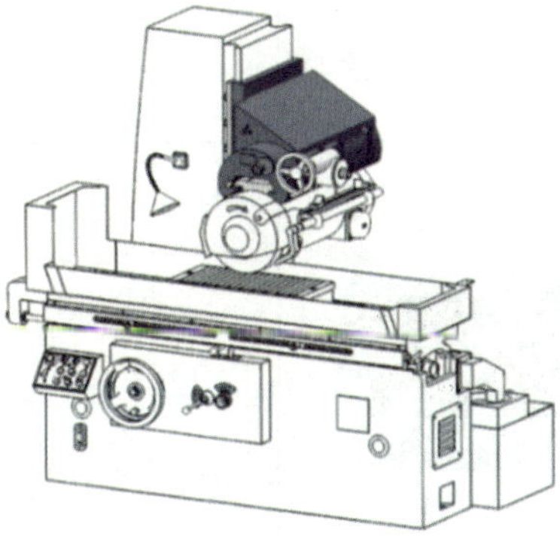	滑板5有两组互相垂直的导轨：一组为垂直矩形导轨，用以沿立柱垂直移动；另一组为水平燕尾导轨，用以使磨头横向移动
立柱	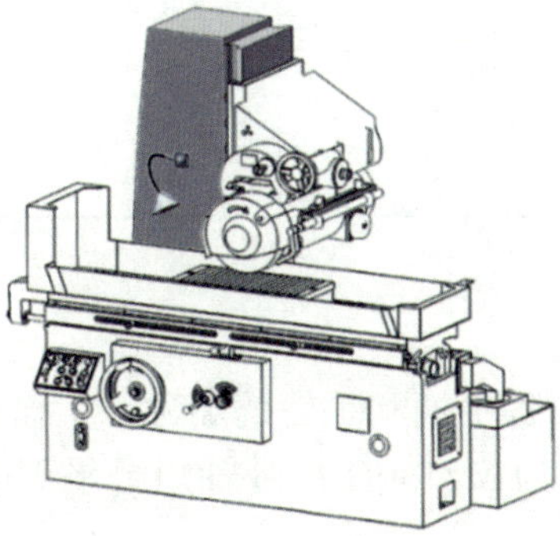	立柱6为一箱体，右侧有两条矩形导轨，丝杆安装在箱体中间，通过螺母使滑板沿矩形导轨垂直移动

续表

名称	图示	用途
电气柜	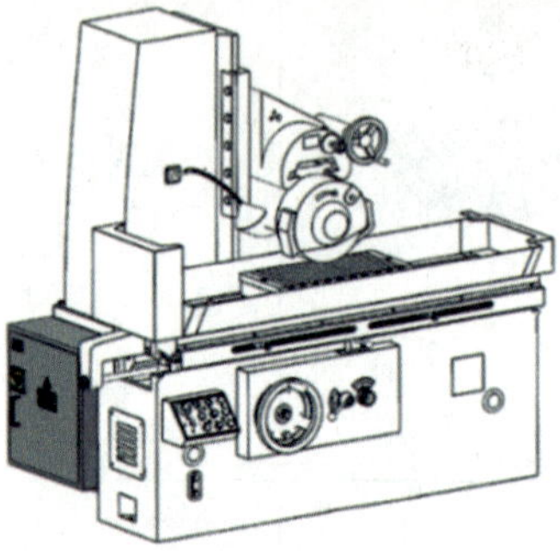	电气柜 7 的柜门上设有电源总开关，同时将控制磨床工作的电气元件都装在电气柜中，以便于维修及保养
电气按钮板	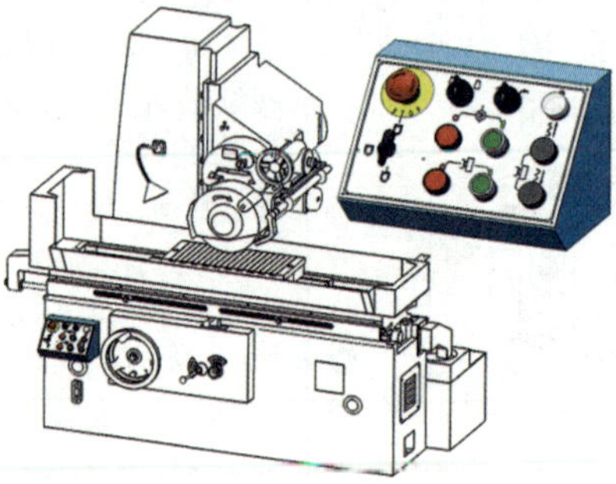	电气按钮板 8 用于安装各种电气按钮
液压操作箱	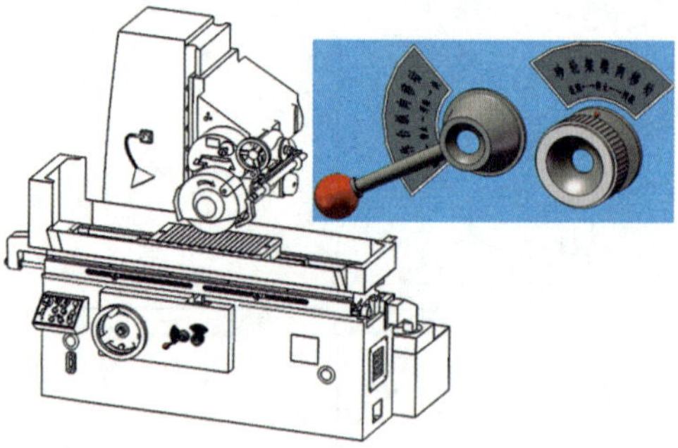	液压操作箱 9 用于控制磨床的液压传动

二、平面磨床操作手柄

要掌握平面磨床的操作方法，先要了解各手柄和手轮的名称、工作位置和作用，并熟悉它们的使用方法和操作步骤。图 4–33 所示为 M7130H 型卧轴矩台平面磨床各操作手柄和手轮等，其名称见表 4–13。

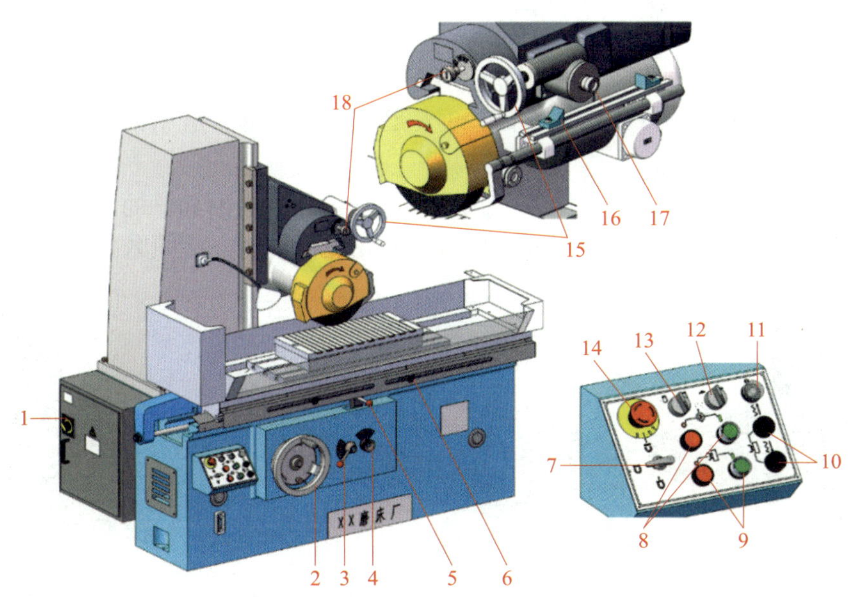

图 4–33 M7130H 型卧轴矩台平面磨床各操作手柄和手轮

表 4–13 M7130H 型卧轴矩台平面磨床各操作手柄和手轮的名称

图上编号	名称	图上编号	名称
1	电源总开关（“ON” 和 “OFF” 两个位置）	10	磨头垂向自动升降按钮
2	垂向升降手轮	11	电源指示灯
3	工作台纵向移动液压控制手柄（启停、调速）	12	切削液开关
4	磨头横向移动液压控制旋钮	13	照明开关
5	工作台纵向移动换向手柄	14	总停开关
6	工作台纵向行程挡块	15	磨头横向手动进给手轮
7	电磁吸盘工作状态选择开关	16	磨头横向行程挡块
8	液压泵启动和停止按钮	17	磨头横向自动与手动进给转换离合器
9	砂轮启动和停止按钮	18	磨头换向手柄（自动与手动转换手柄）

三、平面磨削的方式

根据砂轮工作表面的不同，平面磨削可分为周边磨削、端面磨削、周边—端面磨削三种方式。

1. 周边磨削

如图 4–34a 所示，周边磨削是指用砂轮圆周面磨削工件。采用周边磨削方式磨削时，由于砂轮与工件的接触面积小，排屑和冷却条件好，工件发热变形小，而且砂轮圆周表面磨削均匀，因此能获得较高的加工质量。但是该磨削方式的生产效率较低，仅适用于精磨。

2. 端面磨削

如图 4–34b 所示，端面磨削是指用砂轮端面磨削工件。采用端面磨削方式磨削时，由于砂轮与工件的接触面积大，故生产效率高。但是磨削的精度低，适用于粗磨。

3. 周边—端面磨削

如图 4–34c 所示，周边—端面磨削是指同时用砂轮的圆周面和端面进行磨削。磨削台阶面时，若台阶不深，可在卧轴矩台平面磨床上用砂轮进行周边—端面磨削。

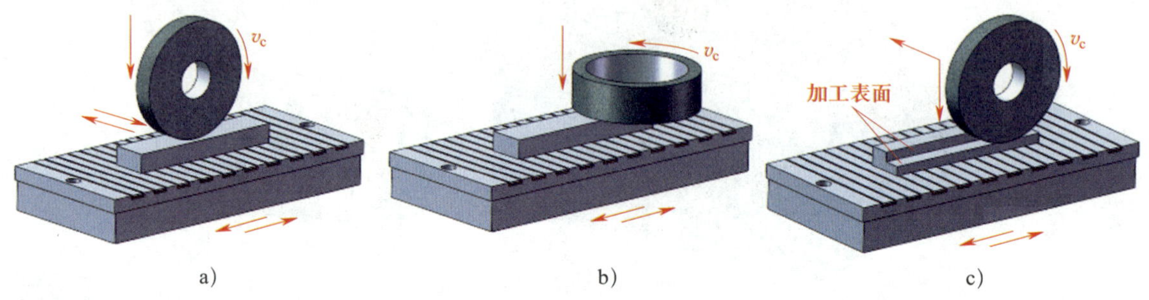

图 4–34 平面磨削的方式

a）周边磨削 b）端面磨削 c）周边—端面磨削

四、平面磨削的方法

磨削平面时，一般以一个平面为定位基准，磨削另一个平面。如果两个平面都要求磨削并要求平行，可互为基准反复磨削。磨削平面时，尽管使用的磨床和磨削方式有所不同，但具体加工方法基本上是相同的。以卧轴矩台平面磨床为例，平面磨削的常用方法有以下几种：

1. 横向磨削法

横向磨削法是最常用的一种磨削方法，如图 4–35 所示。磨削时，当工作台纵向行程终了时，砂轮主轴或工作台做一次横向进给，这时砂轮所磨削的金属层厚度就是实际背吃刀量，待工件上第一层金属磨去后，砂轮重新做垂直进给，磨头换向继续做横向进给，磨去工件第二层金属余量，如此往复多次磨削，直至切除全部金属余量为止。

横向磨削法适用于磨削长而宽的工件，因其磨削时接触面积小，发热较少，排屑、冷却条件好，砂轮不易堵塞，工件变形小，所以容易保证工件的加工质量。但生产效率较低，砂轮磨损不均匀，磨削时须注意磨削用量和砂轮的正确选择。

2. 深度磨削法

深度磨削法又称切入磨削法，如图 4–36 所示，是在横向磨削法的基础上发展起来的。其磨削特点如下：纵向进给速度低，砂轮只做两次垂直进给。第一次垂直进给量等于粗磨的全部余量，当工作台纵向行程终了时，将砂轮或工件沿砂轮轴线方向移动 3/4 ~ 4/5 的砂轮宽度，直至切除工件全部粗磨余量；第二次垂直进给量等于精磨余量，其磨削过程与横向磨削法相同。

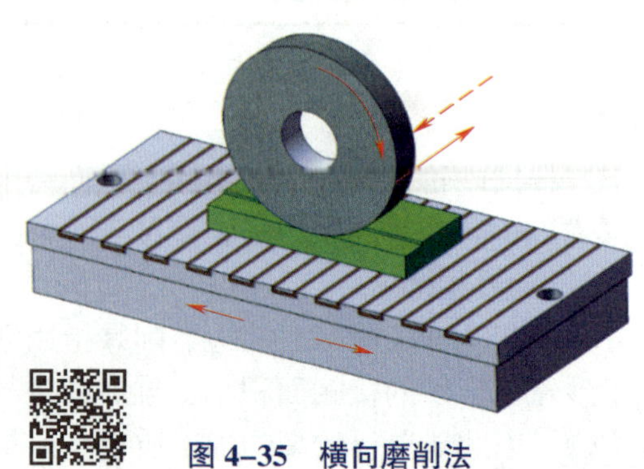

图 4–35 横向磨削法

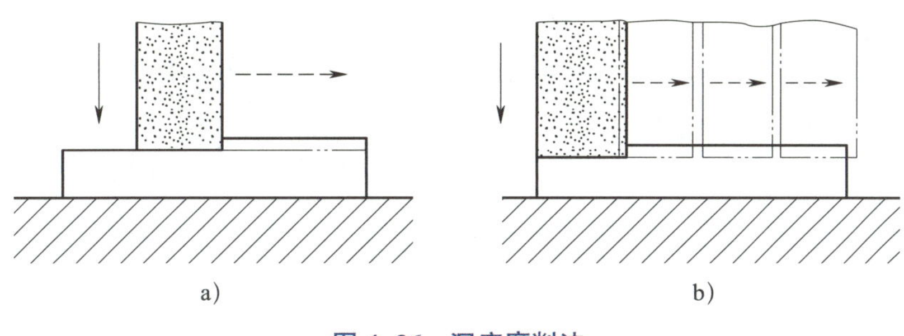

图 4–36 深度磨削法

此方法能提高生产效率，因为粗磨时的垂向进给量和横向进给量都较大，缩短了机动时间。深度磨削法适用于功率大、刚度高的磨床磨削较大型的工件。磨削时须注意将工件装夹牢固，且加注充足的切削液进行冷却。

3. 台阶磨削法

如图 4–37 所示，台阶磨削法是根据工件磨削余量的大小，将砂轮修整成台阶形，使其在一次垂向进给中磨去全部余量。

砂轮的台阶数目按磨削余量的大小确定，用于粗磨的砂轮各台阶长度和深度要相同，其长度和一般不大于砂轮宽度的 1/2，每个台阶的深度在 0.05 mm 左右；用于精磨的砂轮台阶（即最后一个台阶）深度等于精磨余量，一般为 0.02 ~ 0.04 mm。

用台阶磨削法加工工件时，由于磨削用量较大，为了保证工件质量及延长砂轮的使用寿命，横向进给应缓慢一些。台阶磨削法生产效率较高，但修整砂轮比较麻烦，且机床须具有较高的刚度，所以在应用上受到一定的限制。

五、磨削用量及其选择

平面磨削时的磨削运动和磨削用量如图 4–38 所示。

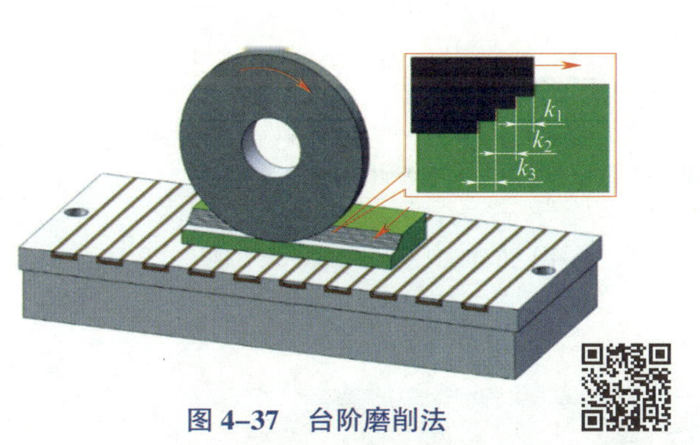

图 4–37 台阶磨削法

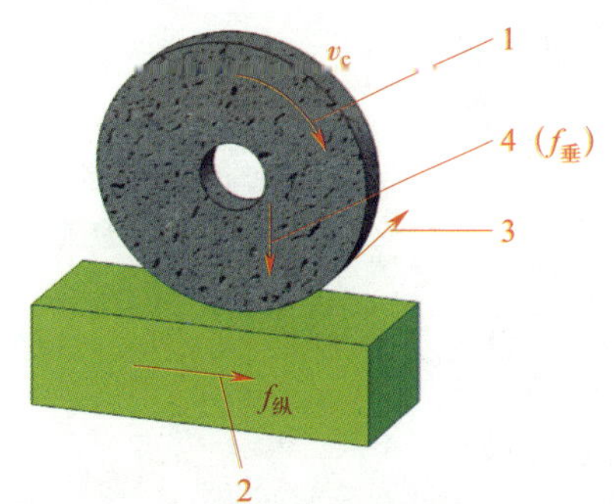

图 4–38 平面磨削时的磨削运动和磨削用量

1—主运动 2、3、4—进给运动

1. 砂轮的圆周速度（v_c）

提高砂轮的圆周速度可以提高磨削效率，但是砂轮的圆周速度过高，会引起砂轮碎裂；圆周速度过低，会影响工件表面质量。一般情况下，砂轮的圆周速度为 15 ~ 25 m/s，采用周边磨削方式磨削时可比端面磨削方式磨削速度略高，精磨时的磨削速度比粗磨时高些。

2. 砂轮的垂直进给量（$f_{垂}$）

粗磨时，砂轮的垂直进给量一般为 0.015 ~ 0.03 mm，精磨时一般为 0.005 ~ 0.01 mm。

3. 工作台纵向进给量（$f_{纵}$）

工作台的纵向进给量一般为 1 ~ 12 m/min，进给量越大，磨削时的表面粗糙度值就越大。

任务实施

一、M7130H 型平面磨床操作

1. 液压泵的启动及检查

（1）电磁吸盘开关和液压泵启动开关如图 4–39 所示。先旋松总停开关 7，然后转动电磁吸盘工作状态选择开关 3 至电磁吸盘工作挡位 6（5 是电磁吸盘关闭挡位，4 是电磁吸盘反向退磁挡位，在此挡位只能短时间停留），再按动液压泵启动按钮 1（2 是液压泵停止按钮），启动液压泵。

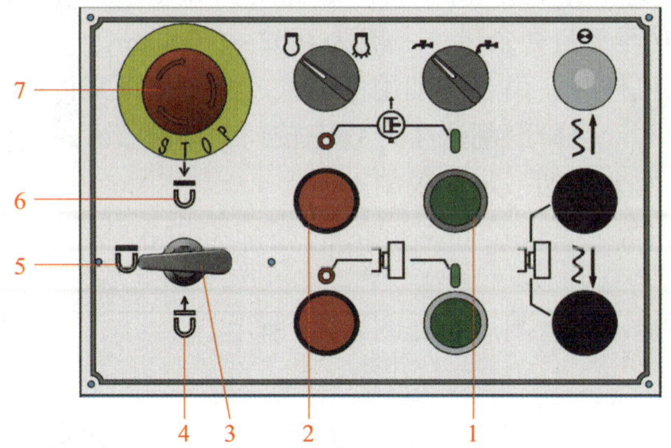

图 4–39 电磁吸盘开关和液压泵启动开关

1—液压泵启动按钮 2—液压泵停止按钮 3—电磁吸盘工作状态选择开关 4—电磁吸盘反向退磁挡位 5—电磁吸盘关闭挡位 6—电磁吸盘工作挡位 7—总停开关

（2）调整工作台行程挡块于合适的位置，如图 4–40 所示。

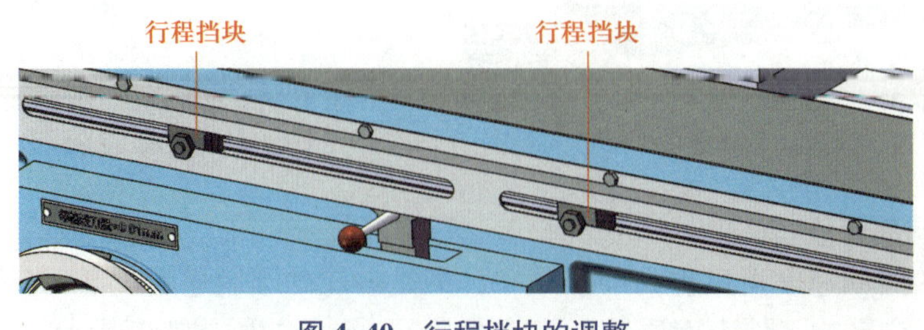

图 4–40 行程挡块的调整

（3）液压泵工作数分钟后，顺时针转动工作台纵向移动液压控制手柄，如图 4–41 所示，使工作台的往复直线运动由慢到快进行。

（4）扳动工作台纵向移动换向手柄，使工作台往复换向 2 ~ 3 次，检查动作是否正常，然后使工作台自动换向运动，如图 4–42 所示。

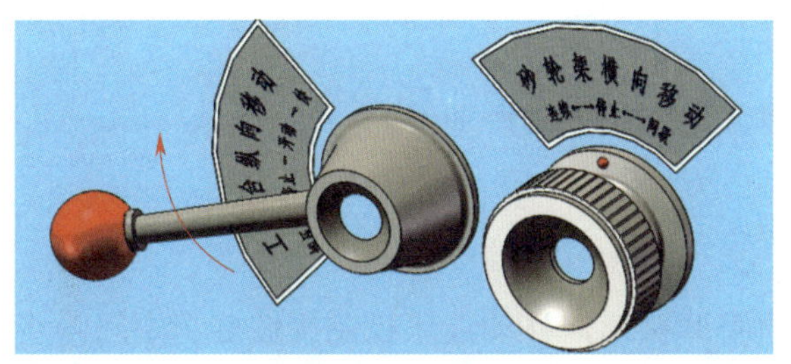

图 4–41　工作台纵向移动液压控制手柄

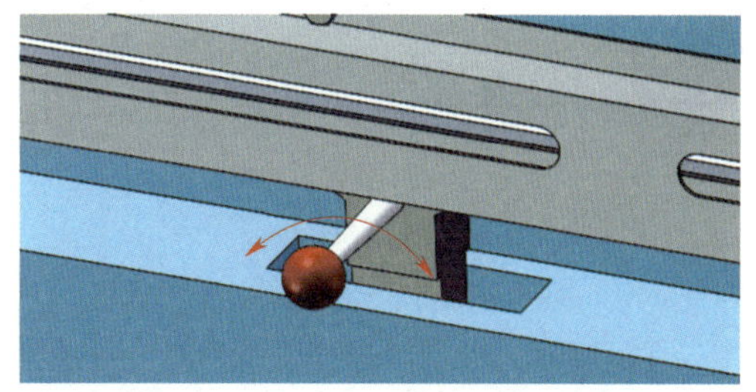

图 4–42　工作台纵向移动换向手柄

2. 砂轮的启动

为了保证砂轮主轴的安全，在启动砂轮前，必须检查砂轮主轴的润滑情况，为使砂轮主轴得到充分润滑，在磨头右侧有个油窗 3，观察油面位置，达到红线即可，如图 4–43b 所示，然后按下图 4–43a 所示的砂轮启动按钮 2（1 为停止按钮）。

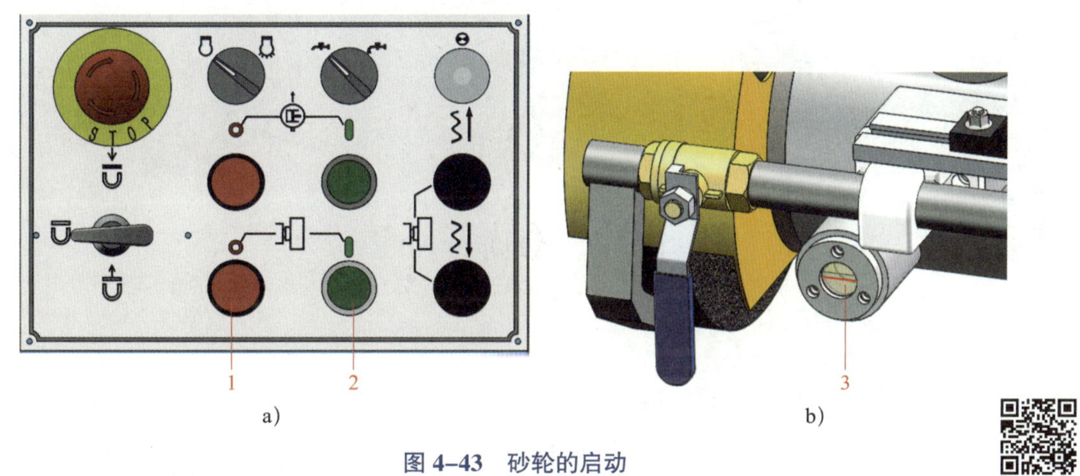

图 4–43　砂轮的启动

1—停止按钮　2—启动按钮　3—油窗

3. 工作台的纵向移动

图 4–44 所示为工作台纵向移动液压控制手柄的挡位，该手柄的工作位置呈扇形分布，最底部为“卸压”位置，手柄处于该位置时液压泵输出的液压油直接流回油箱，液压缸处于浮动状态，不工作；手柄顺时针转至“停止”位置时，液压缸被双向锁紧，工作台不能移动；继续顺时针转动手柄，手柄逐渐从“停止”到“开动”，然后逐渐向“快”的位置转动，此时液压泵驱动液压缸（即工作台）移动，速度逐渐从慢到快，同时配合行程开关，控制工作台往复移动。

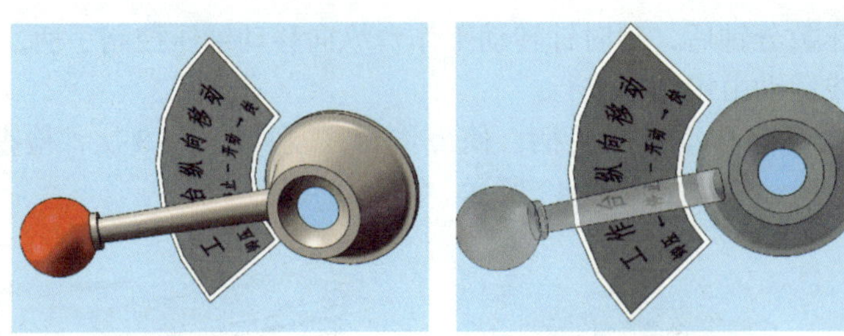

图 4–44 工作台纵向移动液压控制手柄的挡位

4. 磨头的横向进给

（1）磨头横向手动进给

操作时，把磨头换向手柄置于手动位置，再将磨头横向移动液压控制旋钮旋至中间停止位置，然后手摇磨头横向手动进给手轮，使磨头做横向进给，如图 4–45 所示。顺时针方向摇动手轮，磨头向前（远离操作者方向）移动；逆时针方向摇动手轮，磨头向后（靠近操作者方向）移动。

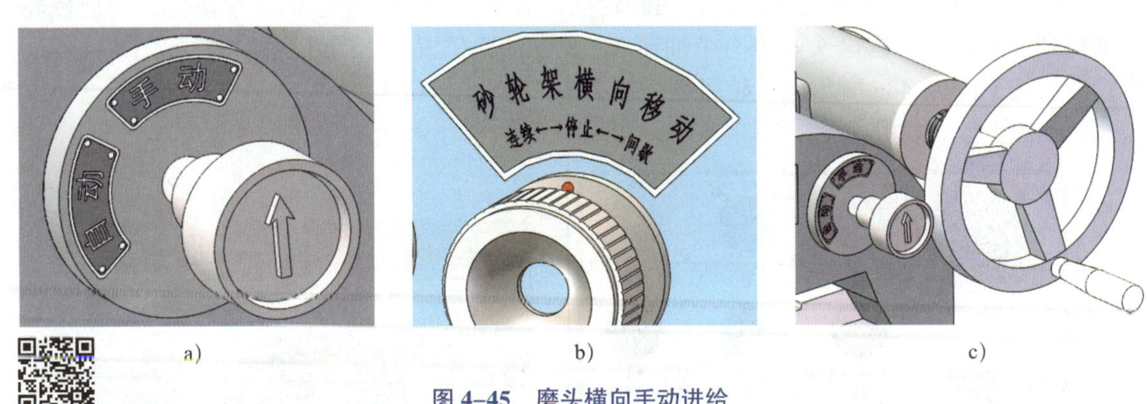

a) b) c)

图 4–45 磨头横向手动进给

a）将换向手柄置于手动位置 b）将旋钮旋至停止位置 c）磨头横向手动进给手轮

（2）磨头横向机动进给

图 4–46a 所示为磨头横向移动液压控制旋钮，它有三个位置，分别是连续、停止、间歇。旋钮一般在停止位置；当旋钮逆时针转向“连续”位置时，磨头的横向进给为机动进给，并以一定的速度连续移动，其轨迹如图 4–46b 所示；当旋钮顺时针转向“间歇”位置时，磨头的横向进给为机动进给，并以一定频率的动停交替状态移动，其轨迹如图 4–46c 所示。旋钮向两侧转动幅度越大，磨头进给速度越快，当回转至停止位置时，磨头即停止移动，此控制旋钮需与磨头换向手柄 18（见表 4–13）配合使用。

1）磨头液压连续机动进给。先拉出磨头换向手柄（见图 4–47a），然后将手柄转至“自动”模式（见图 4–47b），再脱开磨头横向手动进给手轮右侧的磨头横向自动与手动进给转换离合器（见表 4–13 和图 4–47c），最后逆时针转动磨头横向移动液压控制旋钮（见图 4–47d），旋至“连续”模式，随着不断旋动旋钮，使磨头由慢到快做连续进给。调节磨头右侧槽内横向行程挡块的位置（见图 4–47e），使磨头在电磁吸盘台面横向一定范围内往复移动。此时砂轮相对于工作台的运动轨迹如图 4–46b 所示。

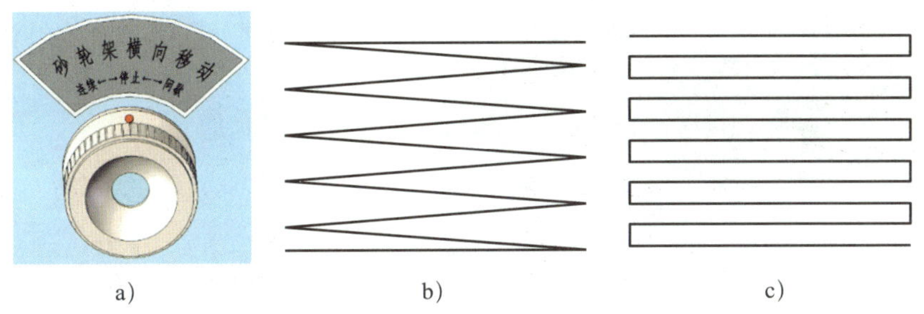

a) b) c)

图 4–46 磨头横向移动液压控制旋钮和运动轨迹

a）磨头横向移动液压控制旋钮 b）连续进给轨迹 c）间歇进给轨迹

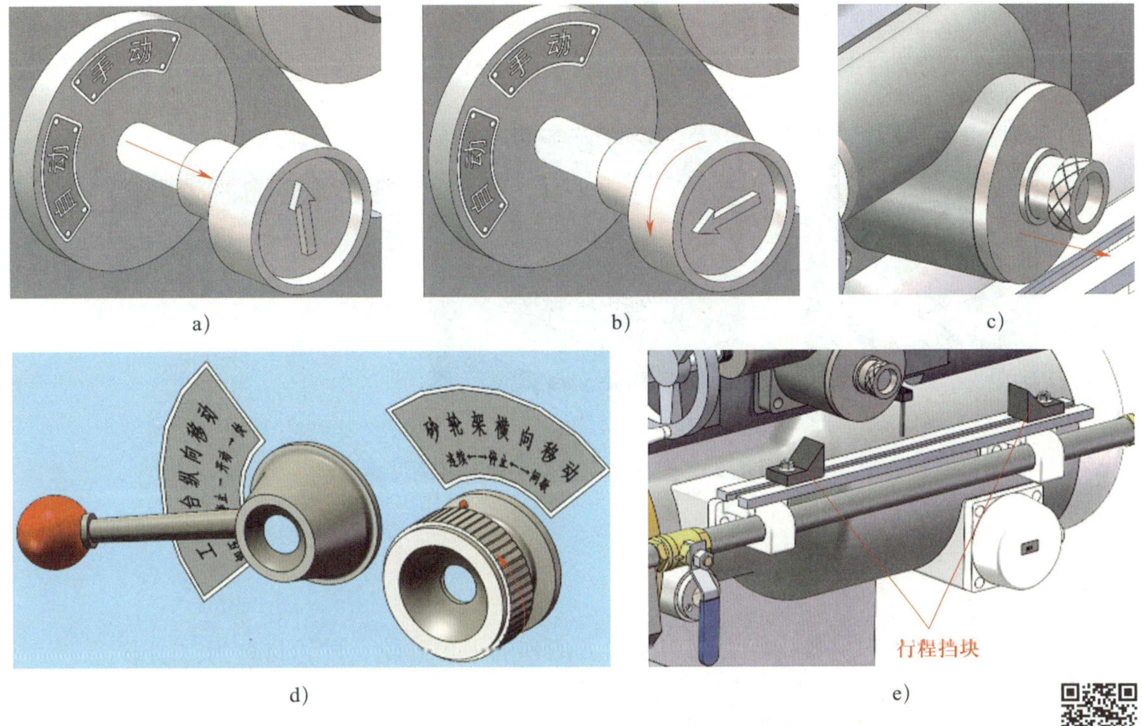

图 4–47 磨头液压连续机动进给操作方法

a）拉出磨头换向手柄 b）转至“自动”模式 c）脱开离合器

d）逆时针转向“连续”模式 e）调整横向行程挡块

2）磨头液压间歇机动进给。磨头液压间歇机动进给与连续机动进给的操作类似，只需顺时针转动磨头横向移动液压控制旋钮，如图 4–48 所示，将其调至间歇状态，即可使磨头在工作台纵向进给换向时做横向间歇进给，进给量在 1 ~ 12 mm 范围内调节，此时砂轮相对于工件的运动轨迹如图 4–46c 所示。

磨头无论是间歇进给还是连续进给，如果还未达到行程挡块就要换向，可操作磨头换向手柄，如图 4–49 所示，手柄向后拉出，磨头向后进给；反之，磨头向前进给。当磨头不需要机动进给时，只需将磨头横向移动液压控制旋钮旋至停止位置即可。

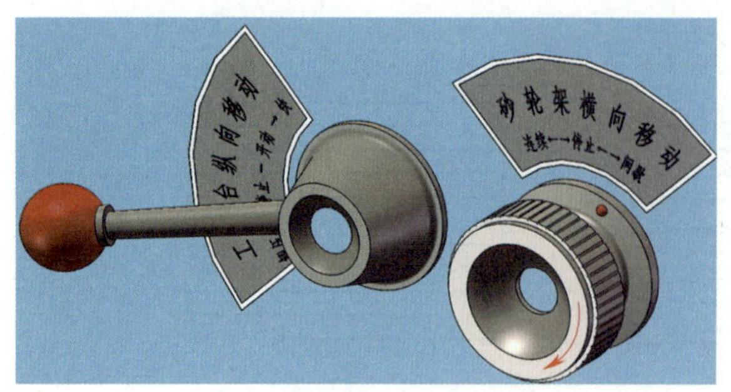

图 4–48 磨头液压间歇机动进给操作方法

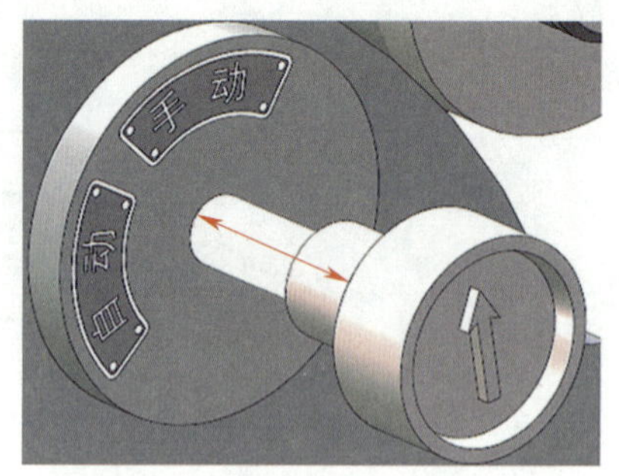

图 4–49 操作磨头换向手柄

5. 磨头的垂向进给

如图 4–50 所示的磨床磨头垂直升降是依靠垂向升降手轮 2（见图 4–33）来实现的，磨头移动的距离依靠刻度盘来控制。手轮 2 上的刻度盘共有 130 小格，每一小格为 0.01 mm，手轮顺时针方向摇动一圈，磨头下降 1.3 mm；反之磨头上升 1.3 mm。

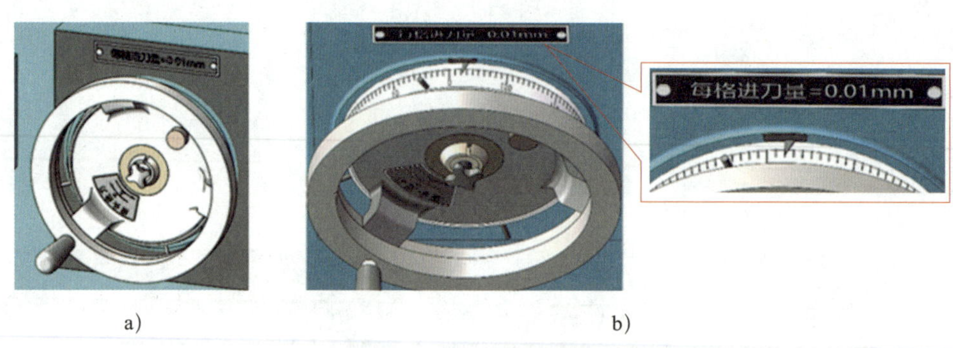

图 4–50 磨头垂向升降手轮及其刻度盘

二、工作准备

1. 选用砂轮

根据工件的结构和材料特性，选用表 4–6 所列的平形砂轮，砂轮材料为白刚玉。

2. 选择磨削用量

本任务选择 v_c=35 m/s，$f_{垂}$=0.015 mm，$f_{纵}$=5 m/min。

3. 调整机床

（1）调整工作台换向挡块

操作平面磨床时，首先应调整工作台换向挡块，以便控制每次的磨削行程。先横向移动磨头，纵向移动工作台，使砂轮处于工件上方，再手摇磨头使其垂直下降，使砂轮的最低点距离工件表面 0.5～1 mm，然后调整工作台换向挡块，使工件刚离开砂轮就换向。

（2）控制横向进给

换向挡块调整合适后，就可以开动机床使砂轮旋转，工作台往复运动。用手控制砂轮下降，砂轮接近工件时应特别小心，避免因吃刀太深而造成事故。待砂轮接触工件产生火花后，即可开始横向周期进给进行磨削。整个平面磨光一次后，砂轮再做一次垂直进给。

三、用电磁吸盘装夹工件

1. 电磁吸盘的工作原理

在平面磨床上，常采用电磁吸盘吸住工件。电磁吸盘的工作原理如图 4–51 所示，在钢制的吸盘体中间凸起的芯体上绕有线圈，钢制盖板被绝缘层隔成一些小块。当线圈中通过直流电时，芯体被磁化，磁感线由芯体经过盖板→工件→盖板→吸盘体而闭合，产生的电磁力将工件吸住。电磁吸盘工作台的绝磁层由铅、铜或巴氏合金等非磁性材料制成，可以使绝大部分磁感线都通过工件再回到吸盘体，以保证工件被牢固地吸在工作台上。

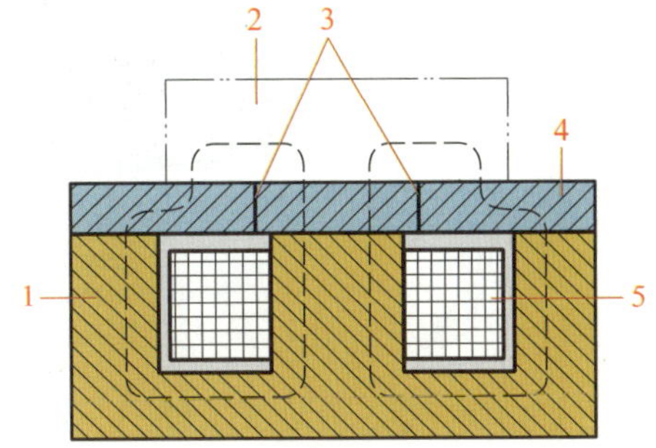

图 4–51 电磁吸盘的工作原理

1—吸盘体 2—工件 3—绝磁层 4—盖板 5—线圈

2. 电磁吸盘的使用

（1）装夹工件前必须擦净电磁吸盘和工件，若有毛刺应用油石将其去除。

（2）装夹工件时，工件定位面（与电磁吸盘接触的工件表面）盖住绝磁层的条数应尽可能地多，以充分利用电磁吸力，如图 4–52 所示。

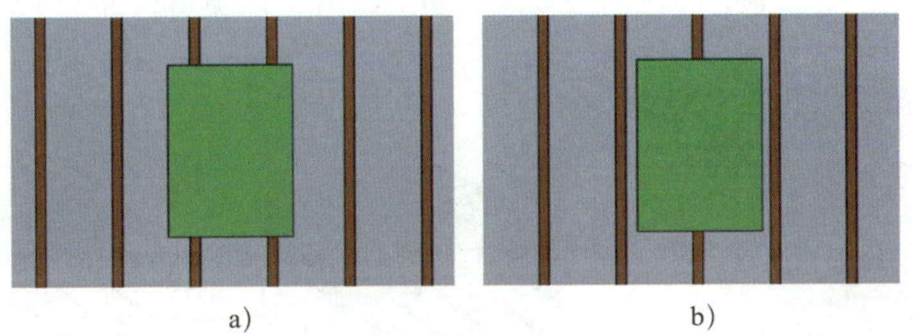

图 4–52 工件在电磁吸盘上的位置

a）正确 b）错误

当磨削键、垫圈、薄壁套等小尺寸的工件时，由于工件与电磁吸盘接触面积小，吸力弱，容易受磨削力的作用被弹出而造成事故，因此，在装夹这类工件时，需在工件四周或左右两端用挡铁围住，以防止工件移动，如图 4–53 所示。

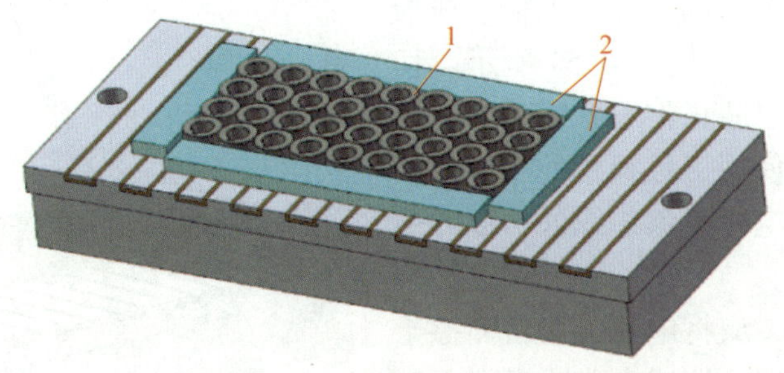

图 4–53 用挡铁围住工件

1—工件 2—挡铁

装夹高度较高而定位要求较严的工件时，应在工件四周放置面积较大、高度略低于工件高度的挡铁，如图 4–54 所示。

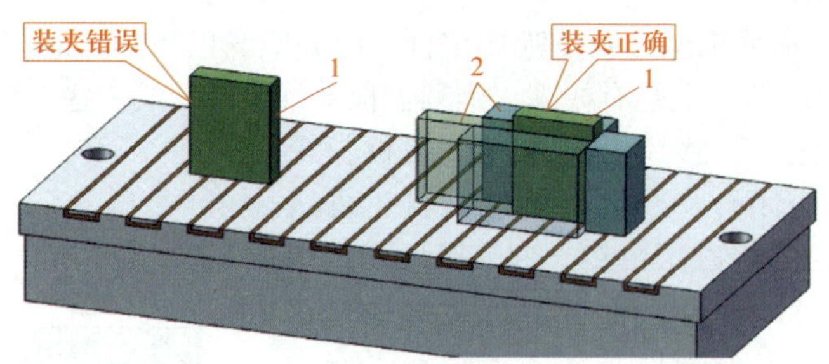

图 4–54　高度较高而定位要求较严工件的装夹

1—工件　2—挡铁

（3）磨削完毕取下工件时，由于电磁吸盘使用时间过长，工件不易被取下，这是因为工件与电磁吸盘上仍会保留一部分剩磁，这时需将电磁吸盘工作状态选择开关转到退磁挡位后再转回关闭挡位，如图 4–55 所示，为快速并完全去掉剩磁，实际操作中可以尝试采用多次改变线圈中电流方向的方法把剩磁去掉并取下工件。

（4）关掉电磁吸盘的电源后，取工件时应按图 4–56 所示的方法，将工件翻起一边后轻轻取出，要注意尽量不要将工件在电磁吸盘台面上拖滑，以免将台面划毛。

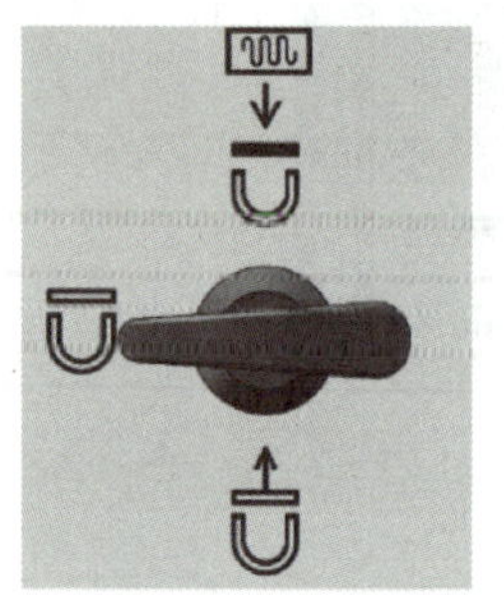

图 4–55　退磁

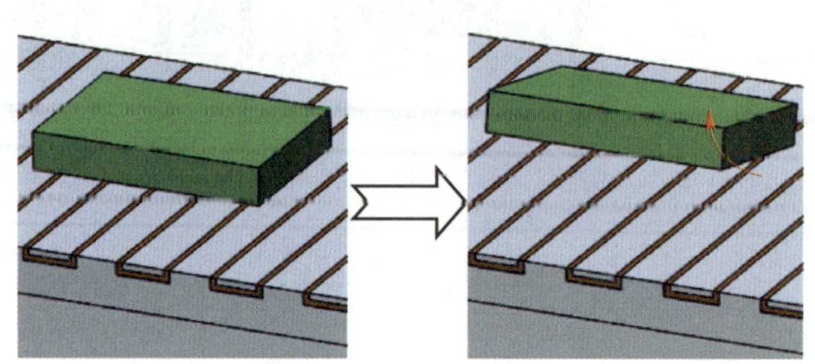

图 4–56　取工件的方法

（5）当工件剩磁量较大或因电磁吸盘与工件定位表面间的真空吸力较大而使工件不容易取下时，可根据工件形状用木棒（铜棒）或扳手将工件扳松后再取下，如图 4–57 所示。切不可用力硬拖工件，以防止将电磁吸盘与工件表面拉毛。对于无法使用工具扳松的工件，安装时最好将其放置在电磁吸盘边缘处，以方便取下工件。

（6）工作结束后，应将电磁吸盘台面擦干净，以免剩磁吸附切屑，造成电磁吸盘台面损坏。

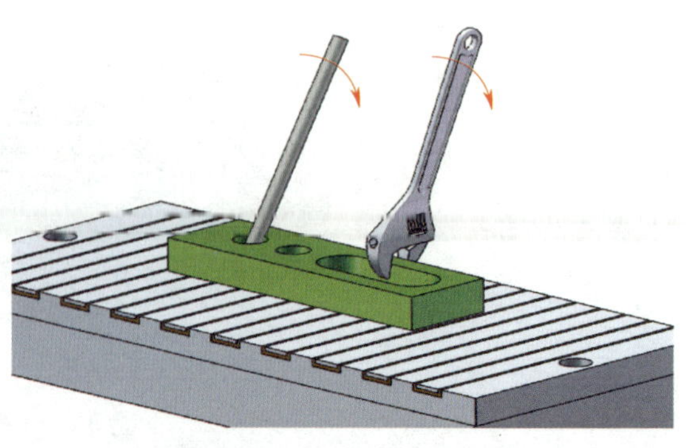

图 4–57　用工具扳松工件

四、磨削六面体

1. 去除工件毛边，擦净工作台面。
2. 先以大而光洁的一面为定位基准面，磨削平面。
3. 翻转工件磨削相对面，保证尺寸为 $36^{-0.25}_{-0.40}$ mm 的两平行面平行度误差不大于 0.01 mm。

任务评价

一、平面磨床操作评价

根据任务实施中的操作步骤，由小组其他成员判断其操作的正确性，并将结果记录在表 4–14 中。

表 4–14 平面磨床操作练习记录

操作内容	记录
液压泵的启动及检查	正确□ 错误□
砂轮的启动	正确□ 错误□
工作台的纵向移动	正确□ 错误□
磨头横向手动进给	正确□ 错误□
磨头横向机动进给	正确□ 错误□
磨头的垂向进给	正确□ 错误□
工作台和换向挡块的调整	正确□ 错误□

二、平面磨削训练评价

平面磨削训练成绩评定见表 4–15。

表 4–15 平面磨削训练成绩评定

序号	项目与技术要求	配分	评分标准	检测结果	得分
1	工件装夹正确	6	装夹不牢靠不得分		
2	砂轮的选择、安装正确	10	准备工作不充分扣 2 分；砂轮选择不合理扣 2 分；砂轮检查不正确扣 3 分；砂轮安装不合理扣 3 分		
3	磨削用量选择正确	10	磨削用量选择不当不得分		
4	机床调整正确	20	工作台调整不正确扣 10 分；砂轮架控制不正确扣 10 分		

续表

序号	项目与技术要求	配分	评分标准	检测结果	得分
5	对刀方法恰当	20	对刀方法不当酌情扣分		
6	$\phi 36_{-0.44}^{-0.41}$ mm	12	超差不得分		
7	// 0.01 A	12	不合格不得分		
8	$Ra \leqslant 0.8\ \mu m$（2 处）	5 × 2	不合格每处扣 5 分		
9	安全文明生产		不符合要求酌情扣分		
合计		100			

数控车床加工

任务一　数控车床加工基本知识和技能

学习目标

1. 能正确描述数控车床操作面板上各功能旋钮和按键的含义与用途。
2. 能正确操作数控车床。
3. 能正确描述数控机床的安全操作规程。

任务描述

了解典型数控车床的结构，能利用图 5-1 所示的 FANUC 0i Mate-TD 系统数控车床操作面板各按键（或按钮）的功能进行程序的输入及编辑。

任务分析

该任务是数控车床操作的首要任务，为了完成该任务，必须了解数控车床的结构和操作面板各按键（或按钮）功能等方面的知识，并在此基础上进行程序的输入及编辑。

相关知识

一、数控车床的工作原理

数控车床的工作原理如图 5-2 所示，加工工件时，首先将待加工工件的几何信息和工艺信息编制成加工程序，由输入/输出装置传送至数控装置，经过数控装置的处理及运算，按各坐标轴的分量送到各轴的驱动电路中，经过转换、放大去驱动伺服电动机，带动各轴运动，并进行反馈及控制，使刀具与工件及其他辅助装置严格地按照加工程序规定的顺序、轨迹和参数有条不紊地工作，从而加工出工件。

图 5-1　FANUC 0i Mate-TD 系统数控车床操作面板

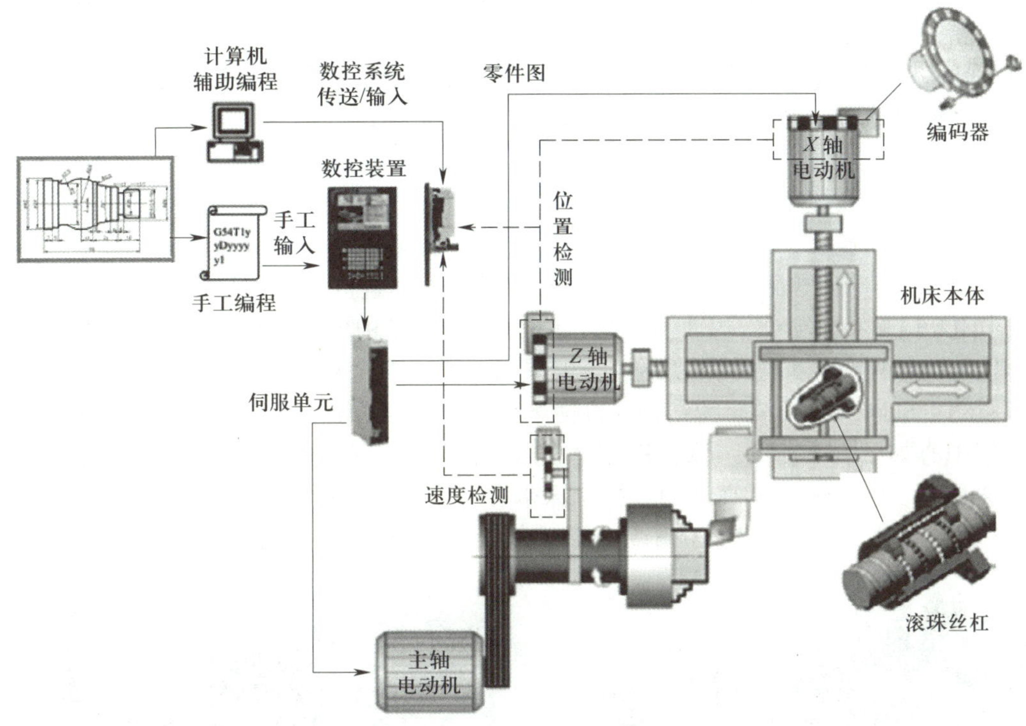

图 5-2 数控车床的工作原理

二、数控车床的分类

数控机床的发展日新月异，目前数控车床品种繁多，功能各异，可以从不同角度对数控车床进行分类。

1. 按主轴位置分类

根据车床主轴的位置不同，数控车床可分为卧式数控车床（见图 5–3）和立式数控车床（见图 5–4）两类。

图 5-3 卧式数控车床

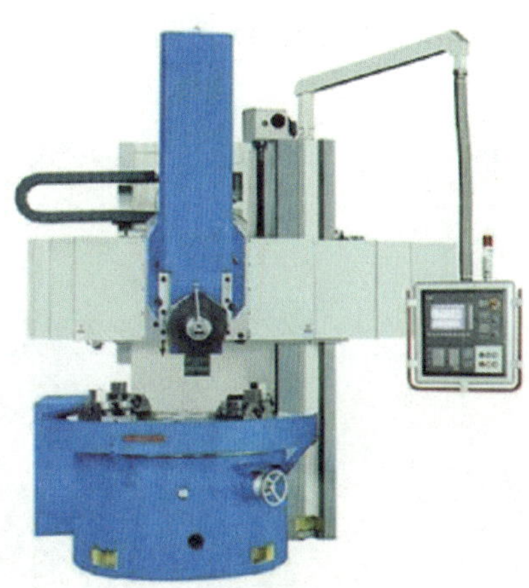

图 5-4 立式数控车床

卧式数控车床的主轴轴线与水平面平行。卧式数控车床又分为水平导轨卧式数控车床和倾斜导轨卧式数控车床。

立式数控车床的主轴轴线垂直于水平面，一般采用圆形工作台装夹工件。这类车床主要用于加工径向尺寸大、轴向尺寸相对较小的大型复杂工件。

2. 按功能分类

按功能不同，数控车床可分为经济型数控车床、全功能型数控车床、车削中心和车铣复合加工中心等几类。

经济型数控车床通常配备经济型数控系统，由普通车床进行数控改造而成。这类车床常采用开环或半闭环伺服系统控制，主轴多采用变频调速，机床结构与普通车床相似，如图 5–3 所示。

全功能型数控车床如图 5–5 所示，一般采用后置转塔式刀架，可装刀具数量较多；主轴为伺服驱动；车床采用倾斜床身结构，以便于排屑；数控系统的功能较多，可靠性较好。

车削中心如图 5–6 所示，该类机床是在全功能型数控车床的基础上增加了 C 轴和动力头，刀架具有 Y 轴功能。更高级的数控车床带有刀库和自动换刀装置，可实现四轴（X 轴、Y 轴、Z 轴和 C 轴）联动功能，用于完成具有复杂空间型面工件的加工。

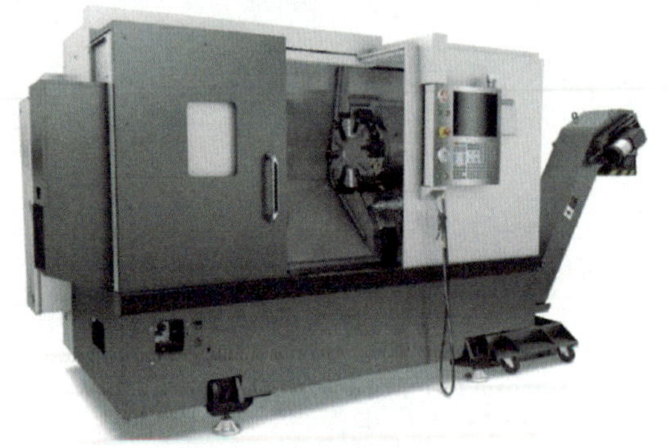

图 5–5　全功能型数控车床

图 5–6　车削中心

车铣复合加工中心如图 5–7 所示。该类机床是按模块化设计的多功能机床，可实现五轴联动的加工功能，既可完成车削加工任务，又可完成铣削加工任务，主要适用于加工形状复杂、加工精度要求较高的工件。

图 5–7　车铣复合加工中心

3. 按其他方式分类

除以上的分类方式外，其他分类方式包括：按照伺服系统的控制原理不同，数控车床可分为开环数控车床、闭环数控车床、半闭环数控车床；按照刀架的数量不同，数控车床可分为单刀架数控车床、双刀架数控车床和多刀架数控车床。

三、数控车床的结构

数控车床主要由车床本体和数控系统两大部分组成。图 5-8 所示为 CKA61100 型数控车床的外观，它主要由床身、主轴箱、电气柜、刀架、数控装置、尾座、进给系统、冷却系统和润滑系统等组成。

图 5-8 CKA61100 型数控车床的外观

1—床身 2—主轴箱 3—电气柜 4—刀架 5—数控装置 6—尾座 7—导轨 8—丝杠 9—防护板

1. 床身

床身为整台机床的支承件与基础。除了主电动机和切削液箱一般放置于床身底座内部，其他所有机床部件均安装在床身之上。

2. 主轴箱和尾座

主轴箱的作用是支承主轴并使其旋转，实现主轴启动、制动、变速和换向等功能。主轴箱的材料为密烘铸铁。主轴箱底部为定位面，在床身左端定位，并用螺钉紧固。

尾座在加工长轴类工件时起支承等作用。

3. 刀架

刀架固定在中滑板上，常用的有四工位立式电动刀架和六工位电动刀架，如图 5-9 所示。刀架用于安装车削刀具，通过自动转位实现刀具的交换。

4. 数控装置

图 5-10 所示为数控装置，它是计算机数控系统的核心。数控装置的主要作用是根据输入的工件程序和操作指令进行相应处理（如进行运动轨迹处理、机床输入 / 输出处理等），然后输出控制命令到相应的执行部件［如伺服单元、驱动装置和可编程逻辑控制器（programmable logic controller，PLC）等］，控制机床动作，加工出需要的工件。所有这些工

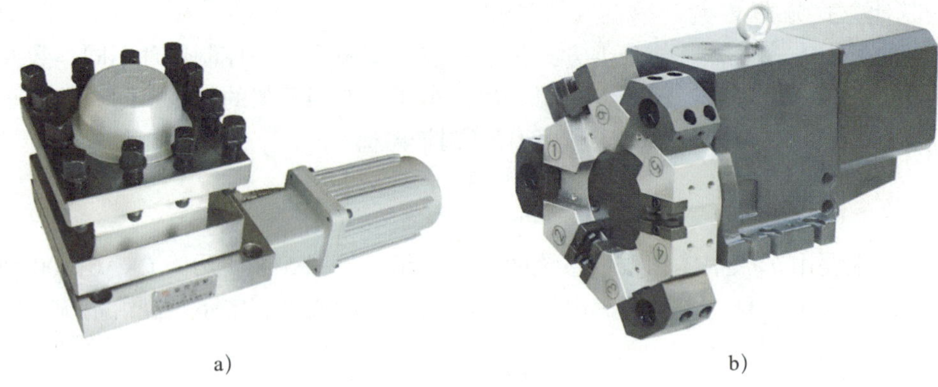

a)　　b)

图 5-9　数控车床的刀架

a）四工位　b）六工位

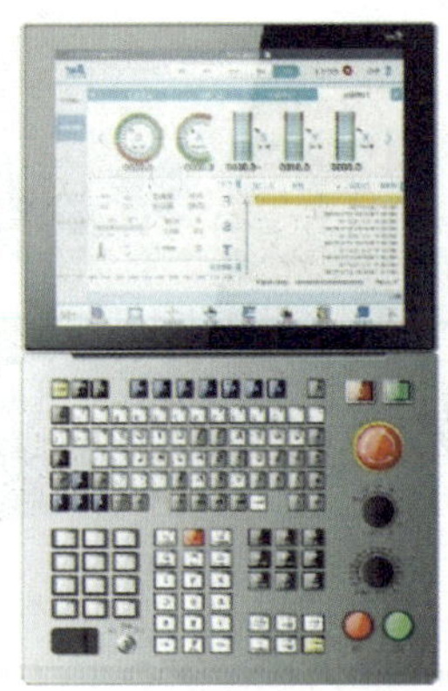

图 5-10　数控装置

作都是由数控装置内的系统程序（又称控制程序）进行合理组织，在数控装置硬件的协调和配合下，有条不紊地进行的。

5. 电气柜

电气柜如图 5-11 所示，其内部用于安装各种机床电气控制元件、数控系统与伺服控制单元、控制芯片和其他辅助装置。

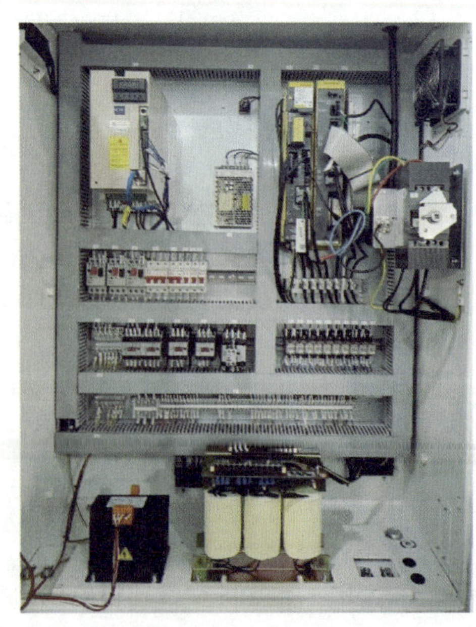

图 5-11　电气柜

四、数控车床操作面板

数控车床操作面板是数控车床的人机交互操作界面，由机床操作面板和数控系统面板两部分组成。FANUC 0i Mate-TD 系统数控车床操作面板如图 5-1 所示。

1. 机床操作面板

机床操作面板主要由机床制造企业根据机床所配

置的系统和机床具体功能而设计。机床制造企业、型号、规格不同，机床操作面板也有很大差异，FANUC 0i Mate-TD 系统机床操作面板一般位于数控系统面板下方，各按钮（旋钮）和按键的功能见表 5-1。

表 5-1　FANUC 0i Mate-TD 系统机床操作面板各按钮（旋钮）和按键的功能

名称	图示	功能
机床总电源开关	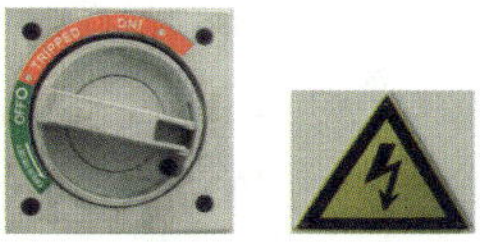	机床总电源开关一般位于机床的背面，置于“ON”时为主电源开
系统电源开关	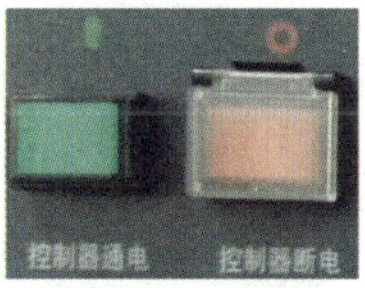	按下“控制器通电”按钮，给机床润滑系统、冷却系统、机械部分供电；按下“控制器断电”按钮，使机床电源关闭
急停与程序保护	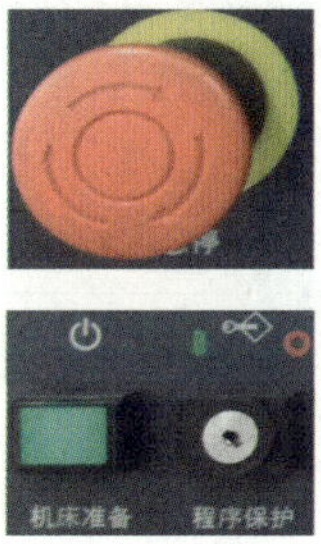	当出现紧急情况而按下“急停”按钮时，在屏幕上出现“EMG”字样 按下“机床准备”按钮，给机床数控装置部分供电 当程序保护开关处于“ ”位置时，即使在“编辑”状态下也不能对数控程序进行编辑
模式选择旋钮	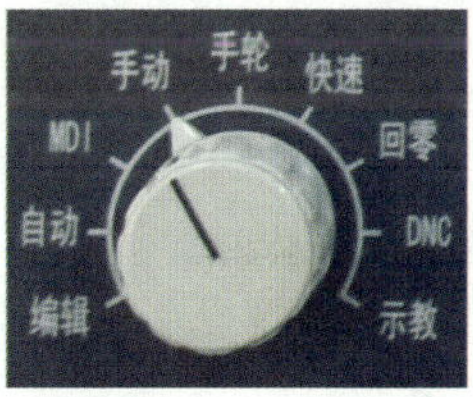	“编辑”模式：用于进行程序的输入及编辑操作 “自动”模式：用于进行自动运行加工操作 “MDI”模式：用于进行手动数据（如参数等）输入的操作 “手动”模式：用于进行手动切削进给操作 “手轮”模式：用于进行手摇进给操作 “快速”模式：用于进行手动快速进给操作 “回零”模式：用于进行回参考点操作 “DNC”模式：用于进行在线加工操作 “示教”模式：用于进行示教操作 注：以上模式每次只能选择其中的一个
增量步长选择按键	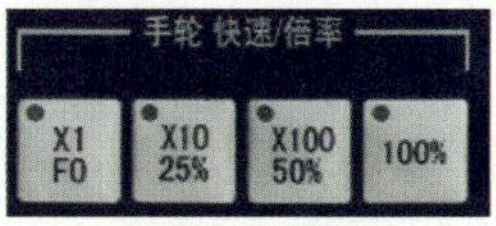	增量进给步长按键中的“×1”“×10”“×100”分别代表移动量为 0.001 mm、0.01 mm、0.1 mm，适用于“手轮”或“手动”模式下轴向进给速度的调节 快速倍率按键中的“F0”“25%”“50%”“100%”为四种不同的快速进给倍率，适用于“快速”模式下轴向进给速度的调节

续表

<table>
<tr><th>名称</th><th>图示</th><th>功能</th></tr>
<tr><td>“自动”模式下的功能选择按键</td><td> 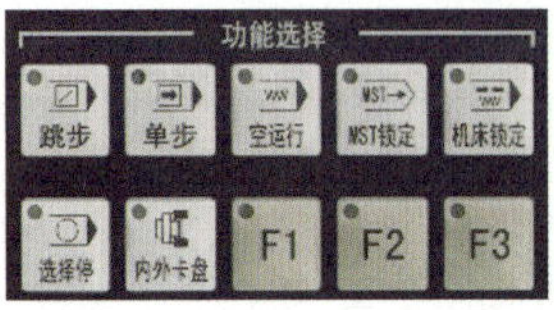功能选择
跳步 单步 空运行 MST锁定 机床锁定
选择停 内外卡盘 F1 F2 F3</td><td>按下“跳步”按键 跳步 时，程序段前加符号“/”的程序段将被跳过执行
按下“单步”按键 单步 时，在该模式下，每按一次“循环启动”按钮，机床将执行一段程序后暂停
按下“空运行”按键 空运行 时，用于检查刀具运行轨迹的正确性，该模式下自动运行过程中的刀具进给始终为快速进给
按下“MST 锁定”按键 MST锁定 时，该功能指示灯亮，M、S、T 功能输出无效
按下“机床锁定”按键 机床锁定 时，用于检查程序编制的正确性，该模式下刀具在自动运行过程中的移动功能将被限制
按下“选择停”按键 选择停 时，程序中的 M01 指令有效，其功能与 M00 指令的功能相同
按下“内外卡盘”按键 内外卡盘 后，通过液压踏板可控制卡爪夹紧或放开工件 
F1 F2 F3：厂家自定义按键</td></tr>
<tr><td>主轴倍率调整旋钮</td><td> 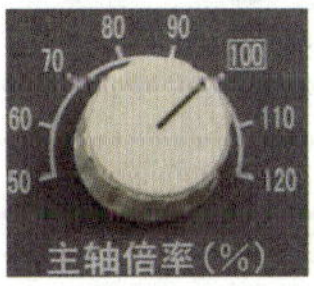50 60 70 80 90 100 110 120
主轴倍率（%）</td><td>在主轴旋转过程中，可以通过主轴倍率调整旋钮对主轴转速进行 50%～120% 的无级调速。同样，在程序执行过程中，也可对程序中指定的转速进行调节</td></tr>
<tr><td>进给倍率旋钮</td><td> 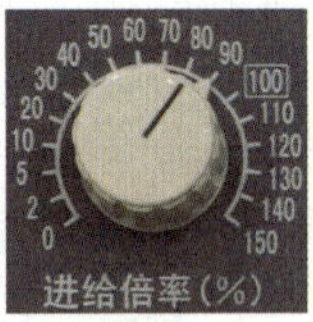0 2 5 10 15 20 30 40 50 60 70 80 90 100 110 120 130 140 150
进给倍率（%）</td><td>进给速度可通过进给倍率旋钮进行调节，调节范围为 0～150%。另外，对于自动执行的程序中指定的进给速度 F，也可用进给倍率旋钮进行调节</td></tr>
<tr><td rowspan="2">轴选择按键</td><td> 轴选择
X Z</td><td>在“手动”或“手轮”模式下，通过该按键选择 X 轴或 Z 轴</td></tr>
<tr><td> 手动
+ −</td><td>在“手动”或“快速”模式下，机床进给轴朝正向或负向移动</td></tr>
</table>

续表

名称	图示	功能
手轮脉冲控制器		当模式选择旋钮旋至“手轮”方式时，转动该手轮可以控制机床进给轴的运动，顺时针转动手轮，轴向正方向进给；逆时针转动手轮，轴向负方向进给
各指示灯	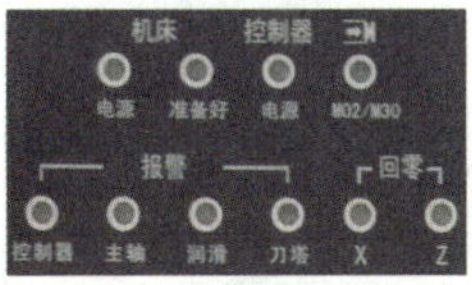	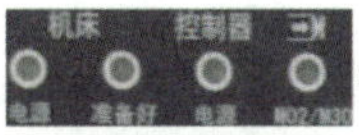 ：机床、控制器和程序结束状态指示灯亮 ：报警时对应指示灯亮 ：相应轴返回参考点后，对应的返回参考点指示灯亮
其他功能按键	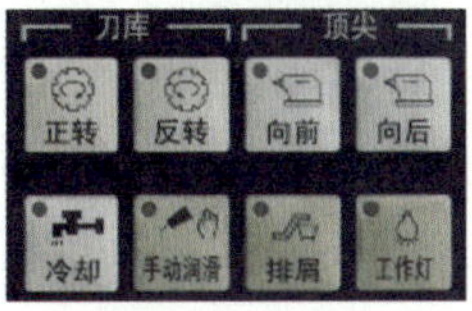	 ：手动控制刀架正转或反转
		 ：控制顶尖前后移动
		：控制机床冷却泵的打开或关闭 ：控制润滑泵的打开或关闭，对机床进行润滑 ：启动或关闭排屑电动机，对机床进行自动排屑 ：控制机床照明灯的打开或关闭
主轴功能按键	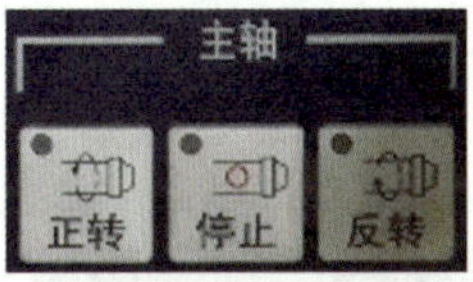	：主轴正转按键 ：主轴反转按键 ：主轴停止按键 注：以上按键仅在“手动”或“手轮”模式有效
加工控制按钮	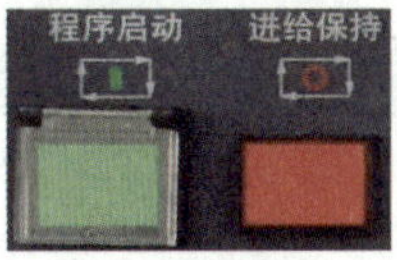	 ：按下该按钮，机床自动运行程序 ：按下该按钮，程序运行暂停，再按下“程序启动”按钮，从程序暂停处开始执行

2. 数控系统面板

数控系统面板主要由数控系统制造企业生产，只要系统型号相同，其功能键的含义和位置也基本相同。FANUC 0i Mate-TD 数控系统面板主要由显示屏和 MDI 功能按键组成。

（1）显示屏

显示屏位于面板左上方，主要用于显示坐标轴位置、数控加工程序、机床参数等，通常有显像管显示器和液晶显示器两种。

（2）MDI 功能按键

MDI 功能按键位于显示屏右侧，主要用于手动数据输入，其功能见表 5–2。

表 5–2　　MDI 功能按键的功能

名称	图示	功能	名称	图示	功能
数字键	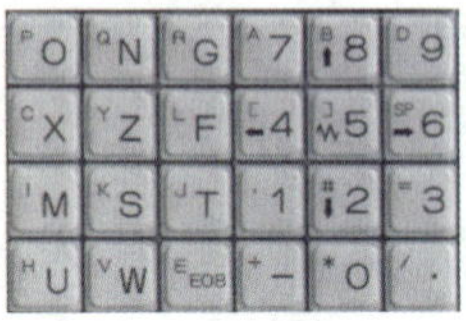	用于输入数字 1～9 和“+”“–”“*”“/”等运算符	取消键		用于取消最后一个输入的字符或符号
运算键			替代键		用于实现程序编辑过程中程序字的替代
字母键		用于输入 A、B、C、X、Y、Z、I、J、K 等字母	EOB 键		用于输入程序段结束符“*”或“;”
位置显示		显示当前加工位置的机床坐标值 / 工件坐标值	删除键		用于删除程序字、程序段、整个程序
程序显示		显示正在执行或编辑的程序内容	插入键		用于实现程序编辑过程中程序字的插入
参数设置		用于设置并显示刀具补偿值和工件坐标系	翻页键	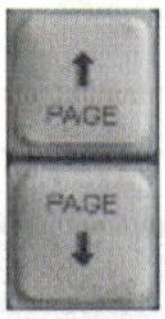	用于同一显示界面下向程序开始或结束的方向翻页
系统		用于参数的设定和显示、自诊断功能数据的显示等			
报警		用于显示报警界面，包括报警时间、类型等	光标移动键		用于使光标上下或前后移动
图形显示		用于自动方式下检测程序的刀具轨迹是否正确	帮助键		为操作者提供报警信息与帮助
上挡键		用于实现按键上挡内容的输入	复位键		用于使所有操作停止，返回初始状态
参数输入键		用于输入参数或补偿值			

五、数控车床安全操作规程

数控车床一定要做到规范操作，以免发生人身、设备、刀具等的安全事故。数控车床的安全操作规程如下：

1. 操作前的安全操作规程

（1）加工工件前一定要先检查机床能否正常运行。可以通过试车进行检查。

（2）操作机床前要仔细检查输入的数据，以免引起误操作。

（3）确保指定的进给速度与操作所需的进给速度相适应。

（4）当使用刀具补偿时，应仔细检查补偿方向与补偿量。

（5）数控系统与可编程机床控制器（programmable machine controller，PMC）的参数都是机床制造企业设置的，通常不需要修改，如果必须修改参数，在修改前应确保相关参数已经备份且对参数有深入全面的了解。

（6）机床通电后，数控装置出现位置显示或报警界面前，不要碰 MDI 面板上的任何键，MDI 面板上的一些键在机床出厂前已被定义了特定功能（如系统恢复出厂设置等），用于专门的系统维护。若在开机的同时按下这些键，可能使机床产生数据丢失等误操作。

2. 操作过程中的安全操作规程

（1）手动操作

手动操作机床时，要确定刀具和工件的当前位置并保证正确指定了运动轴、运动方向和进给速度。

（2）手动返回参考点

机床通电后，如果机床需要返回参考点，一定要先执行手动返回参考点操作；否则，机床的运动不可预料。

（3）手摇脉冲发生器进给

在手摇脉冲发生器进给时，一定要选择正确的进给倍率，过大的进给倍率容易造成刀具或机床损坏。

（4）工件坐标系

手动干预、机床锁住或镜像操作都可能使工件坐标系移动，用程序控制机床前，应先确定工件坐标系正确。

（5）空运行

通常空运行是以系统设置的空运行速度执行要加工的程序来检验程序的正确性，空运行过程中机床的进给速度执行系统设置的空运行速度，该速度比程序中设定的进给速度快得多，因此，为避免出现碰撞等意外事故，空运行前务必先进行机床锁住操作。

（6）自动运行

机床在自动执行程序时，操作人员不得离开工作岗位，要密切注意机床、刀具的工作状况，根据实际加工情况调整加工参数。一旦发现意外情况，应立即停止机床动作。

3. 与编程相关的安全操作规程

（1）坐标系的设定

在编程过程中，正确设置编程坐标可以在很大程度上简化编程并保证编程精度。

（2）公英制的转换

在编程过程中，一定要注意公英制的转换，使用的单位制式一定要与机床当前使用的单位制式相同。

（3）回转轴的功能

当编制极坐标插补或法线方向（垂直方向）控制程序时，要特别注意回转轴的转速。回转轴转速不能过高，若工件装夹不牢靠，可能由于离心力过大而将工件甩出，从而引起事故。

（4）刀具补偿功能

在编程过程中刀具补偿功能的建立与取消一定要配合使用，如果在补偿功能建立的模式下发生基于机床坐标系的运动命令或返回参考点命令，补偿会暂时取消，但接下来执行其他命令时，系统会继续执行以前的补偿功能，造成机床运动轨迹与预想轨迹不符，进而可能造成碰撞事故。

4. 关机时的安全操作规程

（1）确认工件已加工完毕。

（2）确认机床的全部运动均已完成。

（3）检查工作台面是否远离行程开关。

（4）检查刀具是否已取下，主轴孔内是否已清理干净并涂上润滑脂。

（5）检查工作台面是否已清理干净。

（6）关机时要求先关系统电源，再关机床电源。

任务实施

一、数控车床的基本操作

1. 开机与关机

（1）开机步骤

数控车床开机操作步骤如下：检查机床和数控系统各部分初始状态是否正常→接通机床背面总电源开关→按下“控制器通电”按钮→开机后如果机床显示屏下方闪烁“EMG”报警信息，则顺时针方向松开机床操作面板上的“急停”按钮→按下“机床准备”开关，数控系统开始启动，开机完成界面如图 5–12 所示→检查电动机风扇是否正常运转。

（2）关机步骤

检查机床操作面板上的循环启动指示灯是否熄灭→检查数控机床全部移动部件是否已经停止运行→卸下工件和刀具→在“手动”模式下，将刀架轴向移至参考点附近→按下“急停”按钮→按下“控制器断电”按钮→将机床背面电气柜上的机床总电源开关拨至“OFF”位置，机床断电。

图 5–12　开机完成界面

2. 回参考点

机床通电后，通常先执行手动返回参考点操作，如果机床没有执行手动返回参考点操作，机床将无法正常工作。手动返回参考点必须在“回零”模式下进行。回参考点操作的目的是建立机床坐标系。当然，对某些无须进行回参考点操作的机床除外。

手动返回参考点操作的步骤如下：

（1）将模式选择旋钮旋至“回零”模式。

（2）“轴选择”按键选择“X”轴。

（3）“手动”轴向选择功能中长按“+”按键，直至 X 轴“回零”指示灯亮，代表 X 轴回零完成。

（4）“轴选择”按键选择“Z”轴。

（5）“手动”轴向选择功能中长按“+”按键，直至 Z 轴“回零”指示灯亮，代表 Z 轴回零完成。

（6）X 轴和 Z 轴全部回零后，显示屏界面如图 5-13 所示。

a)

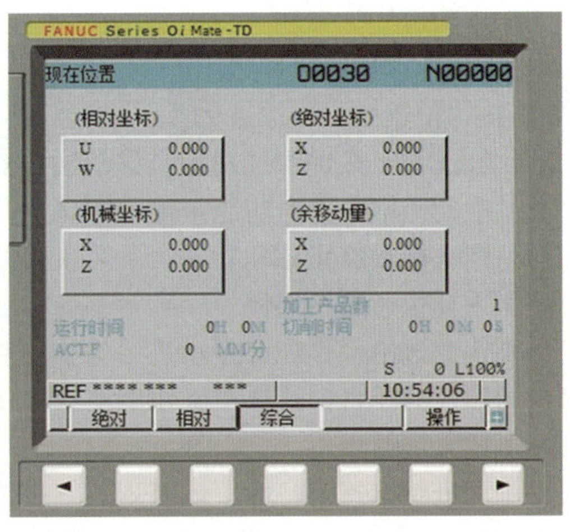

b)

图 5-13 回零后显示屏界面

3. 手动操作

手动操作主要包括手轮进给操作、手动进给操作、手动快速进给操作、增量进给操作、MDI 操作、主轴旋转操作等。

（1）手轮进给操作

手轮进给包括 X 向手轮进给和 Z 向手轮进给，其操作步骤见表 5-3。

表 5-3 手轮进给操作步骤

操作项目	操作步骤
X 向手轮进给	将模式选择旋钮旋至“手轮”模式，按“位置显示”按键 POS，查看轴向移动方向和距离
	“轴选择”按键中选择“X”轴

续表

操作项目	操作步骤
X 向手轮进给	“增量步长选择”按键中选择相应倍率（“×1”为每格进给 0.001 mm，“×10”为每格进给 0.01 mm，“×100”为每格进给 0.1 mm）
	顺时针或逆时针旋转手轮脉冲控制器，使刀具沿轴向移动（“+”为顺时针正向，“–”为逆时针负向）
Z 向手轮进给	将模式选择旋钮旋至“手轮”模式，按“位置显示”按键，查看轴向移动方向和距离
	“轴选择”按键中选择“Z”轴
	“增量步长选择”按键中选择相应倍率（“×1”为每格进给 0.001 mm，“×10”为每格进给 0.01 mm，“×100”为每格进给 0.1 mm）
	顺时针或逆时针旋转手轮脉冲控制器，使刀具沿轴向移动（“+”为顺时针正向，“–”为逆时针负向）

（2）手动进给操作

手动进给操作步骤如下：

1）将模式选择旋钮旋至“手动”模式。

2）按“位置显示”按键，显示当前刀具坐标位置，以查看轴向移动距离。

3）“轴选择”按键中选择相应移动轴（X 轴、Z 轴）。

4）“手动”轴向选择功能中选中相应方向（+/–），按住按键，可使坐标轴连续移动；松开按键，则坐标轴停止移动。

（3）手动快速进给操作

手动快速进给操作能在手动进给操作的基础上加快轴向移动速度。其操作步骤与手动进给操作相似，只需将模式选择旋钮旋至“快速”模式，其他操作相同。

（4）增量进给操作

在手动进给方式下，除了能实现连续进给运动，也可选择相应增量步长实现点动。其操作步骤在手动进给操作的基础上，需将“手轮快速倍率”中相应倍率选为“100%”，然后“手动”轴向选择功能中选中相应方向（+/–），每按一下按键，沿 Z 轴方向移动 1 mm。

（5）MDI 操作

“MDI”模式适用于简单程序段的操作，如指定主轴的转速、更换刀具等。这些程序段在执行后不能被存储，其操作步骤如下：

1）将模式选择旋钮旋至“MDI”处，系统进入“MDI”模式。

2）在系统控制面板上按“位置显示”按键，显示屏的左上角显示“程序（MDI）”字样，如显示程序内容界面，按左下方“MDI”对应的空白软键，其界面如图 5–14 所示。

3）输入要运行的程序段。

4）按下机床控制面板上的绿色“循环启动”按钮，系统自动执行这些程序段。

（6）主轴旋转操作

在手轮进给操作或手动进给操作模式下，按下机床控制面板上的“主轴正转”按键，主轴将顺时针旋转；按下“主轴停止”按键，主轴将停止转动；按下“主轴反转”按键，主轴将逆时针旋转。

4. 对刀

（1）*Z* 轴原点位置确定

1）在“手轮”模式下按下“主轴正转”按键。

2）操作手轮，移动外圆车刀车削毛坯端面，如图 5–15 所示，当前端面即为 *Z* 轴零平面。

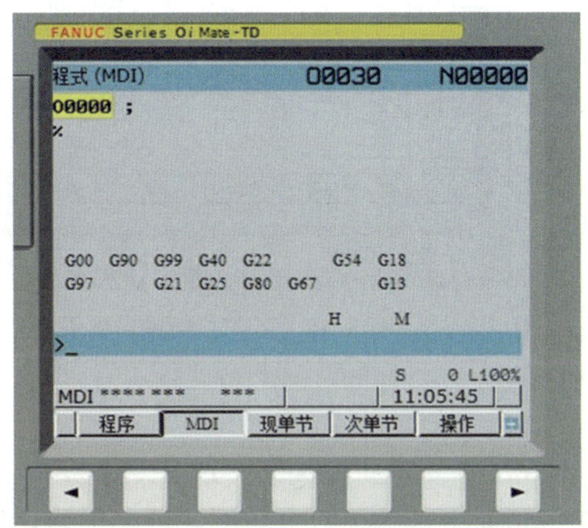

图 5–14　“MDI”模式显示屏界面

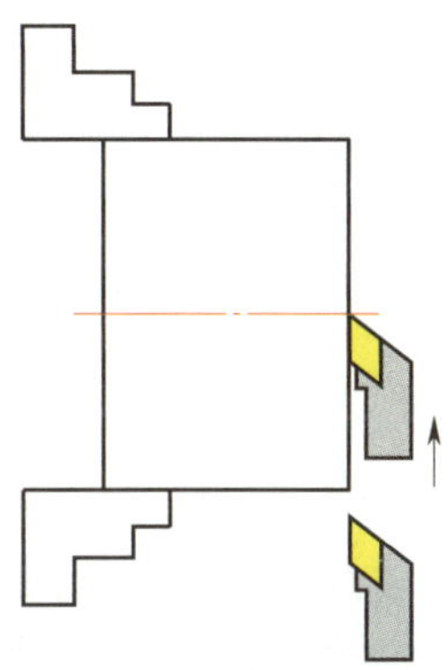

图 5–15　车削毛坯端面

3）按“参数设置”键，按软键［补正］和［形状］后进入“形状”补正界面，如图 5–16 所示。

4）选中“001”号刀补位置，将光标移至“001 号 Z 轴”处，输入“Z0.0”，并按［测量］软键。此时光标处显示的数值即为刀具当前位置 *Z* 轴原点在机床坐标系中的机械坐标值。

5）操作手轮，使外圆车刀沿“+Z”向退刀，并使主轴停转。

（2）*X* 轴原点位置确定

1）在“手轮”模式下按下“主轴正转”按键。

2）操作手轮，移动外圆车刀切削毛坯外圆（长度满足千分尺的测量要求即可），如图 5–17 所示，其外圆中心线即为 *X* 轴原点。

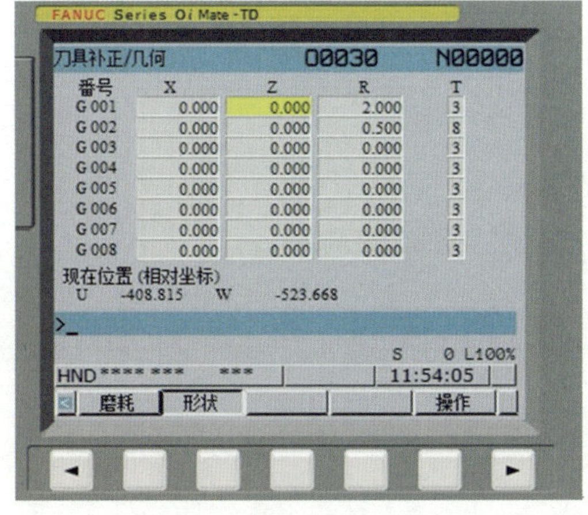

图 5–16　“形状”补正界面

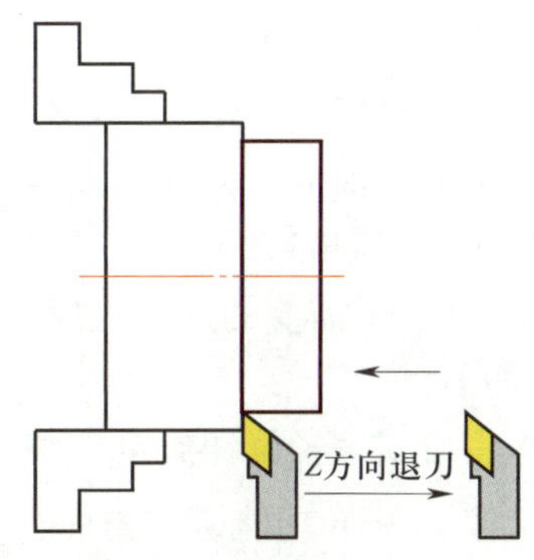

图 5–17　*Z* 轴方向的找正

3）操作手轮，沿“+Z”方向移动刀具，使其退出毛坯，并使主轴停转。

4）用千分尺测量切削后外圆直径，记下直径值（假设测量出直径为 50.123 mm）。

5）按“参数设置”按键，按软键［补正］和［形状］后进入“形状”补正界面。

6）选中“001”号刀补位置，将光标移至“001 号 X 轴”处，输入所测得的 X 轴直径值“X50.123”，并按［测量］软键，如图 5–18 所示。此时光标处显示的数值即为刀具当前位置 X 轴原点在机床坐标系中的机械坐标值。

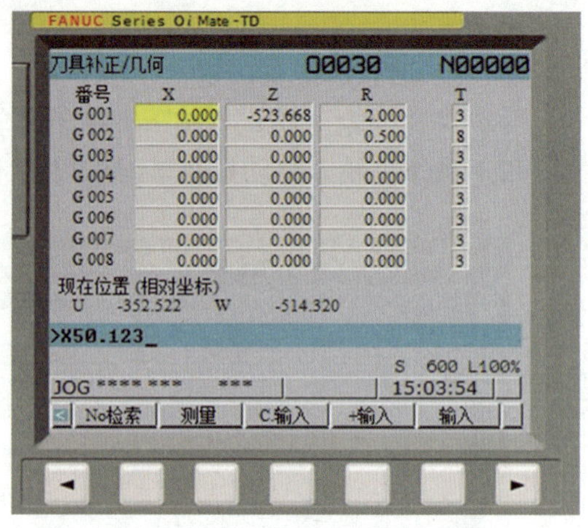

图 5–18　*X* 向参数设置界面

二、程序的输入、编辑与校验

1. 程序的输入与编辑

编制完成的加工程序，一般在“编辑”模式下，通过手动数据输入单元输入数控系统。当然，对于通过自动编程软件生成的加工程序，可通过 RS232 串口通信，借助传输软件输入数控系统，或直接通过 U 盘输入数控系统。

（1）建立新程序

通过手动数据输入单元建立新程序的操作步骤如下：

1）将模式选择旋钮旋至“编辑”处。

2）按下 MDI 功能键“程序”键，显示屏进入编辑界面。

3）输入程序名“O××××”（如 O0001 等，输入的程序名不能与数控系统中已有程序名重复）。

4）按下“插入”键，程序名“O0001”被输入。

5）按下“EOB”键，再按下“插入”键，结束符“；”被输入，即可进行新程序内容的输入。

（2）程序的调用

根据需要，往往需要调用已有程序进行工件的加工，其操作步骤如下：

1）将模式选择旋钮旋至“编辑”处。

2）按下 MDI 功能键“程序”键。

3）输入程序号“O××××”（如 O0001 等）。

4）按下“向下”光标移动键，即可完成程序 O0001 的调用。

（3）程序的删除

对于已经不需要的加工程序，为了节省数控系统的存储空间，可考虑将它们删除，其操作步骤如下：

1）将模式选择旋钮旋至“编辑”处。

2）按下 MDI 功能键“程序”键。

3）输入程序号“O××××”（如 O0001 等）。

4）按下“删除”键 DELETE，即可完成程序 O0001 的删除。

（4）程序的编辑

对于已调用的加工程序，可通过光标移动及程序字的插入、查找、替换、删除等，对其内容进行编辑，其具体操作步骤见表 5–4。

表 5–4　　程序的编辑操作步骤

编辑内容	操作步骤
光标移动	（1）按下光标移动键 →，光标逐字向前移动，在所选的程序字处显示光标 （2）按下光标移动键 ←，光标逐字向后移动，在所选的程序字处显示光标 （3）按住光标移动键 → 或 ←，光标连续移动 （4）按下光标移动键 ↓，光标移到下一程序段的第一个程序字处 （5）按下光标移动键 ↑，光标移到上一程序段的第一个程序字处 （6）按住光标移动键 ↓ 或 ↑，光标连续移至程序段的结尾或开头处 （7）按下翻页移动键 PAGE ↓，显示屏界面显示下一页，光标移到第一个程序字处 （8）按下翻页键 ↑ PAGE，显示屏界面显示上一页，光标移到第一个程序字处 （9）按住翻页键 PAGE ↓ 或 ↑ PAGE，显示屏界面逐页显示
程序字的插入	（1）在“编辑”模式下，将光标移到希望插入程序字的位置处 （2）输入希望插入的地址和数据 （3）按下“插入”键 INSERT，完成程序字的插入
程序字的查找	（1）输入需要搜索的字母或代码 （2）按“向下”光标移动键 ↓，开始在当前数控程序中光标所在位置后进行搜索 （代码可以是一个字母或一个完整的程序字，如 G01、M 等。如果此数控程序中有所搜索的代码，则光标停留在找到的代码处；如果此数控程序中光标所在位置后没有所搜索的代码，则光标停留在原处）
程序字的替换	（1）在“编辑”模式下，将光标移到待替换程序字的位置 （2）输入新的地址和数据 （3）按下“替代”键 ALTER，完成程序字的替换
程序字的删除	（1）在“编辑”模式下，将光标移到待删除程序字的位置 （2）按下“删除”键 DELETE，完成程序字的删除

2. 程序的校验与自动加工

（1）程序的校验

1）空运行校验的操作步骤

①调出要校验的程序。

②将模式选择旋钮旋至“自动”处。

③按下软键［检视］，使屏幕显示正在执行的程序和坐标。

④按“参数设置”按键，按软键［坐标系］后，将坐标系（EXT）中 Z 轴坐标值向正方向偏移一段安全距离（如 100 mm 等）。

⑤按下“空运行”按键，按下“单步”按键。

⑥按下“循环启动”按钮。

2）图形显示功能校验的操作步骤

①选择“自动”模式。

②按下“图形显示”键 ，出现图 5-19 所示的图形显示界面。

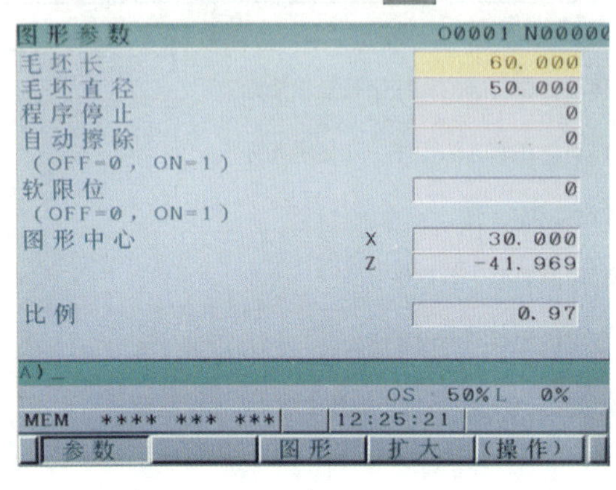

a)

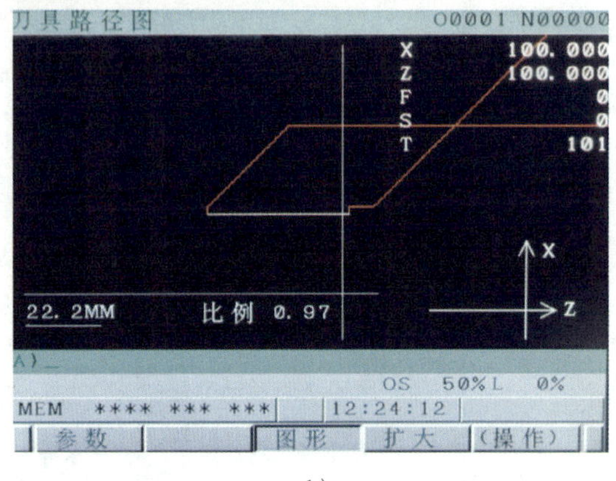

b)

图 5-19 图形显示界面

a）图形参数设置界面 b）刀具轨迹显示界面

③依次完成各项参数的设定。

④按下软键［图形］。

⑤按下“循环启动”按钮，刀架沿坐标轴移动，在显示屏上显示出刀具运动轨迹。

（2）自动加工

上述所有工作完成后，即可进入“自动”模式，进行工件的自动加工。具体操作步骤如下：

1）打开需要运行的程序。

2）将模式选择旋钮旋至“自动”处。

3）按下软键［检视］，使显示屏显示正在执行的程序和坐标。

4）按下“循环启动”按钮，自动执行加工程序。

任务评价

根据数控车床的操作步骤，由小组其他成员判断其操作的正确性，并将结果记录在表 5-5 中。

表 5-5　　数控车床操作练习记录

操作内容	记录
1. 开机与关机	
开机	正确□　错误□
关机	正确□　错误□

续表

操作内容	记录
2. 手动操作	
手轮进给操作	正确□ 错误□
手动进给操作	正确□ 错误□
手动快速进给操作	正确□ 错误□
MDI 操作	正确□ 错误□
3. 对刀操作	
X 轴、*Z* 轴原点位置的确定	正确□ 错误□
坐标系设定	正确□ 错误□
4. 程序的输入与编辑操作	
程序的新建与编辑	正确□ 错误□
程序的校验与自动加工	正确□ 错误□

任务二 车削轴类工件

学习目标

1. 能正确理解数控编程常用指令的含义和编程方法。
2. 能熟练运用复合固定循环指令进行编程。
3. 能正确编制数控加工程序。
4. 能正确分析数控车削加工工艺。

任务描述

试编写图 5–20 所示陀螺的加工程序，并在数控车床上进行加工，毛坯尺寸为 ϕ45 mm × 50 mm，材料为 45 钢。

任务分析

该工件由五个不同的轮廓组成，涉及左、右两侧轮廓的加工，在加工过程中要注意选择合适的加工路线，并进行合理的结构工艺分析。

该工件主要加工表面包括 $\phi40_{-0.021}^{\ 0}$ mm、$\phi27_{-0.021}^{\ 0}$ mm、$\phi10_{-0.021}^{\ 0}$ mm 外圆柱面，*R*3 mm、*R*2.5 mm、*R*2.3 mm 倒圆面以及 *C*1 mm 倒角面和圆锥面。其中，工件精度要求较高的尺寸有 $\phi40_{-0.021}^{\ 0}$ mm、$\phi27_{-0.021}^{\ 0}$ mm、$\phi10_{-0.021}^{\ 0}$ mm 外圆柱面和长度尺寸（46.39 ± 0.05）mm 和（25 ± 0.05）mm，以及同轴度公差 ϕ0.025 mm；外圆表面粗糙度 *Ra* 值为 1.6 μm；尺寸标注完整，结构清晰。

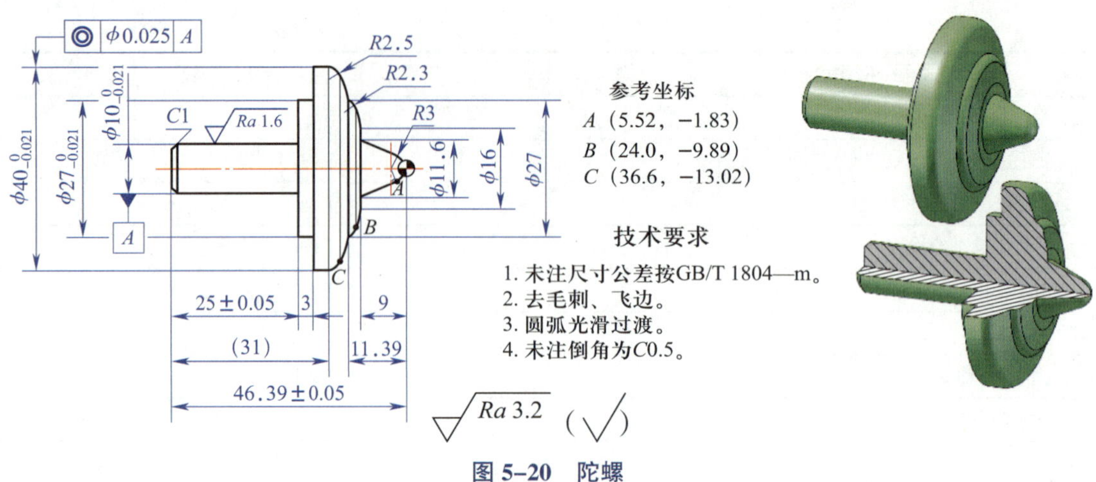

图 5–20　陀螺

为了保证该任务完成后的工件加工质量，在加工过程中应选用合适的加工刀具（包括刀具类型、刀具材料）和切削用量，合理选用切削液进行加工。

相关知识

一、编程方法和系统功能

在编制数控加工程序时，编程人员必须严格遵守数控系统说明书的要求，并熟悉数控系统常用功能，如准备功能、辅助功能、刀具功能、主轴功能、进给功能、坐标功能等，这些功能是编制数控加工程序的基础。FANUC 系统数控车床常用系统功能说明见表 5–6。

表 5–6　FANUC 系统数控车床常用系统功能说明

名称	说明
准备功能	又称 G 功能或 G 指令，它主要是刀具或工件进给运动的指令或准备运动的指令。准备功能由地址 G 和后面的两位数字组成，从 G00 ~ G99 共 100 种，如 G00、G01 等
辅助功能	又称 M 功能或 M 指令，它主要控制主轴启停、切削液开关、程序结束等辅助动作。辅助功能由地址 M 和后面的两位数字组成，从 M00 ~ M99 共 100 种，如 M03、M30 等。由于数控系统和数控机床的制造企业不同，其 M 指令的功能不尽相同，甚至有些 M 指令与 ISO 标准指令的含义也不相同，因此，编制加工程序时一定要按照机床说明书的规定进行
刀具功能	刀具功能是系统进行选刀或换刀的功能，又称 T 功能。一般来说，数控车床的刀具功能用地址 T 和后缀的四位数字来表示，如 T0101 等。其中，前两位数字用于指定刀具号，后两位数字用于指定刀补号
主轴功能	用来控制主轴的转速，又称 S 功能，由地址 S 和后缀的数字组成。例如，S500 通常（在 G97 指令情况下）表示主轴转速为 500 r/min。需要指出的是，为了保证工件表面的车削加工质量，常采用恒线速度进行车削，这时需用 G96 指令来指定，例如，“G96 S100；”表示主运动线速度为 100 m/min
进给功能	用来指定进给运动的速度或螺纹的导程。由地址 F 和后缀的数字组成。根据加工的需要，进给功能分为每分钟进给和每转进给两种，在数控车削编程中，它们分别用 G98 和 G99 指令来指定，例如，“G99 G01 X20.0 F0.2；”表示进给速度为 0.2 mm/r；“G98 X20.0 F100；”表示进给速度为 100 mm/min
坐标功能	又称尺寸功能，用来设定机床各坐标的位移量或刀具运动的位置值，一般由 X、Z 等地址和后缀的数字表示，如“X100.0 Z100.0；”等

二、基本编程指令

1. 初始化指令

出于加工安全，并为防止出现意外，在数控车削程序开始最好进行初始化处理，即一般加入 G18、G21、G98、G40 等指令。初始化内容通常涉及平面（插补平面）选择、公制 / 英制选择、分进给 / 转进给选择、取消刀尖半径补偿与否等。

（1）平面选择指令（G17、G18、G19）

在笛卡儿坐标系中，三个相互垂直的坐标轴 *X*、*Y*、*Z* 构成了三个相互垂直的平面 *XY*、*ZX* 和 *YZ*。在数控车削编程时一般不考虑 *Y* 轴，所以采用 G18 指令选择 *ZX* 平面即可。

（2）公制 / 英制选择指令（G20、G21）

不同国家或地区的零件图可能采用不同的尺寸单位制。在数控车削指令中，对于公制和英制单位分别用 G21 和 G20 指令来指定。

（3）刀尖半径补偿取消指令 G40

一般情况下，在数控车削编程时，刀尖半径的存在对工件（如圆柱面、端面等）尺寸精度不产生影响，因此，可以不考虑刀尖半径的存在。

2. 常用编程指令

（1）快速点定位指令（G00）

1）指令格式如下：

G00 X__ Z__ ;

式中 X__ Z__ ——刀具目标点坐标，当使用增量方式时，X__ Z__为目标点相对于起始点的增量坐标，不运动的坐标可以不写。

2）指令说明。G00 指令不用指定移动速度，其移动速度由机床系统参数设定。在实际操作中，也能通过机床操作面板上的按键“F0”“F25”“F50”“F100”对 G00 指令的移动速度进行调节。

注意：G00 指令的轨迹通常为折线形轨迹。因此，要特别注意采用 G00 指令进刀、退刀时刀具相对于工件、夹具所处的位置，以免在进刀、退刀过程中刀具与工件、夹具等发生碰撞。

（2）直线插补指令（G01）

1）指令格式如下：

G01 X__ Z__ F__ ;

式中 X__ Z__ ——刀具目标点坐标，当使用增量方式时，X__ Z__为目标点相对于起始点的增量坐标，不运动的坐标可以不写；

F__ ——刀具切削进给的进给速度。

2）指令说明。G01 指令是直线运动指令，它命令刀具在两坐标轴间以插补联动的方式按指定的进给速度做任意斜率的直线运动。因此，执行 G01 指令的刀具轨迹是直线形轨迹，它是连接起点和终点的一条直线。

（3）圆弧插补指令（G02/G03）

1）指令格式如下：

G02/G03 X（U）__ Z（W）__ R__ ;　（起点、终点、半径）

G02/G03 X（U）__ Z（W）__ I__ K__ ;（起点、终点、圆心）

G02 表示顺时针圆弧插补，G03 表示逆时针圆弧插补。

式中　X__Z__——圆弧终点坐标值，其值可以是绝对坐标，也可以是增量坐标，在增量方式下，其值为圆弧终点坐标相对于圆弧起点的增量值；

R__——圆弧半径；

I__J__K__——圆弧的圆心相对于其起点并分别在 *X* 轴、*Y* 轴和 *Z* 轴上的增量值。

2）指令说明

圆弧插补顺逆方向的判断方法如下：处在圆弧所在平面（如 *ZX* 平面）的另一根轴（*Y* 轴）的正方向看该圆弧，顺时针方向圆弧为 G02，逆时针方向圆弧为 G03，如图 5-21 所示。在判断圆弧的顺逆方向时，一定要注意刀架的位置和 *Y* 轴的方向。

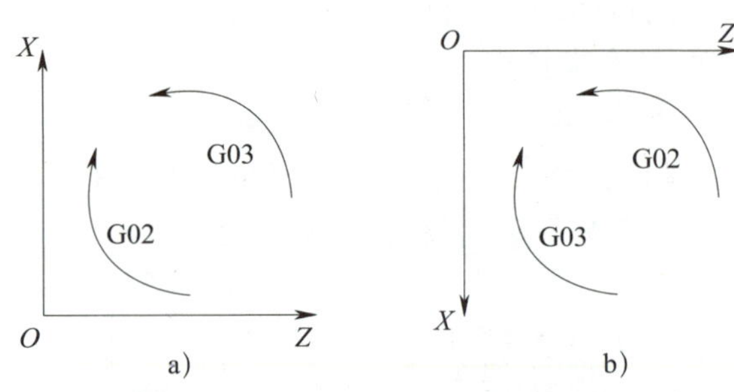

图 5-21　圆弧插补顺逆方向的判断

a）后置刀架，*Y* 轴朝上　b）前置刀架，*Y* 轴朝下

3. 单一固定循环指令（G90）

（1）功用、指令格式和参数说明

执行 G90 指令，将控制刀具以当前位置为循环起（终）点，依次完成径向进刀、切削进给、径向退刀、轴向返回，主要用于轴（套）类工件圆柱面、圆锥面的加工，其指令格式和参数说明见表 5-7。

表 5-7　G90 指令格式和参数说明

指令格式	G90 X（U）__ Z（W）__ R__ F__；
参数说明	X__、Z__——切削目标点坐标的绝对值 U__、W__——切削目标点坐标的相对值 R__——切削起点与圆锥的切削终点（目标点）的半径值，根据情况判断，有正负号，车削圆柱面时 R 省略 F__——切削进给速度

（2）运动轨迹

G90 指令运动轨迹如图 5-22 所示。刀具从循环起点 *A* 开始以 G00 指令径向移至 *B* 点，再以 G01 指令切削运动至目标点 *C*，然后以 G01 指令沿径向退刀至 *D* 点，最后以 G00 指令快速返回循环起点 *A*，准备下一个循环动作。

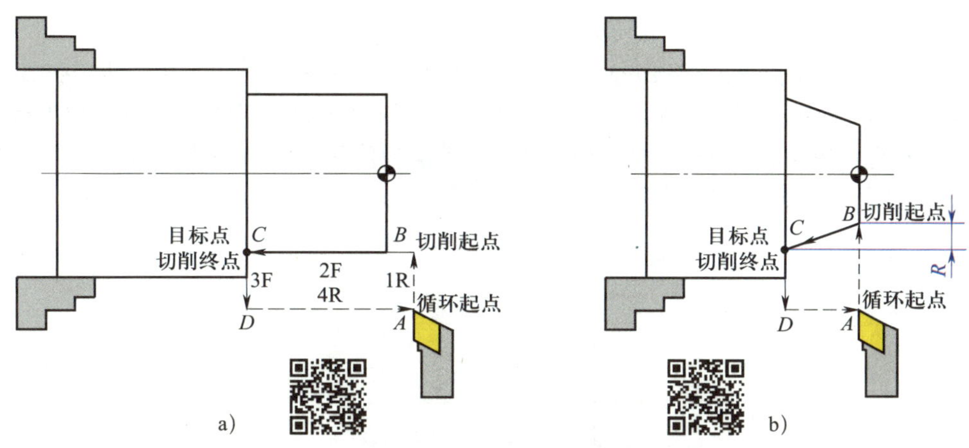

图 5–22 G90 指令运动轨迹

a）车削圆柱面 b）车削圆锥面

4. 粗车复合固定循环指令（G71）

（1）功用、指令格式和参数说明

执行 G71 指令，将控制刀具以当前位置为循环起（终）点，以给定的切削速度，沿与 *Z* 轴平行的方向切削，通过多次进刀→切削→退刀的切削循环完成工件的粗加工，主要用于非成形毛坯（棒料）的成形粗加工，其指令格式和参数说明见表 5–8。

表 5–8 G71 指令格式和参数说明

指令格式	G71 U $\underline{\Delta d}$ R $\underline{e}$;	①
	G71 P $\underline{ns}$ Q $\underline{nf}$ U $\underline{\Delta u}$ W $\underline{\Delta w}$ F__ S__ T__ ;	②
	N（ns）G00/G01 X（U）; …; …F__ ; …S__ ; … N nf…;	③
参数说明	①——给定粗车时 *X* 轴每次进给量、退刀量的程序段 ②——给定定义精车轨迹的程序段区间、精车余量、切削进给速度、主轴转速、刀具功能的程序段 ③——定义精车轨迹的若干连续的程序段 Δd——粗车时 *X* 轴每次进给量（半径值） *e*——粗车时 *X* 轴的退刀量，退刀方向与进刀方向相反 ns——精车轨迹第一个程序段的段号 nf——精车轨迹最后一个程序段的段号 Δu——径向所留精加工余量（直径值，有正负号） Δw——轴向所留精加工余量（有正负号） F__——切削进给速度 S__——主轴转速 T__——刀具号，刀具偏置号 F__、S__、T__ ——可以在第一个 G71 指令或第二个 G71 指令中指定	

注：精车轨迹（ns ~ nf 程序段）中，*X* 轴、*Z* 轴的尺寸都必须是单调变化的（一直增大或一直减小）。

（2）运动轨迹

G71 指令运动轨迹如图 5–23 所示。刀具从循环起点 A 快速移到 A'点（X 轴移动 Δu、Z 轴移动 Δw）→从 A'点沿 X 轴移动 Δd（进刀），进刀速度取决于 ns 程序段（G00 或 G01 指令）→沿 Z 轴切削进给到粗车轮廓→X 轴、Z 轴按切削进给速度退刀 e（45° 斜线），退刀方向与各轴进刀方向相反→沿 Z 轴以快速移动速度退回与 A'点 Z 轴绝对坐标相同的位置，完成一次循环。

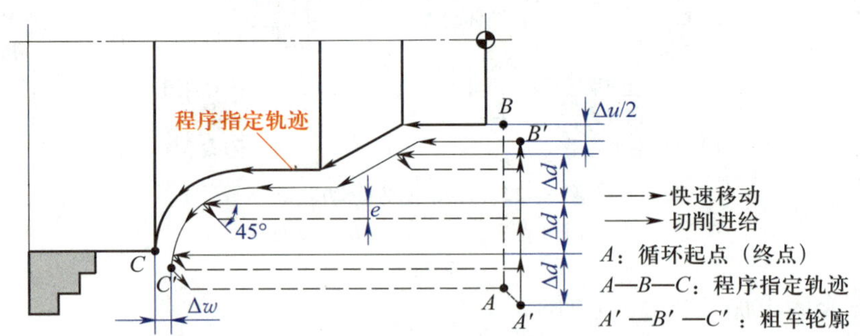

图 5–23 G71 指令运动轨迹

根据自动计算结果需要，完成若干次循环后，沿粗车轮廓运动：A'→B'→C'→A，G71 指令循环执行结束，程序跳转到 nf 程序段的下一个程序段。

5. 精车循环指令（G70）

（1）功用、指令格式和参数说明

执行 G70 指令，将控制刀具对经执行 G71 指令进行粗加工后的表面，单次完成精加工余量的切削，其指令格式为“G70 P ns Q nf；”，其中，ns ~ nf 程序段给出工件精加工刀具路线。

（2）运动轨迹

执行 G70 指令循环时，刀具将沿粗加工循环指令 G71 中所指定的精加工刀具路线运动，完成后返回循环起点。

任务实施

一、准备工作

1. 确定加工方案

（1）采用三爪自定心卡盘装夹毛坯，夹持长度为 15 mm 左右，手动车削毛坯右端面，采用 G71 指令粗车工件左端面轮廓，X 向留 0.3 mm 余量，Z 向留 0.1 mm 余量；X 向每次进刀量为 4 mm（直径值），退刀量为 0.5 mm。

（2）采用 G70 指令精车工件左端面轮廓。

（3）掉头装夹，通过垫铜皮夹持 $\phi 10^{\ 0}_{-0.021}$ mm 外圆柱面，利用打表法（磁性表座 + 百分表）校正工件，以满足同轴度等要求；采用 G71 指令粗车工件右端轮廓。

（4）采用 G70 指令精车工件右端面轮廓。

2. 选择刀具和切削用量

工件材料为 45 钢，表面质量都有要求，因此选用硬质合金可转位机夹车刀，具体刀具和切削用量的选用见表 5–9。

表 5–9 刀具和切削用量的选用

序号	刀具名称	刀具号	主轴转速 / （r · min^{-1}）	进给速度 / （mm · min^{-1}）	背吃刀量 /mm
1	90° 外圆车刀	T0101	600	100	2
2	90° 外圆车刀	T0202	1000	80	0.3

二、编制程序

选择配置 FANUC 0i 系统、四工位前置刀架的数控车床。

1. 编制陀螺左端加工程序

加工陀螺左端时，其参考程序见表 5–10。

表 5–10 陀螺左端加工参考程序

程序段号	程序内容	程序说明
	O0100；	程序名
N10	G98 G40 G21；	程序初始化
N20	T0101；	调用 1 号刀具，执行 1 号刀补
N30	M03 S600；	主轴正转，转速为 600 r/min
N40	G00 X48.0 Z2.0；	快速到达循环起点
N50	G71 U2.0 R0.5；	调用毛坯外圆循环，设置加工参数
N60	G71 P70 Q150 U0.3 W0.1 F100；	
N70	G00 X8.0；	精加工轮廓描述
N80	G01 Z0 F80；	
N90	X10.0 Z–1.0；	
N100	Z–25.0；	
N110	X27.0；	
N120	Z–28.0；	
N130	X42.0；	
N140	Z–35.0；	
N150	X48.0；	
N160	G00 X100.0 Z50.0；	快速退至换刀点
N170	M05；	主轴停转

续表

程序段号	程序内容	程序说明
N180	M00；	程序暂停
N190	M03 S1000；	主轴正转，转速为 1 000 r/min
N200	T0202；	调用精车刀
N210	G00 X48.0 Z2.0；	快速到达循环起点
N220	G70 P70 Q150 F80；	精车循环指令
N230	G00 X100.0 Z50.0；	快速退至换刀点
N240	M30；	程序结束并复位

2. 编制陀螺右端加工程序

加工陀螺右端时，其参考程序见表 5–11。

表 5–11　　陀螺右端加工参考程序

程序段号	程序内容	程序说明
	O0200；	程序名
N10	G98 G40 G21；	程序初始化
N20	T0101；	调用 1 号刀具，执行 1 号刀补
N30	M03 S600；	主轴正转，转速为 600 r/min
N40	G00 X48.0 Z2.0；	快速到达循环起点
N50	G71 U2.0 R0.5；	调用毛坯外圆循环，设置加工参数
N60	G71 P70 Q170 U0.3 W0.1 F100；	
N70	G00 X0；	精加工轮廓描述
N80	G01 Z0 F80；	
N90	G03 X5.52 Z–1.83 R3.0；	
N100	G01 X11.6 Z–9.0；	
N110	X16.0；	
N120	X24.0 Z–9.89；	
N130	G03 X27.0 Z–11.39 R2.3；	
N140	G01 X36.6 Z–13.02；	
N150	G03 X40.0 Z–15.39 R2.5；	
N160	G01 Z–18.0；	
N170	X48.0；	

续表

程序段号	程序内容	程序说明
N180	G00 X100.0 Z50.0;	快速退至换刀点
N190	M05;	主轴停转
N200	M00;	程序暂停
N210	M03 S1000;	主轴正转，转速为 1 000 r/min
N220	T0202;	调用精车刀
N230	G00 X48.0 Z2.0;	快速到达循环起点
N240	G70 P70 Q170 F80;	精车循环指令
N250	G00 X100.0 Z50.0;	快速退至换刀点
N260	M30;	程序结束并复位

任务评价

陀螺数控车削训练成绩评定见表 5–12。

表 5–12　　陀螺数控车削训练成绩评定

序号	项目与技术要求	配分	评分标准	检测结果	得分
1	$\phi40_{-0.021}^{\ 0}$ mm	8	超差 0.01 mm 扣 2 分		
2	$\phi27_{-0.021}^{\ 0}$ mm	8	超差 0.01 mm 扣 2 分		
3	$\phi10_{-0.021}^{\ 0}$ mm	8	超差 0.01 mm 扣 2 分		
4	$\phi11.6$ mm	4	超差不得分		
5	$\phi16$ mm	4	超差不得分		
6	$\phi27$ mm	4	超差不得分		
7	（46.39 ± 0.05）mm	4	超差 0.01 mm 扣 1 分		
8	（25 ± 0.05）mm	4	超差 0.01 mm 扣 1 分		
9	3 mm	2	超差不得分		
10	9 mm	2	超差不得分		
11	11.39 mm	2	超差不得分		
12	◎ | $\phi0.025$ | A	3	超差不得分		

续表

序号	项目与技术要求	配分	评分标准	检测结果	得分
13	$C1$ mm	2	超差不得分		
14	$R2.5$ mm、$R2.3$ mm、$R3$ mm	6	超差不得分		
15	$Ra \leqslant 1.6$ μm	2	不合格不得分		
16	$Ra \leqslant 3.2$ μm（7 处）	1 × 7	不合格不得分		
17	程序正确	20	不正确每处扣 1 ~ 5 分		
18	程序合理		不合理每处扣 1 ~ 5 分		
19	程序中工艺参数正确		不正确每处扣 1 ~ 5 分		
20	加工工艺正确		不正确每处扣 1 ~ 5 分		
21	程序完整		程序不完整扣 5 ~ 20 分		
22	装夹工件及换刀操作熟练	10	不熟练每次扣 1 分		
23	机床操作面板操作正确		出现误操作每次扣 1 分		
24	进给倍率与主轴转速的设定合理		不合理每次扣 1 分		
25	加工准备与机床清理		不符合要求每处扣 1 分		
26	工件有缺陷、尺寸误差大于 0.5 mm、外形与图样不符		每处倒扣 5 ~ 10 分		
27	人身、机床、刀具安全		出现安全问题每次倒扣 5 ~ 20 分		
合计		100			

模块六

数控铣床加工

任务一　数控铣床加工基本知识和技能

学习目标

1. 能正确描述数控铣床操作面板上各功能按键的含义与用途。
2. 能正确操作数控铣床操作面板的电源开关。
3. 能正确操作数控机床。

任务描述

了解典型数控铣床的结构，并能利用图 6-1 所示 FANUC 0i Mate-MD 面板各按钮的功能进行程序的输入及编辑。

任务分析

该任务是数控铣床操作的首要任务，为了完成该任务，必须了解数控铣床操作面板各按钮功能等方面的知识。

相关知识

一、数控铣床的分类

数控铣床是一种利用数控技术控制铣床运动轴，按照预先编写的加工程序进行自动加工的机床。根据不同的分类标准，数控铣床可以分为多种类型。

图 6–1　FANUC 0i Mate–MD 系统数控铣床操作面板

1. 按主轴位置分类

（1）立式数控铣床

如图 6–2 所示，立式数控铣床的主轴垂直于水平面，一般适合加工盘类、套类、板类工件。立式数控铣床可以附加数控转盘，通过采用自动交换台和增加靠模装置等方法增加立式数控铣床的功能，扩大加工范围和加工对象。

（2）卧式数控铣床

如图 6–3 所示，卧式数控铣床的主轴平行于水平面，适用于加工大型或重型工件，如箱体和壳体类工件等。它的优点是加工时切屑容易排出，有利于保持加工精度。卧式数控铣床通常配备自动分度的回转工作台，适合加工形状复杂的多面体工件。

（3）数控龙门铣床

对于大尺寸的数控铣床，一般采用对称的双立柱结构，以保证机床的整体刚度和强度，这就是数控龙门铣床。如图 6–4 所示，数控龙门铣床有工作台移动和龙门架移动两种形式。它主要用于加工大、中等尺寸，大、中等质量的各种基础大件，如板件、盘类件、壳体件和模具等多品种工件，工件一次装夹后可自动、高效、高精度地连续完成铣削、钻削、镗削和铰削等多种工序的加工，适用于航空、重型机械、机车、造船、机床、印刷、轻纺和模具等制造行业。

图 6–2 立式数控铣床

图 6–3 卧式数控铣床

图 6–4 数控龙门铣床

2. 按系统功能分类

（1）经济型数控铣床

经济型数控铣床一般采用经济型数控系统，用于完成铣削加工或镗削加工，采用开环控制，可以实现三坐标联动。这种数控铣床成本较低，功能简单，加工精度不高，适用于一般复杂工件的加工，如图 6–2 所示。

（2）加工中心

加工中心是指带有刀库（带有回转刀架的数控车床除外）和刀具自动交换装置（automatic tool changer，ATC）的数控机床。通常所指的加工中心是指带有刀库和刀具自动交换装置的数控铣床。图 6–5 所示为立式加工中心。

图 6–5 立式加工中心

二、数控铣床的结构

数控铣床一般由机床本体、数控装置、主轴箱、进给伺服系统、辅助装置等组成。下面以 XK6325B 型数控铣床为例介绍数控铣床的结构，如图 6–6 所示。

1. 机床本体

数控铣床的机床本体如图 6–7 所示，它主要由床身、工作台、立柱、主轴部件等组成。安装时，将立柱固定在水平床身上，保证安装后的垂直导轨与两水平导轨之间的垂直度等要求；将主轴部件安装在立柱上，保证主轴与立柱之间的平行度等要求。

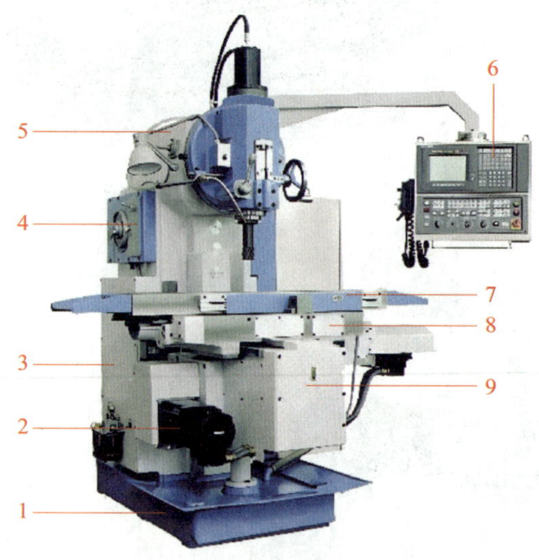

图 6–6 数控铣床的结构

1—底座 2—步进电动机 3—电气柜 4—主轴箱 5—床身 6—数控装置 7—纵向工作台 8—滑鞍 9—升降台

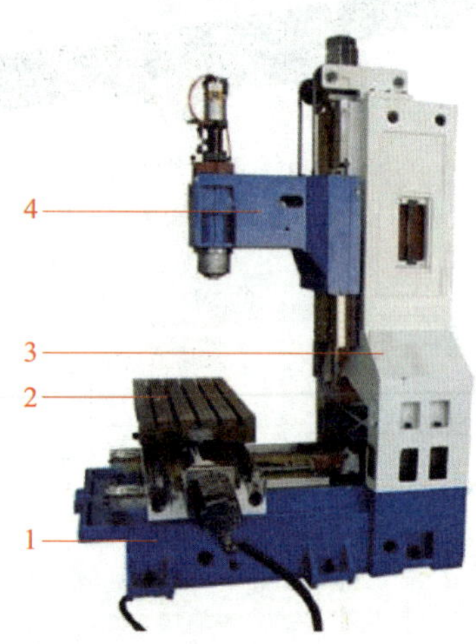

图 6–7 机床本体

1—床身 2—工作台 3—立柱 4—主轴部件

2. 数控装置

数控铣床的数控装置与数控车床相似，其详细介绍参见数控车床的结构部分。

3. 进给伺服系统

进给伺服系统由伺服电动机和进给执行机构组成，按照程序设定的进给速度实现刀具和工件之间的相对运动。

4. 辅助装置

数控铣床常用的辅助装置如图 6–8 所示，其中包括气动装置、润滑装置、冷却装置、排屑装置和防护装置等。

三、数控铣床用刀具和工具系统

1. 数控铣床用刀具

数控铣床用刀具是机械加工，尤其是模具型腔和型芯加工中最常用、最主要的数控加工刀具。数控铣床用刀具主要有面铣刀、立铣刀、螺纹铣刀、槽铣刀和孔加工刀具等，且主要采用可转位结构。图 6–9 所示为部分数控铣床常用刀具。

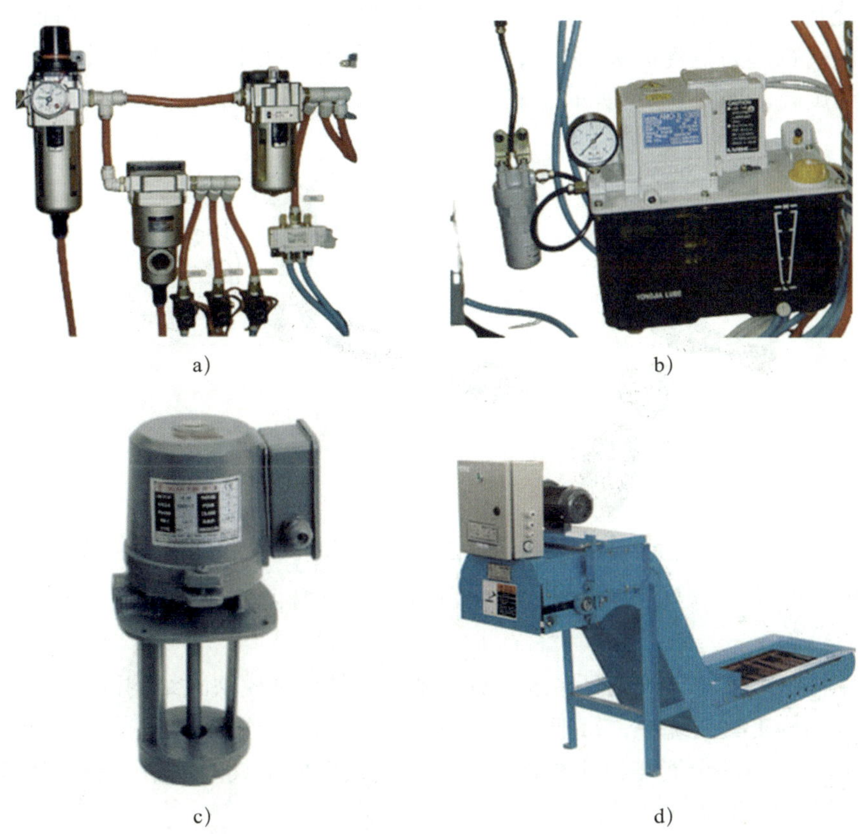

图 6–8 辅助装置

a）气动装置 b）润滑装置 c）冷却装置 d）排屑装置

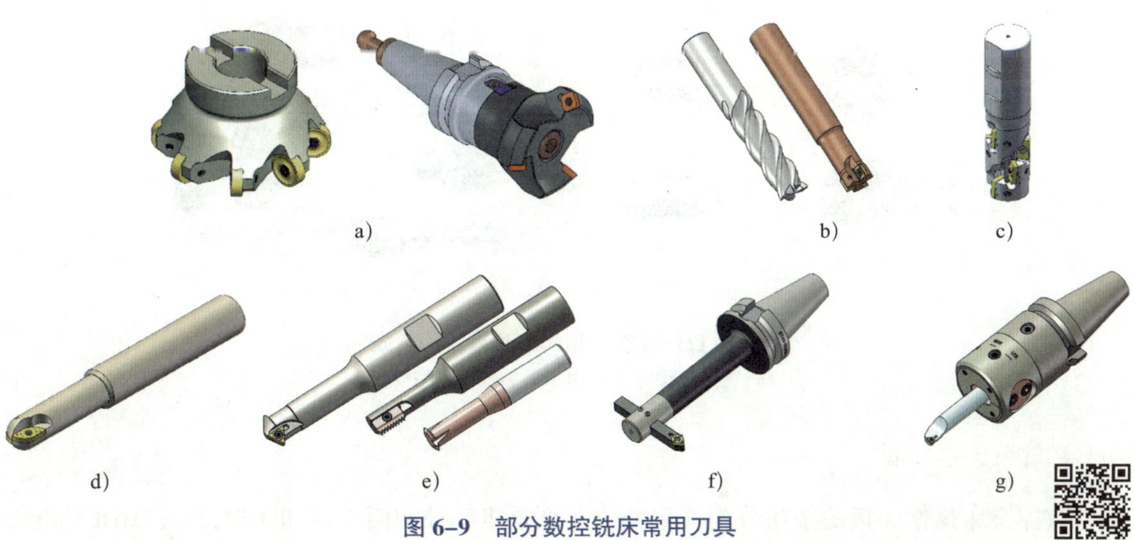

图 6–9 部分数控铣床常用刀具

a）面铣刀 b）立铣刀 c）玉米铣刀 d）球头铣刀 e）螺纹铣刀 f）单刃粗镗铣刀 g）组合精镗铣刀

2. 工具系统

工具系统是数控铣床主轴到刀具之间的各种连接刀柄的总称。多数数控铣床的主轴带有锥孔，工作时，锥形刀柄连同夹持刀具的工作部分和刀具按工艺顺序先后置于主轴锥孔内，并随主轴一起旋转，如图 6–10 所示。

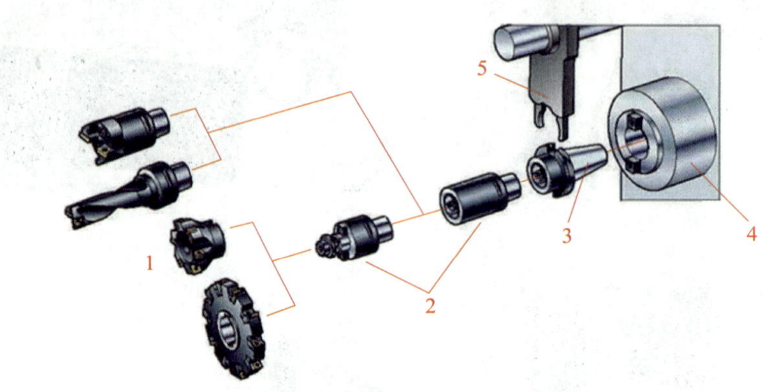

图 6–10 数控铣床工具系统

1—刀具 2—工具部分 3—锥形刀柄 4—主轴 5—换刀机械手

按结构不同，数控铣床的工具系统可分为整体式结构和模块式结构两大类。

在整体式结构工具系统中，每把工具的柄部与工作部分连成一体，不同品种和规格的工作部分都必须加工出一个能与机床相连接的柄部，这样使工具的规格、品种繁多，给生产、使用和管理带来诸多不便。

模块式结构工具系统的组成如图 6–11 所示，就是将工具的柄部和工作部分分割开来，制成各种系列化的模块，然后经过不同规格的中间模块，组成各种不同用途、不同规格的模块式工具。这样，既方便制造，又便于使用及管理，大大减少了工具的储备。

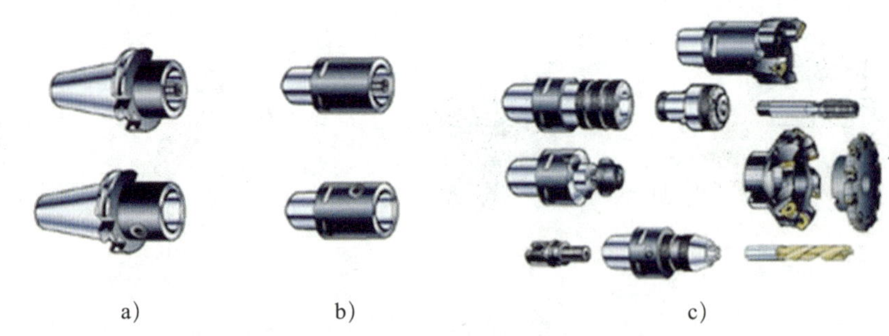

图 6–11 模块式结构工具系统的组成

a）主柄模块 b）中间模块 c）工作模块

四、数控铣床操作面板

数控铣床操作面板的按钮分为三部分，分别是机床控制面板按钮（按键）、MDI 功能键和显示屏下方的软键。

1. 机床控制面板按钮（按键）

数控机床控制面板主要由机床制造企业根据机床所配置的系统和机床具体功能而设计。机床生产厂家、型号、规格不同，往往控制面板也有很大差异，FANUC 0i Mate-MD 系统数控铣床 / 加工中心控制面板位于面板下方，其功能介绍见表 6-1。

表 6-1 FANUC 0i Mate-MD 系统数控铣床 / 加工中心控制面板功能介绍

名称	图示	功能
机床总电源开关		机床总电源开关一般位于机床的背面。置于“ON”时为主电源开
系统电源开关	 NC启动 NC关闭	按下“NC 启动”按钮，使数控系统上电 按下“NC 关闭”按钮，使数控系统断电
急停与程序保护	 程序保护	当出现紧急情况而按下“急停”按钮时，在屏幕上出现“EMG”字样 当程序保护开关处于“ON”位置时，即使在“EDIT”状态下也不能对数控程序进行编辑
主轴倍率旋钮	 主轴倍率 % 50 60 70 80 90 100 110 120	在主轴旋转过程中，可以通过主轴倍率旋钮对主轴转速进行 50% ~ 120% 的无级调速。同样，在程序执行过程中，也可对程序中指定的转速进行调节
进给倍率旋钮	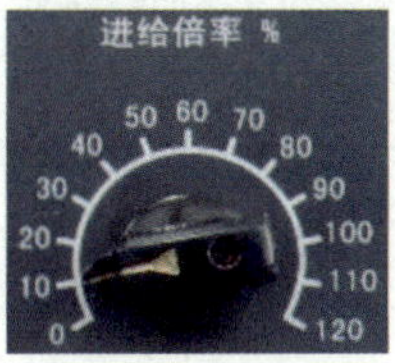 进给倍率 % 0 10 20 30 40 50 60 70 80 90 100 110 120	进给速度可通过进给倍率旋钮进行调节，调节范围为 0 ~ 120%。另外，对于自动执行的程序中指定的进给速度值 F，也可用进给倍率旋钮进行调节

续表

名称	图示	功能
方式选择旋钮	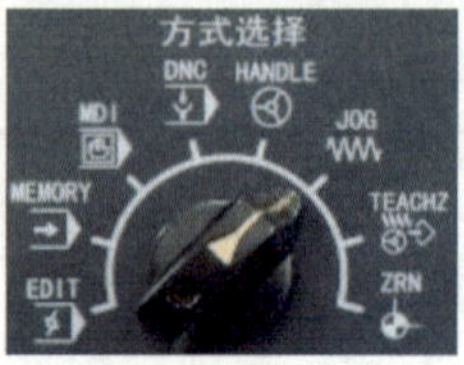 方式选择 DNC HANDLE MDI JOG MEMORY TEACHZ EDIT ZRN	EDIT：程序的输入及编辑 MEMORY：自动运行加工 MDI：手动数据（如参数）输入 DNC：在线加工 HANDLE：手摇进给 JOG：手动切削进给或手动快速进给 TEACHZ：示教功能 ZRN：回参考点
“MEMORY”模式下的按键		 ：单段运行。该模式下，每按一次“循环启动”按钮，机床将执行一段程序后暂停 ：选择跳过。按下该按键，程序段前加符号“/”的程序段将被跳过执行 ：选择停止。按下该按键，M01 指令有效，其功能与 M00 指令的功能相同 ：空运行。用于检查刀具运行轨迹的正确性，该模式下自动运行过程中的刀具进给始终为快速进给
“JOG”进给及其快速进给按键	 -4 +Z -Y +X ~ -X +Y -Z +4	要实现手动切削连续进给，按下带正、负方向的轴选择按键（“+X”“+Y”“+Z”），该指定轴即沿指定的方向进给 要实现手动快速连续进给，先按下对应轴和方向按键不松开，再同时按下中间的快速移动按键  ，即可实现该轴的自动快速进给  -4：第四轴负方向进给  +4：第四轴正方向进给  ：控制机床照明灯的打开或关闭  ：控制机床切削液的打开或关闭  ：控制机床空气冷却系统的打开或关闭
回参考点指示灯		当相应轴返回参考点后，对应轴的返回参考点指示灯变亮

续表

名称	图示	功能
主轴功能按键		 ：主轴正转 ：主轴反转 ：主轴停转 ：主轴选择到指定角度停转 注：以上按键仅在“JOG”或“HANDLE”模式有效
“JOG”模式下的按键		 ：刀套向上 ：刀套向下 ：四轴夹紧 ：四轴松开 ：刀库旋转 ：辅助功能
加工控制按钮		 ：在自动运行状态下，按下该按钮，机床自动运行程序 ：在机床循环启动状态下，按下该按钮，程序运行和刀具运动将处于暂停状态，其他如主轴转速、冷却系统开关等状态保持不变。再次按下“循环启动”按钮，机床重新进入自动运行状态
手摇脉冲发生器		手摇脉冲发生器一般挂在机床的一侧，主要用于机床的手动操作。旋转手摇脉冲发生器时，顺时针方向为刀具正方向进给，逆时针方向为刀具负方向进给 ：各移动轴的选择 ：手轮进给倍率的选择

2. MDI 功能键

MDI 功能键位于显示屏右侧，主要用于手动输入数据，其详细功能参见表 5–2。

3. 显示屏下方的软键

在显示屏下这排软键的功能根据显示屏中对应的提示指定，按下相应的软键，在显示屏上即显示相对应的界面。

五、数控铣床安全操作规程

1. 安全操作基本注意事项

（1）操作者必须接受过该数控铣床的操作培训，严格遵守数控铣床上所用各种切削方式的安全生产要求。

（2）操作时穿好工作服、安全鞋，戴好工作帽和防护镜，不允许戴手套操作。

（3）不要移动或损坏安装在机床上的警示牌。

（4）不要在机床周围放置障碍物，工作空间应足够大。

（5）某一项工作如需两人或多人共同完成时，应注意相互间的协调一致。

（6）不允许采用压缩空气清洗机床、电气柜和数控单元。

2. 操作前的准备工作

（1）机床工作前要预热，应认真检查润滑系统工作是否正常，如机床长时间未启动，可先采用手动方式向各部分供油润滑。

（2）使用的刀具应与机床允许的规格相符，要及时更换严重破损的刀具。

（3）调整刀具时所用的工具不要遗忘在机床内。

（4）刀具安装好后应先进行一至两次试切削，然后才能正式投入使用。

（5）卡盘夹紧状态要符合加工要求。

3. 操作过程中的安全注意事项

（1）禁止用手接触刀尖和切屑，要用钩子或毛刷清理切屑。

（2）禁止用手或以其他任何方式接触正在旋转的主轴、工件或其他运动部位。

（3）禁止在加工过程中测量工件或变速，更不能用棉纱擦拭工件，也不能清扫机床。

（4）当数控铣床运转时，操作者不得离开工作岗位，发现异常现象应立即停车。

（5）经常检查轴承温度，温度过高时应及时停车并上报技术人员进行检查。

（6）在加工过程中不允许打开机床的防护门。

（7）严格遵守岗位责任制，机床由专人使用，他人若想使用，必须经本人同意。

4. 操作完成后的安全注意事项

（1）清除切屑，擦拭机床，使机床及其周围的环境始终保持清洁状态。

（2）检查润滑油、切削液的状态，应按维护与保养要求及时更换或添加润滑油和切削液。

（3）清理机床，将机床 Z 轴停在安全位置，X 轴和 Y 轴停在导轨的中间位置后，按机床要求依次关掉机床操作面板上的电源和总电源开关。

任务实施

一、数控铣床的基本操作

1. 开机与关机

（1）开机步骤

检查机床和数控系统各部分初始状态是否正常→将机床背面电气柜上的机床总电源开

关向右旋至“ON”位，接通机床电源→按下机床操作面板上的绿色“NC启动”按钮，数控系统开始启动，系统引导内容完成后，显示图6-12所示的开机界面→如显示屏下方闪烁“EMG”报警信息，则顺时针方向松开机床控制面板和手轮上的“急停”按钮后，按下“复位”键，即可取消此报警信息→检查风扇电动机是否旋转。

（2）关机步骤

检查机床操作面板上的“循环启动”指示灯是否熄灭→检查数控机床全部移动部件是否都已停止运行→卸下工件和刀具→在“JOG”模式下，将主轴和工作台移至安全位置后按下“急停”按钮→按下机床操作面板上的红色“NC关闭”按钮，关闭数控系统电源→将机床背面电气柜上的机床总电源开关向左旋至“OFF”位。

2. 回参考点

机床通电后，通常先执行手动返回参考点操作，如果机床没有执行手动返回参考点操作，机床的运动将不可预料。手动返回参考点操作必须在“ZRN”模式下进行。回参考点操作的目的是建立机床坐标系。当然，对某些无须进行回参考点操作的机床除外。

手动返回参考点操作步骤如下：

（1）将模式选择旋钮旋至“ZRN”处，系统进入回参考点模式。

（2）调节进给倍率旋钮，选择合适的进给倍率。

（3）按下“+Z”轴方向键不松开，直到Z轴的返回参考点指示灯亮，显示屏中Z坐标变为“0.000”。

（4）同样，再分别按下“+X”轴和“+Y”轴方向键不松开，直到X轴、Y轴的返回参考点指示灯亮，此时显示屏界面如图6-13所示。

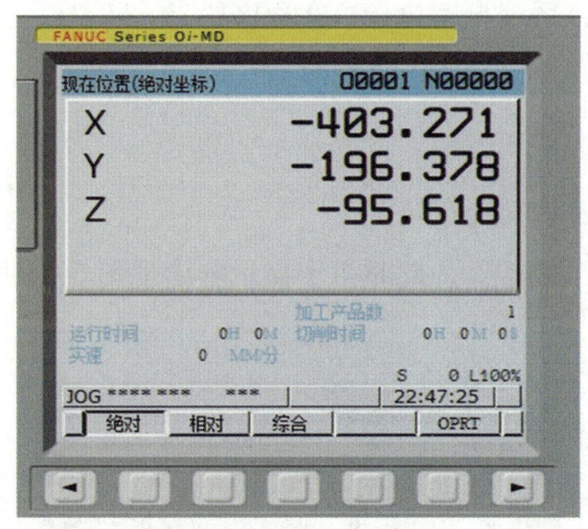

图6-12 开机界面

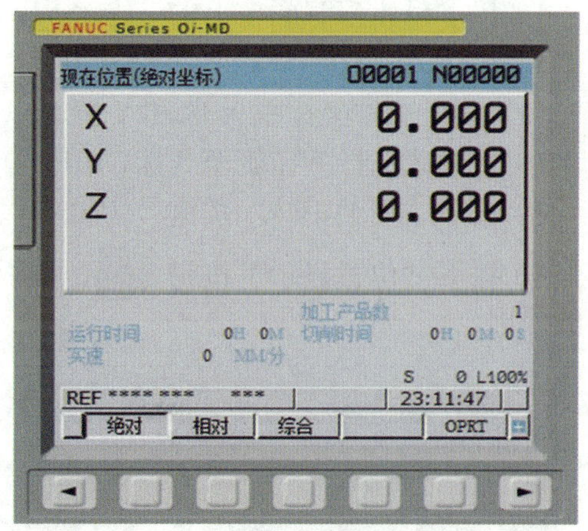

图6-13 回参考点操作后显示屏界面

3. 手动操作

手动操作主要包括手轮进给操作、手动进给操作、主轴旋转操作、MDI操作等。

（1）手轮进给操作

手轮进给操作的步骤如下：

1）将模式选择旋钮旋至“HANDLE”处，按下“位置显示”按键 。

2）旋转手轮进给轴选择旋钮，选择一个刀具要在其方向上移动的轴。

3）旋转（设置）手轮进给倍率旋钮（“×1”“×10”“×100”），选择刀具移动的倍率。

4）顺时针或逆时针旋转手摇脉冲发生器，使刀具向相应坐标轴正方向或负方向移动。

（2）手动进给操作

手动进给操作的步骤如下：

1）将模式选择旋钮旋至“JOG”处，按下“位置显示”按键 。

2）调节进给倍率旋钮，选择合适的进给倍率。

3）选择需要手动进给的轴。

4）按下进给方向键不松开，实现刀具沿指定的方向手动连续慢速进给。如果同时按下快速移动按键和指定轴的进给方向键不松开，则可实现该方向上的快速进给。

（3）主轴旋转操作

在手轮进给操作和手动进给操作模式下，按下机床控制面板上的“主轴正转”按键，主轴将顺时针旋转；按下“主轴停止”按键，主轴将停止转动；按下“主轴反转”按键，主轴将逆时针旋转。

（4）MDI 操作

MDI 方式适应于简单程序段的操作，如指定主轴的转速、更换刀具等。这些程序段在执行后将不能被存储，具体操作步骤如下：

1）将模式选择旋钮旋至“MDI”处，系统进入 MDI 模式。

2）在系统控制面板上按下“程序”按键 ，显示屏的左上角显示“程序（MDI）”字样，其界面如图 6–14 所示。

3）输入要运行的程序段。

4）按下机床控制面板上的“循环启动”按钮，系统自动执行这些程序段。

4. 对刀

（1）确定工件坐标系 X 值和 Y 值

1）将模式选择旋钮旋至“HANDLE”处。

2）按下“主轴正转”按键，主轴将以前面设定的转速正转。

3）按下“位置显示”按键 ，再按下软键［综合］，此时机床显示屏出现图 6–15 所示的界面。

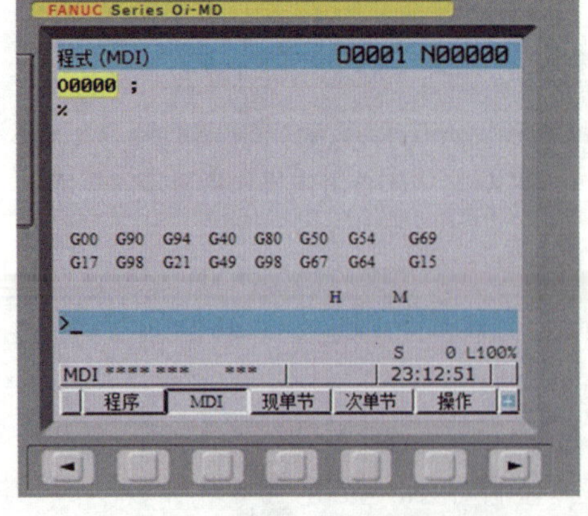

图 6–14 MDI 模式显示屏界面

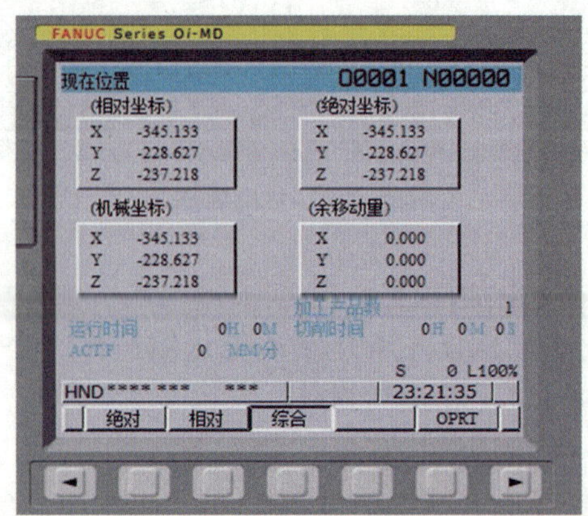

图 6–15 显示综合坐标值

4）选择相应的轴选择旋钮，摇动手摇脉冲发生器，使其接近 X 轴方向的一条侧边（见图 6–16），此时应降低手动进给倍率，使找正器慢慢接近工件侧边，正确找正侧边 A 处。记录下图 6–15 界面中机床坐标系的 X 值，设为 X_1（假设 X_1=–345.133）。

5）用同样的方法找正侧边 B 处，记录下 X_2 值（假设 X_2=–455.237）。

6）计算出工件坐标系的 X 值，X=（X_1+X_2）/2。

7）重复步骤 4）~6），用同样的方法测量并计算出工件坐标系的 Y 值。

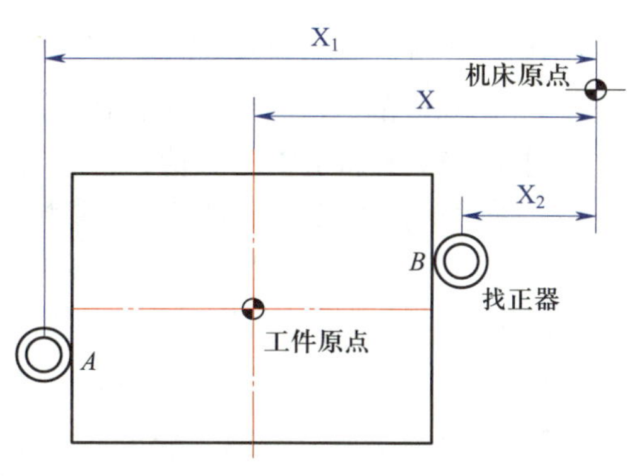

图 6–16　*X* 轴方向的找正

（2）确定工件坐标系 Z 值（或刀具长度补偿值）

1）将主轴停转，再次在 MDI 方式下换刀，将工作用刀具调入主轴。

2）在工件上方放置一根 ϕ10 mm 的测量心棒（或量块），在“HANDLE”模式下选择相应的轴选择旋钮，摇动手摇脉冲发生器，使其在 *Z* 轴方向接近测量心棒（见图 6–17），此时应降低手动进给倍率，使刀具与测量心棒轻轻接触。记录下显示屏界面中机床坐标系的 Z 值，设为 Z_1（假设 Z_1=–187.995）。

3）计算出工件坐标系的 Z 值，Z=Z_1–10（测量心棒直径）。

4）如果是加工中心，同时使用多把刀具进行加工，则可重复上述步骤，分别测出各自不同的 Z 值。

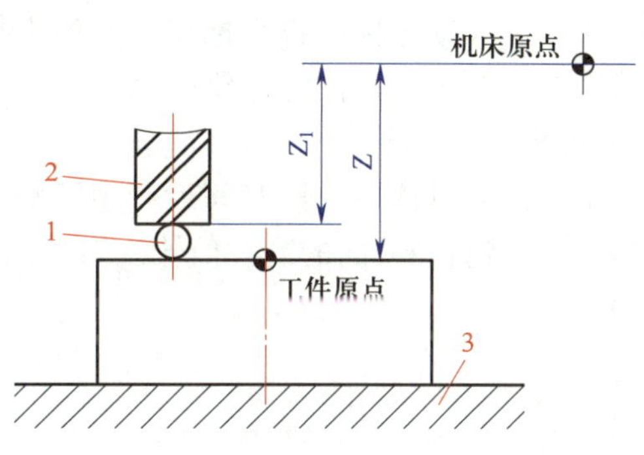

图 6–17　*Z* 轴方向的找正

1—测量心棒　2—刀具　3—工作台

5. 工件坐标系（G54）和刀具补偿值的设定

（1）工件坐标系（G54）的设定

1）按下“参数设置”键。

2）按下显示屏下软键［坐标系］，出现图 6–18 所示的界面。

3）向下移动光标，到 G54 坐标系“X”处，输入前面计算出的 X 值，注意不要输地址“X”，按下“参数输入”键。

4）将光标移到G54坐标系“Y”处，输入前面计算出的Y值，按下“参数输入”键 。

5）用同样的方法，将计算出的Z值输入G54坐标系“Z”处。

对于G54坐标系中的Z值，如果是数控铣床，则采用以上方法进行设定；如果是加工中心，采用多把刀具进行加工，通常情况下，将G54坐标系中的Z值设为0，而将前面计算出的各不同刀具的Z值当作刀具长度补偿值，在刀具补偿参数中进行设定。

（2）刀具补偿值的设定

1）按下“参数设置”键 。

2）按下显示屏下软键［补正］，出现图6–19所示的界面。

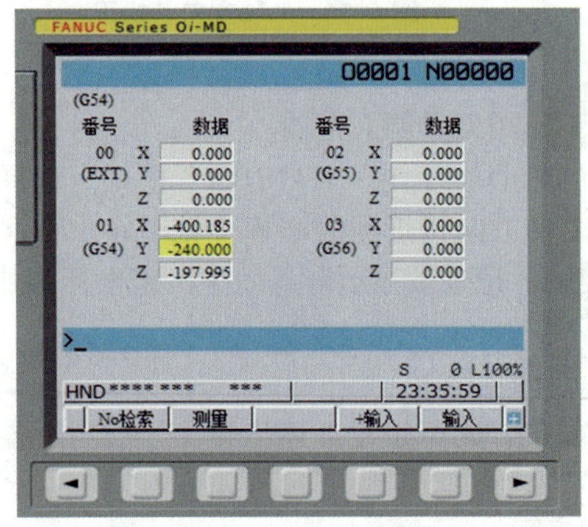

图6–18 工件坐标系的设定界面

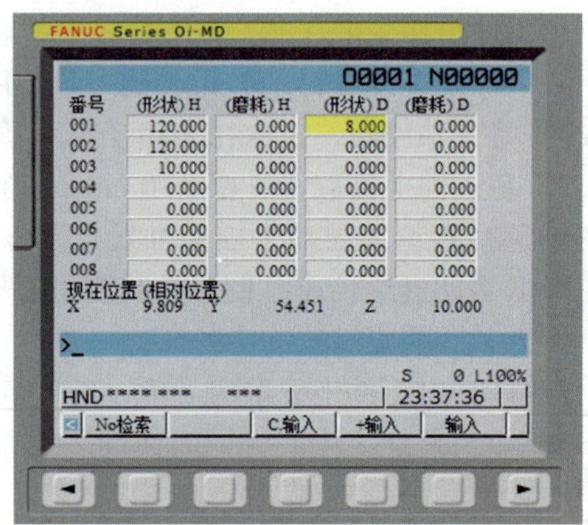

图6–19 刀具补偿值的设定界面

3）向下移动光标，将光标移到程序中指定的刀具补偿号处，将刀具半径值输入对应的（形状）D中，将刀具长度补偿值输入对应的（形状）H中。在输入过程中一定要注意输入位置不能弄错。

4）如果刀具使用一段时间后产生了磨耗，也可将磨耗值输入对应的位置，对刀具进行磨耗补偿。将直径方向的磨耗值输入对应的（磨耗）D中，而将长度方向的磨耗值输入对应的（磨耗）H中。

二、程序的输入、编辑、校验与自动加工

1. 程序的输入与编辑

数控铣床上程序的输入与编辑操作方法与数控车床上基本相同，具体参见数控车床程序的输入与编辑。

2. 程序的校验与自动加工

（1）程序的校验

数控系统为用户提供了多种校验加工程序的方法，其中包括空运行校验和图形显示功能校验。

1）空运行校验的操作步骤

①打开要校验的程序。

②将模式选择旋钮旋至“MEMORY”处。

③按下软键［检视］，使屏幕显示正在执行的程序和坐标。

④将坐标系（EXT）中 Z 轴坐标值向正方向偏移一段安全距离（如 50 mm 等），如图 6–20 所示。

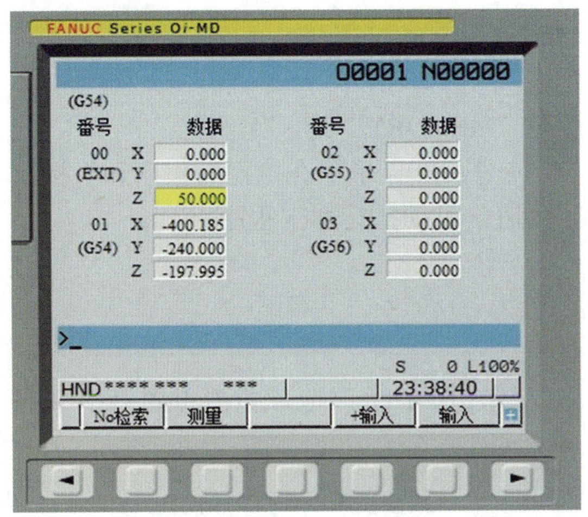

图 6–20 Z 轴坐标值偏移设定

⑤按下“空运行”按键，按下“单段”运行按键。

⑥按下“循环启动”按钮。

每按一下“循环启动”按钮，数控系统执行一个程序段，直至加工程序结束，熟练检查后也可取消单步运行校验程序，如发生报警，则在光标处或前后段查找程序错误。

2）图形显示功能校验的操作步骤

①选择“MEMORY”模式。

②按下“图形显示”按键，出现图 6–21 所示的图形显示界面。

③依次完成各项参数的设定工作。

④按下软键［图形］。

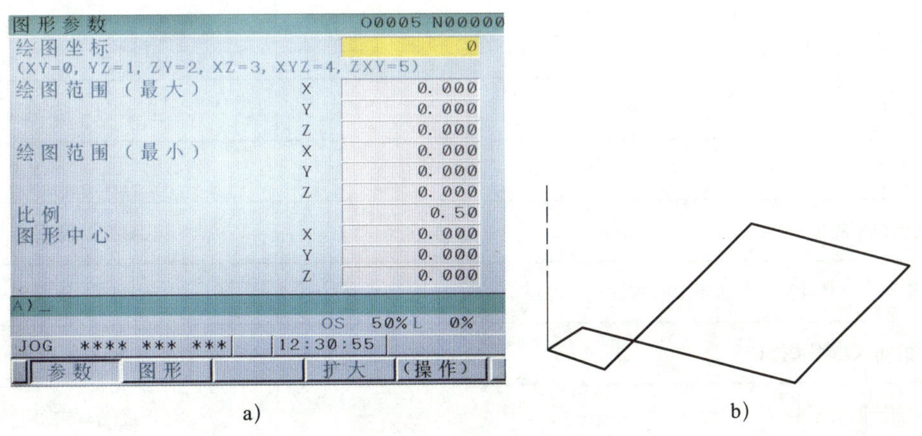

图 6–21 图形显示界面

a）图形显示参数设置界面 b）刀具运动轨迹

⑤按下“循环启动”按钮，刀架沿坐标轴移动，在显示屏上显示出刀具运动轨迹。

（2）自动加工

上述所有工作完成后，即可进入自动加工操作——“MEMORY”模式，进行工件的自动加工。

自动加工的操作步骤如下：

1）打开需要运行的程序。

2）将模式选择旋钮旋至“MEMORY”处。

3）按下软键［检视］，使显示屏显示正在执行的程序和坐标。

4）按下“循环启动”按钮，自动执行加工程序。

任务评价

根据数控铣床的操作步骤，由小组其他成员判断其操作的正确性，并将结果记录在表 6–2 中。

表 6–2　数控铣床操作练习记录

操作内容	记录
1. 开机与关机	
开机	正确□　错误□
关机	正确□　错误□
回参考点	正确□　错误□
2. 手动操作	
手轮进给操作	正确□　错误□
手动进给操作	正确□　错误□
手动快速进给操作	正确□　错误□
MDI 操作	正确□　错误□
3. 对刀操作	
X、Y、Z 轴原点位置的确定	正确□　错误□
工件坐标系（G54）和刀具补偿值的设定	正确□　错误□
4. 程序的输入与编辑操作	
程序的新建与编辑	正确□　错误□
程序的校验与自动加工	正确□　错误□

任务二 铣削轮廓类工件

学习目标

1. 能正确理解数控编程常用指令的含义和编程方法。
2. 能熟练运用刀具半径补偿指令进行编程。
3. 能正确编制数控铣削加工程序。
4. 能正确分析数控铣削加工工艺。

任务描述

试编写图 6–22 所示工件的加工程序，并在数控铣床上进行加工，毛坯尺寸为 55 mm × 55 mm × 8 mm，材料为 2A12。

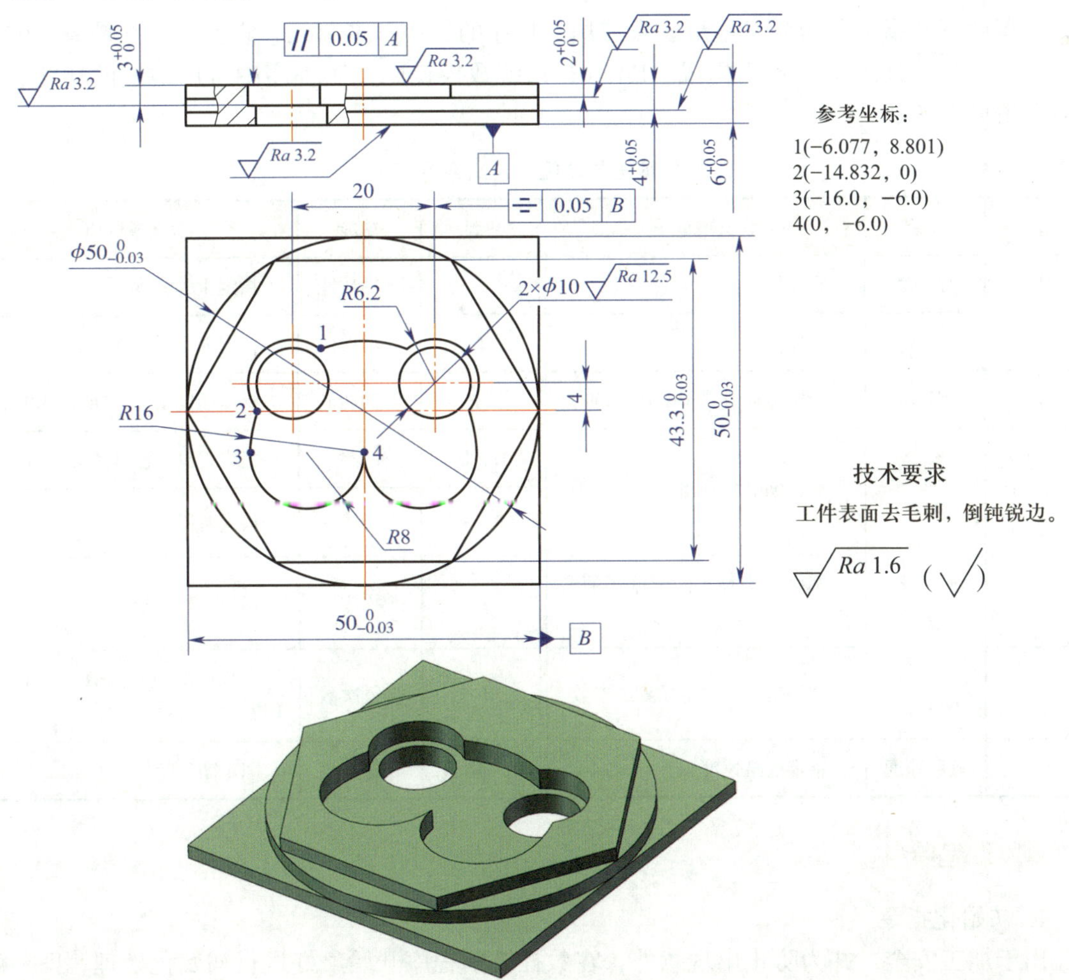

图 6–22 蛙脸轮廓编程实例

任务分析

该工件由五个不同的轮廓组成，涉及内、外轮廓的加工，在加工过程中要注意选择合适的加工路线，并进行合理的结构工艺性分析。

该工件主要加工表面包括平面、内轮廓面、外轮廓面和孔，其中 $50_{-0.03}^{\ 0}$ mm 的正方形、$43.3_{-0.03}^{\ 0}$ mm 的六边形和 $\phi50_{-0.03}^{\ 0}$ mm 的圆尺寸精度要求较高，另外还有要求较高的 ϕ10H7 的孔；工件尺寸标注完整，结构清晰，非常适合用数控铣削加工。

为了保证该任务完成后的工件加工质量，在加工过程中必须选用合适的加工刀具（包括刀具类型和刀具材料）、切削用量以及合理选用切削液进行加工。

相关知识

一、编程方法和地址的功能

编程离不开指令，指令字是组成数控加工程序的最小基本单元，它反映了数控系统的功能，并由字母（地址）和数字构成。FANUC 系统数控铣床加工程序中常用地址的功能、含义或取值见表 6–3。

表 6–3　常用地址的功能、含义或取值

地址	功能	含义或取值
O	程序号	程序号
N	程序段号	程序段号
G	准备功能	指定运动方式（G00 ~ G99）
X、Y、Z A、B、C U、V、W	尺寸字	坐标轴的移动指令
R		圆弧的半径；固定循环的参数
I、J、K		圆心坐标；固定循环的参数
F	进给速度	指定进给速度
S	主轴功能	指定主轴速度
T	刀具功能	指定刀具号（T0 ~ T99）
M	辅助功能	机床辅助动作（M00 ~ M99）
H、D	补偿号	指定刀具补偿号（00 ~ 99）
P、X	暂停	指定暂停时间
P	子程序号	指定子程序号
L	重复次数	子程序的重复次数；固定循环的重复次数
P、Q、R	参数	固定循环参数

二、基本编程指令

1. 初始化指令

出于加工安全，并为防止出现意外，在数控铣削程序开始最好进行初始化处理，即一般加入 G17、G21、G40、G49、G90、G94 等指令。初始化内容通常涉及平面选择、公制 / 英制选择、分进给/转进给选择、取消刀具半径补偿与否等。

（1）平面选择指令（G17、G18、G19）

数控铣削编程时，G17、G18、G19指令分别用来指定程序段中刀具的插补平面和刀具半径补偿平面，G17表示选择*XY*平面，G18表示选择*ZX*平面，G19表示选择*YZ*平面。

（2）公制/英制选择指令（G20、G21）

在数控铣削指令中，对于公制和英制单位分别用G21和G20指令来指定。

（3）工件坐标系选择（调用）指令（G54 ~ G59）

这些指令用于根据需要选择工件坐标系，例如，编程初始化时选择G54指令，表明采用G54指令作为工件坐标系，并在对刀操作时，应将相关测得的参数输入G54指令对应的存储单元。

（4）绝对值/增量值编程选择指令（G90、G91）

用G90指令表示程序中坐标功能字后面的坐标是以原点作为基准表示刀具终点的绝对坐标。用G91指令表示程序中坐标功能字后面的坐标是以刀具起点作为基准表示刀具终点相对于刀具起点坐标值的增量。

（5）每分钟进给/每转进给选择指令（G94、G95）

切削加工时，进给运动的速度可根据需要采用每分钟进给（mm/min）或每转进给（mm/r）来表示。在数控铣削指令中，每分钟进给用G94指令，每转进给用G95指令。

需要指出的是，每分钟进给不受主轴转速的影响，例如，程序段“G21 G94 G01 F100；”表示主轴（刀具）每分钟进给100 mm；而每转进给则不同，例如，程序段“G21 G95 G01 F0.05；”表示主轴（刀具）每转进给0.05 mm，显然，主轴转速将直接影响进给运动速度。

（6）刀具补偿取消指令（G40、G49）

通常先不考虑刀具半径和长度的影响，为此，一般先关闭刀具半径和刀具长度补偿功能。

2. 常用编程指令

（1）快速点定位指令（G00）

指令格式如下：

G00 X__ Y__ Z__ ；

式中　X__ Y__ Z__ ——刀具目标点坐标，当使用增量方式时，X__ Y__ Z__为目标点相对于起始点的增量坐标，不运动的坐标可以不写。

G00不用指定移动速度，其移动速度由机床系统参数设定。

（2）直线插补指令G01

指令格式如下：

G01 X__ Y__ Z__ F__ ；

式中　X__ Y__ Z__ ——刀具目标点坐标，当使用增量方式时，X__ Y__ Z__为目标点相对于起始点的增量坐标，不运动的坐标可以不写；

F__ ——刀具切削进给的进给速度。在G01程序段中必须含有F指令，如果在G01程序段前的程序中没有指定F指令，而在G01程序段中也没有F指令，则机床不运动，有的系统还会出现系统报警。

（3）圆弧插补指令 G02/G03

1）指令格式如下：

G02/G03 X__ Y__ Z__ R__ F__ ;

G02/G03 X__ Y__ Z__ I__ J__ K__ F__ ;

G02 表示顺时针圆弧插补；G03 表示逆时针圆弧插补。

式中 X__ Y__ Z__ ——圆弧终点坐标值，其值可以是绝对坐标，也可以是增量坐标，在增量方式下，其值为圆弧终点坐标相对于圆弧起点的增量值；

R__ ——圆弧半径；

I__ J__ K__ ——圆弧的圆心相对于其起点并分别在 *X* 轴、*Y* 轴和 *Z* 轴上的增量值。

2）指令说明。如图 6–23 所示，圆弧插补顺逆方向的判断方法如下：沿圆弧所在平面（如 *XY* 平面）的另一根轴（*Z* 轴）的正方向向负方向看，顺时针方向圆弧为 G02，逆时针方向圆弧为 G03。

3. 刀具半径补偿指令

在进行轮廓铣削时，根据加工要求设计的刀具运动路线是刀位点（位于刀具中心）的运动路线。由于刀具半径的存在，为了加工出所需要的轮廓，刀具中心必须偏离工件轮廓一个刀具半径值，刀具运动路线与工件轮廓的关系如图 6–24 所示。

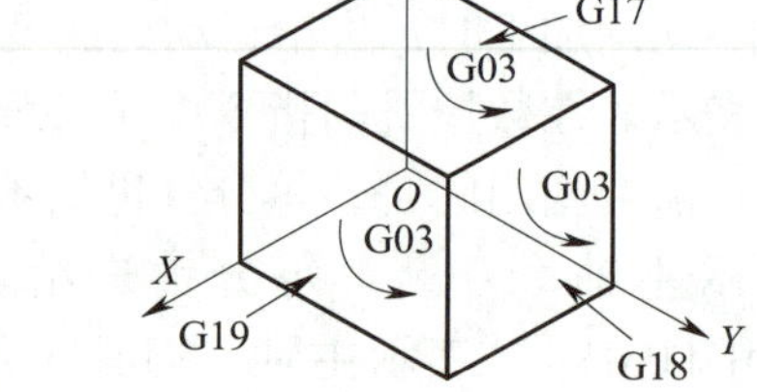

图 6–23 圆弧插补顺逆方向的判断

（1）指令格式

G41 G01 X__ Y__ F__ D__ ;

G42 G01 X__ Y__ F__ D__ ;

G40;

式中 G41——刀具半径左补偿；

G42——刀具半径右补偿；

G40——取消刀具半径补偿；

D__ ——用于存放刀具半径补偿值的存储器号。

（2）指令说明

G41 指令与 G42 指令的判断方法如下：处在补偿平面外另一根轴的正方向，沿刀具的移动方向看，当刀具处在切削轮廓左侧时，称为刀具半径左补偿；当刀具处在切削轮廓右侧时，称为刀具半径右补偿。刀具半径补偿偏置方向的判别如图 6–25 所示。

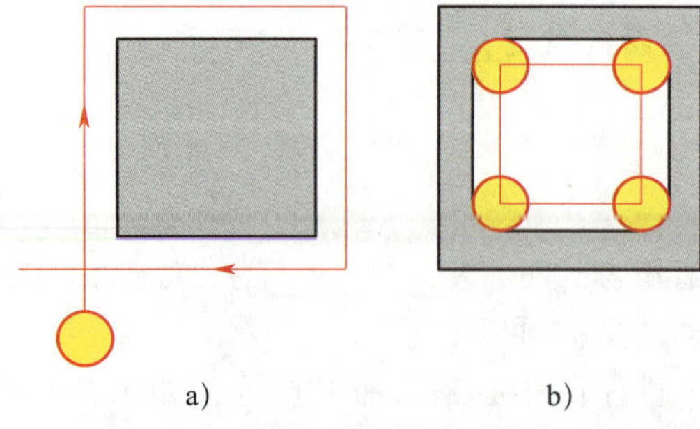

图 6–24 刀具运动路线与工件轮廓的关系

a）外轮廓加工 b）内轮廓加工

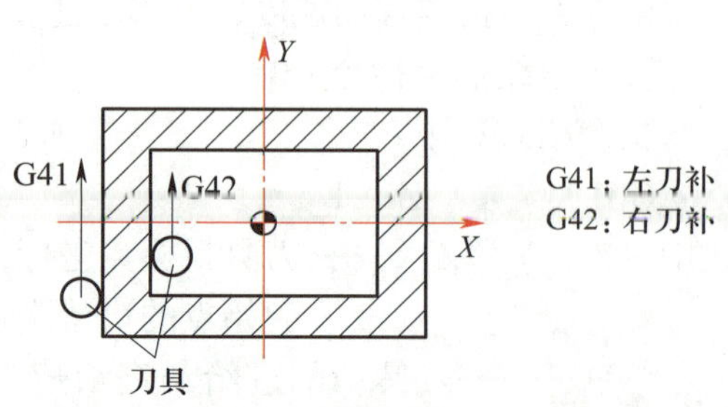

图 6–25 刀具半径补偿偏置方向的判别

地址 D 所对应的偏置存储器中存入的偏置值通常指刀具半径值。与刀具长度补偿一样，刀具号与刀具偏置存储器号可以相同，也可以不同，一般情况下，为防止出错，最好采用相同的刀具号与刀具偏置号。

4. 钻孔循环指令（G81）

指令格式如下：

G81 X__ Y__ Z__ R__ F__ ；　　　　（钻孔加工）

式中　X__ Y__——孔在 *XY* 平面内的位置；

Z__——孔底平面的位置；

R__——*R* 点平面所处位置。

任务实施

一、工作准备

1. 确定加工方案

（1）用手摇脉冲发生器手动铣削表面，铣出即可。

（2）铣削正方形和正六边形外轮廓面。编程时，采用刀具半径补偿方式；加工时，通过设置不同的刀具半径补偿值实现轮廓的粗加工和精加工；刀具选择直径为 10 mm 的平底铣刀。

（3）加工两个 ϕ10 mm 的通孔。采用直径为 10 mm 的钻头进行钻孔。

（4）铣削内轮廓面。刀具选择直径为 10 mm 的平底铣刀，以满足内轮廓中存在的两个 *R*6.2 mm 凹圆弧的加工要求。

（5）将工件翻面，装夹并找正，用手摇脉冲发生器手动铣削平面，保证工件总高度 $6^{+0.05}_{0}$ mm。

2. 选择刀具和切削用量

根据实际加工情况，刀具和切削用量的选用见表 6–4。

表 6–4　　刀具和切削用量的选用

序号	名称	规格	切削速度 /（m · min^{-1}）	主轴转速 /（r · min^{-1}）	进给速度 /（mm · min^{-1}）
1	平底铣刀	ϕ10 mm	20	640	64
2	钻头	ϕ10 mm	20	650	32

3. 装夹工件

根据待加工工件的形状，采用机用虎钳和垫铁进行装夹。

二、编制程序

蛙脸轮廓数控铣削加工参考程序见表 6–5。

表 6–5　　蛙脸轮廓数控铣削加工参考程序

程序段号	程序内容	程序说明
	正方形加工参考程序	
	O0100；	程序名
N10	G17 G21 G40 G49 G80 G90 G54 G94；	程序初始化
N20	G91 G28 Z0；	返回机床参考点
N30	G90 G00 Z20.0；	快速下刀
N40	X–35.0 Y–35.0；	快速定位到下刀位置
N50	M03 S640；	主轴正转，转速为 640 r/min
N60	Z5.0；	快速下降到 Z5.0
N70	G01 Z–6.0 F64；	下降到 Z–6.0
N80	G41 G01 X–25.0 D01；	建立刀具半径补偿
N90	Y25.0；	加工正方形轮廓
N100	X25.0；	
N110	Y–25.0；	
N120	X–35.0；	
N130	G40 Y–35.0；	取消刀具半径补偿
N140	G00 Z20.0；	抬刀至安全高度
N150	M30；	程序结束并复位
	整圆加工参考程序	
	O0200；	程序名
N10	G17 G21 G40 G49 G80 G90 G54 G94；	程序初始化
N20	G91 G28 Z0；	返回机床参考点
N30	G90 G00 Z20.0；	快速下刀
N40	X–35.0 Y–35.0；	快速定位到下刀位置
N50	M03 S640；	主轴正转，转速为 640 r/min
N60	Z5.0；	快速下降到 Z5.0
N70	G01 Z–4.0 F64；	下降到 Z–4.0
N80	G41 G01 X–25.0 Y0 D01；	建立刀具半径补偿
N90	G02 I25.0 J0；	加工整圆
N100	G40 G01 X–35.0 Y–35.0；	取消刀具半径补偿

续表

程序段号	程序内容	程序说明
N110	G00 Z20.0;	抬刀至安全高度
N120	M30;	程序结束并复位
正六边形加工参考程序		
	O0300;	程序名
N10	G17 G21 G40 G49 G80 G90 G54 G94;	程序初始化
N20	G91 G28 Z0;	返回机床参考点
N30	G90 G00 Z20.0;	快速下刀
N40	X35.0 Y-35.0;	快速定位到下刀位置
N50	M03 S640;	主轴正转，转速为 640 r/min
N60	Z5.0;	快速下降到 Z5.0
N70	G01 Z-2.0 F64;	下降到 Z-2.0
N80	G41 G01 Y-21.65 D01;	建立刀具半径补偿
N90	X-12.5;	加工正六边形轮廓
N100	X-25.0 Y0;	
N110	X-12.5 Y21.65;	
N120	X12.5;	
N130	X25.0 Y0;	
N140	X7.68 Y-30.0;	
N150	G40 X35.0 Y-35.0;	取消刀具半径补偿
N160	G00 Z20.0;	抬刀至安全高度
N170	M30;	程序结束并复位
孔加工参考程序		
	O0400;	程序名
N10	G17 G21 G40 G49 G80 G90 G54 G94;	程序初始化
N20	G91 G28 Z0;	返回机床参考点
N30	G90 G00 Z20.0;	快速下刀
N40	M03 S650;	主轴正转，转速为 650 r/min
N50	X-10.0 Y4.0;	快速定位到下刀位置
N60	G81 X-10.0 Y4.0 Z-9.0 F32;	钻第一个孔

续表

程序段号	程序内容	程序说明
N70	X10.0；	钻第二个孔
N80	G80；	取消循环指令
N90	G00 Z20.0；	抬刀至安全高度
N100	M30；	程序结束并复位
内轮廓加工参考程序		
	O0600；	程序名
N10	G17 G21 G40 G49 G80 G90 G54 G94；	程序初始化
N20	G91 G28 Z0；	返回机床参考点
N30	G90 G00 Z20.0；	快速下刀
N40	X-10.0 Y4.0；	快速定位到下刀位置
N50	M03 S640；	主轴正转，转速为 640 r/min
N60	Z5.0；	快速下降到 Z5.0
N70	G01 Z-3.0 F64；	下降到 Z-3.0
N80	G41 G01 X0 Y-6.0 D01；	建立刀具半径补偿
N90	G03 X16.0 Y-6.0 R8.0；	加工内轮廓
N100	X14.832 Y0 R16.0；	
N110	X6.077 Y8.801 R6.2；	
N120	X-6.077 Y8.801 R16.0；	
N130	X-14.832 Y0 R6.2；	
N140	X-16.0 Y-6.0 R16.0；	
N150	X0 Y-6.0 R8.0；	
N160	G40 G01 X-10.0 Y4.0；	取消刀具半径补偿
N170	G00 Z20.0；	抬刀至安全高度
N180	M30；	程序结束并复位

任务评价

蛙脸轮廓数控铣削训练成绩评定见表 6-6。

表 6-6　　蛙脸轮廓数控铣削训练成绩评定

序号	项目与技术要求	配分	评分标准	检测记录	得分
1	$50^{\ 0}_{-0.03}$ mm（4 处）	2×4	超差 0.01 mm 扣 1 分		
2	$Ra \leqslant 1.6$ μm（2 处）	1×2	不合格不得分		
3	$\phi 50^{\ 0}_{-0.03}$ mm	6	超差 0.01 mm 扣 1 分		
4	$Ra \leqslant 1.6$ μm	2	不合格不得分		
5	$43.3^{\ 0}_{-0.03}$ mm（3 处）	3×3	超差 0.01 mm 扣 1 分		
6	$Ra \leqslant 1.6$ μm	2	不合格不得分		
7	$2^{+0.05}_{\ 0}$ mm	5	超差 0.01 mm 扣 1 分		
	$Ra \leqslant 3.2$ μm	1	不合格不得分		
8	$3^{+0.05}_{\ 0}$ mm	5	超差 0.01 mm 扣 1 分		
	$Ra \leqslant 3.2$ μm	1	不合格不得分		
9	$4^{+0.05}_{\ 0}$ mm	5	超差 0.01 mm 扣 1 分		
	$Ra \leqslant 3.2$ μm	1	不合格不得分		
10	$6^{+0.05}_{\ 0}$ mm	5	超差 0.01 mm 扣 1 分		
	$Ra \leqslant 3.2$ μm（2 处）	1×2	不合格不得分		
11	$\phi 10$ mm（2 处）	3×2	超差不得分		
	$Ra \leqslant 12.5$ μm（2 处）	1×2	不合格不得分		
12	*R*6.2 mm、*R*8 mm、*R*16 mm	6	超差不得分		
	$Ra \leqslant 1.6$ μm（3 处）	1×3	不合格不得分		
13	20 mm、4 mm	0.5×2	超差不得分		
14	// 0.05 *A*	4	超差 0.01 mm 扣 1 分		
15	⌯ 0.05 *B*	4	超差 0.01 mm 扣 1 分		
16	程序正确	15	不合理每处扣 1~5 分		
17	程序合理		不合理每处扣 1~5 分		
18	程序中工艺参数正确		不合理每处扣 1~5 分		
19	加工工艺正确		不合理每处扣 1~5 分		
20	程序完整		程序不完整扣 1~5 分		

续表

序号	项目与技术要求	配分	评分标准	检测记录	得分
21	装夹工件及换刀操作熟练	5	不规范每次扣 1 分		
22	机床操作面板操作正确		误操作每次扣 1 分		
23	进给倍率与主轴转速的设定合理		不合理每次扣 1 分		
24	加工准备与机床清理		不符合要求每处扣 1 分		
25	工件无缺陷		有缺陷每处倒扣 1~5 分		
26	人身、机床、刀具安全		出现安全问题每次倒扣 5~20 分		
合计		100			